U0174106

数学名著译丛

量子力学的数学基础

〔美〕约翰·冯·诺依曼 著
凌复华 译
李继彬 校

科学出版社
北京

内 容 简 介

《量子力学的数学基础》是一本革命性的著作，它引起了理论物理学的巨大变化. 在这本书中，20世纪最著名的数学家之一约翰·冯·诺依曼(John von Neumann)说明，通过探索量子力学的数学结构，可以获得对量子物理学的深入洞见. 他首先介绍了埃尔米特算符和希尔伯特空间理论，它们提供了转换理论的框架，冯·诺依曼将其视为量子力学的确定形式. 应用这一理论，他用严谨的数学来应对量子理论中的一些普遍问题，如量子统计力学以及测量过程.

在出版之时，这本书被视为一部力作. 时至今日，对于那些对量子力学的基本问题感兴趣的人而言，本书仍然是不可或缺的. 本书可供物理、数学等相关学科的科研人员参考阅读.

图书在版编目(CIP)数据

量子力学的数学基础/(美)约翰·冯·诺依曼著; 凌复华译. —北京: 科学出版社, 2020.8

(数学名著译丛)

书名原文: Mathematical Foundations of Quantum Mechanics

ISBN 978-7-03-065547-9

Ⅰ.①量… Ⅱ.①约… ②凌… Ⅲ.①量子力学 Ⅳ. ①O413.1

中国版本图书馆 CIP 数据核字(2020) 第 106652 号

责任编辑: 李 欣 田轶静 / 责任校对: 邹慧卿

责任印制: 赵 博 / 封面设计: 陈 敬

科学出版社 出版

北京东黄城根北街 16 号

邮政编码: 100717

http://www.sciencep.com

保定市中画美凯印刷有限公司印刷

科学出版社发行 各地新华书店经销

*

2020年8月第 一 版 开本: 720×1000 B5

2025年1月第四次印刷 印张: 17 1/4

字数: 348 000

定价: 98.00 元

(如有印装质量问题, 我社负责调换)

译 者 序

约翰·冯·诺依曼 (John von Neumann, 1903.12.28—1957.2.8) 这个名字, 对大多数读者都不会是陌生的. 人们首先想到的很可能是他在研制世界上第一颗原子弹和第一台可编程数字式电子计算机中所做的贡献. 这些确实是他的重要成就, 但他对人类的贡献远不止于此.

冯·诺依曼是匈牙利裔美国数学家、物理学家、计算机科学家和博学家. 冯·诺依曼一般被认为是他那个时代最重要的数学家, 并且被称为 "伟大的数学家的最后一位代表"; 他是一位自由驰骋于自然科学与应用科学的天才.

他在许多领域中做出了重大贡献, 包括数学 (数学基础、泛函分析、遍历理论、表示理论、算子代数、几何、拓扑、线性规划和数值分析), 物理学 (量子力学、流体动力学和量子统计力学) , 经济学 (博弈论), 计算机 (冯·诺依曼总体结构、自我复制机器、随机计算) 和统计学.

他是把算子理论应用于量子力学的先驱, 也是博弈论和细胞自动机、通用构造和数字计算机等概念发展中的关键人物.

他一生共发表了 150 多篇论文: 纯数学的和应用数学的各约 60 篇, 另有约 20 篇是物理学的, 其余为专题性的. 他的最后一部作品是他在医院中写的一份未完成的手稿, 后来以书籍形式出版, 名为《计算机与人脑》.

他对自我复制结构的分析先于 DNA 结构的发现.他在早年向美国国家科学院提交的简历中说, "我认为我最重要的工作是量子力学, 1926 年在哥廷根及 1927~1929 年在柏林进行了这方面的研究. 此外, 1930 年在柏林和 1935~1939 年在普林斯顿对各种形式算子理论进行研究, 1931~1932 年在普林斯顿对遍历定理进行研究."

在第二次世界大战期间, 冯·诺依曼与理论物理学家爱德华·泰勒 (Edward Teller), 数学家斯坦尼斯拉夫·乌兰 (Stanislaw Ulam) 等一起参加曼哈顿计划, 解决了核物理中涉及热核反应和氢弹的关键问题. 他开发了内爆型核武器中使用的爆炸镜头的数学模型, 并创造了 TNT 这个术语用来度量爆炸力, TNT 是与黄炸药相比的爆炸当量, 一般以千克或吨计.

1945 年, 冯·诺依曼等在第一台计算机的一个课题报告的初稿中描述了具有以下组件的电子数字计算机的设计架构:

- 处理单元, 包括算术逻辑单元和处理器寄存器;
- 控制单元, 包括指令寄存器和程序计数器;
- 存储数据和指令的内存;

- 外部大容量存储;
- 输入和输出装置.

这种 “冯 · 诺依曼架构” 被应用于任何有存储程序的计算机, 其中指令获取和数据操作不能同时发生, 因为它们共享公共总线. 这一点被称为冯 · 诺依曼瓶颈, 可能限制系统的性能. 与之对比的是 “哈佛架构”, 其中有一组专用的地址和数据总线读写内存, 另一组获取指令. 但冯 · 诺依曼架构机器的设计比哈佛架构机器更简单, 现代计算机几乎都采用冯 · 诺依曼架构.

以上是冯 · 诺依曼重要成就的简述, 下面将介绍与本书密切相关的他在量子力学方面的贡献. 他对量子力学的兴趣开始于 1925 年, 其间该学科刚刚因玻恩 (Born)、海森伯 (Heisenberg) 和若尔当 (Jordan), 以及之后狄拉克 (Dirac) 的工作而有了一个完整系统. 冯 · 诺依曼当时在柏林工作, 他经常访问海森伯所在的哥廷根, 那里的首席数学家是希尔伯特 (Hilbert). 希尔伯特对量子力学非常感兴趣, 并鼓励数学家与物理学家进行合作. 在希尔伯特看来, 量子力学当时在数学方面是一团糟. 海森伯没有使用严谨的数学, 也没有学习的意愿. 狄拉克则随意使用他那著名的 δ 函数, 该函数在一点无限, 在他处为零, 当时这种定义令人难以接受 (只是在二十年后, 施瓦茨 (Schwarz) 提供了 δ 函数的严谨基础). 当时的理论以两种不同的数学方式表达: 海森伯、玻恩和若尔当的 “矩阵” 力学和薛定谔 (Schrödinger) 的 “波动” 力学. 这两种表达方式的数学等价性已经由薛定谔确定, 二者都作为狄拉克和若尔当发展的一般形式 (通常称为 “变换理论”) 的特例. 然而, 这种形式是相当笨拙的, 原因是它依赖于定义不明确的数学对象——δ 函数. 冯 · 诺依曼很快意识到, 用希尔伯特空间的抽象公理理论及其线性算子可以提供自然得多的框架. 在这种数学形式下, 物理系统的状态由希尔伯特空间中的向量描述, 可观测量用埃尔米特 (Hermite) 算子表示.

量子理论的希尔伯特空间形式化的一个基本特征是, 最重要的物理量 (如位置、动量或能量) 由无界埃尔米特算子表示. 因为理论对测量结果的预测使得代表物理量的算子的谱分辨率有了实质性的应用, 冯 · 诺依曼在他最初的研究中, 面临把已知的有界埃尔米特算子谱理论拓展到无界情形的问题. 到 1929 年, 他给出了这个问题的一个完整的解决方案. 他引入了超极大对称算子这个最重要的概念, 这是具有谱分辨率的最一般的埃尔米特算子.

因此, 量子力学的物理学被简化为希尔伯特空间和其中的线性算子的数学. 例如, 不确定性原理被转化为两个对应算子的不可易性. 根据不确定性原理, 粒子位置的测定阻止其动量的测定, 反之亦然. 这个新的数学公式包括了海森伯和薛定谔的特殊情况.

在用希尔伯特空间中的向量和算子表达量子力学的过程中, 冯 · 诺依曼也完整和一般地给出了理论阐释的基本统计规则. 该规则涉及处于给定量子态的系统中给定物理量的测量结果, 并借助一个简单且现在众所周知的公式来表示其概率, 该公式涉及状态的向量表示及代表物理量的算子的频谱分辨率. 这条规则, 最初由玻恩于 1926 年建议, 是冯・诺依曼全概率量子力学数学分析的起点. 1927 年, 他的论文引入了统计矩阵的概念, 用于描述不一定全部在相同的量子态的系统的总体. 统计矩阵 (现在通常称为 "ρ 矩阵", 但冯・诺依曼使用的符号是 U) 已成为量子统计学的主要工具之一. 正是这一贡献, 即使对数学最不关心的物理学家也知道冯・诺依曼这个名字.

在同一篇论文中, 冯・诺依曼还研究了一个现在仍然在讨论的问题, 即量子–机械测量过程和它涉及的非因果元素的理论描述. 冯・诺依曼在数学上十分优雅地对这个微妙问题进行了研究. 为了在物理上澄清量子现象对物理测量本质的重要意义, 需要进行许多研究, 冯・诺依曼的数学对此提供了一个清晰的形式框架.

1927 年论文的结果立即被作者用作量子热力学的基础. 类似于众所周知的熵的经典公式

$$S = -k\int f\ln f d\omega,$$

其中, f 记相空间中的一个分布函数, 他给出了量子统计熵

$$S = -k\mathrm{Tr}(\rho\ln\rho),$$

其中, ρ 记一个统计矩阵.

他进一步写下了标准总体在温度 T 时的密度矩阵,

$$\rho = Z^{-1}\exp\left(-\frac{H}{kT}\right), \quad Z = \left[\mathrm{Tr}\exp\left(-\frac{H}{kT}\right)\right],$$

其中, H 是哈密顿算子. 两年后, 冯・诺依曼回到量子热力学, 对一个困难得多的问题做出了贡献: 量子系统遍历定理的公式与证明. 这项工作的基本原则是, 通过考虑所有具有一定不准确性的给定值的宏观量量子态的集合, 定义相空间中细胞的量子类似物. 进一步用酉变换 U 将这些量子态与哈密顿本征态相关联, 于是遍历性对酉变换 U 的 "几乎每个" 值都成立. 虽然后一个限制从物理上看是相当不能令人满意的, 必须考虑到冯・诺依曼的遍历定理是对一个最困难论题的极少数重要贡献之一, 该论题即使到现在还远未完全澄清.

近年来, 顾樵在量子统计熵的意义上讨论了最大熵原理, 导出了混沌态、相干态和压缩态; 最重要的是, 他又进一步利用量子统计熵给出了生物光子学的结果.

冯・诺依曼的抽象处理也使他能够应对决定论与非决定论的基本问题, 他在书中提出了一个证明, 即量子力学的统计结果不可能如同在经典统计力学中那样, 是一组确定的 "隐藏参数" 的平均值. 1935 年, 格雷特・赫尔曼 (Grete Hermann) 发表了一篇论文, 认为该证明因包含概念性错误而无效. 赫尔曼的工作长期被忽略,

直到约翰 · S. 贝尔 (John S. Bell) 于 1966 年提出了基本相同的论点. 然而, 杰弗里 · 布勃 (Jeffrey Bub) 于 2010 年指出贝尔误解了冯 · 诺依曼的证明, 并指出该证明虽然不适用于所有隐藏参数理论, 但至少排除了一个有明确定义的重要子集. 布勃也表示冯 · 诺依曼意识到了这种局限性, 但并未声称他的证明完全排除了隐藏参数理论. 另一方面, 对布勃论证的有效性也存在争议.

冯 · 诺依曼的证明引发了一系列研究, 通过贝尔在 1964 年根据贝尔定理的工作以及 1982 年阿兰 · 阿斯佩科特 (Alain Aspect) 的实验, 最终证明了量子物理学或者要求与经典物理学有实质性不同的现实的概念, 或者必须包括明显违反狭义相对论的非局域性.

在本书第六章中, 冯 · 诺依曼深入地分析了测量问题. 他的结论是, 整个物理世界都可能受到通用波函数的制约. 由于需要 "计算之外" 的某些东西来使波函数崩溃, 冯 · 诺依曼得出结论, 崩溃是由实验者的意识引起的. 冯 · 诺依曼认为, 量子力学的数学允许波函数的崩溃位于测量装置到人类观察者 "主观意识" 因果链中的任何位置. 尤金 · 维格纳 (Eugene Wigner) 接受了这种观点, 但该观点并未得到大多数物理学家的认可. 冯 · 诺依曼–维格纳的解释可总结如下.

量子力学的规则是正确的, 但只有一个系统可以用量子力学来处理, 即整个物质世界. 存在无法在量子力学中处理的外部观察者, 即人类 (也许是动物) 的思想, 它们对大脑进行测量, 导致波函数崩溃.

冯 · 诺依曼在本书中首次提出了量子逻辑, 他指出希尔伯特空间上的投影可以看作关于物理可观测量的命题. 量子逻辑领域随后在冯 · 诺依曼和加勒特 · 伯克霍夫 (Garrett Birkhoff) 于 1936 年发表的著名论文中揭开序幕, 其中他们首次证明了量子力学需要的命题演算与所有经典逻辑有实质性的不同, 并为量子逻辑严格地隔离了一个新代数结构. 创造量子逻辑命题演算的概念首先在冯 · 诺依曼 1932 年的一篇文章中作了简短的概述, 然后在 1936 年, 对新命题演算的需求通过几个证明予以说明.

虽然量子力学理论直到今天仍在演化, 但量子力学中问题的数学表达方式有一个基本框架, 作为大多数方法的基础, 它可以追溯到冯 · 诺依曼最初使用的数学表达方式和技巧. 换句话说, 关于量子力学理论阐释的讨论及其拓展, 目前主要是在共同认可的数学基础上进行的.

本书的翻译基于作者德文原版 (1932) 的重印本：*Mathematishe Grundlagen der Quantummechanik Dover*(1947) 并参考了普林斯顿大学出版社的两个英文译本：*Mathematical Foundations of Quantum Mechanics*(1955, 2018), 英译本 (特别是后一个) 对数学符号做了一些修改, 以便于阅读. 德文版后来又有 Springer Verlag(1997) 的第二版, 但内容并无变化.

李继彬教授仔细校阅了全书, 过程中与译者反复沟通, 特别是在数学内容方面提出了许多宝贵意见. 在译者序的撰写过程中, 得到了顾樵、张永德和刘伍明教授的帮助. 此外, 彭靖珞女士解疑了若干英语难点. 在此一并表示深切感谢. 译者也感谢科学出版社赵彦超和李欣在编辑出版本书中的辛勤工作.

在撰写译者序时, 除了原书, 还参考了以下文献:

(1) John von Neumann. Wikipedia;

(2) L'eon van Hove. von Neumann's contributions to quantum theory. *Bulletin of the American Mathematical Society*, **64**, no. 3, part. 2, 95-99 (1958);

(3) Freeman Dyson. von Neumann work related to quantum theory. *Notices of the AMS*, **60**, 155–161 (2013).

凌复华

2019 年 6 月于美国加州

目 录

引　言

本书的目的是呈现统一形式的新量子力学，这种统一处理是可能且有益的，并在数学上是严格的. 近年来，这种新量子力学的实体部分已经以毋庸置疑的确定形式得到了实现，即所谓的"变换理论". 因此，本书的重点放在与这个理论相关联的一般和基本问题上. 特别要深入地研究那些困难的诠释问题，其中的许多内容迄今尚未被完全理解. 在这个背景下，量子力学与统计学和经典统计力学之间的关系是特别重要的. 然而作为一条规则，我们将忽略量子力学方法对具体问题应用的任何讨论——至少如果这样做有可能不会影响对一般关系的理解. 这看来是最合适的，因为几部处理这些问题的著作或者已经出版，或者在出版过程中 [1]. 另一方面，本书将对本理论必需的数学工具，即希尔伯特空间理论及所谓的埃尔米特算子作系统的陈述. 为此，有必要对无界算子理论作精确的介绍，即介绍 (由希尔伯特和 E. 赫林格 (E. Hellinger), F. 里斯 (F. Riesz), E. 施密特 (E. Schmidt), O. 特普利茨 (O. Toeplitz) 所发展的) 超越经典极限理论的推广. 关于应用该方法对这种模式的处理，需要说明一下：作为常规情况，运算通过算子 (代表物理量) 本身进行，而不是用矩阵. 矩阵是通过在希尔伯特空间引入一个 (特殊的和任意的) 坐标系统之后从算子产生的. 这种"不依赖于坐标的"不变量方法，连同其强烈的几何语言，具有值得注意的形式上的优点.

狄拉克在他的一系列论文，以及在他近年来出版的书中 [2]，阐述了量子力学的基本理论，其简洁与优雅难以超越，且兼具不变性. 然而，狄拉克的方法与我们的方法有较大差异，因此，对我们方法的几个论点在此略加介绍是有意义的.

上述狄拉克方法因其清晰与优雅而贯穿于当今的大部分量子力学文献中，但它绝不能满足数学上严格性的要求——即使把它自然而适当地约化为在理论物理学中常见的规则也是如此. 例如，该方法仰仗于一个构想：每个自伴随算子都可以化为对角线形式. 对那些并非如此的算子，需要引入自相矛盾的"非正常"函数. 在狄拉克方法中，插入这样一种数学"构想"常常是必不可少的，即使要解决的问题只是

---

1 兹列举以下综合性著作：Sommerfeld, Supplement to the 4th edition of *Atombau und Spektrallinien*, Braunschweig,1928; Weyl, *The Theory of Groups and Quantum Mechanics* (translated by H. P. Robertson), London, 1931; Frenkel, *Wave Mechanics*, Oxford, 1932; Born and Jordan, *Elementare Quantenmechanik*, Berlin, 1930; Dirac, *The Principles of Quantum_Mechanics*, 2nd ed., Oxford, 1936.

2 见 Proc. Roy. Soc., London, **109** (1925) 及以后数卷，特别是 **113** (1926). 与狄拉克相互独立地，P. Jordan 和 F.London(Z. Pysik, **40** (1926)) 对该理论给出了类似的基础.

对一个有清晰定义的实验结果作数值计算亦是如此. 如果某些概念, 从本质上讲对物理理论是必须的, 虽然它们尚不能融入今天的分析框架, 但那不是一个问题. 例如, 当牛顿力学首先激发无穷小微积分的发展时, 其原始形式并非是自相容的. 因此, 量子力学也许会建议一种新的结构, 即我们的 "无穷多变量分析"——必须改变的是数学技巧, 而不是物理理论, 但现实情况绝非如此. 应当指出, 我们能够用一种同样清晰一致, 又不为数学所排斥的方式建立量子力学的 "变换理论". 需要强调的是, 正确的结构并不在于构建对狄拉克方法的数学提炼及解释, 而在于从一开始就采取完全不同的步骤, 即奠基于希尔伯特的算子理论.

在对基本问题的分析中, 我们将说明如何由几个定性的及基本的假设导出量子力学的统计公式. 此外, 我们将详细讨论在我们对性质的描述中, 是否可能跟踪量子力学的统计特征到一定的模糊程度 (即不完全性). 事实上, 这样的诠释是一般原则——每个概率陈述都出自我们知识的不完全性的自然伴随物. 历史上曾多次提出这种 "出自隐参数" 的解释, 以及另一与之相关的、把 "隐参数" 归结于观察者而不是被观察系统看法的解释. 然而看起来, 这很少以令人满意的方式获得成功, 或更为确切地说, 这样的一种解释与量子力学的一些基本定性假设是不相容的 [3].

本书还考虑了统计学与热力学的关系. 众所周知, 较为深入的研究表明, 经典力学的困难在于热力学基础所必需的 "无序" 假设, 这种困难在本书中可以消除 [4].

3 见第 4 章与 6.3 节.

4 见第 5 章.

第1章 导　　论

1.1 变换理论的起源

本书不打算着笔于 1900~1925 年由普朗克、爱因斯坦和玻尔主导发展的量子力学所取得的伟大成功 [5]. 在这个发展阶段的末期, 所有基本过程, 即所有原子与分子量级的现象, 无疑都遵循 "离散" 的量子规律. 几乎在所有方面都存在有效的、定性的量子理论方法, 它们中的多数能产生很好的结果或至少与实验符合的结果. 而有实质性重要意义的是, 理论物理学界普遍地接受了以下观念: 主宰可感知的宏观世界的连续性原理 (natura non facit saltus) 模拟的每个场景, 实际上是不连续的现实世界中的平均过程. 这种模拟使得人们能够一般地感知千千万万个同时发生的基本过程的总和, 使得大数平均规律完全地掩盖了个别过程的现实场景.

然而, 那时还不存在一个量子理论的数学物理系统, 它可以包罗当时已知的一切知识于一个统一结构中, 更不用说那个可以展示 (被量子力学现象所扰乱的) 力学、电动力学与相对论系统的共同性的意义重大的统一结构. 尽管量子理论被称为具有通用性 (最终被证明是正确的), 却缺乏必需的形式与概念工具; 所有的只是本质上不同、独立、杂乱及部分相互矛盾的碎片的混合物. 这方面最引人瞩目的要点是: 一半属于经典力学及一半属于电动力学的对应原理 (在问题的最终解释中起决定性作用); 自相矛盾的光的二重性 (波动性与粒子性, 见注 5 与注 148) 以及最后, 非量子化 (非周期性) 与量子化 (周期性或多周期性) 运动的存在性 [6].

解决方案于 1925 年出现. 海森伯首创的一种方法, 被玻恩、海森伯和若尔当以及稍后被狄拉克发展成为物理学拥有的第一个完整的量子理论系统. 稍后, 薛定谔从完全不同的出发点发展了波动力学. 它实现了同样的目标, 并很快被证明与玻

---

5 其主要阶段是: 普朗克就黑体辐射发现的量子规律 (见他的书: Planck, *Theory of Heat Radiation* (translated by M. Masius), Philadelphia, 1914); 爱因斯坦的光的粒子性假设 (光量子理论), Einstein (Ann. Phys., (4) **17** (1905)), 其中第一个例子以二重形式: 波–粒子给出, 我们现在知道, 它支配了整个微观物理; 玻尔应用这两组规律于原子模型 (Phil. Mag., **26**(1913); Z. Physik, **6** (1920)).

6 关于多周期运动的量子定律 (对力学定律的添加), 最早由爱泼斯坦–佐默费尔德 (Epstein-Sommerfeld) 开发 (见 Sommerfeld, *Atombau und Spektrallinien*, Branuschweig, 1924). 另一方面, 自由运动质点或在双曲轨道上运行的行星 (与在椭圆轨道上的那些相反), 肯定是 "非量子化的". 读者可以在以下著作中找到该阶段量子理论的一个完善处理: Reiche, *The Quantum Theory* (translated by H. S. Hatfiel and H. L. Brose), New York, 1922; Landé, *Fortschritte der Quantentheorie*, Dresden, 1922.

恩、海森伯、若尔当和狄拉克系统等价 (至少在数学意义上, 见 1.3 节和 1.4 节)[7]. 基于玻恩对自然界量子理论描述的统计阐释 [8], 狄拉克和若尔当 [9]得以把两种理论合二为一, 形成 "变换理论". 两种理论以互补的方式相结合, 使得对物理系统的把握成为可能, 并且在数学上特别简单.

需要提到 (虽然这不属于本书的特定主题), 在古德施密特 (Goudsmit) 和乌伦贝克 (Uhlenbeck) 发现了电子的磁矩与自旋之后, 早期量子理论的所有困难几乎都消失了, 于是我们今天拥有了一个几乎完全令人满意的力学系统. 诚然, 前面提到的电动力学与相对论系统的重要大统一还需实现, 但至少我们已经有了一个普遍适用的力学, 其中量子定律以自然与必须的方式融入, 而且它令人满意地解释了我们的大多数实验结果 [10].

1.2 量子力学的原始表达

作为对问题的初探, 我们从海森伯–玻恩–若尔当的 "矩阵力学" 与薛定谔的 "波动力学" 的基本结构的梗概出发.

上述两种理论都首先提出用哈密顿函数 $H(q_1, \cdots, q_k, p_1, \cdots, p_k)$ 表征的经典力学系统. (细节可以在力学教科书中找到, 众所周知, 这表示: 系统有 k 个自由度, 即其存在状态通过 k 个坐标 $q_1, \cdots, q_k$ 的数值确定. 能量是坐标及其时间导数的给定函数

$$E = L(q_1, \cdots, q_k, \dot{q}_1, \cdots, \dot{q}_k),$$

并且它约定俗成地是导数 $\dot{q}_1, \cdots, \dot{q}_k$ 的平方的函数. 坐标 $q_1, \cdots, q_k$ 的 "共轭矩" $p_1, \cdots, p_k$ 由关系式

$$p_1 = \frac{\partial L}{\partial \dot{q}_1}, \cdots, p_k = \frac{\partial L}{\partial \dot{q}_k}$$

确定. 在以上对 L 所作的假设下, 它们线性地依赖于 $q_1, \cdots, q_k$. 如果有需要, 我们可以用 $p_1, \cdots, p_k$ 消去 L 中的 $\dot{q}_1, \cdots, \dot{q}_k$, 得到

$$E = L(q_1, \cdots, q_k, \dot{q}_1, \cdots, \dot{q}_k) = H(q_1, \cdots, q_k, p_1, \cdots, p_k).$$

---

7 这一点为薛定谔所证明, Schrödinger, Ann. Physik, (4) **79** (1926).

8 Z. Physik, **37** (1926).

9 见注 2 中提到的文章. 薛定谔的论文曾发表在以下书中, *Collected Papers on Wave Mechanic* (translated by J. F. Shearer and W. M. Deans), London, 1928.

10 当前的状况可以叙述如下: 现有的理论就处理个别原子, 或者原子或分子的电子壳层, 以及静电力作用与光的发生、传输及变换相关的电磁过程而言, 是十分成功的. 另一方面, 在原子核问题中, 以及在发展一种普遍的及相对论的电磁理论的所有尝试中, 尽管有值得注意的部分成功, 但该理论看来仍面临巨大的困难, 若不引入全新的想法显然无法克服.

这里的 H 是哈密顿函数.) 在两种理论中, 我们都需要通过这个哈密顿函数得到系统的真实行为, 即量子力学性态的尽可能多的信息. 重要的是, 我们必须确定 [11] 可能的能量水平, 然后找出对应的"定态", 并计算"转移概率", 等等 [12].

矩阵理论给出这一问题的解的途径如下：寻找一个由 $2k$ 个矩阵 $\mathbb{Q}_1, \cdots, \mathbb{Q}_k, \mathbb{P}_1, \cdots, \mathbb{P}_k$ 组成的系统 [13], 它首先要满足以下关系：

$$\left.\begin{array}{l} \mathbb{Q}_m\mathbb{Q}_n - \mathbb{Q}_n\mathbb{Q}_m = \mathbb{O}, \quad \mathbb{P}_m\mathbb{P}_n - \mathbb{P}_n\mathbb{P}_m = \mathbb{O} \\ \mathbb{P}_m\mathbb{Q}_n - \mathbb{Q}_n\mathbb{P}_m \begin{cases} = \mathbb{O}, & \text{对} m \neq n \\ = \dfrac{h}{2\pi i}\mathbb{I}, & \text{对} m = n \end{cases} \end{array}\right\} \quad (m, n = 1, 2, \cdots, k).$$

其次, 矩阵 $\mathbb{W} = H(\mathbb{Q}_1, \cdots, \mathbb{Q}_k, \mathbb{P}_1, \cdots, \mathbb{P}_k)$ 是一个对角阵. (我们不打算在这里详细地介绍这些方程的来源, 特别是称为"可易法则"的第一组方程, 它们控制着本理论中全部非可易阵的计算. 读者可以在注 1 提到的文献中找到这个议题的详尽处理. 量值 h 是普朗克常数.) $\mathbb{W}$ 的对角线元素记为 $w_1, w_2, \cdots$, 是系统容许的不同能量水平. 矩阵 $\mathbb{Q}_1, \cdots, \mathbb{Q}_k$ 的元素记为 $q_{mn}^{(1)}, \cdots, q_{mn}^{(k)}$，它们在一定程度上决定了系统的转移概率 (由能量为 w_m 的第 m 个状态转变到能量为 w_n 的第 n 个状态, $w_m > w_n$ 的概率), 辐射在转变过程中出现.

此外应当指出, 矩阵

$$\mathbb{W} = H(\mathbb{Q}_1, \cdots, \mathbb{Q}_k, \mathbb{P}_1, \cdots, \mathbb{P}_k)$$

并不能完全由 $\mathbb{Q}_1, \cdots, \mathbb{Q}_k, \mathbb{P}_1, \cdots, \mathbb{P}_k$ 及经典力学的哈密顿函数$H(q_1, \cdots, q_k, p_1, \cdots, p_k)$ 确定, 因为 $\mathbb{Q}_1$ 与 $\mathbb{P}_1$ 在做乘法时并非相互可易. 不过在经典力学的意义上,

11 众所周知, 根据经典力学, 运动依赖于哈密顿函数, 因为它导致运动方程

$$\dot{q}_l = \frac{\partial H}{\partial p_l}, \quad \dot{p}_l = \frac{\partial H}{\partial q_l} \quad (l = 1, \cdots, k).$$

在发现量子力学之前, 人们曾尝试在保留这些运动方程的条件下, 通过构造附加的量子条件来解释量子现象 (见注 6). 对每一组在时刻 $t = 0$ 给定的 $q_1, \cdots, q_k, p_1, \cdots, p_k$ 值, 运动方程确定该运动随时间发展的演化, 即系统在 $2k$ 维"相空间", $q_1, \cdots, q_k, p_1, \cdots, p_k$ 中的"轨道". 因此, 任何附加条件都将使所有可能的初始条件或轨道局限于一个特定的离散集合中. (于是, 对应于少数几条容许轨道, 可能的能量水平只有一个较小的数目.) 甚至虽然量子力学与这种方法彻底决裂, 但从一开始我们就十分清楚, 哈密顿函数必定仍然在其中起重要作用. 大量经验表明了玻尔对应原理的正确性, 该原理断言, 若局限于所谓的大量子数情况, 量子理论必定给出与经典力学相符的结果.

12 这后三个概念取自主要由玻尔发展的旧量子理论. 后面我们将用量子力学观点详细分析这些想法. 见 3.6 节中狄拉克的辐射理论. 其历史关联可以从玻尔于 1913~1916 年发表的关于原子结构的文章中找到.

13 一个较深入的数学分析将说明, 这必定是一个无限矩阵问题. 我们不打算在此对这种矩阵的性质作任何进一步的探究, 因为我们将在后面彻底地予以考虑. 目前要知道的是, 对这些矩阵形式上的代数运算, 只需在矩阵加法与乘法的已知规则的意义上理解. 我们用 $\mathbb{O}$ 与 $\mathbb{I}$ 分别表示零矩阵 (所有元素恒等于零) 与单位矩阵 (主对角线上的元素等于 1, 其他元素均为零).

在函数 $H(q_1,\cdots,q_k,p_1,\cdots,p_k)$ 中区分 p_1q_1 与 q_1p_1 并无意义. 因此, 不同于经典意义上的哈密顿函数, 我们必须确定变量 q_1 与 p_1 在 H 项中的次序. 这一过程尚未完全一般地实现, 但对特殊情况的合适排列是已知的. (在最简单的情况下, 若被研究的系统由粒子组成, 从而有 $k=3\nu$ 个坐标 $q_1,\cdots,q_{3\nu}$ 使得如 $q_{3\mu-2},q_{3\mu-1},q_{3\mu}$, 是第 μ 个粒子的三个笛卡儿坐标, $\mu=1,\cdots,\nu$, 毋庸置疑, 这些粒子的相互作用由势能 $V(q_1,\cdots,q_{3\nu})$ 确定, 于是经典的哈密顿函数是

$$H(q_1,\cdots,q_{3\nu},p_1,\cdots,p_{3\nu})=\sum_{\mu=1}^{\nu}\frac{1}{2m_\mu}(p_{3\mu-2}^2+p_{3\mu-1}^2+p_{3\mu}^2)+V(q_1,\cdots,q_{3\nu}),$$

其中, m_μ 是第 μ 个粒子的质量, $p_{3\mu-2},p_{3\mu-1},p_{3\mu}$ 是它的矩的分量. 代入矩阵

$$\mathbb{Q}_1,\cdots,\mathbb{Q}_{3\nu},\mathbb{P}_1,\cdots,\mathbb{P}_{3\nu}$$

后, 其意义十分清楚; 特别是, 引入势能并无困难, 因为所有 $\mathbb{Q}_1,\cdots,\mathbb{Q}_{3\nu}$ 均彼此可易). 重要的是, 容许的只有埃尔米特阵, 即其元素满足关系 $a_{mn}=\overline{a_{nm}}$ 的矩阵 $\mathbb{A}=\{a_{mn}\}$ (a_{mn} 可能是复数). 因此, 当所有 $\mathbb{Q}_1,\cdots,\mathbb{Q}_k,\mathbb{P}_1,\cdots,\mathbb{P}_k$ 都是埃尔米特阵时,

$$H(\mathbb{Q}_1,\cdots,\mathbb{Q}_k,\mathbb{P}_1,\cdots,\mathbb{P}_k)$$

必定是埃尔米特阵. 这涉及上面提到的问题中因子顺序的某些限制. 但是, 为了用经典的 $H(q_1,\cdots,q_k,p_1,\cdots,p_k)$ 来唯一地确定 $H(\mathbb{Q}_1,\cdots,\mathbb{Q}_k,\mathbb{P}_1,\cdots,\mathbb{P}_k)$, 这种限制不是充分的 [14].

另一方面, 波动力学的方法如下: 我们首先构成一个哈密顿函数 $H(q_1,\cdots,q_k,p_1,\cdots,p_k)$, 然后对系统构形空间 (并非相空间, 即 $p_1,\cdots,p_k$ 并不在 ψ 中出现) 中的一个任意函数 $\psi(q_1,\cdots,q_k)$ 考虑其微分方程

$$H\left(q_1,\cdots,q_k,\frac{h}{2\pi i}\frac{\partial}{\partial q_1},\cdots,\frac{h}{2\pi i}\frac{\partial}{\partial q_k}\right)\psi(q_1,\cdots,q_k)=\lambda\psi(q_1,\cdots,q_k).$$

这样,

$$H\left(q_1,\cdots,q_k,\frac{h}{2\pi i}\frac{\partial}{\partial q_1},\cdots,\frac{h}{2\pi i}\frac{\partial}{\partial q_k}\right)$$

---

14 如果 $\mathbb{Q}_1$ 与 $\mathbb{P}_1$ 是埃尔米特函数, 则无论 $\mathbb{Q}_1\mathbb{P}_1$ 还是 $\mathbb{P}_1\mathbb{Q}_1$ 都一定不是埃尔米特函数, 但 $\frac{1}{2}(\mathbb{Q}_1\mathbb{P}_1+\mathbb{P}_1\mathbb{Q}_1)$ 恒为埃尔米特函数. 对 $\mathbb{Q}_1^2\mathbb{P}_1$, 我们也需要考虑 $\frac{1}{2}(\mathbb{Q}_1^2\mathbb{P}_1+\mathbb{P}_1\mathbb{Q}_1^2)$ 以及 $\mathbb{Q}_1\mathbb{P}_1\mathbb{Q}_1$(但由于 $\mathbb{P}_1\mathbb{Q}_1-\mathbb{Q}_1\mathbb{P}_1=\frac{h}{2\pi i}\mathbb{I}$, 这两个表达式正好相等). 对 $\mathbb{Q}_1^2\mathbb{P}_1^2$, 我们也需要考虑 $\frac{1}{2}(\mathbb{Q}_1^2\mathbb{P}_1^2+\mathbb{P}_1^2\mathbb{Q}_1^2)$, $\mathbb{Q}_1\mathbb{P}_1^2\mathbb{Q}_1,\mathbb{P}_1\mathbb{Q}_1^2\mathbb{P}_1$ 等 (这些表达式在上述特殊情况下并不全部吻合). 我们不打算在此对之进一步探究, 因为后面将发展的算子微积分将清楚地显示这些关系.

便被简单地看作一个泛函算子. 例如, 前面提到的算子

$$H\left(q_1,\cdots,q_{3\nu},p_1,\cdots,p_{3\nu}\right)=\sum_{\mu=1}^{\nu}\frac{1}{2m_\mu}(p_{3\mu-2}^2+p_{3\mu-1}^2+p_{3\mu}^2)+V\left(q_1,\cdots,q_{3\nu}\right),$$

把函数 $\psi(q_1,\cdots,q_k)$ 变换为

$$\sum_{\mu=1}^{\nu}\frac{1}{2m_\mu}\left(\frac{h}{2\pi i}\right)^2\left(\frac{\partial^2}{\partial q_{3\mu-2}^2}\psi+\frac{\partial^2}{\partial q_{3\mu-1}^2}\psi+\frac{\partial^2}{\partial q_{3\mu}^2}\psi\right)+V\psi$$

(在 V 与 ψ 中忽略了变量 $q_1,\cdots,q_{3\nu}$), 因为运算 $q_1\frac{h}{2\pi i}\frac{\partial}{\partial q_1}$不同于运算$\frac{h}{2\pi i}\frac{\partial}{\partial q_1}q_1$[15], 这里也有一种不确定性, 来源于 $H(q_1,\cdots,q_k,p_1,\cdots,p_k)$ 中 q_m与p_m 项次序的模糊性. 但是, 薛定谔指出了如何消除这种不确定性: 通过约化到某个确定的变分原理, 可以使得到的微分方程成为自伴随的[16].

现在, 这个微分方程 ("波动方程") 具有本征值问题的特性, 其中 λ 是本征值参数, 而本征函数 $\psi\left(q_1,\cdots,q_k\right)$ 在构形空间 ($q_1,\cdots,q_k$ 的空间) 的边界上等于零, 并要求本征函数具有正则性与单值性. 在波动理论的意义上, 本征值 λ(无论是离散谱还是连续谱[17]) 都是容许的能量水平. 甚至对应的 (复) 本征值, 也与对应的系统的状态 (定态, 在玻恩意义上) 相联系. 对一个有 ν 个电子的系统 ($k=3\nu$, 见前面, e 是电子的电荷), 在 x,y,z 点测量的第 μ 个电子的电荷密度, 用以下表达式确定

$$e\underbrace{\int\cdots\int}_{3\nu-3\text{重}}\left|\psi(q_1\cdots q_{3\mu-3}xyzq_{3\mu+1}\cdots q_{3\nu})\right|^2dq_1\cdots dq_{3\mu-3}dq_{3\mu+1}\cdots dq_{3\nu},$$

即按照薛定谔所述, 这个电子应当被看成 "污染" 了整个 $x,y,z(=q_{3\mu-2},q_{3\mu-1},q_{3\mu})$ 空间. (为了使全部电荷为 e, ψ, 必须用以下条件标准化:

$$\underbrace{\int\cdots\int}_{3\nu\text{重}}\left|\psi(q_1\cdots q_{3\nu})\right|^2dq_1\cdots dq_{3\nu}=1,$$

15 我们有

$$\frac{h}{2\pi i}\frac{\partial}{\partial q_1}(q_1\psi)=q_1\frac{h}{2\pi i}\frac{\partial}{\partial q_1}\psi+\frac{h}{2\pi i}\psi$$

从而

$$\frac{h}{2\pi i}\frac{\partial}{\partial q_1}\cdot q_1-q_1\cdot\frac{h}{2\pi i}\frac{\partial}{\partial q_1}=\frac{h}{2\pi i}\cdot I,$$

这里 I 是等同算符 (把 ψ 变换为其自身), 即 $\frac{h}{2\pi i}\frac{\partial}{\partial q_1}$及$q_1$ 满足与矩阵 $\mathbb{Q}_1$ 及 $\mathbb{P}_1$ 相同的交换规律.

16 见注 9 中提到的书中他的头两篇文章 (又见 Ann. Phys., (4) **79** (1926)).

17 见注 16 中提到的薛定谔书中的第一篇文章. 谱及其类型的精确定义将稍后在 2.6~2.9 节中给出.

本积分对所有 3ν 个变量进行. 对每个 $\mu=1,\cdots,\nu$ 得到同样的方程.)

此外, 波动力学也可以对不处于玻恩定态[18]的系统得到一些结论: 如果不是定态, 即如果它随时间而变化, 则波函数

$$\psi=\psi\left(q_1,\cdots,q_k;t\right)$$

中包含 t, 并且它的变化由以下微分方程支配[19]:

$$-H\left(q_1,\cdots,q_k,\frac{h}{2\pi i}\frac{\partial}{\partial q_1},\cdots,\frac{h}{2\pi i}\frac{\partial}{\partial q_k}\right)\psi\left(q_1,\cdots,q_k;t\right)=\frac{h}{2\pi i}\frac{\partial}{\partial t}\psi\left(q_1,\cdots,q_k;t\right).$$

即对于在 $t=t_0$ 时刻任意给定的初值, 函数 ψ 对所有 t 都唯一地确定. 对两个薛定谔微分方程的比较表明, 即使定态 ψ 实际上也依赖于时间, 但对 t 的依赖性可以表示为

$$\psi\left(q_1,\cdots,q_k;t\right)=e^{-\frac{2\pi i}{h}\lambda t}\psi\left(q_1,\cdots,q_k;0\right).$$

也就是说, t 只出现在绝对值为 1 的一个因子中, 而不依赖于 $q_1,\cdots,q_k$(即在构形空间中定常). 作为例子, 上面定义的电荷密度分布并不改变 (我们将一般地假设, 而且稍后将通过较深入的考量确认这一点, 对于 ψ 而言, 绝对值为 1 并在构形空间中为常数的因子, 实质上是不可观测的).

因为第一个方程的本征函数构成一个完全标准正交系[20], 我们可用这个函数集合作为基, 展开每一个 $\psi=\psi\left(q_1,\cdots,q_k\right)$. 如果 $\psi_1,\psi_2,\cdots$ 是本征函数系 (都不依赖于时间 t), 而 $\lambda_1,\lambda_2,\cdots$ 是它们的对应本征值, 则展开式为

$$\psi\left(q_1,\cdots,q_k\right)=\sum_{n=1}^{\infty}a_n\psi_n\left(q_1,\cdots,q_k\right)\text{ [21]}.$$

若 ψ 依赖于时间 t, 那么 t 将出现在系数 a_n 中 (另一方面, 本征函数集 $\psi_1,\psi_2,\cdots$ 既在这里, 也在后面的所有场合, 都应当被理解为与时间无关). 因此, 如果这里的 $\psi\left(q_1,\cdots,q_k\right)$ 其实是 $\psi\left(q_1,\cdots,q_k;t_0\right)$, 那么可知, 对于

$$\psi=\psi\left(q_1,\cdots,q_k;t\right)=\sum_{n=1}^{\infty}a_n(t)\psi_n,$$

18 在矩阵力学的原始框架中 (见我们上面的叙述), 并未给出这样一个一般状态的概念 (定态是它的特殊情况). 该框架中的对象只有根据能量的本征值产生的定态.

19 $H(q_1,\cdots,q_k,p_1,\cdots,p_k)$ 也可以显含 t. 当然在那种情况下, 一般说来完全没有定态.

20 假设只存在一个离散谱, 见 2.6 节.

21 这些, 以及所有以下的级数展开式, 都是在 "在平均意义下" 收敛. 我们将在 2.2 节中再次考虑.

$$H\psi=\sum_{n=1}^{\infty}a_n(t)H\psi_n=\sum_{n=1}^{\infty}\lambda_n a_n(t)\psi_n,$$

$$\frac{h}{2\pi i}\frac{\partial}{\partial t}\psi=\sum_{n=1}^{\infty}\frac{h}{2\pi i}\dot{a}_n(t)\psi_n.$$

令上面第二个微分方程中两边的系数相等可得

$$\frac{h}{2\pi i}\dot{a}_n(t)=-\lambda_n a_n(t),\quad a_n(t)=c_n e^{-\frac{2\pi i}{h}\lambda_n t},$$

即

$$a_n(t)=c_n e^{-\frac{2\pi i}{h}\lambda_n(t-t_0)}a_n(t_0)=e^{-\frac{2\pi i}{h}\lambda_n(t-t_0)}a_n,$$

$$\psi=\psi(q_1,\cdots,q_k;t)=\sum_{n=1}^{\infty}e^{-\frac{2\pi i}{h}\lambda_n(t-t_0)}a_n\psi_n(q_1,\cdots,q_k).$$

因此, 如果 ψ 不是定态的, 即如果所有 a_n 除开一个均不为零, 则除了一个绝对值为 1 的空间常数因子, ψ 不再 (随变量 t) 变化. 因此, 一般而言, 上面定义的电荷密度也是会变化的, 即真实的电子振动发生在空间中 [22].

我们看到, 这两种理论的原始概念与实际方法大为不同. 尽管如此, 它们从一开始就产生了相同的结果, 甚至当二者给出的细节与量子理论的旧概念不同时也是如此 [23]. 如在 1.1 节中提到的, 随着二者的数学等价性被薛定谔所证明 [24], 这种非常奇特的情况很快就得到了解释. 我们现在把注意力转向等价性的证明, 同时介绍狄拉克–若尔当的一般变换理论 (上述两种理论的综合).

1.3 两种理论的等价性：变换理论

矩阵理论的基本问题是找到矩阵 $\mathbb{Q}_1,\cdots,\mathbb{Q}_k,\mathbb{P}_1,\cdots,\mathbb{P}_k$, 使得 1.2 节中 (第 5 页) 的可易规则得到满足, 且这些矩阵的函数

$$H(\mathbb{Q}_1,\cdots,\mathbb{Q}_k,\mathbb{P}_1,\cdots,\mathbb{P}_k)$$

可化为对角阵. 玻恩和若尔当在他们的第一篇论文中, 把这个问题分为两部分.

首先寻找满足可易规则的矩阵 $\bar{\mathbb{Q}}_1,\cdots,\bar{\mathbb{Q}}_k,\bar{\mathbb{P}}_1,\cdots,\bar{\mathbb{P}}_k$. 这比较容易实现 [25]; 于是, 一般而言,

$$\bar{\mathbb{H}}=H(\bar{\mathbb{Q}}_1,\cdots,\bar{\mathbb{Q}}_k,\bar{\mathbb{P}}_1,\cdots,\bar{\mathbb{P}}_k)$$

22 这样的振动在定态中, 且只在定态中不会发生, 这是玻尔在 1913 年所作的最重要的假设之一. 经典电动力学直接与之相矛盾.

23 见注 16 中提到的薛定谔的第二篇论文.

24 见注 7.

25 例如, 见注 1 中提到的玻恩和若尔当书中的 §20,§23.

不是对角阵. 于是, 正确的解被表达为以下形式:

$$\mathbb{Q}_1=\mathbb{S}^{-1}\bar{\mathbb{Q}}_1\mathbb{S},\quad\cdots,\quad\mathbb{Q}_k=\mathbb{S}^{-1}\bar{\mathbb{Q}}_k\mathbb{S},\quad\mathbb{P}_1=\mathbb{S}^{-1}\bar{\mathbb{P}}_1\mathbb{S},\quad\cdots,\quad\mathbb{P}_k=\mathbb{S}^{-1}\bar{\mathbb{P}}_k\mathbb{S},$$

其中, $\mathbb{S}$ 可以是一个任意矩阵 (但要求 $\mathbb{S}$ 有逆 $\mathbb{S}^{-1}$ 满足 $\mathbb{S}^{-1}\mathbb{S}=\mathbb{S}\mathbb{S}^{-1}=\mathbb{I}$). 由于 $\bar{\mathbb{Q}}_1,\cdots,\bar{\mathbb{Q}}_k,\bar{\mathbb{P}}_1,\cdots,\bar{\mathbb{P}}_k$ 满足可易规则, 因此 $\mathbb{Q}_1,\cdots,\mathbb{Q}_k,\mathbb{P}_1,\cdots,\mathbb{P}_k$ 也满足可易规则 (与 $\mathbb{S}$ 的关系等同), 且因为

$$\bar{\mathbb{H}}=H(\bar{\mathbb{Q}}_1,\cdots,\bar{\mathbb{Q}}_k,\bar{\mathbb{P}}_1,\cdots,\bar{\mathbb{P}}_k)$$

通过 $\mathbb{H}=\mathbb{S}^{-1}\bar{\mathbb{H}}\mathbb{S}$ 转化为

$$\mathbb{H}=H(\mathbb{Q}_1,\cdots,\mathbb{Q}_k,\mathbb{P}_1,\cdots,\mathbb{P}_k)^{26},$$

对于 $\mathbb{S}$ 的仅有要求是: 它把给定的 $\bar{\mathbb{H}}$ 转化为对角阵. (当然, 我们也必须注意到 $\mathbb{S}^{-1}\bar{\mathbb{Q}}_1\mathbb{S}$ 都是埃尔米特阵, 正如 $\bar{\mathbb{Q}}_1$ 等也是如此. 仔细考察后可以发现, 对 $\mathbb{S}$ 的上述附加条件总是可以满足的, 因此无须在这些初步观察中予以考虑.)

总之, 我们需要把给定的 $\bar{\mathbb{H}}$ 借助 $\mathbb{S}^{-1}\bar{\mathbb{H}}\mathbb{S}$ 变换为对角形式. 以下我们要精确地说明应该怎样做.

令矩阵 $\bar{\mathbb{H}}$ 有元素 $h_{\mu\nu}$, 待求的矩阵 $\mathbb{S}$ 有元素 $s_{\mu\nu}$, 以及 (也未知的) 对角阵 $\mathbb{H}$ 有对角元素 w_μ 和一般元素 $w_\mu\delta_{\mu\nu}$[27]. 现在 $\mathbb{H}=\mathbb{S}^{-1}\bar{\mathbb{H}}\mathbb{S}$ 与 $\mathbb{S}\mathbb{H}=\bar{\mathbb{H}}\mathbb{S}$ 相同, 而这表明 (若我们把方程两边的对应元素等同, 则根据熟知的矩阵乘法法则):

$$\sum_\nu s_{\mu\nu}\cdot w_\nu\delta_{\nu\varrho}=\sum_\nu h_{\mu\nu}\cdot s_{\nu\varrho},$$

即

$$\sum_\nu h_{\mu\nu}\cdot s_{\nu\varrho}=w_\rho\cdot s_{\mu\varrho}.$$

因此, 矩阵 $\mathbb{S}(\varrho=1,2,\cdots)$ 的各列 $s_{1\varrho},s_{2\varrho},\cdots$ 与矩阵 $\mathbb{H}$ 的对应对角线元素 w_ϱ 是以下本征值问题的解:

$$\sum_\nu h_{\mu\nu}x_\nu=\lambda\cdot x_\mu\quad(\mu=1,2,\cdots)$$

26 因为

$$\mathbb{S}^{-1}\cdot\mathbb{I}\cdot\mathbb{S}=\mathbb{I},\quad\mathbb{S}^{-1}\cdot a\mathbb{A}\cdot\mathbb{S}=a\cdot\mathbb{S}^{-1}\mathbb{A}\mathbb{S},$$
$$\mathbb{S}^{-1}\cdot(\mathbb{A}+\mathbb{B})\cdot\mathbb{S}=\mathbb{S}^{-1}\mathbb{A}\mathbb{S}+\mathbb{S}^{-1}\mathbb{B}\mathbb{S},\quad\mathbb{S}^{-1}\cdot\mathbb{A}\mathbb{B}\cdot\mathbb{S}=\mathbb{S}^{-1}\mathbb{A}\mathbb{S}\cdot\mathbb{S}^{-1}\mathbb{B}\mathbb{S},$$

故对每个矩阵多项式 $P(\mathbb{A},\mathbb{B},\cdots)$ 有

$$\mathbb{S}^{-1}P(\mathbb{A},\mathbb{B},\cdots)\mathbb{S}=P\left(\mathbb{S}^{-1}\mathbb{A}\mathbb{S},\mathbb{S}^{-1}\mathbb{B}\mathbb{S},\cdots\right).$$

若选择交换关系的左侧为 P, 则得到其不变性; 若对 P 选择 H, 则我们得到 $\mathbb{S}^{-1}\bar{\mathbb{H}}\mathbb{S}=\mathbb{H}$.

27 $\delta_{\mu\nu}=1$ 对 $\mu=\nu$, 以及 $\delta_{\mu\nu}=0$ 对 $\mu\neq\nu$, 是众所周知的克罗内克符号.

(平凡解 $x_1 = x_2 = \cdots = 0$ 自然排除在外). 事实上, $x_\nu = s_{\nu\varrho}$, $\lambda = w_\varrho$ 是一个解 ($x_\nu \equiv 0$, 即 $s_{\nu\varrho} \equiv 0$ [对所有 ν] 是不容许的, 因为这会导致 $\mathbb{S}$ 的第 ϱ 列全为零, 这与 $\mathbb{S}$ 有逆 $\mathbb{S}^{-1}$ 矛盾!). 值得指出, $x_\nu = s_{\nu\varrho}$, $\lambda = w_\varrho$ 实际上是唯一的解.

事实上, 上述方程表示: 矩阵 $\bar{\mathbb{H}}$ 对向量 $x = \{x_1, x_2, \cdots\}$ 的变换等同于将向量乘以因子 λ. 矩阵 $\mathbb{S}^{-1}$ 把向量 $x = \{x_1, x_2, \cdots\}$ 变换后得到向量 $y = \{y_1, y_2, \cdots\}$. 如果我们用 $\mathbb{H}$ 变换 y, 则它等同于通过

$$\mathbb{H}\mathbb{S}^{-1} = \mathbb{S}^{-1}\bar{\mathbb{H}}\mathbb{S}\mathbb{S}^{-1} = \mathbb{S}^{-1}\bar{\mathbb{H}}$$

变换 x. 因此它是用 $\mathbb{S}^{-1}$ 变换 λx, 其结果是 λy. 现在 $\mathbb{H}y$ 有分量

$$\sum_\nu s_{\mu\nu}\delta_{\nu\varrho} = w_\mu y_\mu,$$

而 λy 有分量 λy_μ. 因此, 要求对所有 $\mu = 1, 2, \cdots, w_\mu y_\mu = \lambda y_\mu$ 成立, 即只要 $w_\mu \neq \lambda$, $y_\mu = 0$. 如果我们用 η^ϱ 记一个向量, 其第 ϱ 个分量为 1, 所有其他分量为 0, 那么这表明: y 是对应 $w_\varrho = \lambda$ 的那些 η^ϱ 的线性组合, 否则 $y = 0$. x 的值是 $\mathbb{S}$ 作用于 y 的结果, 因此它是 (被 $\mathbb{S}$ 作用过的)η^ϱ 的线性组合. $\mathbb{S}\eta^\varrho$ 的第 μ 个分量是 (因为 η^ϱ 的第 ν 个分量是 $\delta_{\nu\varrho}$)

$$\sum_\nu s_{\mu\nu}\delta_{\nu\varrho} = s_{\mu\varrho}.$$

如果我们把 $\mathbb{S}$ 的第 ϱ 列, $s_{1\varrho}, s_{2\varrho}, \cdots$ 看作一个向量, 那么 x 是所有 $w_\varrho = \lambda$ 列的线性组合——否则视 $x = 0$. 总之, 我们的原始论断得到了证明: $w_1, w_2, \cdots$ 是仅有的本征值, 而 $x_\nu = s_{\nu\varrho}$, $\lambda = w_\varrho$ 是唯一的解.

这一点很重要, 因为不仅关于 $\mathbb{S}$, $\mathbb{H}$ 的知识确定了本征值问题的所有解, 而且反之, 一旦完全解出了本征值问题, 我们就确定了 $\mathbb{S}$, $\mathbb{H}$. 例如, 对 $\mathbb{H}$ 而言, 明显地, w_μ 是所有的解 λ, 而且每当存在线性无关解 $x_1, x_2, \cdots$ 之时, 每个这样的 λ 就出现在系列 $w_1, w_2, \cdots$ 中 [28]——所以 $w_1, w_2, \cdots$ 除其次序外已经确定 [29].

于是, 矩阵理论的基本问题便是求解本征值问题

E₁. $$\sum_\nu h_{\mu\nu} x_\nu = \lambda \cdot x_\mu \quad (\mu = 1, 2, \cdots).$$

现在转向波动理论. 该理论的基本方程是 "波动方程"

28 $\mathbb{S}$ 的第 ϱ 列, $s_{1\varrho}, s_{2\varrho}, \cdots$ 连同 $w_\varrho = \lambda$, 形成一个完全的解集, 且作为矩阵的列, 它们有逆, 因此它们必定是线性无关的.

29 因为 $\mathbb{S}$ 各列的任意置换, 以及 $\mathbb{S}^{-1}$ 各行的对应置换, $\mathbb{H}$ 的对角线元素以同样方式置换, $w_1, w_2, \cdots$ 的次序实际上是不确定的.

$$\mathbf{E_2}. \qquad H\varphi(q_1,\cdots,q_k)=\lambda\varphi(q_1,\cdots,q_k),$$

其中, H 是已经讨论过的微分算子 —— 我们寻找所有解 $\varphi(q_1,\cdots,q_k)$ 与 λ, 但不考虑平凡解 $\varphi(q_1,\cdots,q_k)\equiv 0$, λ 任意. 这类同于 $\mathbf{E_1}$ 中所要求的: 序列 $x_1,x_2,\cdots$ 可以看作有"离散"变量 ν 的函数 (其变量值为 $1,2,\cdots$)x_ν, 对应于有"连续"变量 $q_1,\cdots,q_k$ 的函数 $\varphi(q_1,\cdots,q_k)$; λ 在两种情况下的作用相同. 然而, 线性变换

$$x_\mu \longrightarrow \sum_\nu h_{\mu\nu}x_\nu$$

与

$$\varphi(q_1,\cdots,q_k)\longrightarrow H\varphi(q_1,\cdots,q_k)$$

显示的类同性较少. 如何在这里作类比呢?

我们把指标 ν 看作变量, 并把它与 k 个变量 $q_1,\cdots,q_k$ 平行看待; 即将指标看作在 k 维构形空间 (从现在起记为 Ω) 中由正整数确定的一般的点. 因此, 我们不能指望 $\sum_\nu$ 可以转化为 Ω 中的一个和, 而更应该指望积分 $\int_\Omega\cdots\int_\Omega\cdots dq_1\cdots dq_k$ (或更简洁地 $\int_\Omega\cdots d\nu$, 其中 $d\nu$ 是 Ω 中的体积元素 $dq_1\cdots dq_k$) 是一个正确的类比. 对依赖于两个指标 ν 类型变量的矩阵元素 $h_{\mu\nu}$, 对应的函数是 $h(q_1,\cdots,q_k;q_1',\cdots,q_k')$, 其中 $q_1,\cdots,q_k$ 与 $q_1',\cdots,q_k'$ 在整个 Ω 空间中独立取值. 而变换

$$x_\mu \longrightarrow \sum_\nu h_{\mu\nu}x_\nu \quad 或 \quad x_\nu \longrightarrow \sum_{\nu'} h_{\nu\nu'}x_{\nu'}$$

成为

$$\varphi(q_1,\cdots,q_k)\to \underbrace{\int\cdots\int}_{\Omega} h(q_1,\cdots,q_k;q_1',\cdots,q_k')\varphi(q_1',\cdots,q_k')\,dq_1'\cdots dq_k',$$

以及本征值问题 $\mathbf{E_1}$, 它也可以写成

$$\mathbf{E_1}. \qquad \sum_{\nu'} h_{\nu\nu'}x_{\nu'}=\lambda\cdot x_\nu$$

于是得到

$$\mathbf{E_3}.\ \underbrace{\int\cdots\int}_{\Omega} h(q_1,\cdots,q_k;q_1',\cdots,q_k')\varphi(q_1',\cdots,q_k')\,dq_1'\cdots dq_k'=\lambda\cdot\varphi(q_1,\cdots,q_k).$$

$\mathbf{E_3}$ 这种类型的本征值问题, 在数学中曾广泛研究过, 且事实上可以在相当大程度上类比问题 $\mathbf{E_1}$ 处理. 这是熟知的 "积分方程"[30].

然而不幸的是, $\mathbf{E_2}$ 并无这种形式, 或者更确切地说, 对于微分算子

$$H = H\left(q_1, \cdots, q_k, \frac{h}{2\pi i}\frac{\partial}{\partial q_1}, \cdots, \frac{h}{2\pi i}\frac{\partial}{\partial q_k}\right),$$

若能找到函数 $h(q_1, \cdots, q_k; q_1', \cdots, q_k')$, 使得恒有 (对所有 $\varphi(q_1, \cdots, q_k)$)

$$\textbf{I.}\quad H\varphi(q_1, \cdots, q_k) = \underbrace{\int \cdots \int}_{\Omega} h(q_1, \cdots, q_k; q_1', \cdots, q_k')\varphi(q_1', \cdots, q_k')\, dq_1' \cdots dq_k'$$

成立. 这个 $h(q_1, \cdots, q_k; q_1', \cdots, q_k')$ 如果存在, 称为泛函算子 H 的 "核", 而 H 本身称为 "积分算子".

这样的变换一般是不可能的, 即微分算子 H 绝非积分算子. 甚至把每一个 φ 变换为其自身的最简单的泛函算子——称为 I——也不是这样的变换. 为说明以上论点, 简单地取 $k = 1$, 并设

$$\mathbf{\Delta_1}.\qquad \varphi(q) \equiv \int_{-\infty}^{\infty} h(q, q')\varphi(q')\, dq'.$$

我们用 $\varphi(q + q_0)$ 代替 $\varphi(q)$, 设 $q = 0$, 并引入积分变量 $q'' = q' + q_0$. 那么 $\varphi(q_0) = \int_{-\infty}^{\infty} h(0, q'' - q_0)\varphi(q'')\, dq''$. 若用 q_0, q'' 代替 q, q', 则可以看出, $h(0, q' - q)$ 与 $h(q, q')$ 解出了我们的问题——故可以假设 $h(q, q')$ 只依赖于 $q' - q$. 于是, 上述要求成为

$$\mathbf{\Delta_2}.\qquad \varphi(q) \equiv \int_{-\infty}^{\infty} h(q' - q)\varphi(q')\, dq' \quad (h(q, q') = h(q' - q)).$$

再次用 $\varphi(q + q_0)$ 代替 $\varphi(q)$, 我们只需考虑 $q = 0$ 的情形, 即

$$\mathbf{\Delta_3}.\qquad \varphi(0) \equiv \int_{-\infty}^{\infty} h(q)\varphi(q)\, dq.$$

用 $\varphi(q)$ 代替 $\varphi(-q)$, 可见 $h(-q)$与$h(q)$ 都是 $\mathbf{\Delta}_3$ 的解, 因此

$$h_1(q) = \frac{1}{2}[h(q) + h(-q)]$$

也是一个解, 这说明 $h_1(q)$ 是变量 q 的一个偶函数.

---

30 通过弗雷德霍姆 (Fredholm) 和希尔伯特的工作, 积分方程理论有了它明确成熟的形式. 在以下著作中, 可以找到详尽的处理和完全的文献, Courant-Hilbert, *Methoden der Mathematischen Physik*, Berlin, 1931.

显然, 这些条件不可能同时得到满足: 如果我们选择对 $q \gtrless 0, \varphi(q) > 0$ 及 $\varphi(0) = 0$, 则由 $\mathbf{\Delta_3}$ 可知, 对 $q \gtrless 0, \varphi(q) = 0$, 引发矛盾 [31]. 但若我们选择 $\varphi(q) \equiv 1$, 则 $\int_{-\infty}^{\infty} h(q)dq = 1$——但由以上肯定会得到矛盾的结果: $\int_{-\infty}^{\infty} h(q)dq = 0$.

尽管如此, 狄拉克假设仍存在这样一个函数

$$\mathbf{\Delta_4}. \qquad \delta(q) = 0, \text{对} \, q \gtrless 0, \ \delta(q) = \delta(-q), \quad \int_{-\infty}^{\infty} \delta(q)dq = 1.$$

这意味着 $\mathbf{\Delta_3}$ 可写为

$$\begin{aligned}\int_{-\infty}^{\infty} \delta(q)\varphi(q)\,dq &= \varphi(0)\int_{-\infty}^{\infty} \delta(q)dq + \int_{-\infty}^{\infty} \delta(q)[\varphi(q) - \varphi(0)]dq \\ &= \varphi(0)\cdot 1 + \int_{-\infty}^{\infty} 0\cdot dq = \varphi(0),\end{aligned}$$

因此也意味着 $\mathbf{\Delta_1}, \mathbf{\Delta_2}$ 成立. 我们应当把这个函数想象为除开原点以外处处为零, 但在原点处有强劲的无限性使得 $\delta(q)$ 在整条直线上的积分为 1[32].

一旦我们接受 δ 函数的构想, 就可以把极为多样的微分算子表示为积分算子——倘若除了函数 $\delta(q)$, 我们还引入它的导数. 那么我们有

$$\begin{aligned}\frac{d^n}{dq^n}\varphi(q) &= \frac{d^n}{dq^n}\int_{-\infty}^{\infty} \delta(q-q')\varphi(q')\,dq' = \int_{-\infty}^{\infty} \frac{\partial^n}{\partial q^n}\delta(q-q')\varphi(q')\,dq' \\ &= \int_{-\infty}^{\infty} \delta^{(n)}(q-q')\varphi(q')\,dq', \\ q^n\varphi(q) &= \int_{-\infty}^{\infty} \delta(q-q')q^n\varphi(q')\,dq',\end{aligned}$$

即 $\dfrac{d^n}{dq^n}$ 与 $q^n\cdot$ 分别有核 $\delta^{(n)}(q-q')$ 与 $\delta(q-q')\,q^n$. 按照同样的方式, 我们可以研究相当复杂的微分算子的核. 对于多变量 $q_1, \cdots, q_k$, δ 函数导致结果

$$\begin{aligned}&\underbrace{\int\cdots\int}_{\Omega} \delta(q_1-q_1')\delta(q_2-q_2')\cdots\delta(q_k-q_k')\varphi(q_1',\cdots,q_k')\,dq_1'\cdots dq_k' \\ =&\int_{-\infty}^{\infty}\left[\cdots\left[\int_{-\infty}^{\infty}\left[\int_{-\infty}^{\infty}\varphi(q_1',q_2',\cdots,q_k')\,\delta(q_1-q_1')dq_1'\right]\delta(q_2-q_2')dq_2'\right]\cdots\right] \\ &\times\delta(q_k-q_k')dq_k'\end{aligned}$$

---

31 更确切地, 如果我们以勒贝格积分概念为基础, 则对 $q \gtrless 0$, 除开一个测度为 0 的集合, $h(q) = 0$, 即除开这样的一个集合, $h(q) = 0$ 总是成立的.

32 对于位于 $q = 0$ 的点, $\delta(q)$ 曲线以下的面积被看作无限窄及无限高, 且其面积为一个单位. 这可以被看作函数 $\sqrt{\dfrac{a}{\pi}}e^{-aq^2}$ 当 $a \to \infty$ 时的极限性态, 但尽管如此, 这还是不可能的.

$$=\int_{-\infty}^{\infty}\left[\cdots\left[\int_{-\infty}^{\infty}\varphi(q_1,q_2',\cdots,q_k')\delta(q_2-q_2')dq_2'\right]\cdots\right]\delta(q_k-q_k')dq_k'$$

$$=\cdots=\varphi(q_1,q_2,\cdots,q_k),$$

$$\underbrace{\int\cdots\int}_{\Omega}\delta'(q_1-q_1')\delta(q_2-q_2')\cdots\delta(q_k-q_k')\varphi(q_1',\cdots,q_k')\,dq_1'\cdots dq_k'$$

$$=\frac{d}{dq_1}\underbrace{\int\cdots\int}_{\Omega}\delta(q_1-q_1')\delta(q_2-q_2')\cdots\delta(q_k-q_k')\varphi(q_1',\cdots,q_k')\,dq_1'\cdots dq_k'$$

$$=\frac{d}{dq_1}\varphi(q_1,q_2,\cdots,q_k),$$

等等.

从而, 实际上对所有算子都能用积分表示 I.

一旦我们有了这一表示, 问题 $\mathbf{E_1}$ 与 $\mathbf{E_3}$ 的类比便已完成. 我们只需要把 $\nu,\nu'\sum_{\nu'}$ 和 x 用 $q_1,\cdots,q_k;q_1',\cdots,q_k';\int\cdots\int\cdots dq_1'\cdots dq_k'$ 和 φ 代替就可以了. 如同向量 x_ν 对应于函数 $\varphi(q_1,\cdots,q_k)$, 核 $h(q_1,\cdots,q_k;q_1',\cdots,q_k')$ 必定直接对应于矩阵 $h_{\nu\nu'}$; 然而更好的方法是把核本身看成矩阵, 并因此把 $q_1,\cdots,q_k$ 看作行指数, 把 $q_1',\cdots,q_k'$ 看作列指数 (ν 与 ν' 对应). 于是, 除了具有用数字 $1,2,\cdots$ 编码的离散行域与列域的普通矩阵 $\{h_{\nu\nu'}\}$, 我们也需要处理 $h(q_1,\cdots,q_k;q_1',\cdots,q_k')$ (积分核), 其两个定义域都用 k 个变量表征, 这些变量连续地在整个 Ω 中改变.

上述类比看起来完全是形式上的, 但实际上并非如此. 指标 ν 与 ν' 也可以被看作状态空间中的坐标, 也就是把它们看作量子数 (在玻尔理论的意义上; 作为相空间中可能的轨道数, 它们因量子条件的限制而是离散的).

我们不打算在这里追索这一条思路, 它已被狄拉克和若尔当打造成为量子过程的一个统一理论. "非正常" 函数 (如 $\delta(x)$ 与 $\delta'(x)$) 在其发展中起着决定性的作用——它们不在一般的应用数学方法的范畴内, 而我们希望借助这些方法来描述量子力学. 因此我们现在转向统一两种理论的其他 (薛定谔) 方法.

1.4 两种理论的等价性：希尔伯特空间

在 1.3 节中简述的方法, 产生于对指标值 $Z=(1,2,\cdots)$ 的 "离散" 空间与力学系统的连续状态空间 Ω (Ω 是 k 维的, 这里 k 是经典力学的自由度数) 之间的类比. 为了达到这种类比, 对形式化和数学有所冒渎是不足为奇的. 在现实中, 空间

Z 与 Ω 十分不同, 把两者联系起来的任何企图都必定会遭遇巨大的困难 [33].

然而, 我们需要处理的不是 Z 与 Ω 之间的关系, 而是定义在这两个空间中的函数之间的关系, 即在 Z 中定义的函数序列 $x_1, x_2, \cdots$ 与在 Ω 中定义的波函数 $\varphi(q_1, \cdots, q_k)$ 之间的关系. 此外, 这些函数是最实质性地进入量子力学问题的实体.

在薛定谔理论中, 积分

$$\underbrace{\int \cdots \int}_{\Omega} |\varphi(q_1, \cdots, q_k)|^2 \, dq_1 \cdots dq_k$$

起着一个重要的作用——它必须等于 1, 以便使 φ 有物理意义 (见 1.2 节). 另一方面, 在矩阵理论中 (见 1.3 节中的问题 $\mathbf{E_1}$), 向量 $x_1, x_2, \cdots$ 起着决定性的作用. 这样的本征值问题在希尔伯特理论意义上的有限性条件 $\sum_\nu |x_\nu|^2$(见注 30 中的文献) 总是施加在这个向量上. 习惯上不考虑平凡解 $x_\nu = 0$, 并设正则化条件为 $\sum_\nu |x_\nu|^2 = 1$. 显而易见, 它在 Z 或 Ω 中限制了容许函数的集合必须具有有限的

$$\sum_\nu |x_\nu|^2 \quad \text{或} \quad \underbrace{\int \cdots \int}_{\Omega} |\varphi(q_1, \cdots, q_k)|^2 \, dq_1 \cdots dq_k$$

因为只有用这样的函数, 才能使得上面的 $\sum_\nu$ 或 $\underbrace{\int \cdots \int}_{\Omega}$ 通过乘以一个常因子而等于 1——即可以在通常的意义下标准化 [34]. 我们分别称这样的函数的全体为 F_Ω 与 F_Z.

现在有以下定理成立: F_Ω 与 F_Z 是同构的 (费歇尔 (Fischer) 和里斯 [35]). 更精确地说, 这表示: 可以在 F_Ω 与 F_Z 之间建立一个一一对应关系, 即把 $\sum_\nu |x_\nu|^2$

33 远在量子力学出现之前, 这样的统一就为 E. H. 穆尔 (E. H. Moore) 所采取, 他是所谓 "一般分析" 的开创者. 见有关这个主题的文章, Hellinger & Toeplitz, *Math. Enzyklopädie*, vol. Ⅱ, C, 13. Leipzig, 1927.

34 这是在薛定谔理论中重复观察到的事实, 在波函数 φ 的情况, 只要求 $\underbrace{\int \cdots \int}_{\Omega} |\varphi(q_1, \cdots, q_k)|^2 dq_1 \cdots dq_k$ 的有限性. 例如, φ 可以是奇异的, 或也许成为无限的, 但只要上述积分保持有限. 这种情况的一个有指导意义的例子是狄拉克的相对论理论中的氢原子, 见 Proc. Roy. Soc., **117** (1928); 又见 W. Gordon, Z. Physik, **48** (1928).

35 在我们讨论希尔伯特空间的过程中, 将给出该定理的一个证明 (见 2.2 节和 2.3 节, 尤其是 2.2 节中的**定理 5**). 值得指出, 对许多目的已经足够且容易证明的该定理的一部分, 是 F_Ω 与 F_Z 的适当的一部分之间的同构; 这要归功于 Hilbert (Gött. Nachr., 1906). 于是, 薛定谔的原始等价性证明 (见注 7) 只对应于定理的这一部分.

有限的每个序列 $x_1, x_2, \cdots$ 与 $\underbrace{\int \cdots \int}_{\Omega} |\varphi(q_1, \cdots, q_k)|^2 dq_1 \cdots dq_k$ 有限的一个函数 $\varphi(q_1, \cdots, q_k)$ 相对应，反之亦然，且这种对应关系是线性与同构的. “线性”意味着，若 $x_1, x_2, \cdots$ 对应于 $\varphi(q_1, \cdots, q_k)$，以及 $y_1, y_2, \cdots$ 对应于 $\psi(q_1, \cdots, q_k)$，则 $ax_1, ax_2, \cdots$ 与 $x_1 + y_1, x_2 + y_2, \cdots$ 分别对应于 $a\varphi(q_1, \cdots, q_k)$ 及 $\varphi(q_1, \cdots, q_k) + \psi(q_1, \cdots, q_k)$；“同构”意味着，若 $x_1, x_2, \cdots$ 与 $\varphi(q_1, \cdots, q_k)$ 相互一一对应，则 $\sum_\nu |x_\nu|^2 = \underbrace{\int \cdots \int}_{\Omega} |\varphi(q_1, \cdots, q_k)|^2 dq_1 \cdots dq_k$. (同构这个词的内涵是，它通常把 $x_1, x_2, \cdots$ 与 $\varphi(q_1, \cdots, q_k)$ 都看作向量，并认为

$$\sqrt{\sum_\nu |x_\nu|^2} \quad 与 \quad \sqrt{\underbrace{\int \cdots \int}_{\Omega} |\varphi(q_1, \cdots, q_k)|^2 dq_1 \cdots dq_k}$$

是它们的“长度”.) 此外，若 $x_1, x_2, \cdots$ 与 $y_1, y_2, \cdots$ 分别对应于 $\varphi(q_1, \cdots, q_k)$ 与 $\psi(q_1, \cdots, q_k)$，则

$$\sum_\nu x_\nu \bar{y}_\nu = \underbrace{\int \cdots \int}_{\Omega} \varphi(q_1, \cdots, q_k) \overline{\psi(q_1, \cdots, q_k)} dq_1 \cdots dq_k$$

(且两边都是绝对收敛的). 在这后一点上，应当注意到人们可能更喜欢

$$\sum_\nu x_\nu = \underbrace{\int \cdots \int}_{\Omega} \varphi(q_1, \cdots, q_k) dq_1 \cdots dq_k$$

或某种类似的东西，即加法与积分之间的完全类比——但仔细的考察表明，加法 $\sum_\nu$ 与积分 $\underbrace{\int \cdots \int}_{\Omega} dq_1 \cdots dq_k$ 在量子力学中只分别应用于表达式，如 $x_\nu \bar{y}_\nu$ 或 $\varphi(q_1, \cdots, q_k) \overline{\psi(q_1, \cdots, q_k)}$.

我们无意在此深究这种对应关系是如何确立的，因为这将是我们在第 2 章要研究的问题. 但我们应当强调这种对应关系存在的意义：Z 与 Ω 是很不相同的，在它们之间建立直接的关系必定导致数学上的巨大困难. 另一方面，F_Z 与 F_Ω 是同构的，即其内蕴结构是等同的 (它们以不同的数学形式实现了同样的抽象性质)——又因为它们 (但并非 Z 与 Ω 本身) 是矩阵与波动理论实分析的基本内容. 这种同构意味着两种理论必定总是产生相同的数值结果. 正是这种同构使矩阵

$$\bar{\mathbb{H}} = H(\bar{\mathbb{Q}}_1, \cdots, \bar{\mathbb{Q}}_k, \bar{\mathbb{P}}_1, \cdots, \bar{\mathbb{P}}_k)$$

与算子 $H = H\left(q_1, \cdots, q_k, \frac{h}{2\pi i}\frac{\partial}{\partial q_1}, \cdots, \frac{h}{2\pi i}\frac{\partial}{\partial q_k}\right)$ 相互对应. 因为二者都通过同样的代数运算分别从矩阵 $\bar{\mathbb{Q}}_l, \bar{\mathbb{P}}_l (l = 1, \cdots, k)$ 与泛函算子 $q_l, \frac{h}{2\pi i}\frac{\partial}{\partial q_l} (l = 1, \cdots, k)$ 得到, 只要说明 q_l 对应于矩阵 $\bar{\mathbb{Q}}_l$, 以及 $\frac{h}{2\pi i}\frac{\partial}{\partial q_l}$ 对应于矩阵 $\bar{\mathbb{P}}_l$ 就足够了. 现在, 对 $\bar{\mathbb{Q}}_l, \bar{\mathbb{P}}_l (l = 1, \cdots, k)$ 并无其他进一步要求, 除了它们需满足 1.2 节中提到的可易规则:

$$\left.\begin{array}{l} \bar{\mathbb{Q}}_m\bar{\mathbb{Q}}_n - \bar{\mathbb{Q}}_n\bar{\mathbb{Q}}_m = \mathbb{O}, \quad \bar{\mathbb{P}}_m\bar{\mathbb{P}}_n - \bar{\mathbb{P}}_n\bar{\mathbb{P}}_m = \mathbb{O} \\ \mathbb{P}_m\mathbb{Q}_n - \mathbb{Q}_n\mathbb{P}_m \begin{cases} = \mathbb{O}, & \text{对 } m \neq n \\ = \frac{h}{2\pi i}\mathbb{I}, & \text{对 } m = n \end{cases} \end{array}\right\} (m, n = 1, \cdots, k)$$

但对应于 $q_l, \frac{h}{2\pi i}\frac{\partial}{\partial q_l}$ 的矩阵肯定可以做到这一点, 因为泛函算子 $q_l, \frac{h}{2\pi i}\frac{\partial}{\partial q_l}$ 具有所提到的性质 [36], 而这些性质在同构变换到 F_Z 时不会消失.

因为系统 F_Z 与 F_Ω 是同构的, 又因为构建在它们之上的量子力学理论在数学上是等价的, 可以预期, 如果我们研究这些函数系统的内蕴性质 (对 F_Z 与 F_Ω 为公共的), 以及选择这些性质作为一个起点, 那么将可以得到只展示量子力学的真正实质性元素的统一理论, 而与以前偶然选择的框架无关.

系统 F_Z 是熟知的 "希尔伯特空间". 因此, 我们的首要任务是研究与 F_Z 或 F_Ω 的具体形式无关的希尔伯特空间的基本性质. 由这些性质所描述的数学结构, 称为 "抽象希尔伯特空间"(在任何具体情况下, F_Z 或 F_Ω 中的计算具有等同的表示, 但在一般情况下, 直接处理比具体计算更为容易).

下面我们打算描述抽象希尔伯特空间, 并严格证明以下这些结果:

(1) 抽象希尔伯特空间可用它的特殊性质唯一地表征, 即不容许本质上不同的实现.

(2) 这些性质既属于 F_Z 也属于 F_Ω.

在这种情况下, 1.4 节中仅作定性讨论的性质, 将被严格地分析. 完成这些工作以后, 我们将应用所得到的数学框架来构建量子力学.

36 我们有

$$q_m \cdot q_n \cdot \varphi(q_1, \cdots, q_k) = q_n \cdot q_m \cdot \varphi(q_1, \cdots, q_k),$$

$$\frac{\partial}{\partial q_m}\frac{\partial}{\partial q_n}\varphi(q_1, \cdots, q_k) = \frac{\partial}{\partial q_n}\frac{\partial}{\partial q_m}\varphi(q_1, \cdots, q_k),$$

$$\frac{\partial}{\partial q_m} q_n \cdot \varphi(q_1, \cdots, q_k) - q_n \cdot \frac{\partial}{\partial q_m}\varphi(q_1, \cdots, q_k) \begin{cases} = 0, & \text{对} m \neq n, \\ = \varphi(q_1, \cdots, q_k), & \text{对} m = n, \end{cases}$$

由此可直接得到想要的算子间关系.

第 2 章　抽象希尔伯特空间

2.1　希尔伯特空间的定义

现在, 我们执行 1.4 节末概述的程序: 定义希尔伯特空间, 以便提供处理量子力学所需概念的数学基础. 这些概念在序列 $x_\nu(\nu=1,2,\cdots)$ 的 "离散" 函数空间 F_Z 与在波函数 $\varphi(q_1,\cdots,q_k)$ ($q_1,\cdots,q_k$在整个状态空间Ω取值) 的 "连续" 函数空间 F_Ω 中, 相应地具有同样的意义. 如我们已经指出, 这些概念如下.

α) "纯量积", 即 (复) 数 a 与希尔伯特空间中元素 f 的乘积: af. 在 F_Z 中, ax_ν 由 x_ν 得到, 而在 F_Ω 中, $a\varphi(q_1,\cdots,q_k)$ 由 $\varphi(q_1,\cdots,q_k)$ 得到.

β) 希尔伯特空间中两个元素 f 与 g 的和与差: $f\pm g$. 在 F_Z 中, $x_\nu\pm y_\nu$ 由 x_ν 与 y_ν 得到, 而在 F_Ω 中, $\varphi(q_1,\cdots,q_k)\pm\psi(q_1,\cdots,q_k)$ 由 $\varphi(q_1,\cdots,q_k)$ 与 $\psi(q_1,\cdots,q_k)$ 得到.

γ) 希尔伯特空间中两个元素 f 与 g 的 "内积": (f,g). 与 α 及 β 不同, 这个运算产生一个复数, 而不是希尔伯特空间中的元素. 在 F_Z 中, 由 x_ν 与 y_ν 得到内积 $\sum_\nu x_\nu\bar{y}_\nu$, 而在 F_Ω 中, 由 $\varphi(q_1,\cdots,q_k)$ 与 $\psi(q_1,\cdots,q_k)$ 得到内积

$$\underbrace{\int\cdots\int}_{\Omega}\varphi(q_1,\cdots,q_k)\overline{\psi(q_1,\cdots,q_k)}dq_1\cdots dq_k$$

(为了完成在 F_Z 与 F_Ω 中内积的定义, 还需要适当的收敛性证明. 我们将在 2.3 节中给出这些证明).

以下我们将把希尔伯特空间中的点记为 $f,g,\cdots,\varphi,\psi,\cdots$, 复数记为 $a,b,\cdots,x,y,\cdots$, 以及正整数记为 $k,l,m\cdots,\mu,\nu,\cdots$. 在需要时, 我们称希尔伯特空间为 $\mathcal{R}_\infty$(作为 "∞-维欧几里得空间" 的一个简称, 类似于 "n-维欧几里得空间"($n=1,2,\cdots$) 的习惯称呼 $\mathcal{R}_n$).

值得注意的特点是, 运算 af, $f\pm g$, (f,g) 正好是向量微积分的基本运算: 它们在欧几里得几何中使得长度与角度的计算成为可能, 或在质点力学中使得力与功的计算成为可能. 对 F_Z 而言, 上述类比十分清楚, 只要把 $\mathcal{R}_\infty$ 中的 $x_1,x_2,\cdots$ 换成 $\mathcal{R}_n$ 中普通的点 $x_1,\cdots,x_n$ 即可 (对应的运算 α, β, γ 可以同样地定义). 特别对于 $n=3$, 这就是普通的三维空间. 在某些情况下, 不把复数 $x_1,\cdots,x_n$ 看作点, 而看作从点 $0,\cdots,0$ 到点 $x_1,\cdots,x_n$ 的向量更为合适.

为了定义抽象希尔伯特空间, 以基本向量运算 af, $f \pm g$, (f, g) 为基础. 我们将同时考虑 $\mathcal{R}_\infty$ 与 $\mathcal{R}_n$, 如在以下讨论中进行的. 当无意区分 $\mathcal{R}_\infty$ 与 $\mathcal{R}_n$ 时, 我们用 $\mathcal{R}$ 作为空间的公共记号.

首先我们赋予 $\mathcal{R}$ 以下典型的向量性质 [37].

A. $\mathcal{R}$ 是一个线性空间.

即在 $\mathcal{R}$ 中定义向量和 $f+g$ 及 "纯量" 积 af(f 与 g 是 $\mathcal{R}$ 的元素, a 是一个复数——af 属于 $\mathcal{R}$), 且设 $\mathcal{R}$ 有一个零元素 [38]. 那么熟知的向量代数计算规则在这个空间中成立:

$$f+g=g+f \quad (\text{加法交换律})$$

$$(f+g)+h=f+(g+h) \quad (\text{加法结合律})$$

$$\left.\begin{aligned}(a+b)f&=af+bf\\ a(f+g)&=af+ag\end{aligned}\right\} \quad (\text{乘法分配律})$$

$$(ab)f=a(bf) \quad (\text{乘法结合律})$$

$$0f=0, 1f=1 \quad (\text{关于 0 与 1 的规则})$$

这里没有提到的计算规则可直接由以上这些公设得到. 例如, 零向量在加法中的作用

$$f+0=1\cdot f+0\cdot f=(1+0)\cdot f=1\cdot f=f.$$

或, 减法的唯一性: 我们定义 $-f=(-1)\cdot f$, $f-g=f+(-g)$; 则

$$\left.\begin{aligned}(f-g)+g&=(f+(-g))+g\\ &=f+((-g)+g)\\ (f+g)-g&=f+g+(-g)\\ &=f+(g+(-g))\end{aligned}\right\}\begin{aligned}&=f+((-1)\cdot g+1\cdot g)\\ &=f+((-1)+1)\cdot g\\ &=f+0\cdot g=f+0=f.\end{aligned}$$

或, 带减法的乘法分配律

$$\begin{aligned}a\cdot(f-g)&=a\cdot f+a\cdot(-g)=af+a\left((-1)\cdot g\right)=af+(a\cdot(-1))\cdot g\\ &=af+((-1)\cdot a)\cdot g=af+(-1)\cdot(ag)=af+(-ag)=af-ag\\ (a-b)\,f&=a\cdot f+(-b)\cdot f=af+((-1)\cdot b)\cdot f=af+(-1)\cdot(bf)\\ &=af+(-bf)=af-bf\end{aligned}$$

---

37 用 $\mathbf{A}, \mathbf{B}, \mathbf{C}^{(n)}$ 对 $\mathcal{R}_n$ 作特性描述首见于 Weyl (*Raum, Zeit, Materia*, Berlin, 1921). 如果我们希望得到 $\mathcal{R}_\infty$ 而不是 $\mathcal{R}_n$, 那么 $\mathbf{C}^{(n)}$ 自然必须用 $\mathbf{C}^{(\infty)}$ 替代. 只是在这种情况下, $\mathbf{D}, \mathbf{E}$ 成为必需的, 见后面的讨论.

38 除开原点或 $\mathcal{R}$ 的零向量, 还有一个数字 0, 于是同一符号用于两种东西. 但根据上下文应该不会引起混淆.

无须进一步探究这些规则; 应当很清楚, 所有线性向量微积分的规则在这里都成立.

因此, 我们可以像对向量一样地对 $\mathcal{R}$ 的元素 $f_1, \cdots, f_k$ 引入线性无关概念.

定义 1 若由 $a_1 f_1 + \cdots + a_k f_k = 0$($a_1, \cdots, a_k$ 是复数) 可得出 $a_1 = \cdots = a_k = 0$, 则元素 $f_1, \cdots, f_k$ 是线性无关的.

我们进一步定义向量微积分中出现的线性元素 (通过原点的直线、平面等) 的类比——流形.

定义 2 $\mathcal{R}$ 的子集 $\mathcal{M}$ 称为线性流形, 若对任意 $k\,(=1, 2, \cdots)$, $\mathcal{M}$ 包含其元素 $f_1, \cdots, f_k$ 的所有线性组合.[39]若 $\mathcal{A}$ 是 $\mathcal{R}$ 的任意子集, 则所有 $a_1 f_1 + \cdots + a_k f_k$ ($k = 1, 2, \cdots, a_1, \cdots, a_k$ 为任意复数; $f_1, \cdots, f_k$ 为 $\mathcal{A}$ 的任意元素) 的集合是一个线性流形, 它毫无疑问地包含 $\mathcal{A}$. 被称为 "由 $\mathcal{A}$ 所张成的线性流形", 记为 $\{\mathcal{A}\}$.

在进一步发展这个概念之前, 让我们表达向量微积分的另一个基本概念, 内积的存在性.

B. 在 $\mathcal{R}$ 中定义了埃尔米特内积.

也就是: (f, g) 有定义 (f, g 在 $\mathcal{R}$ 中; (f, g) 是一个复数), 且有以下性质[40].

$$(f' + f'', g) = (f', g) + (f'', g) \quad \text{(对第一因子的分配律)}$$
$$(a \cdot f, g) = a \cdot (f, g) \quad \text{(对第一因子的结合律)}$$
$$(f, g) = \overline{(g, f)} \quad \text{(埃尔米特对称性)}$$
$$(f, f) \geqslant 0 \quad \text{(定号形式)}$$
$$= 0, \quad \text{且仅当} f \text{为零时}$$

此外, 由于有埃尔米特对称性, 关于第二因子的对应关系式, 可用第一因子的两条性质得出 (将 f 与 g 交换, 并在两边取复共轭):

$$(f, g' + g'') = (f, g') + (f, g'')$$
$$(f, a \cdot g) = \bar{a} \cdot (f, g)$$

这个内积是非常重要的, 因为它使得长度的定义成为可能. 在欧几里得空间里, 向量 f 的大小定义为 $\| f \| = \sqrt{(f, f)}$ [41], 而两点 f 与 g 之间的距离定义为 $\| f - g \|$. 我们将从这种观点出发.

---

39 只要求以下便足够了: 如果 f 属于 $\mathcal{M}$, 那么 af 也属于 $\mathcal{M}$; 如果 f,g 属于 $\mathcal{M}$, 那么 $f + g$ 也属于 $\mathcal{M}$. 于是如果 $f_1, \cdots, f_k$ 属于 $\mathcal{M}$, 那么 $a_1 f_1 + \cdots + a_k f_k$ 也属于 $\mathcal{M}$, 且从而先后有 $a_1 f_1 + a_2 f_2$, $a_1 f_1 + a_2 f_2 + a_3 f_3, \cdots, a_1 f_1 + \cdots + a_k f_k$ 都属于 $\mathcal{M}$.

40 由于埃尔米特对称性, (f, f) 是实数: 事实上, 对 $f = g$, 这给出 $(f, f) = \overline{(f, f)}$.

41 如果 f 有分量 $x_1, \cdots, x_n$, 那么由 2.1 节 **γ** 中所作的观察 (如果局限于有限数目的分量),

$$\sqrt{(f, f)} = \sqrt{\sum_{\nu=1}^{n} |x_\nu|^2},$$

即普通的欧几里得长度.

定义 3 $\mathcal{R}$ 中的元素 f 的 "长度" 定义为: $\| f \| = \sqrt{(f, f)}$; f, g 之间的距离定义为 $\| f - g \|$[42].

显然, 这个概念具有距离的所有性质. 为此, 证明以下结果.

定理 1 $|(f, g)| \leqslant \| f \| \cdot \| g \|$.

证明 首先, 我们写出

$$\|f\|^2 + \|g\|^2 - 2\mathrm{Re}\,(f, g) = (f, f) + (g, g) - (f, g) - (g, f) = (f - g, f - g) \geqslant 0,$$

$$\mathrm{Re}\,(f, g) \leqslant \frac{1}{2}\left(\|f\|^2 + \|g\|^2\right).$$

(若 $z = u + iv$ 是一个复数——u 与 v 是实数, 用 $\mathrm{Re}\, z$ 与 $\mathrm{Im}\, z$ 分别表示 z 的实部与虚部, 即$\mathrm{Re}\, z = u$ 与 $\mathrm{Im}\, z = v$). 若用 af 与 $(1/a)g$ (a 为实数, 且$a > 0$) 替代 f 与 g, 易见以上不等式的左边不变, 而右边成为$\frac{1}{2}(a^2 \|f\|^2 + \frac{1}{a^2} \|g\|^2)$. 这个表达式 $\geqslant \mathrm{Re}\,(f, g)$, 其中的不等号特别对其极小值 $\| f \| \cdot \| g \|$ 成立 (对不为 0 的 f, g, 极小值在 $a = \sqrt{\frac{\|g\|}{\|f\|}}$ 取得, 以及对 $f = 0$ 或 $g = 0$, 分别在 $a \to +\infty$ 或 $a \to +0$ 时取得). 因此

$$\mathrm{Re}\,(f, g) \leqslant \| f \| \cdot \| g \|.$$

如果用 $e^{i\alpha} f$, g (α 是实数) 代替 f, g, 则方程的右边不变, 因为

$$(af, af) = a\bar{a}\,(f, f) = |a|^2\,(f, f),$$

我们有

$$\|af\| = |a| \cdot \|f\|,$$

因此, 对 $|a| = 1$, $\|af\| = \|f\|$), 而左边成为

$$\mathrm{Re}\left(e^{i\alpha}\,(f, g)\right) = \cos\alpha\, \mathrm{Re}\,(f, g) - \sin\alpha\, \mathrm{Im}\,(f, g).$$

它显然有极大值

$$\sqrt{(\mathrm{Re}\,(f, g))^2 + (\mathrm{Im}\,(f, g))^2} = |(f, g)|.$$

由此证出命题:

$$|(f, g)| \leqslant \| f \| \cdot \| g \|.$$

推论 为使上述不等式中的等号成立, f 与 g 必须等同到只差一个常数 (复数) 因子.

---

42 因为 (f, f) 是实数且 $\geqslant 0$, $\| f \|$ 是实数, 且选择平方根 $\geqslant 0$. 对 $\| f - g \|$ 有同样的结果成立.

证明 为使下述关系式

$$\mathrm{Re}\,(f,\,g) \leqslant \frac{1}{2}\left(\|\,f\,\|^2 + \|\,g\,\|^2\right)$$

中的等号成立, $(f-g,\ f-g)$ 必须为零, 即 $f=g$. 为了用上述表达式推出 $|(f\,,g)| \leqslant \|f\|\cdot\|g\|$, 对均不为零的 f与g, 用 $e^{i\alpha}f$, $(1/a)g(a,\alpha$为实数$,a>0)$ 代替 f,g 即可. 为使等号在这种情况下成立, 我们必须有

$$e^{i\alpha}af=\frac{1}{a}g\,,\ \text{即}\, g=a^2e^{i\alpha}f=cf \quad (c\neq 0).$$

反之, 对于 $f=0$ 或 $g=0$, 或 $g=cf\,(c\neq 0)$, 等号明显成立.

定理 2 $\|\,f\,\|\geqslant 0$ 恒成立, 且仅当 $f=0$ 时 $\|\,f\,\|=0$. 此外, 恒有

$$\|\,a\cdot f\,\|=|a|\cdot\|\,f\,\|,$$

$$\|\,f+g\,\|\leqslant\|\,f\,\|+\|\,g\,\|,$$

等号仅当 f 与 g 等同到只差一个 $\geqslant 0$ 的实数常因子时成立.

证明 我们已经看到, 定理的前两个结论是正确的. 第三个不等式的证明如下:

$$\begin{aligned}(f+g,f+g)&=(f,f)+(g,g)+(f,g)+(g,f)\\&=\|f\|^2+\|g\|^2+2\mathrm{Re}\,(f,g)\\&\leqslant\|f\|^2+\|g\|^2+2\,\|\,f\,\|\cdot\|\,g\,\|\\&=(\|\,f\,\|+\|\,g\,\|)^2,\end{aligned}$$

$$\|f+g\|\leqslant\|\,f\,\|+\|\,g\,\|.$$

基于上面推论的证明中所做的观察, 为了使等号成立, $\mathrm{Re}(f,g)$ 必须等于 $\|\,f\,\|\cdot\|\,g\,\|$, 而这要求 f 或 $g=0$, 或 $g=a^2f=cf$ (c 为实数, >0). 这种情况下等号成立是显然的.

根据定理 2 立即可知, 距离 $\|\,f-g\,\|$ 有以下性质: 当 $f=g$ 时, f, g 之间的距离恒为 0. g, f 之间的距离与 f, g 之间的距离相等. f, h 的距离小于或等于 f, g 的距离与 g, h 的距离之和. 等号仅当 $g=af+(1-a)\,h\,(a$是实数$,\,0\leqslant a\leqslant 1)$ 时成立[43]. af, ag 的距离是 f, g 距离的 $|a|$ 倍.

正是长度概念的这些性质, 使得它可以在几何学 (与拓扑学) 中作为连续性、极限、极限点等概念的基础. 我们也打算使用长度概念, 并定义如下:

43 根据**定理 2** (在此应用于 $f-g,g-h$), $f-g=0$, 即 $g=f$ 或 $g-h=0$, 亦即 $g=h$ 或 $g-h=c(f-g)$ (c 为大于 0 的实数), 即 $g=\dfrac{c}{c+1}f+\dfrac{1}{c+1}h$, 或写成 $g=af+(1-a)\,h$, 其中 a 分别等于 $1,0,\ \dfrac{c}{c+1}$. 在几何上, 这表示 g 点与 f, h 同线.

$\mathcal{R}$ 中的一个函数 $F(f)$(即 f 定义在 $\mathcal{R}$ 中, 且它所取的值或者恒在 $\mathcal{R}$, 或者恒为复数) 在 f_0 点 ($\mathcal{R}$ 中) 是连续的, 若对每个 $\varepsilon > 0$ 存在一个 $\delta > 0$ 使得 $\|f - f_0\| < \delta$, 则意味着 $\|F(f) - F(f_0)\| < \varepsilon$ 或 $|F(f) - F(f_0)| < \varepsilon$(取决于 F 的值是 $\mathcal{R}$ 中的点还是复数). 若恒有 $\|F(f)\| \leqslant C$ 或 $|F(f)| \leqslant C$ (C 是一个适当选择的固定常数), 称这个函数在 $\mathcal{R}$ 中或在 $\mathcal{R}$ 的一个给定子集中有界. 类似的定义也对多变量成立. 序列 $f_1, f_2, \cdots$ 收敛于 f, 或有极限 f, 若值 $\| f_1 - f \|, \| f_2 - f \|, \cdots$ 收敛到零. 一个点是集合 $\mathcal{A}$($\mathcal{R}$ 的子集) 的极限点, 若它是 $\mathcal{A}$ 中一个序列的极限 [44]. 特别地, 若它包含它所有的极限点, 则称 $\mathcal{A}$ 为闭的; 若其极限点的闭包是整个 $\mathcal{R}$, 则 $\mathcal{A}$ 是处处稠密的.

我们还需要证明 $af, f+g, (f,g)$ 对其所有变量连续. 因为

$$\|af - af'\| = |a| \cdot \|f - f'\|,$$

$$\|(f+g) - (f'+g')\| = \|(f-f') + (g-g')\| \leqslant \|f - f'\| + \|g - g'\|,$$

前两个命题显然成立. 进而, 由

$$\|f - f'\| < \varepsilon, \quad \|g - g'\| < \varepsilon,$$

作代换 $f' - f = \varphi,\ g' - g = \psi$, 可以得到

$$\begin{aligned}
|(f,g) - (f',g')| &= |(f,g) - (f+\varphi, g+\varphi)| \\
&= |(\varphi, g) + (f, \psi) + (\varphi, \psi)| \\
&\leqslant |\varphi, g| + |f, \psi| + |\varphi, \psi| \\
&\leqslant \|\varphi\| \cdot \|g\| + \|f\| \cdot \|\psi\| + \|\varphi\| \cdot \|\psi\| \\
&\leqslant \varepsilon \left(\|f\| + \|g\| + \varepsilon \right).
\end{aligned}$$

当 $\varepsilon \to 0$ 时该表达式趋于零, 并可以使它小于任何 $\delta, \delta > 0$.

如上所述, 在 $\mathcal{R}$ 上定义的性质 **A**, **B** 使我们得以导出许多结果. 但尚不足以区分 $\mathcal{R}_n$ 之间, 及其与 $\mathcal{R}_\infty$ 之不同; 迄今为止亦未提及维数概念. 维数概念显然与线性无关向量的最大数目有关. 若有这样一个最大数 $n = 0, 1, 2, \cdots$, 则对这些 n 有

$\mathbf{C}^{(n)}$. 恰好存在 n 个线性无关向量. 即可以指定 n 个, 但不是 $n+1$ 个.

若不存在最大数, 则我们有:

$\mathbf{C}^{(\infty)}$. 存在任意多个线性无关向量.

换言之, 对每个给定的 $k = 0, 1, 2, \cdots$, 我们都可以在 $\mathbf{C}^{(\infty)}$ 中给出 k 个这样的向量.

44 以下极限点的定义也是有用的: 对每个 $\varepsilon > 0$, 恒存在 $\mathcal{A}$ 中的 f', 使得 $\|f - f'\| < \varepsilon$. 两个定义的等价性证明与普通分析中的证明完全一样.

C 不是实质性的新公设. 若 **A**, **B** 成立, 则 $\mathbf{C}^{(n)}$ 或者 $\mathbf{C}^{(\infty)}$ 必须成立, 这取决于我们的选择. 我们得到一个不同的空间 $\mathcal{R}$. 我们将看到, 按照 $\mathbf{C}^{(n)}$ 的定义, $\mathcal{R}$ 具有 n 维 (复数) 欧几里得空间的所有性质. 另一方面, $\mathbf{C}^{(\infty)}$ 不足以保证 $\mathcal{R}$ 与希尔伯特空间 $\mathcal{R}_\infty$ 实质上的等同性. 我们需要两个附加性质 **D**, **E**. 进一步, 我们将证明, $\mathcal{R}$ 连同 **A**, **B**, **C**, **D**, **E** 具有 $\mathcal{R}_\infty$ 的所有性质, 但在这种情况下, **D**, **E** 是实质性的 (即它们并非来自 **A**, **B**, $\mathbf{C}^{(\infty)}$). 下面我们表述 **D**, **E**, 后面将证明所有 $\mathcal{R}_n$, $\mathcal{R}_\infty$ 都具有这些性质 (见 2.3 节).

D. $\mathcal{R}$ 是完全的 [45].

即若 $\mathcal{R}$ 中的某个序列 $f_1, f_2, \cdots$ 满足柯西收敛准则 (对每个 $\varepsilon > 0$, 存在一个 $N = N(\varepsilon)$, 使得 $\| f_m - f_n \| < \varepsilon$ 对所有 $m, n \geqslant N$ 成立), 则该序列必定收敛, 即收敛到一个极限 f(见前面给出的这个概念的定义).

E. $\mathcal{R}$ 是可分的 [45].

即 $\mathcal{R}$ 中存在一个序列 $f_1, f_2, \cdots$, 它在 $\mathcal{R}$ 中是处处稠密的.

在 2.2 节中, 我们将如前所述, 在这些基本假设的基础上建立 $\mathcal{R}$ 上的 "几何学", 并区分两种情形: $\mathcal{R}_n$ 与 $\mathcal{R}_\infty$.

2.2 希尔伯特空间几何学

我们从两个定义开始. 其中第一个包含为我们的目的所需要的所有三角学: 直角的概念——正交性.

定义 4 $\mathcal{R}$ 的两个元素 f, g 是正交的, 若 $(f, g) = 0$. 两个线性流形 $\mathcal{M}, \mathcal{N}$ 是正交的, 若 $\mathcal{M}$ 的每一个元素与 $\mathcal{N}$ 的每一个元素皆正交. 集合 $\mathcal{O}$ 被称为标准正交系, 若对 $\mathcal{O}$ 中的所有 f, g 有

$$(f, g) = \begin{cases} 1, & 对 f = g \\ 0, & 对 f \neq g \end{cases}$$

(即每一对元素都是正交的, 且每一个元素的长度是 1 [46]). 此外, 称 $\mathcal{O}$ 是完全的, 若它不是包含更多元素的任何其他标准正交系的子集 [47].

我们还注意到, 标准正交系的完全性明显地表示, 不存在与整个 $\mathcal{O}$ 正交, 且 $\|f\| = 1$ 的 f (见注 46). 设想有一个 f 非零且与整个集合 $\mathcal{O}$ 正交, 那么对于 $f' = \dfrac{1}{\|f\|} \cdot f$(当然 $\|f\| > 0$), 以上条件皆满足: $\|f'\| = \dfrac{1}{\|f\|}\|f\| = 1$, f' 与 $\mathcal{O}$ 正

45 我们应用拓扑的术语以期简洁 (见 Hausdorff: *Mengenlehre*, Berlin, 1927), 正文中将进一步说明.

46 事实上, $\|f\| = \sqrt{(f, f)} = 1$.

47 如我们所见, 完全正交集对应于 $\mathcal{R}_n$ 中的笛卡儿坐标系 (即其单位向量在轴线方向).

交, 这与完全性相违背. 因此 $\mathcal{O}$ 的完全性表示, 与整个 $\mathcal{O}$ 正交的每一个 f 必须为零.

完全标准正交系的定义只在 $\mathcal{R}_\infty$ 中是重要的, 因为在 $\mathcal{R}_n$ 中, 每一个线性流形都由其自身所描述 (见 2.3 节末). 因此, 我们不能给出其意义的直观几何图像.

定义 5 同时也是闭的一个线性流形称为闭线性流形. 若 $\mathcal{A}$ 是 $\mathcal{R}$ 中的任意集合, 并对 $\{\mathcal{A}\}$(由 $\mathcal{A}$ 张成的线性流形) 添加其所有极限点, 则得到包含 $\mathcal{A}$ 的一个闭线性流形. 它也是包含 $\mathcal{A}$ 的每个其他线性流形的一个子集 [48]. 称它为被 $\mathcal{A}$ 所张的闭线性流形, 用符号 $[\mathcal{A}]$ 表示.

以下对 $\mathcal{R}$, 特别是完全标准正交系作更详细的分析. 对于除了 $\mathbf{A}, \mathbf{B}$ 还需要 $\mathbf{C}^{(n)}$ 或 $\mathbf{C}^{(\infty)}, \mathbf{D}, \mathbf{E}$ 的定理, 我们分别加以指标 $^{(n)}$ 或 $^{(\infty)}$. 对两种情况都适用的那些定理, 将略去这些指标.

定理 $\mathbf{3}^{(n)}$ 有 $\leqslant n$ 个元素的每一个标准正交系, 当且仅当它有 n 个元素时是完全的.

注 由这个定理可知, 标准正交系元素的数目有一个最大值; 按定义, 达到最大值的那些系统是完全的. 根据这个定理, 在 $\mathbf{C}^{(n)}$ 的情况下存在完全标准正交系, 它有 n 个元素 $\varphi_1, \varphi_2, \cdots, \varphi_n$.

证明 每个标准正交系 (若它有限) 是线性无关的. 若其元素为 $\varphi_1, \varphi_2, \cdots, \varphi_m$, 则有

$$a_1\varphi_1 + \cdots + a_m\varphi_m = 0,$$

通过用 $\varphi_\mu(\mu = 1, 2, \cdots, m)$ 构成内积, 可知 $a_\mu = 0$. 所以, 由 $\mathbf{C}^{(n)}$, 它不能有 $n+1$ 个元素. 因此, 任何标准正交系不能有 $n+1$ 个元素的子集. 故它是有限的, 并有 $\leqslant n$ 个元素.

有 n 个元素的集合不可能再扩张, 因此是完全的. 但有 $m < n$ 个元素 $\varphi_1, \varphi_2, \cdots, \varphi_m$ 的集合是不完全的. 事实上, 因为线性组合 $a_1\varphi_1 + \cdots + a_m\varphi_m$ 不能给出 $n > m$ 个线性无关元素. 从而按照 $\mathbf{C}^{(n)}$, 必定存在不同于所有 $a_1\varphi_1 + \cdots + a_m\varphi_m$ 的元素 f, 使得

$$\psi = f - a_1\varphi_1 - \cdots - a_m\varphi_m$$

恒不为零. $(\psi, \varphi_\mu) = 0$ 现在表示 $a_\mu = (f, \varphi_\mu)(\mu = 1, 2, \cdots, m)$. 因此, 这个条件对所有 $\mu = 1, 2, \cdots, m$ 同时满足, 这样就构造了表明集合 $\varphi_1, \varphi_2, \cdots, \varphi_m$ 不完全的一个 ψ.

定理 $\mathbf{3}^{(\infty)}$ 每一个标准正交系都是一个有限或可数无穷序列; 若它是完全的, 则它必定是无穷的.

48 作为一个线性流形, 它必须包含 $\{\mathcal{A}\}$, 且因为它是闭的, 它也包含 $\{\mathcal{A}\}$ 的极限点.

注 因此, 我们可以把所有标准正交系写成序列: φ_1, φ_2, $\cdots$ (也许会终止, 即有限的), 以下将这样做. 应当指出, 对完全性而言, 系统有无穷多元素是必要的, 但不同于在$\mathbf{C}^{(n)}$ 的情况, 这个条件不是充分的 [49].

证明 设 $\mathcal{O}$ 是一个标准正交系, f, g 是属于它的两个不同元素. 则

$$(f-g,f-g)=(f,f)+(g,g)-(f,g)-(g,f)=2, \quad \|f-g\|=\sqrt{2}.$$

现在设 $f_1,f_2,\cdots$ 是在 $\mathcal{R}$ 中处处稠密的序列. 根据 **E**, 这种序列存在. 对 $\mathcal{O}$ 中的每个 f, 稠序列中存在一个 f_m, 使得 $\|f-f_m\|<(1/2)\sqrt{2}$. 与 f, g 相对应的 f_m,f_n 必定是不同的, 因为若 $f_m=f_n$, 则有

$$\|f-g\|=\|(f-f_m)-(g-f_m)\|\leqslant\|f-f_m\|+\|g-f_m\|<\frac{1}{2}\sqrt{2}+\frac{1}{2}\sqrt{2}=\sqrt{2}.$$

因此, $\mathcal{O}$ 的每个 f, 对应于序列 $f_1,f_2,\cdots$ 中的一个 f_m, 不同的 f 对应于不同的 f_m. 故 $\mathcal{O}$ 是有限的或是一个序列.

在**定理3$^{(n)}$** 的证明中我们证明了以下性质: 若 $\mathcal{R}$ 中有多于 m 个线性无关的元素, 则系统 φ_1, φ_2, $\cdots$, φ_m 不可能是完全的. 但在 $\mathbf{C}^{(\infty)}$ 中, 对所有 m, 存在 m 个线性无关元素, 因此完全系必定是无限的.

迄今讨论的这些定理只涉及在 $\mathbf{C}^{(\infty)}$ 空间中的收敛性, 但因为其众多的内蕴, 我们最好更一般地予以表述.

定理 4 设 φ_1, φ_2, $\cdots$ 是一个标准正交系, 则所有序列 $\sum_\nu (f,\varphi_\nu)\overline{(g,\varphi_\nu)}$ 绝对收敛, 即使它有无穷项也是如此. 特别地, 当 $f=g$ 时, 恒有 $\sum_\nu |(f,\varphi_\nu)|^2\leqslant\|f\|^2$.

证明 设 $a_\nu=(f,\varphi_\nu)\overline{(g,\varphi_\nu)}$, $\nu=1,2,\cdots$. 则 $f-\sum_{\nu=1}^N a_\nu\varphi_\nu=\psi$ 正交于所有 φ_ν, $\nu=1,2,\cdots,N$ (见**定理3$^{(n)}$** 的证明). 因 $f=\sum_{\nu=1}^N a_\nu\varphi_\nu+\psi$, 故

$$\begin{aligned}(f,f)&=\sum_{\mu,\nu=1}^{N} a_\mu\overline{a_\nu}(\varphi_\mu,\varphi_\nu)+\sum_{\nu=1}^{N} a_\nu(\varphi_\nu,\psi)+\sum_{\nu=1}^{N}\bar{a}_\nu(\psi,\varphi_\nu)+(\psi,\psi)\\&=\sum_{\nu=1}^{N}|a_\nu|^2+(\psi,\psi)\\&\geqslant\sum_{\nu=1}^{N}|a_\nu|^2,\end{aligned}$$

即 $\sum_{\nu=1}^N|a_\nu|^2\leqslant\|f\|^2$. 若系统 φ_1, φ_2, $\cdots$ 是有限的, 则直接可以得到 $\sum_\nu|a_\nu|^2=\|f\|^2$; 若该系统是无穷的, 令 $N\to\infty$ 可推出 $\sum_\nu|a_\nu|^2$ 的绝对收敛性及其 $\leqslant\|f\|^2$ 的事实, 第二个命题由此得证. 因为

49 令 φ_1, φ_2, $\cdots$ 是完全的. 那么 φ_2, φ_3, $\cdots$ 不是完全的, 但它仍然是无穷的!

$$\left|(f,\varphi_\nu)\overline{(g,\varphi_\nu)}\right| \leqslant \frac{1}{2}\left\{|(f,\varphi_\nu)|^2+|(g,\varphi_\nu)|^2\right\},$$

由刚才所述的收敛结果即可得到第一个命题的更一般收敛结论.

定理 5　设 $\varphi_1, \varphi_2, \cdots$ 是一个无穷标准正交系, 则序列 $\sum_{\nu=1}^{\infty} x_\nu\varphi_\nu$ 当且仅当 $\sum_{\nu=1}^{\infty}|x_\nu|^2$ 收敛时收敛 (序列 $\sum_{\nu=1}^{\infty}|x_\nu|^2$ 的每一项都是非负实数, 因此该级数或者收敛, 或者发散到 $+\infty$).

证明　因为本定理的结论只对 $\mathbf{C}^{(\infty)}$ 有意义, 我们可以应用 **D** 中所述的柯西收敛准则. 当 $N\to\infty$ 时, 若序列的部分和 $\sum_{\nu=1}^{N} x_\nu\varphi_\nu$ 收敛, 则无穷和 $\sum_{\nu=1}^{\infty} x_\nu\varphi_\nu$ 必定收敛, 而部分和收敛的条件是: 对每个 $\varepsilon>0$ 存在一个 $N=N(\epsilon)$ 使得当 $L, M\geqslant N$ 时, $\left\|\sum_{\nu=1}^{L} x_\nu\varphi_\nu-\sum_{\nu=1}^{M} x_\nu\varphi_\nu\right\|<\varepsilon$. 取 $L>M\geqslant N$, 则

$$\left\|\sum_{\nu=1}^{L} x_\nu\varphi_\nu-\sum_{\nu=1}^{M} x_\nu\varphi_\nu\right\|=\left\|\sum_{\nu=M+1}^{L} x_\nu\varphi_\nu\right\|<\varepsilon,$$

$$\begin{aligned}\left\|\sum_{\nu=M+1}^{L} x_\nu\varphi_\nu\right\|^2&=\left(\sum_{\nu=M+1}^{L} x_\nu\varphi_\nu,\ \sum_{\nu=M+1}^{L} x_\nu\varphi_\nu\right)\\&=\sum_{\mu,\nu=M+1}^{L} x_\mu\bar{x}_\nu\,(\varphi_\mu,\ \varphi_\nu)\\&=\sum_{\nu=M+1}^{L}|x_\nu|^2\\&=\sum_{\nu=1}^{L}|x_\nu|^2-\sum_{\nu=1}^{M}|x_\nu|^2,\end{aligned}$$

因此

$$0\leqslant\sum_{\nu=1}^{L}|x_\nu|^2-\sum_{\nu=1}^{M}|x_\nu|^2<\varepsilon^2.$$

这正好是序列 $\sum_{\nu=1}^{N}|x_\nu|^2$, $N\to\infty$, 即序列 $\sum_{\nu=1}^{\infty}|x_\nu|^2$ 的柯西收敛准则.

推论　对级数 $f=\sum_\nu x_\nu\varphi_\nu$ 而言, $(f,\ \varphi_\nu)=x_\nu$ (无论标准正交系是有限的还是无穷的——在后一种情况, 当然需要假设收敛性).

证明　对 $N\geqslant\nu$, 我们有 $\left(\sum_{\mu=1}^{N} x_\mu\varphi_\mu, \varphi_\nu\right)=\sum_{\mu=1}^{N} x_\mu(\varphi_\mu,\varphi_\nu)=x_\nu$. 对有限序列 $\varphi_1, \varphi_2, \cdots$, 我们可以设 N 等于最大指标; 对无穷序列 $\varphi_1, \varphi_2, \cdots$, 考虑到内积的连续性, 我们可以设 $N\to\infty$. 无论对哪一种情况, 都得到 $(f,\ \varphi_\nu)=x_\nu$.

定理 6　设 $\varphi_1, \varphi_2, \cdots$ 是一个标准正交系, 对于任意的 f, 若级数 $f'=\sum_\nu x_\nu\varphi_\nu$ 是无穷和, $x_\nu=(f,\ \varphi_\nu)\,(v=1,2,\cdots)$, 则该级数恒收敛, 并且表达式

$f-f'$ 正交于 $\varphi_1, \varphi_2, \cdots$.

证明 收敛性根据**定理 4 和定理 5**得到, 又根据**定理5** 的推论, $(f', \varphi_\nu)=x_\nu=(f, \varphi_\nu), (f-f', \varphi_\nu)=0$.

在上述准备工作的基础上, 我们可以建立在 $\mathbf{C}^{(\infty)}$ 中成立的标准正交系完全性的一般判别准则.

定理 7 设 $\varphi_1, \varphi_2, \cdots$ 是一个标准正交系, 对其完全性的充分必要条件是以下之一成立:

α) $\varphi_1, \varphi_2, \cdots$ 所张的闭线性流形 $[\varphi_1, \varphi_2, \cdots]$ 等于 $\mathcal{R}$;

β) 恒有 $f=\sum_\nu x_\nu\varphi_\nu, x_\nu=(f, \varphi_\nu)$ 成立 ($\nu=1,2,\cdots$, 收敛性根据**定理 6**);

γ) 恒有 $(f,g)=\sum_\nu (f, \varphi_\nu)\overline{(g, \varphi_\nu)}$ 成立 (绝对收敛性根据**定理 4**).

证明 若 $\varphi_1, \varphi_2, \cdots$ 是完全的, 则 $f-\sum_\nu x_\nu\varphi_\nu=0(x_\nu=(f, \varphi_\nu), \nu=1,2,\cdots)$, 因为根据**定理 6**, 它正交于 $\varphi_1, \varphi_2, \cdots$. 于是 β 满足. 若 β 成立, 则每个 f 都是其部分和 $\sum_{\nu=1}^N x_\nu\varphi_\nu$ 当 $N\to\infty$ 时的极限 (若 $\varphi_1, \varphi_2, \cdots$ 是无穷的), 故属于 $[\varphi_1, \varphi_2, \cdots]$. 因此, $[\varphi_1, \varphi_2, \cdots]=\mathcal{R}$, 即 α 满足. 若 α 成立, 则我们可以得出结论: 若 f 正交于所有 $\varphi_1, \varphi_2, \cdots$, 则它也正交于它们的线性组合, 而根据连续性, 它也正交于它们的极限点, 即所有 $[\varphi_1, \varphi_2, \cdots]$. 因此, 它正交于整个 $\mathcal{R}$, 从而正交于它自身: $(f,f)=0, f=0$. 所以, $\varphi_1, \varphi_2, \cdots$ 是完全的.

于是, 我们有以下逻辑关系:

$$\text{完全性}\to\beta\to\alpha\to\text{完全性}$$

即 α, β 被证明是充分必要条件.

由 γ 又可知 f 正交于所有 $\varphi_1, \varphi_2, \cdots$, 且若取 $f=g$, 则我们得到 $(f,f)=\sum_\nu 0\cdot 0=0, f=0$, 即 $\varphi_1, \varphi_2, \cdots$ 是完全的. 另一方面, 由 β(它现在等同于完全性) 可知,

$$\begin{aligned}(f,g)&=\lim_{N\to\infty}\left(\sum_{\mu=1}^N (f,\varphi_\mu)\cdot\varphi_\mu, \sum_{\nu=1}^N (g,\varphi_\nu)\cdot\varphi_\nu\right)\\&=\lim_{N\to\infty}\sum_{\mu,\nu=1}^N (f,\varphi_\mu)\overline{(g,\varphi_\nu)}\cdot(\varphi_\mu,\varphi_\nu)\\&=\lim_{N\to\infty}\sum_{\nu=1}^N (f,\varphi_\nu)\overline{(g,\varphi_\nu)}=\sum_{\nu=1}^\infty (f,\varphi_\nu)\overline{(g,\varphi_\nu)}\end{aligned}$$

(若系统 $\varphi_1, \varphi_2, \cdots$ 是有限的, 则无须极限过程), 即 γ 也是一个充分必要条件.

定理 8 对每个序列 $f_1, f_2, \cdots$ 有一个对应的标准正交系 $\varphi_1, \varphi_2, \cdots$, 它张在与前一序列相同的线性流形上 (两个序列都可以是有限的).

证明　首先用子序列 g_1, g_2, $\cdots$ 替代 f_1, f_2, $\cdots$, 它张在相同的线性流形上, 并由线性无关的元素组成. 这可以如下进行: 设 g_1 是第一个不等于零的 f_n. g_2 是第一个不同于所有 a_1g_1 的 f_n; g_3 是第一个不同于所有 $a_1g_1+a_2g_2$ 的 f_n; $\cdots$ (若对任何 p 不存在一个不同于所有 $a_1g_1+\cdots+a_pg_p$ 的 f_n, 则我们在 g_p 终止该序列). 这些 g_1, g_2, $\cdots$ 显然提供了待求的结果.

我们现在构成 (这是熟知的施密特正交化过程)

$$\gamma_1 = g_1, \quad \varphi_1 = \frac{1}{\|\gamma_1\|}\cdot\gamma_1,$$

$$\gamma_2 = g_2 - (g_2,\varphi_1)\cdot\varphi_1, \quad \varphi_2 = \frac{1}{\|\gamma_2\|}\cdot\gamma_2,$$

$$\gamma_3 = g_3 - (g_3,\varphi_1)\cdot\varphi_1 - (g_3,\varphi_2)\cdot\varphi_2, \quad \varphi_3 = \frac{1}{\|\gamma_3\|}\cdot\gamma_3,$$

$$\cdots\cdots$$

每个 φ_p 都可以被构造出来, 即所有分母 $\|\gamma_p\|$ 均不为零. 因为, 若 $\gamma_p=0$, 则 g_p 是 $\varphi_1,\cdots,\varphi_{p-1}$, 即 $g_1,\cdots,g_{p-1}$ 的一个线性组合, 而这与假设相矛盾. 此外, g_p 是 $\varphi_1,\cdots,\varphi_p$ 的一个线性组合, φ_p 是 $g_1,\cdots,g_p$ 的一个线性组合, 因此, $g_1,g_2,\cdots$ 与 φ_1, $\varphi_2,\cdots$, 确定了同一个线性流形.

最后, 根据构造 $\|\varphi_p\|=1$, 以及对 $q<p$ $(\gamma_p,\varphi_q)=0$, 因此, $(\varphi_p,\varphi_q)=0$. 由于我们可交换 p,q, 故后一个结论对 $p\neq q$ 成立. 因此, $\varphi_1,\varphi_2,\cdots$ 是一个标准正交系.

定理 9　对应于每个闭线性流形 $\mathcal{M}$, 恒存在一个标准正交系, 它作为一个闭线性流形张在同一个 $\mathcal{M}$ 上.

证明　$\mathbf{C}^{(n)}$ 的情况. 这个定理立即可以证明: 因为 $\mathcal{R}$ 满足 $\mathbf{A},\mathbf{B},\mathbf{C}^{(n)}$, $\mathcal{R}$ 中的每个线性流形 $\mathcal{M}$ 对 $m\leqslant n$ 满足 $\mathbf{A},\mathbf{B}$, $\mathbf{C}^{(m)}$, 这使得**定理3**$^{(n)}$ 中的注适用于 $\mathcal{M}$: 存在一个在 $\mathcal{M}$ 中完全的标准正交系 φ_1, φ_2, $\cdots$. 因为**定理 7**α, 这正好是需要证明的命题 (易见, 对 $\mathcal{M}$ 的封闭性的要求本身并非必要, 因为它实际上是被证明的. 在这种情况下, 比较有关**定义 5**的陈述).

在 $\mathbf{C}^{(\infty)}$ 的情况, 回想起根据公设 $\mathbf{E}$, $\mathcal{R}$ 是可分的. 我们要证明 $\mathcal{M}$ 也是可分的, 一般说来, $\mathcal{R}$ 的每个子集都是可分的. 为此我们构造在 $\mathcal{R}$ 中处处稠密的序列 f_1, f_2, $\cdots$(见 2.1 节中 $\mathbf{E}$), 而对每个 f_n 与 $m=1,2,\cdots$, 构造由所有满足 $\|f-f_n\|<\dfrac{1}{m}$ 的 f 组成的球 $g_{n,m}$. 对每个包含 $\mathcal{M}$ 中点的 $g_{n,m}$, 我们选取这样一个点: $g_{n,m}$. 对一些 n,m , 这个 $g_{n,m}$ 可能是无定义的, 但有定义的点在 $\mathcal{M}$ 中构成一个序列 [50]. 现在设 f 是 $\mathcal{M}$ 中的任意点且 $\varepsilon>0$. 则存在一个 m 满足$1/m<\epsilon/2$, 以及一个 f_n 满足 $\|f-f_n\|<\dfrac{1}{m}$. 因为 $g_{n,m}$ 包含 $\mathcal{M}$ 的一个点 (就是 f), $g_{n,m}$ 是

50　应当记得, 二重序列 $g_{nm}\,(n,m=1,2,\cdots)$ 也可以写成一个简单序列: $g_{11},g_{12},g_{21},g_{13},g_{22},g_{31},\cdots$.

有定义的, 且 $\| f_n - g_{n,m} \| < \dfrac{1}{m}$, 因此 $\|f - g_{n,m}\| < \dfrac{1}{m}$. 所以 f 是这样定义的 $g_{n,m}$ 的极限点, 从而这个序列产生了想要的结果.

我们将用 $f_1, f_2, \cdots$ 记来自 $\mathcal{M}$ 且在 $\mathcal{M}$ 中处处稠密的序列. 由它确定的闭线性流形 $[f_1, f_2, \cdots]$, 包含了它所有的极限点, 从而包含了全部 $\mathcal{M}$; 但因为 $\mathcal{M}$ 是一个闭线性流形, 且 $f_1, f_2, \cdots$ 属于它, 因此 $[f_1, f_2, \cdots]$ 是 $\mathcal{M}$ 的一部分——从而它等于 $\mathcal{M}$. 现在根据**定理 8**选择标准正交系 $\varphi_1, \varphi_2, \cdots$. 则

$$\{\varphi_1, \varphi_2, \cdots\} = \{f_1, f_2, \cdots\},$$

且若在其两边都添加极限点, 我们得到

$$[\varphi_1, \varphi_2, \cdots] = [f_1, f_2, \cdots] = \mathcal{M}.$$

命题得证.

现在只需要在**定理 9**中取 $\mathcal{M} = \mathcal{R}$, 则根据**定理 7α** 我们有一个完全标准正交系 $\varphi_1, \varphi_2, \cdots$. 于是我们看到, 确实有完全标准正交系. 有鉴于此, 可以证明 $\mathcal{R}$ 是 $\mathcal{R}_n$ 或者 $\mathcal{R}_\infty$ (根据是 $\mathbf{C}^{(n)}$ 还是 $\mathbf{C}^{(\infty)}$), 即其所有性质都已完全确定.

现在只需要证明, $\mathcal{R}$ 容许在所有 $\{x_1, x_2, \cdots, x_n\}$ 的集合上, 或在所有 $\{x_1, x_2, \cdots\}$ ($\sum_{\nu=1}^{\infty} |x_\nu|^2$ 有限) 的集合上, 可以分别定义一个一一映射, 使得

(1) 由 $f \longleftrightarrow \{x_1, x_2, \cdots\}$ 得到 $af \longleftrightarrow \{ax_1, ax_2, \cdots\}$.

(2) 由 $\left\{\begin{array}{c} f \longleftrightarrow \{x_1, x_2, \cdots\} \\ \hline g \longleftrightarrow \{y_1, y_2, \cdots\} \end{array}\right\}$ 得到 $f + g \longleftrightarrow \{x_1 + y_1, x_2 + y_2, \cdots\}$.

(3) 由 $\left\{\begin{array}{c} f \longleftrightarrow \{x_1, x_2, \cdots\} \\ \hline g \longleftrightarrow \{y_1, y_2, \cdots\} \end{array}\right\}$ 得到 $(f, g) = \sum_{\nu=1}^{n\text{ 或 }\infty} x_\nu \bar{y}_\nu$.

(对 (3) 中的无穷情形, 必须证明绝对收敛性.) 以下详细说明映射 $f \longleftrightarrow \{x_1, x_2, \cdots\}$.

设 $\varphi_1, \varphi_2, \cdots$ 是一个完全标准正交系; 在 $\mathbf{C}^{(n)}$ 情况下, 它终止于 φ_n, 在 $\mathbf{C}^{(\infty)}$ 情况下, 它是无穷的 (**定理 3**$^{(n)}$ 与**定理3**$^{(\infty)}$). 我们设

$$f = \sum_{\nu=1}^{n\text{ 或 }\infty} x_\nu \varphi_\nu.$$

根据**定理 5**, 这个序列甚至在无穷情况下也收敛 (因为 $\sum_{\nu=1}^{\infty} |x_\nu|^2$ 是有限的, 即无论是 $\mathcal{R}_n$ 还是 $\mathcal{R}_\infty$，其元素都已用尽. 根据**定理 7β**, 又因为 $f = \sum_{\nu=1}^{n\text{ 或 }\infty} |(f, \varphi_\nu)|^2$ 是有限的, (**定理 4**)$\mathcal{R}$ 中的元素也已用尽 ($x_\nu = (f, \varphi_\nu)$ 将被替代). 很清楚, 只有一个 f 对应于每个 $\{x_1, x_2, \cdots\}$, 而其反命题可根据**定理 5**的推论得出.

陈述 (1)(2) 显然满足, (3) 根据**定理 7γ** 得到.

2.3 关于条件 A~E 的补遗 [51]

我们还需要验证 1.4 节末的命题 2: F_Z, F_Ω 确实满足条件 **A**~**E**. 为此只考虑 F_Ω 就可以了, 因为在 2.2 节中我们已经证明, $\mathcal{R}$ 加上 **A**~**E** 必定就所有性质而言等同于 $\mathcal{R}_\infty$, 即 F_Ω, 这使得 **A**~**E** 必须也对 F_Z 成立. 此外, 我们将证明 2.2 节中提到的条件 **D**, **E** 相对于 $\mathbf{A}\sim\mathbf{C}^{(n)}$ 的独立性, 以及它们来自 $\mathbf{A}\sim\mathbf{C}^{(n)}$ 的事实, 即它们在 $\mathcal{R}_n$ 中成立. 这三个纯数学问题成为本章研究的主题.

首先, 在 F_Ω 中验证 **A**~**E**. 为此, 我们需要介绍勒贝格积分的概念. 关于勒贝格积分的基础知识, 请看有关的参考文献 [52] (勒贝格积分的知识仅在本章是重要的, 对以后各章并非必需).

在 1.4 节中我们介绍过, Ω 是 $q_1, \cdots, q_k$ 的 k 维空间, F_Ω 是积分

$$\underbrace{\int \cdots \int}_{\Omega} |f(q_1, \cdots, q_k)|^2 \, dq_1 \cdots dq_k$$

有限的所有函数 $f(q_1, \cdots, q_k)$ 构成的空间. 现在容许所有 $q_1, \cdots, q_k$ 从 $-\infty$ 到 $+\infty$ 变化. 限制 $q_1, \cdots, q_k$ 的变化范围 (使得 Ω 在, 例如, 半空间中, 或一个立方体中, 或一个球中, 或这些形状以外, 等等.) 而且事实上, 我们甚至可以选 Ω 为一个弯曲的曲面 (如球面等), 所有我们的推导仍然成立, 甚至证明也多半可逐字逐句移用. 但是为了避免迷失在不必要的复杂性里 (其讨论不难由读者借助我们的典型证明自己进行), 我们将局限于刚才提到的最简单情况. 以下, 我们将依次处理 **A**~**E**.

对 **A**, 我们必须证明, 若 f, g 属于 F_Ω, 则 $af, f+g$ 也属于 F_Ω, 即若

$$\int_\Omega |f|^2, \quad \int_\Omega |g|^2$$

(因为不会引起混淆, 我们用上面的两个记号简记这两个积分: $\underbrace{\int \cdots \int}_{\Omega} |f(q_1, \cdots, q_k)|^2 \, dq_1 \cdots dq_k$, $\underbrace{\int \cdots \int}_{\Omega} |g(q_1, \cdots, q_k)|^2 \, dq_1 \cdots dq_k$) 是有限的, 则

$$\int_\Omega |af|^2 = |a|^2 \int_\Omega |f|^2, \quad \int_\Omega |f \pm g|^2$$

51 本节对理解本书的后面部分并非必须的.

52 例如, Carathéodory, *Vorlesungen über reele Funktionen*, Leipzig, 1927, 特别是 237-274 页; Kamke, *Das Lebesguesche Integral*, Leipzig, 1925.

也是有限的. 第一种情况是平凡的, 第二种因为 $|f \pm g|^2 = |f|^2 + |g|^2 \pm 2\mathrm{Re}(f\bar{g})$ [53] 而可证明, 只要确定

$$\int_{\Omega} |f, \bar{g}| = \int_{\Omega} |f|\,|g|$$

的有限性即可. 但因 $|f|\,|g| \leqslant \frac{1}{2}\left(|f|^2 + |g|^2\right)$, 故由假设直接可得到结论.

对 **B**, 兹定义 (f,g) 为 $\int_{\Omega} f\bar{g}$. 如前所述, 这个积分是绝对收敛的. 除开最后一个性质: $(f,f)=0$ 表示 $f \equiv 0$ 以外, 所有在 **B** 中假设的性质都显然成立. $(f,f)=0$ 表示 $\int_{\Omega} |f|^2 = 0$. 实际上, 使 $|f|^2 > 0$ 的点集, 就是使得 $f(q_1, \cdots, q_k) \neq 0$ 的点集, 必有勒贝格测度为零. 若两个函数 f, g 仅在勒贝格测度为零的一个集合 $q_1, \cdots, q_k$ 上不相等 (即 $f(q_1, \cdots, q_k) \neq g(q_1, \cdots, q_k)$), 则二者并无实质上的不同 [54]. 因此, 我们可以断言 $f \equiv 0$.

对 **C**, 设 $O_1, \cdots, O_n$ 是 Ω 中两两无公共点的 n 个区域, 每个区域的勒贝格测度均大于零但有限. 设 $f_l(q_1, \cdots, q_k)$ 在 O_l 中为 1, 在 O_l 外为零. 因为 $\int_{\Omega} |f_l|^2$ 等于 O_l 的测度, f_l 属于 F_Ω $(l = 1, \cdots, n)$, 这些 $f_1, \cdots, f_n$ 是线性无关的. 因为 $a_1 f_1 + \cdots + a_n f_n = 0$, 表示左边的函数仅在一个测度为零的集合上不为零, 因此, 它在每个 O_l 中有根, 但因为它在 O_l 中是一个常数 a_l, 故 $a_l = 0; l = 1, \cdots, n$. 这一构造对所有 n 成立, 故 $\mathbf{C}^{(\infty)}$ 成立.

对 **D**, 设序列 $f_1, f_2, \cdots$ 满足柯西收敛准则, 即对每个 $\varepsilon > 0$, 存在一个 $N = N(\varepsilon)$, 使得若 $m, n \geqslant N$, 则 $\int_{\Omega} |f_m - f_n|^2 < \varepsilon$. 我们选择 $n_1 = N\left(\frac{1}{8}\right); n_2 = N\left(\frac{1}{8^2}\right) \geqslant n_1; n_3 = N\left(\frac{1}{8^3}\right) \geqslant n_1, n_2; \cdots$. 则 $n_1 \leqslant n_2 \leqslant \cdots \leqslant n_\nu = N\left(\frac{1}{8^\nu}\right) \leqslant n_{\nu+1}$, 因此 $\int_{\Omega} \left|f_{n_{\nu+1}} - f_{n_\nu}\right|^2 < \frac{1}{8^\nu}$. 现在考虑所有满足 $\left|f_{n_{\nu+1}} - f_{n_\nu}\right| > \frac{1}{2^\nu}$ 的点的集合 $P^{(\nu)}$, 若其勒贝格测度是 $\mu^{(\nu)}$, 则

$$\int_{\Omega} \left|f_{n_{\nu+1}} - f_{n_\nu}\right|^2 \geqslant \mu^{(\nu)} \left(\frac{1}{2^\nu}\right)^2 = \frac{\mu^{(\nu)}}{4^\nu} < \frac{1}{8^\nu} \Longrightarrow \mu^{(\nu)} < \frac{1}{2^\nu}.$$

---

53 一般说来,

$$\begin{aligned} |x+y|^2 &= (x+y)(\bar{x}+\bar{y}) = x\bar{x} + y\bar{y} + (x\bar{y} + \bar{x}y) \\ &= |x|^2 + |y|^2 + 2\mathrm{Re}(xy) \end{aligned}$$

54 这在勒贝格积分理论中是惯例.

再考虑由 $P^{(\nu)}, P^{(\nu+1)}, P^{(\nu+2)}, \cdots$ 的并组成的集合 $Q^{(\nu)}$, 其勒贝格测度是

$$\leqslant \mu^{(\nu)} + \mu^{(\nu+1)} + \mu^{(\nu+2)} + \cdots < \frac{1}{2^{\nu}} + \frac{1}{2^{\nu+1}} + \frac{1}{2^{\nu+2}} + \cdots = \frac{1}{2^{\nu-1}}.$$

在 $Q^{(\nu)}$ 以外, 以下不等式成立:

$$\left|f_{n_{\nu+1}} - f_{n_\nu}\right| < \frac{1}{2^{\nu}}, \quad \left|f_{n_{\nu+2}} - f_{n_{\nu+1}}\right| < \frac{1}{2^{\nu+1}}, \quad \left|f_{n_{\nu+3}} - f_{n_{\nu+2}}\right| < \frac{1}{2^{\nu+2}}, \quad \cdots,$$

因此, 一般说来, 对 $\nu \leqslant \nu' \leqslant \nu''$,

$$\begin{aligned} \left|f_{n_{\nu''}} - f_{n_{\nu'}}\right| &\leqslant \left|f_{n_{\nu'+1}} - f_{n_{\nu'}}\right| + \left|f_{n_{\nu'+2}} - f_{n_{\nu'+1}}\right| + \cdots + \left|f_{n_{\nu''}} - f_{n_{\nu''-1}}\right| \\ &< \frac{1}{2^{\nu'}} + \frac{1}{2^{\nu'+1}} + \cdots + \frac{1}{2^{\nu''-1}} \\ &< \frac{1}{2^{\nu'-1}}. \end{aligned}$$

当 $\nu' \to \infty$ 时, 上式与 ν'' 无关地趋于零, 即当 $q_1, \cdots, q_k$ 不在 $Q^{(\nu)}$ 中时, 序列 $f_{n_1}, f_{n_2}, \cdots$ 满足柯西准则. (对固定的 $q_1, \cdots, q_k$) 我们处理的是数值序列, 故这个序列是收敛的. 反之, 对某些 $q_1, \cdots, q_k$, 若序列 $f_{n_1}, f_{n_2}, \cdots$ 不收敛, 则该系列必位于 $Q^{(\nu)}$ 中. 令不收敛的所有 $q_1, \cdots, q_k$ 的集合是 Q, 则 Q 是 $Q^{(\nu)}$ 的一个子集, 因此其测度不会大于 $Q^{(\nu)}$ 的测度, 即 $< \frac{1}{2^{\nu-1}}$. 虽然 Q 的定义与 ν 无关, 这种测度关系必然对所有 ν 为真, 因此, Q 的勒贝格测度为零. 总之, 例如设 Q 中的所有 f_n 等于零 (见注 54), 上述论证的结果不变. 然而, f_{n_1}, f_{n_2} 也在 Q 中收敛, 从而处处收敛.

这样, 我们已得到在所有点 $q_1, \cdots, q_k$ 处收敛的 $f_1, f_2, \cdots$ 的一个子序列 f_{n_1}, $f_{n_2}, \cdots$ (无须考虑 $f_1, f_2, \cdots$ 的收敛性). 设 $f_{n_1}, f_{n_2} \cdots$ 的极限是 $f = f(q_1, \cdots, q_k)$. 以下必须证明: ① f 属于 F_Ω, 即 $\int_\Omega |f|^2$ 是有限的; ② f 是 $f_{n_1}, f_{n_2}, \cdots$ 的极限, 不仅在对每个 $q_1, \cdots, q_k$ 收敛的意义上, 也在希尔伯特空间 "长度收敛性" 的意义上, 即 $\|f - f_{n_\nu}\| \to 0$ 或 $\int_\Omega \left|f - f_{n_\nu}\right|^2 \to 0$; ③ 在这个意义上, 它也是整个序列 $f_1, f_2, \cdots$ 的极限, 即 $\|f - f_n\| \to 0$ 或 $\int_\Omega |f - f_n|^2 \to 0$.

设 $\varepsilon > 0$, 并设 ν_0 满足 $n_{\nu_0} \geqslant N(\varepsilon)$ $\left(\text{如 } \frac{1}{8^{\nu_0}} \leqslant \varepsilon\right)$, $\nu \geqslant \nu_0, n \geqslant N(\varepsilon)$, 则 $\int_\Omega |f_{n_\nu} - f_n|^2 < \epsilon$. 若设 $\nu \to \infty$, 则被积式趋于 $|f - f_n|^2$, 因此 $\int_\Omega |f - f_n|^2 \leqslant \varepsilon$ (根据勒贝格积分的收敛定理. 见注 52). 所以, 我们先得到 $\int_\Omega |f - f_n|^2$ 是有限的结论, 即 $f - f_n$ 属于 F_Ω; 又因 f_n 属于 F_Ω, 故 f 也属于 F_Ω. 于是, ① 得到证明. 其次, 由上述不等式可知当 $n \to \infty$ 时 $\int_\Omega |f - f_n|^2 \to 0$, 即②与③得到证明.

对 **E**, 我们必须确定一个在 F_Ω 中处处稠密的函数序列 $f_1, f_2, \cdots$.

设 $\Omega_1, \Omega_2, \cdots$ 是 Ω 中域的一个序列, 其中每一个的测度均有限, 且它们覆盖了整个 Ω. (例如, 设 Ω_N 是一个半径为 N 的环绕原点的球.) 设 $f = f(q_1, \cdots, q_k)$ 是 F_Ω 的任意元素. 我们对每个 $N = 1, 2, \cdots$ 定义一个 $f_N = f_N(q_1, \cdots, q_k)$

$$f_N(q_1,\cdots,q_k) = \begin{cases} f(q_1,\cdots,q_k) & \begin{cases} \text{若 } (q_1,\cdots,q_k) \text{ 在 } \Omega_N \text{ 中}, \\ \text{及 } |f(q_1,\cdots,q_k)| \leqslant N, \end{cases} \\ 0, & \text{其他}, \end{cases}$$

对 $N \to \infty$, $f_N(q_1, \cdots, q_k) \to f(q_1, \cdots, q_k)$ (从某个 N 开始, 得到的是等式), 因此 $|f - f_N|^2 \to 0$. 进而, $f - f_N = 0$ 或 f, 因此 $|f - f_N|^2 \leqslant f^2$. 积分 $\int_\Omega |f - f_N|^2$ 因此被 $\int_\Omega |f|^2$ (有限) 主导. 因为被积式趋于零, 积分也趋于零 (见上面引用过的收敛定理).

令 G 为满足以下条件的所有函数 $g = g(q_1, \cdots, q_k)$ 的函数类: 对之 $g \neq 0$ 的所有点的集合的测度是有限的, 并对任意固定常数 C, 在整个空间中不等式 $|g| \leqslant C$ 成立. 以上 f_N 全部属于 G. 因此, G (在 F_Ω 中) 处处稠密.

设 g 属于 G, $\varepsilon > 0$. 并设 $g \neq 0$ 集合的测度为 M, 且 $|g|$ 的上限为 C. 我们选择一系列有理数

$$-C < \varrho_1 < \varrho_2 < \cdots < \varrho_t < C,$$

使得

$$\varrho_1 < -C + \varepsilon, \quad \varrho_2 < \varrho_1 + \varepsilon, \quad \cdots, \quad \varrho_t < \varrho_{t-1} + \varepsilon, \quad C < \varrho_1 + \varepsilon$$

成立, 这是容易做到的. 现在把每个 $\operatorname{Re} g(q_1, \cdots, q_k)$ 的值改变为最接近的 ϱ_s $(s = 1, 2, \cdots, t)$ 值, 但零仍为零. 这样得到一个新函数 $h_1(q_1, \cdots, q_k)$, 它与 $\operatorname{Re} g$ 的差别处处小于 ε. 以同样的方式, 我们对 $\operatorname{Im} g$ 构造一个 $h_2(q_1, \cdots, q_k)$. 于是对 $h = h_1 + ih_2$ 有

$$\int_\Omega |g - h|^2 = \int_\Omega |\operatorname{Re} g - h_1|^2 + \int_\Omega |\operatorname{Im} g - h_2|^2$$

$$\leqslant M\varepsilon^2 + M\varepsilon^2 = 2M\varepsilon^2,$$

$$|g - h| \leqslant \sqrt{2M}\varepsilon.$$

对于给定的 $\delta > 0$, 取 $\varepsilon < \dfrac{\delta}{\sqrt{2M}}$, 于是 $\|g - h\| < \delta$.

记只取有限个不同值的所有函数 $h = h(q_1, \cdots, q_k)$ 的函数类为 H. 实际上, 只有形式为 $\varrho + i\sigma$ 的那些被称为 H, 其中 ϱ, σ 为有理数, 且它们除了零, 只在 0 测度集上取值. 上述 h 属于 H, 因此 H 在 G 中处处稠密, 且在 F_Ω 中亦如此.

设 Π 是一个勒贝格测度有限的集合. 现在定义函数 $f_\Pi = f_\Pi(q_1, \cdots, q_k)$ 如下:

$$f_\Pi(q_1, \cdots, q_k) = \begin{cases} 1, & \text{在 } \Pi \text{ 中}, \\ 0, & \text{其他各处}. \end{cases}$$

函数类 H 显然由所有形如

$$\sum_{s=1}^{t} (\varrho_s + i\sigma_s) f_{\Pi_s} \quad (t = 1, 2, \cdots; \varrho_s, \sigma_s \text{ 为有理数})$$

的函数组成.

现在寻找有以下性质的 Π-集合的一个序列 $\Pi^{(1)}, \Pi^{(2)}, \cdots$. 对每个 Π-集合及对每个 $\varepsilon > 0$ 存在一个 $\Pi^{(n)}$, 使得所有属于 Π 但不属于 $\Pi^{(n)}$, 或属于 $\Pi^{(n)}$ 但不属于 Π 的点的集合的测度小于 ε (这个集合被称为 Π 的差集 $\Pi^{(n)}$). 若我们有这样一个序列, 则

$$\sum_{s=1}^{t} (\varrho_s + i\sigma_s) f_{\Pi^{(n_s)}}$$

($t = 1, 2, \cdots; \varrho_s, \sigma_s$ 为有理数; $n_s = 1, 2, \cdots$) 在 H 中处处稠密: 因为若我们根据以上讨论对每个 Π_s 选择 $\Pi^{(n)}$, 则

$$\begin{aligned}
&\sqrt{\int_\Omega \left| \sum_{s=1}^{t} (\varrho_s + i\sigma_s) f_{\Pi_s} - \sum_{s=1}^{t} (\varrho_s + i\sigma_s) f_{\Pi^{(n_s)}} \right|^2} \\
&\leqslant \sum_{s=1}^{t} \sqrt{\int_\Omega \left| (\varrho_s + i\sigma_s) f_{\Pi_s} - (\varrho_s + i\sigma_s) f_{\Pi^{(n_s)}} \right|^2} \\
&= \sum_{s=1}^{t} \sqrt{(\varrho_s^2 + \sigma_s^2) \int_\Omega \left| f_{\Pi_s} - f_{\Pi^{(n_s)}} \right|^2} \\
&= \sum_{s=1}^{t} \sqrt{(\varrho_s^2 + \sigma_s^2) \cdot \text{差集 } \left(\Pi_s - \Pi^{(n_s)}\right) \text{ 的测度}} \\
&< \sum_{s=1}^{t} \sqrt{(\varrho_s^2 + \sigma_s^2) \cdot \varepsilon} = \sum_{s=1}^{t} \sqrt{(\varrho_s^2 + \sigma_s^2)} \sqrt{\varepsilon}
\end{aligned}$$

若给定一个 $\delta > 0$, 则 $\varepsilon = \dfrac{\delta^2}{\left(\sum_{s=1}^{t} \sqrt{\varrho_s^2 + \sigma_s^2}\right)^2}$ 导致以下结果:

$$\left\| \sum_{s=1}^{t} (\varrho_s + i\sigma_s) f_{\Pi_s} - \sum_{s=1}^{t} (\varrho_s + i\sigma_s) f_{\Pi^{(n_s)}} \right\| < \delta$$

但 $\sum_{s=1}^{t}(\varrho_s+i\sigma_s)f_{\Pi^{(n_s)}}$ 经过适当排序后可构成一个序列. 这可以用以下方式进行. 设所有 $\varrho_1,\sigma_1,\cdots,\varrho_t,\sigma_t$ 的公共分母是 τ, 而新的分子为 $\varrho_1',\sigma_1',\cdots,\varrho_t',\sigma_t'$, 则这个关系式成为

$$\frac{1}{\tau}\sum_{s=1}^{t}(\varrho_s'+i\sigma_s')f_{\Pi^{(n_s)}},$$

其中有 $t,\tau=1,2,\cdots;\varrho_s',\sigma_s'=0,\pm1,\pm2,\cdots;n_s=1,2,\cdots$ 对 $s=1,\cdots,t$. 把这些函数排成一个序列, 等同于对整数 $t,\tau,\varrho_1',\sigma_1',\cdots,\varrho_t',\sigma_t',n_1,\cdots,n_t$ 排序. 在这些数字复合体中, 把那些整数

$$I=t+\tau+|\varrho_1'|+|\sigma_1'|+\cdots+|\varrho_t'|+|\sigma_t'|+n_1+\cdots+n_t$$

有相同数值的归入同一组. 然后把这些组按其指数 I 的升序排列. 每个这样的组(有固定的 I) 显然由数量有限的复合体组成. 再对每一组中的复合体以任何次序排列, 则我们将得到包含所有复合体的一个简单的序列.

为了确定所述集合的序列 $\Pi^{(1)},\Pi^{(2)},\cdots$, 我们利用以下事实, 对每个勒贝格测度为 M 的集合 Π 以及对每个 $\delta>0$, 存在一个开点集 Π'', 它覆盖 Π, 但其测度超过的部分小于 δ (见注 52 与注 45 中的参考资料, 其中定义了 "开点集" 这个概念). 对每个开点集 Π' 与给定的 $\delta>0$, 显然存在由有限个立方体组成的集合 Π'', 它包含在 Π' 中, 且其测度比 Π' 的测度小 δ. 显然, 这些立方体的边长与中心坐标可以合理地选择. 容易看出, 上面所定义的 Π',Π'' 的 "差集" 的测度小于 $\delta+\delta=2\delta$. 因此, 对于 $\delta=\frac{\varepsilon}{2}$, 差集的测度小于 ε. 于是, 我们得以把上述类型的立方体集合的序列排序, 这就实现了我们的目标.

现在, 我们可以将这些立方体集合特征化, 用它们的立方体编号 $n=1,2,\cdots$, 连同其边长 $\kappa^{(\nu)}$ 与其中心点坐标 $\xi_1^{(\nu)},\cdots,\xi_k^{(\nu)}$ $(\nu=1,\cdots,n)$. $\kappa^{(\nu)},\xi_1^{(\nu)},\cdots,\xi_k^{(\nu)}$ 是有理数. 设它们的公分母 (对所有 $\nu=1,\cdots,n$) 是 $\eta=1,2,\cdots$, 它们的分子是

$$\kappa'^{(\nu)}=1,2,\cdots;\quad \xi_1'^{(\nu)},\cdots,\xi_k'^{(\nu)}=0,\pm1,\pm2,\cdots.$$

于是我们的立方体集合可以用数字复合体

$$n,\eta,\kappa'^{(1)},\xi_1'^{(1)},\cdots,\xi_k'^{(1)},\cdots,\kappa'^{(n)},\xi_1'^{(n)},\cdots,\xi_k'^{(n)}$$

表征. 若按以下正整数指标的升序排列:

$$n+\eta+\kappa'^{(1)}+\left|\xi_1'^{(1)}\right|+\cdots+\left|\xi_k'^{(n)}\right|+\cdots+\kappa'^{(n)}+\left|\xi_1'^{(n)}\right|+\cdots+\left|\xi_k'^{(n)}\right|,$$

则我们得到一个简单序列, 完全类同于前面所述的函数线性组合.

在继续以前, 我们先回答以下问题: 对于给定的满足 **A~E**(连同 $\mathbf{C}^{(\infty)}$) 的 $\mathcal{R}$, $\mathcal{R}$ 的任意子集 $\mathcal{M}$ 仍然满足 **A~E** 吗 ($af, f \pm g$ 以及 (f,g) 的定义不变)?

为使 **A** 成立, $\mathcal{M}$ 必须是一个线性流形, **B** 自动成立. 我们暂且延搁 **C**; 在任何情况下都有 $\mathbf{C}^{(n)}$ 或 $\mathbf{C}^{(\infty)}$ 成立. **D** 表示: 若 $\mathcal{M}$ 中的某个序列满足柯西收敛准则, 则它在 $\mathcal{M}$ 中有一个极限. 因为这样的序列肯定在 $\mathcal{R}$ 中有一个极限, **D** 就表示这个极限要属于 $\mathcal{M}$. 也就是说, $\mathcal{M}$ 是闭集. 如我们在**定理 9**的证明中所见, 条件 **E** 总是成立的. 因此, 我们可以总结如下: $\mathcal{M}$ 必须是一个闭线性流形. 现在记张成空间 $\mathcal{M}$ 的标准正交系 (**定理 9**) 为 $\varphi_1, \varphi_2, \cdots$. 若它是无穷集, 则 $\mathbf{C}^{(\infty)}$ 显然成立, 且 $\mathcal{M}$ 与 $\mathcal{R}_\infty$ 同构, 因此 $\mathcal{M}$ 也与 $\mathcal{R}$ 本身同构; 若该序列终止于 φ_n, 则 $\mathbf{C}^{(n)}$ 成立 (因为**定理 3**$^{(n)}$), 即 $\mathcal{M}$ 与 $\mathcal{R}_n$ 同构.

但因为 **D**, **E** 在任何情况下都在 $\mathcal{M}$ 中成立, 它们也在每个 $\mathcal{R}_n$ 中成立, 因此它们也可由 $\mathbf{A}\sim\mathbf{C}^{(n)}$ 得到.

如上所述, 我们避免了在 $\mathcal{R}_n$ 或 $\mathcal{R}_\infty$ 中直接验证 **A~E** (以及 $\mathbf{C}^{(n)}$ 或 $\mathbf{C}^{(\infty)}$), 而通过间接的逻辑论证完成. 但直接的分析证明并不构成实质性的困难, 可以留给读者去证明.

我们仍需证明 **D** 及 **E** 与 $\mathbf{A}\sim\mathbf{C}^{(\infty)}$ 无关. 如前所见, $\mathcal{R}_\infty$ 中的每个线性流形满足 **A**, **B**, **E**, 以及 $\mathbf{C}^{(n)}$ 或 $\mathbf{C}^{(\infty)}$, 若它不是闭的, 则 **D** 不满足. 在这种情况下, $\mathbf{C}^{(n)}$ 必定成立, 因为由 $\mathbf{C}^{(n)}$ 可得到 **D**. 这样的一种非闭线性流形不难构造. 设 $\varphi_1, \varphi_2, \cdots$ 是一个标准正交系, 则 $\sum_{\nu=1}^{N} x_\nu \varphi_\nu$ $(N = 1, 2, \cdots; x_1, \cdots, x_N$ 任意) 构成一个线性流形, 但它不是闭的, 因为 $\sum_{\nu=1}^{\infty} \frac{1}{\nu} \varphi_\nu$ ($\sum_{\nu=1}^{\infty} \left(\frac{1}{\nu}\right)^2$ 有限) 是一个极限点, 但不是该流形的一个元素

$$\left(\sum_{\nu=1}^{N} \frac{1}{\nu} \varphi_\nu \to \sum_{\nu=1}^{\infty} \frac{1}{\nu} \varphi_\nu, \quad \text{当 } N \to \infty\right).$$

因此 **D** 与 $\mathbf{A}\sim\mathbf{C}^{(\infty)}$, **E** 无关.

下面考虑参数 α 连续的所有复函数 $x(\alpha), -\infty < \alpha < +\infty$. 此外, 假定 $x(\alpha) \neq 0$ 可写成一个序列, 使得覆盖这些项的和式 $\sum_\alpha |x(\alpha)|^2$ 是有限的 [55]. 所有这些函数 $x(\alpha)$ 构成一个空间 $\mathcal{R}_{\text{cont}}$. 因为对这个空间的任意两点 $x(\alpha), y(\alpha)$, 只对两个 α 序列有 $x(\alpha)$ 或 $y(\alpha) \neq 0$, 且因为我们可以把两个序列为一个, 则除开对某个 α 序列 $\alpha_1, \alpha_2, \cdots, x(\alpha) = y(\alpha) = 0$. 因此, 只需对所有 $n = 1, 2, \cdots$ 讨论值 $x_n = x(\alpha_n)$, $y_n = y(\alpha_n)$ 就可以了. 若仅有两个 $\mathcal{R}_{\text{cont}}$ 点出现, 它们的行为便与在 $\mathcal{R}_\infty$ 中的行为相同. 从而在 $\mathcal{R}_{\text{cont}}$ 中的 **A**, **B**, 恰如在 $\mathcal{R}_\infty$ 中一样 [56]. 对 $k(=1, 2, \cdots)$ 个 $\mathcal{R}_{\text{cont}}$ 点也相同, 因此也有 $\mathbf{C}^{(\infty)}$ 成立. 此外, 这甚至对 $\mathcal{R}_{\text{cont}}$ 点的序列也为真.

55 虽然 α 连续变化, 但这是一个和而不是一个积分, 因为只有 α 的一个序列出现在求和中!

56 我们自然地定义 $(x(\alpha), y(\alpha))$ 为 $\sum_\alpha x(\alpha)\overline{y(\alpha)}$.

考虑 $x_1(\alpha), x_2(\alpha), \cdots$, 满足 $x_n(\alpha) \neq 0$ 的 α 对每个 $n = 1, 2, \cdots$ 构成一个序列: $\alpha_1^{(n)}, \alpha_2^{(n)}, \cdots$. 这些序列一起构成一个双重序列 $\alpha_m^{(n)}\,(n, m = 1, 2, \cdots)$. 它也可以写成一个简单序列 $\alpha_1^{(1)}, \alpha_2^{(1)}, \alpha_1^{(2)}, \alpha_2^{(2)}, \alpha_1^{(3)}, \cdots$. 因此, **D** 在 $\mathcal{R}_{\text{cont}}$ 中, 也在 $\mathcal{R}_\infty$ 中成立. 对 **E** 有所不同. 在那种情形, $\mathcal{R}$ 的所有点都起作用 (所有点都必定是一个适当序列的极限点), 因此, 我们不能由 $\mathcal{R}_\infty$ 推断 $\mathcal{R}_{\text{cont}}$. 况且, 该条件事实上并不满足, 因为由此所作的一个推理: 存在一个不能被写成序列的标准正交系 (与**定理3**$^{(\infty)}$ 相矛盾) 不成立.

设对每个 β 有

$$x_\beta(\alpha)\begin{cases} = 1, & \text{对 } \alpha = \beta, \\ = 0, & \text{对 } \alpha \neq \beta; \end{cases}$$

$x_\beta(\alpha)$ 是 $\mathcal{R}_{\text{cont}}$ 的一个元素, 且 $x_\beta(\alpha)$ 构成一个标准正交系. 但仅当这对所有 β, $-\infty < \beta < +\infty$ 有可能时, 它们才可以被写成一个序列, 但众所周知, 情况并非如此 [57]. 因此 **E** 也是独立于 **A**~**C**$^{(\infty)}$, **D** 的.

(此外应当注意, 在 $\int_{-\infty}^{+\infty} |f(x)|^2\,dx$ 有限的 $f(x)$ 的函数空间与 $\sum_\alpha |x(\alpha)|^2$ 有限的 $x(\alpha)$ 的函数空间之间有实质性差异. 我们也可以把前者看作 $\int_{-\infty}^{+\infty} |x(\alpha)|^2\,d\alpha$ 有限的所有 $x(\alpha)$ 的空间! 全部差别在于把 $\int_{-\infty}^{+\infty} \cdots d\alpha$ 用 $\sum_\alpha \cdots$ 替代, 且所述的第一个空间是 F_Ω, 因此满足 **A**~**E**, 且与 $\mathcal{R}_\infty$ 同构, 而后一个, $\mathcal{R}_{\text{cont}}$, 违背 **E**, 且实质性地不同于 $\mathcal{R}_\infty$. 尽管如此, 除开它们不同的量值定义, 两个空间是等同的!)

2.4 闭线性流形

2.2 节对我们的重要性不仅在于对同构的证明, 也在于对关于标准正交系的几条定理的证明. 我们现在打算进一步深入希尔伯特空间的几何分析, 并详细研究闭线性流形. 它在 $\mathcal{R}_\infty$ 中所起的作用, 类似于直线、平面等在 $\mathcal{R}_n$ (即 $\mathcal{R}_m, m \leqslant n$) 中所起的作用.

我们首先回想**定义 2**与**定义 5**中引入的记号: 若 $\mathcal{A}$ 是 $\mathcal{R}$ 中的任意集合, 则 $\{\mathcal{A}\}$ 或 $[\mathcal{A}]$ 分别是由 $\mathcal{A}$ 所张的线性流形或由 $\mathcal{A}$ 所张的闭线性流形, 即包含 $\mathcal{A}$ 的最小表示的两种类型.

现在推广这种记法, 使得

$$\{\mathcal{A}, \mathcal{B}, \cdots, f, g, \cdots\} \quad \text{或} \quad [\mathcal{A}, \mathcal{B}, \cdots, f, g, \cdots]$$

57 这是关于 "连续统不可数性" 的集合论定理. 例如, 见注 45 中提到的豪斯多夫 (Hausdorff) 的书.

(若 $\mathcal{A},\mathcal{B},\cdots$ 是 $\mathcal{R}$ 的任意子集, $f,g,\cdots$ 是 $\mathcal{R}$ 的任意元素) 被看作由 $\mathcal{A},\mathcal{B},\cdots$ 及 $f,g,\cdots$ 组成的集合分别张成的线性流形与闭线性流形.

尤其若 $\mathcal{M},\mathcal{N},\cdots$ (有限个或无穷个) 是闭线性流形, 则我们记闭线性流形 $[\mathcal{M},\mathcal{N},\cdots]$ 为 $\mathcal{M}+\mathcal{N}+\cdots$. 而线性流形 $\{\mathcal{M},\mathcal{N},\cdots\}$ 由所有的和 $f+g+\cdots$ (f 在 $\mathcal{M}$ 中遍取值, g 在 $\mathcal{N}$ 中遍取值) 组成. 而 $[\mathcal{M},\mathcal{N},\cdots]=\mathcal{M}+\mathcal{N}+\cdots$ 由 $\{\mathcal{M},\mathcal{N},\cdots\}$ 添加极限点而得到. 若只有数量有限的集合 $\mathcal{M},\mathcal{N}$ 存在, 且一个集合的每个元素都正交于所有其他元素, 则稍后即知, 这两种表示法彼此相等, 但一般情况下并非如此.

设 $\mathcal{M}$ 是 $\mathcal{N}$ 的一个子集, 以下我们考虑 $\mathcal{N}$ 中与 $\mathcal{M}$ 的全部元素正交的那些元素. 显然, 这些元素构成一个闭线性流形, 记为 $\mathcal{N}-\mathcal{M}$. **定理 14** 将说明记为相减的理由. 正交于整个 $\mathcal{M}$ 的所有 f 的集合 $\mathcal{N}-\mathcal{M}$ 具有特殊的重要性, $\mathcal{N}-\mathcal{M}$ 称为闭线性流形关于 $\mathcal{M}$ 的补.

最后, 我们选择三个特别简单的闭线性流形: 第一个是 $\mathcal{R}$ 本身; 第二个是集合 $\{0\}=[0]$, 只由单独一个零组成; 第三个是全部 af (f 是 $\mathcal{R}$ 的一个给定元素, a 是变量), 它显然是一个闭线性流形, 并因此同时 $=\{f\}=[f]$.

现在引入 "投影算子" 概念, 它完全类似于欧几里得几何中的那个术语.

定理 10　设 $\mathcal{M}$ 是一个闭线性流形. 则对于每个 f, 存在且仅存在一种方式将 f 分解为两个分量之和: $f=g+h$, 其中 g 属于 M, h 属于 $\mathcal{R}-\mathcal{M}$.

注　称 g 是 f 在 $\mathcal{M}$ 中的投影, h(它与所有 $\mathcal{M}$ 正交) 是从 f 到 $\mathcal{M}$ 的垂线. 我们对 g 引入记号 $P_{\mathcal{M}}f$.

证明　设 $\varphi_1,\varphi_2,\cdots$ 是因为**定理 9** 而存在, 并张成闭线性流形 $\mathcal{M}$ 的一个标准正交系. 我们记 $g=\sum_n(f,\varphi_n)\cdot\varphi_n$. 根据**定理 6**, 这个序列收敛 (若它是无穷的), 其和 g 显然属于 $\mathcal{M}$. 又根据**定理 6**, $h=f-g$ 正交于所有 $\varphi_1,\varphi_2,\cdots$, 但因为正交于 h 的向量, 连同 $\varphi_1,\varphi_2,\cdots$ 构成一个闭线性流形, 所有 $\mathcal{M}$ 也正交于 h, 即 h 属于 $\mathcal{R}-\mathcal{M}$.

若还存在另一个分解, $f=g'+h'$, g' 属于 $\mathcal{M}$, h' 属于 $\mathcal{R}-\mathcal{M}$, 则 $g+h=g'+h'$, $g-g'=h'-h=j$. 于是 j 必须同时属于 $\mathcal{M}$ 与 $\mathcal{R}-\mathcal{M}$, 并因此正交于它自身. 因此 $(j,j)=0$, $j=0$, 从而 $g=g'$, $h=h'$.

因此, 运算 $P_{\mathcal{M}}f$ 指定了 $\mathcal{R}$ 的每个 f 在 $\mathcal{M}$ 中的投影算子, $P_{\mathcal{M}}f$. 在 2.5 节我们将定义: 算子 R 是定义在 $\mathcal{R}$ 的一个子集上的函数, 其值来自 $\mathcal{R}$, 即指定 $\mathcal{R}$ 的某个 f 与 $\mathcal{R}$ 的某个 Rf 的对应性. (不一定对所有 f. 对 $\mathcal{R}$ 的其他 f, 这种运算可能是无定义的, 即 "无意义" 的.) $P_{\mathcal{M}}$ 是在 $\mathcal{R}$ 中处处有定义的算子, 称为 $\mathcal{M}$ 的投影算子.

定理 11　算子 $P_{\mathcal{M}}$ 有以下性质:

$$P_{\mathcal{M}}\left(a_1 f_1+\cdots+a_n f_n\right)=a_1 P_{\mathcal{M}} f_1+\cdots+a_n P_{\mathcal{M}} f_n,$$
$$\left(P_{\mathcal{M}} f, g\right)=\left(f, P_{\mathcal{M}} g\right),$$
$$P_{\mathcal{M}}\left(P_{\mathcal{M}} f\right)=P_{\mathcal{M}} f.$$

$\mathcal{M}$ 是所有 $P_{\mathcal{M}}$ 值的集合, 即所有 $P_{\mathcal{M}} f$ 的集合, 也可以看作 $P_{\mathcal{M}} f=f$ 的所有解的集合, 而 $\mathcal{R}-\mathcal{M}$ 是 $P_{\mathcal{M}} f=0$ 的所有解的集合.

注 今后我们将看到, 本定理的第一条确定了线性算子的性质; 第二条确定了埃尔米特算子的性质. 第三条说明, 算子 $P_{\mathcal{M}}$ 作用两次与作用一次的效果相同. 其通用的符号表示是

$$P_{\mathcal{M}} P_{\mathcal{M}}=P_{\mathcal{M}} \quad \text{或} \quad P_{\mathcal{M}}^2=P_{\mathcal{M}}$$

证明 由

$$f_1=g_1+h_1, \cdots, f_n=g_n+h_n \quad (g_1, \cdots, g_n \text{ 取自 } \mathcal{M}, h_1, \cdots, h_n \text{ 取自 } \mathcal{R}-\mathcal{M})$$

得到

$$\begin{aligned} a_1 f_1+\cdots+a_n f_n= & \left(a_1 g_1+\cdots+a_n g_n\right)+\left(a_1 h_1+\cdots+a_n h_n\right) \\ & \left(a_1 g_1+\cdots+a_n g_n \text{ 取自 } \mathcal{M}, a_1 h_1+\cdots+a_n h_n \text{ 取自 } \mathcal{R}-\mathcal{M}\right). \end{aligned}$$

因此

$$P_{\mathcal{M}}\left(a_1 f_1+\cdots+a_n f_n\right)=a_1 g_1+\cdots+a_n g_n=a_1 P_{\mathcal{M}} f_1+\cdots+a_n P_{\mathcal{M}} f_n.$$

第一个结论证毕.

关于第二个结论, 设

$$f=g'+h', \quad g=g''+h'' \quad (g', g'' \text{ 取自 } \mathcal{M}, h', h'' \text{ 取自 } \mathcal{R}-\mathcal{M}),$$

则 g', g'' 正交于 h', h'', 因此

$$\left(g', g\right)=\left(g', g''+h''\right)=\left(g', g''\right)=\left(g'+h', g''\right)=\left(f, g''\right),$$

即 $\left(P_{\mathcal{M}} f, g\right)=\left(g, P_{\mathcal{M}} f\right)$. 第二个结论证毕.

最后, $P_{\mathcal{M}} f$ 属于 $\mathcal{M}$, 因此 $P_{\mathcal{M}} f=P_{\mathcal{M}} f+0$ 是**定理 10** 所保证的对 $P_{\mathcal{M}} f$ 的分量分解, 即 $P_{\mathcal{M}}(P_{\mathcal{M}} f)=P_{\mathcal{M}} f$, 这就是第三个结论.

关系式 $P_{\mathcal{M}} f=f$ 或 0 表明, 在分解 $f=g+h$ 中 (g 取自 $\mathcal{M}$, h 取自 $\mathcal{R}-\mathcal{M}$, **定理 10**), 或者 $f=g, h=0$, 或者 $g=0, f=h$; 即 f 或者属于 $\mathcal{M}$, 或者属于 $\mathcal{R}-\mathcal{M}$. 这些是第五与第六个结论. 所有 $P_{\mathcal{M}} f$ 按照定义属于 $\mathcal{M}$, 且每个 $\mathcal{M}$ 中取的 f' 等于一个 $P_{\mathcal{M}} f$: 例如, 根据刚才所作的陈述, 即等于 $P_{\mathcal{M}} f$. 这是第四个结论.

注意, 第二与第三个结论表示

$$(P_{\mathcal{M}}f, P_{\mathcal{M}}g) = (f, P_{\mathcal{M}}P_{\mathcal{M}}g) = (f, P_{\mathcal{M}}g) = (P_{\mathcal{M}}f, g).$$

下面, 我们描述与 $\mathcal{M}$ 无关的投影算子的性质.

定理 12　设 $\mathcal{M}$ 是一个闭线性流形, 处处定义在 $\mathcal{M}$ (见**定理 11** 之前的讨论) 上的算子 E 称为一个投影算子, 即 $E = P_{\mathcal{M}}$, 当且仅当它有以下性质:

$$(Ef, g) = (f, Eg), \quad E^2 = E.$$

(见**定理 11** 的注) 在这种情况下, $\mathcal{M}$ 被 E (根据**定理 11**) 唯一地确定.

证明　根据**定理 11**, 该条件的必要性以及通过 E 确定 $\mathcal{M}$ 是显然的. 于是, 只需证明若 E 有以上性质, 则存在一个满足 $E = P_{\mathcal{M}}$ 的闭线性流形 $\mathcal{M}$.

设 $\mathcal{M}$ 是由所有 Ef 所张的闭线性流形, 则 $g - Eg$ 正交于所有 Ef, 即

$$(Ef, g - Eg) = (Ef, g) - (Ef, g - Ef, Eg) = (Ef, g) - \left(E^2 f, g\right) = 0.$$

$\mathcal{R}$ 中正交于 $g - Eg$ 的元素全体构成一个闭线性流形. 因此, 它们包括 $\mathcal{M}$ 连同 Ef, 故 $g - Eg$ 属于 $\mathcal{R} - \mathcal{M}$. 在**定理 10** 的意义上, g 对 $\mathcal{M}$ 的分解是 $g = Eg + (g - Eg)$, 从而 $P_{\mathcal{M}}g = Eg$, 这里 g 是任意的. 整个定理证毕.

若 $\mathcal{M} = \mathcal{R}$ 或 $= [0]$, 则分别有 $\mathcal{R} - \mathcal{M} = [0]$ 或 $\mathcal{R}$, 根据**定理 11**, $f = f + 0$ 或 $0 + f$ 分别是分解; 从而分别有 $P_{\mathcal{M}}f = f$ 或 0. 称 I 是由 $Rf = f$ (处处!) 定义的算子, 而 O 是由 $Rf = 0$ 定义的算子. 从而 $P_{\mathcal{R}} = I, P_{[0]} = O$. 此外很清楚, 属于 $\mathcal{M}$ 的分解 $f = g + h$ (g 取自 $\mathcal{M}$, h 取自 $\mathcal{R} - \mathcal{M}$), 也以 $f = h + g$ 的形式 (h 取自 $\mathcal{R} - \mathcal{M}$, g 取自 $\mathcal{M}$) 对 $\mathcal{R} - \mathcal{M}$ 有用 (因为 g 属于 $\mathcal{M}$, 它正交于 $\mathcal{R} - \mathcal{M}$ 的每个元素, 且因此属于 $\mathcal{R} - (\mathcal{R} - \mathcal{M})$). 因此, $P_{\mathcal{M}}f = g, P_{\mathcal{R}-\mathcal{M}}f = h = f - g$, 即 $P_{\mathcal{R}-\mathcal{M}}f = f - P_{\mathcal{M}}f$. 关系式 $P_{\mathcal{R}-\mathcal{M}}f = If - P_{\mathcal{M}}f$ 可用符号 $P_{\mathcal{R}-\mathcal{M}} = I - P_{\mathcal{M}}$ 表示 (对算子的加、减及乘运算, 见**定理 14** 中的讨论).

注意以下事项: 稍前我们很容易就看出 $\mathcal{M}$ 是 $\mathcal{R} - (\mathcal{R} - \mathcal{M})$ 的一个子集. 但不易直接证明这两个集合是等同的. 这种等同性可由以下关系得到:

$$P_{\mathcal{R}-(\mathcal{R}-\mathcal{M})} = I - P_{\mathcal{R}-\mathcal{M}} = I - (I - P_{\mathcal{M}}) = P_{\mathcal{M}}.$$

此外, 由上述还可知, 若 E 是一个投影算子, 则 $I - E$ 也是, 又因 $I - (I - E) = E$, 且反之亦然.

定理 13　以下关系恒成立:

$$\|Ef\|^2 = (Ef, f), \quad \|Ef\| \leqslant \|f\|,$$

若 f 取自 $\mathcal{R}-\mathcal{M}$, 则 $\|Ef\|=0$; 若 f 取自 $\mathcal{R}$, 则 $\|Ef\|=\|f\|$.

注 因此特别有

$$\|Ef-Eg\|=\|E(f-g)\|\leqslant\|f-g\|,$$

即算子 E 是连续的 (见 2.1 节中**定理 2**后面的讨论).

证明 我们有 (见**定理 11** 后面的讨论)

$$\|Ef\|^2=(Ef,Ef)=(Ef,f).$$

因为 $I-E$ 也是一个投影算子,

$$\begin{aligned}\|Ef\|^2+\|f-Ef\|^2&=\|Ef\|^2+\|(1-E)f\|^2\\&=(Ef,f)+((1-E)f,f)\\&=(f,f)=\|f\|^2.\end{aligned}$$

由于两个分量都 $\geqslant 0$, 它们也 $\leqslant\|f\|^2$; 特别是 $\|Ef\|^2\leqslant\|f\|^2$, $\|Ef\|\leqslant\|f\|$. 我们根据**定理 11** 知道, $\|Ef\|=0$, 从而 $Ef=0$ 表达了 f 属于 $\mathcal{R}-\mathcal{M}$ 这个事实. 由以上的关系可知, $\|Ef\|=\|f\|$ 蕴含着 $\|f-Ef\|=0$, $Ef=f$, 且因此, 根据**定理 11**, f 属于 $\mathcal{M}$.

若 R 和 S 是两个算子, 则我们用 $R\pm S$, aR (a 是一个复数), RS 表示如下定义的算子:

$$(R\pm S)f=Rf\pm Sf,\quad (aR)f=a-Rf,\quad (RS)f=R(Sf),$$

并且应用以下自然记法:

$$R^0=I,\quad R^1=R,\quad R^2=RR,\quad R^3=RRR,\quad\cdots,$$

对之成立的计算规则可以相当容易地讨论. 对于 $R\pm S, aR$, 不难验证所有关于数字计算的基本规则均成立. 但对 RS 并非如此. 容易验证分配律成立: $(R\pm S)T=RT\pm ST$ 与 $R(S\pm T)=RS\pm RT$ (对后者, R 当然必须是线性的; 见**定理 11** 的**注**以及后续章节中的讨论). 结合律也成立: $RS(T)=R(ST)=RST$. 但可易律 $RS=SR$ 一般并不成立. [$(RS)f=R(Sf)$ 与 $(SR)f=S(Rf)$ 并不一定彼此相等!] 若可易律对两个特殊的 R,S 成立, 则它们被称为可易的. 例如, O 及 I 与处处有定义的所有 R 可易:

$$RO=OR=O,\quad RI=IR=R,$$

又, R^m,R^n 可易, 因为 $R^mR^n=R^{m+n}$, 与 m,n 的次序无关.

定理 14　设 E,F 是在闭线性流形 $\mathcal{M},\mathcal{N}$ 上的投影算子, 则当且仅当 EF 可易, 即 $EF=FE$ 时, EF 也是一个投影算子. 另外, EF 属于由 $\mathcal{M},\mathcal{N}$ 的公共元素组成的闭线性流形 $\mathcal{P}$. 当且仅当 $EF=O$ (或者等价地: $FE=O$) 时, 算子 $E+F$ 是一个投影算子. 这表示整个 $\mathcal{M}$ 都正交于整个 $\mathcal{N}$, 于是 $E+F$ 属于 $\mathcal{M}+\mathcal{N}=[\mathcal{M},\mathcal{N}]$, 它在这种情况下 $=\{\mathcal{M},\mathcal{N}\}$. 当且仅当 $EF=F$ (或 $FE=F$) 时, 算子 $E-F$ 是一个投影算子. 这表示 $\mathcal{N}$ 是 $\mathcal{M}$ 的一个子集, 且 $E-F$ 属于 $\mathcal{M}-\mathcal{N}$.

证明　对于 EF, 我们必须重新查看**定理 12** 的两个条件:

$$(EFf,g)=(f,EFg),\quad (EF)^2=EF.$$

因为 $(EFf,g)=(Ff,Eg)=(f,FEg)$, 前一个条件意味着

$$(f,EFg)=(f,FEg),\quad (f,(EF-FE)g)=0.$$

由于对所有 $f,(EF-FE)\,g=0$ 都成立, 且因为这也对所有 g 成立, 故 $(EF-FE)=O,EF=FE$. 因此, 对第一个条件而言, 可易性是充分必要的, 而且因而也有第二个条件

$$(EF)^2=EFEF=EEFF=E^2F^2=EF.$$

对于 $E+F$, 因为它恒满足第一个条件 $((E+F)\,f,g)=(f,(E+F)\,g)$ (因为 E,F 满足), 需要证明的只是第二个条件 $(E+F)^2=E+F$. 由于

$$(E+F)^2=E^2+F^2+EF+FE=(E+F)+(EF+FE),$$

这就表示 $EF+FE=O$. 现在, 对 $EF=O$, EF 是一个投影算子. 根据以上的证明, $EF=FE$, 因此 $EF+FE=O$. 反之, 由 $EF+FE=O$ 可以得到

$$E\,(EF+FE)=E^2F+EFE=EF+EFE=O,$$
$$E\,(EF+FE)\,E=E^2FE+EFE^2=EFE+EFE=2\cdot EFE=O,$$

因此 $EFE=O$, 又因此 $EF=O$. 所以 $EF=O$ 是充分必要条件, 且因为 E,F 的作用相同, $FE=O$ 也是充分必要条件.

当且仅当 $I-(E-F)=(I-E)+F$ 是投影算子时, $E-F$ 是投影算子, 且由于 $I-E,F$ 都是投影算子, 根据同样的论据, $(I-E)\,F=O$, $F-EF=O,EF=F$, 或等价地, $F\,(I-E)=O,F-FE=O,FE=F$, 是其特征.

我们还需要证明关于 $\mathcal{M},\mathcal{N}(E=P_{\mathcal{M}},F=P_{\mathcal{N}})$ 的命题. 首先设 $EF=FE$, 则每个 $EFf=FEf$ 属于 $\mathcal{M}$ 与 $\mathcal{N}$ 二者, 因此属于 $\mathcal{P}$, 且对 $\mathcal{P}$ 的每个 g, $Eg=Fg=g$, 因此 $EFg=Fg=g$, 即它有形式 EFf. 所以 $\mathcal{P}$ 是 EF 值的全体, 从而根据**定理 11**, $EF=P_{\mathcal{P}}$. 其次, 设 $EF=0$ (因此也有 $FE=O$). 每个 $(E+F)\,f=Ef+Ff$

属于 $\{\mathcal{M},\mathcal{N}\}$, 且 $\{\mathcal{M},\mathcal{N}\}$ 的每个 g 等于 $h+j$, h 取自 $\mathcal{M}$, j 取自 $\mathcal{N}$, 因此 $Eh=h, Fh=FEh=0, Fj=j, Ej=EFj=0$. 因此,

$$(E+F)(h+j)=Eh+Fh+Ej+Fj=h+j, \quad (E+F)g=g,$$

则 g 有形式 $(E+F)f$. 所以 $\{\mathcal{M},\mathcal{N}\}$ 是 $E+F$ 值的全体, 但因为 $E+F$ 是一个投影算子, 故 $\{\mathcal{M},\mathcal{N}\}$ 是对应的闭线性流形 (**定理 11**). 因为 $\{\mathcal{M},\mathcal{N}\}$ 是闭的, $\{\mathcal{M},\mathcal{N}\}=[\mathcal{M},\mathcal{N}]=\mathcal{M}+\mathcal{N}$. 之后, 设 $EF=F$ (因此也有 $FE=F$). 则 $E=P_{\mathcal{M}}, I-F=P_{\mathcal{R}-\mathcal{N}}$, 因此 $E-F=E-EF=E(I-F)$, 又等于 $P_{\mathcal{P}}$, 其中 $\mathcal{P}$ 是 $\mathcal{M}$ 与 $\mathcal{R}-\mathcal{N}$ 的交, 即 $\mathcal{M}-\mathcal{N}$.

最后, $EF=O$ 表示恒有 $(EFf,g)=0$, 即 $(Ff,Eg)=0$, 也就是整个 $\mathcal{M}$ 正交于整个 $\mathcal{N}$. 且 $EF=F$ 表示 $F(I-E)=O$, 即所有 $\mathcal{N}$ 正交于 $\mathcal{R}-\mathcal{M}$, 或者等价地: $\mathcal{N}$ 是 $\mathcal{R}-(\mathcal{R}-\mathcal{M})=\mathcal{M}$ 的一个子集.

若 $\mathcal{N}$ 是 $\mathcal{M}$ 的一个子集, 则对于 $F=P_{\mathcal{N}}, E=P_{\mathcal{M}}$, 我们说 F 是 E 的一部分: 用符号 $E\geqslant F$ 或 $F\leqslant E$ 表示 (这然后表示 $EF=F$, 或者 $FE=F$, 并得出可易性这个结论, 这可以通过对 $\mathcal{M},\mathcal{N}$ 的观察, 或通过直接计算得到. $O\leqslant E\leqslant I$ 恒成立. 由 $E\leqslant F, F\leqslant E$ 可知 $E=F$. 由 $E\leqslant F, F\leqslant G$ 可知 $E\leqslant G$. 这具有按量值大小排序的特征. 由进一步观察可知, $E\leqslant F, I-E\geqslant I-F$ 及 E 正交于 $I-F$ 三者都是等价的. 此外, 若 $E'\leqslant E, F'\leqslant F$, 则 E', F' 的正交性可由 E, F 的正交性得到). 若 $\mathcal{M},\mathcal{N}$ 是正交的, 我们说 E, F 也是正交的 (从而这表示 $EF=O$ 或 $FE=O$). 反之, 若 E, F 可易, 我们说 $\mathcal{M},\mathcal{N}$ 也是可易的.

定理 15 $E\leqslant F$ 等价于 $\|Ef\|\leqslant\|Ff\|$.

证明 由 $E\leqslant F$ 可知 $E=EF$, 因此 $\|Ef\|=\|EFf\|\leqslant\|Ff\|$ (见**定理 13**). 反之, 该定理有以下推论: 若 $Ff=0$, 则 $\|Ef\|\leqslant\|Ff\|=0, Ef=0$, 且因为 $F(I-F)f=\left(F-F^2\right)f=0$, 它等同于 $E(I-F)f=0$; 即 $E(I-F)=E-EF=O, E=EF$, 因此 $E\leqslant F$.

定理 16 设 $E_1,\cdots,E_k$ 是投影算子. 则 $E_1+\cdots+E_k$ 当且仅当所有 $E_m, E_l(m, l=1,\cdots,k; m\neq l)$ 相互正交时是投影算子. 另一个充分必要条件是 (对所有 f) 以下关系成立:

$$\|E_1f\|^2+\cdots+\|E_kf\|^2\leqslant\|f\|^2.$$

此外, $E_1+\cdots+E_k\,(E_1=P_{\mathcal{M}_1},\cdots,E_k=P_{\mathcal{M}_k})$ 是 $\mathcal{M}_1+\cdots+\mathcal{M}_k=[\mathcal{M}_1,\cdots,\mathcal{M}_k]$ 的投影算子, 在这种情况下, $[\mathcal{M}_1,\cdots,\mathcal{M}_k]=\{\mathcal{M}_1,\cdots,\mathcal{M}_k\}$.

证明 最后一个命题可以通过反复应用**定理 14** 得到. 第一个判据的充分性也是如此. 若第二个判据满足, 则第一个也满足. 对 $m\neq l, E_mf=f$ 有

$$\|E_1f\|^2+\cdots+\|E_kf\|^2=\|f\|^2+\sum_{l\neq m}\|E_lf\|^2\leqslant\|f\|^2,$$

$$\|E_lf\|^2 = 0,\quad E_lf = 0.$$

但因为 $E_m(E_mf) = E_mf$ 恒成立, $E_l(E_mf) = 0$, 即 $E_lE_m = O$. 最后, 第二个条件是必要的: 若 $E_1 + \cdots + E_k$ 是一个投影算子, 则 (**定理 13**)

$$\begin{aligned}\|E_1f\|^2 + \cdots + \|E_kf\|^2 &= (E_1f,f) + \cdots + (E_kf,f)\\ &= ((E_1 + \cdots + E_k)f,f)\\ &= \|(E_1 + \cdots + E_k)f\|^2 \leqslant \|f\|^2.\end{aligned}$$

因此我们有以下逻辑图:

$E_1 + \cdots + E_k$ 是一个投影算子 $\Rightarrow$ 第二个判据 $\Rightarrow$ 第一个判据 $\Rightarrow E_1 + \cdots + E_k$ 是一个投影算子.

故三者等价.

作为结束, 现在证明以下投影算子的收敛性定理.

定理 17　设 $E_1, E_2, \cdots$ 是投影算子的递增或递减序列: $E_1 \leqslant E_2 \leqslant \cdots$ 或 $E_1 \geqslant E_2 \geqslant \cdots$. 若对所有 f 有 $E_nf \to Ef$ 成立, 则这些投影算子序列收敛到投影算子 E. 并且对一切 n, $E_n \leqslant E$ 或 $E_n \geqslant E$.

证明　研究第二种情形就足够了, 因为第一种情形可以通过把 $I - E_1, I - E_2, \cdots, I - E$ 替代 $E_1, E_2, \cdots, E$, 约化为第二种情形. 兹设 $E_1 \geqslant E_2 \geqslant \cdots$, 根据**定理 15**, $\|E_1f\|^2 \geqslant \|E_2f\|^2 \geqslant \cdots \geqslant 0$, 因此存在 $\lim_{m\to\infty}\|E_mf\|^2$. 于是, 对每个 $\varepsilon > 0$ 存在一个 $N = N(\varepsilon)$, 使得对 $m, l \geqslant N$,

$$\|E_mf\|^2 - \|E_lf\|^2 < \varepsilon,$$

现在对 $m \leqslant 1, E_m \geqslant E_l$, 算子 $E_m - E_l$ 是一个投影算子, 因此

$$\begin{aligned}\|E_mf\|^2 - \|E_lf\|^2 &= (E_m, f) - (E_l, f)\\ &= ((E_m - E_l)f, f) = \|(E_m - E_l)f\|^2\\ &= \|E_mf - E_lf\|^2,\end{aligned}$$

故 $\|E_mf - E_lf\| < \sqrt{\varepsilon}$. 序列 $E_1f, E_2f, \cdots$ 满足柯西收敛准则, 并有极限 f^* (2.1 节 **D**). $Ef = f^*$ 定义了一个处处有意义的算子.

由 $(E_nf, g) = (f, E_ng)$ 可知, 转变到极限状态后有 $(Ef, g) = (f, Eg)$, 而由 $(E_nf, E_ng) = (E_nf, g)$ 有 $(Ef, Eg) = (Ef, g)$. 因此 $(E^2f, g) = (Ef, g), E^2 = E$. 所以 E 是一个投影算子. 对 $l \geqslant m, \|E_mf\| \geqslant \|E_lf\|$, 以及当 $l \to \infty$ 时, 我们得到 $\|E_mf\| \geqslant \|Ef\|$, 因此 $E_m \geqslant E$ (**定理 15**).

若 $E_1, E_2, \cdots$ 都是投影算子, 其中每一对都是相互正交的, 则 $E_1, E_1 + E_2, E_1 + E_2 + E_3, \cdots$ 也都是投影算子, 并构成一个递增序列. 根据**定理 17**, 它们收敛到大

于或等于它们全体的一个投影算子, 记为 $E = E_1 + E_2 + \cdots$. 设 $E_1 = P_{\mathcal{M}_1}, E_2 = P_{\mathcal{M}_2}, \cdots, E = P_{\mathcal{M}}$. 因为所有 $E_m \leqslant E, \mathcal{M}_m$ 是 $\mathcal{M}$ 的一个子集, 因此 $\mathcal{M}$ 也包括

$$[\mathcal{M}_1, \mathcal{M}_2, \cdots] = \mathcal{M}_1 + \mathcal{M}_2 + \cdots = \mathcal{M}'.$$

反之, 所有 $\mathcal{M}_m$ 都是 $\mathcal{M}'$ 的子集; 因此 $E_m \leqslant P_{\mathcal{M}'} = E'$. 从而, 因为连续性 (见上面证明中的处理), $E \leqslant E'$. 因此, $\mathcal{M}$ 是 $\mathcal{M}'$ 的一个子集, 从而 $\mathcal{M} = \mathcal{M}'$, $E = E'$, 即 $\mathcal{M} = \mathcal{M}_1 + M_2 + \cdots$, 或用另一种方式写出为

$$P_{\mathcal{M}_1 + \mathcal{M}_2 + \cdots} = P_{\mathcal{M}_1} + P_{\mathcal{M}_2} + \cdots$$

我们借此结束了对投影算子的研究.

2.5 希尔伯特空间中的算子

我们已经对无限多维 (希尔伯特) 空间 $\mathcal{R}_\infty$ 中的几何关系进行了充分的研究, 现在要把注意力转向它的线性算子 —— 即 $\mathcal{R}_\infty$ 到其自身的线性映射. 为此, 我们需要引入几个概念, 其实在上面的几节中, 我们已经作了一些铺垫.

现在对最后几节中所涉及的算子, 定义如下 (与前面**定理 11** 中所述的一致).

定义 6 算子 R 是定义在 $\mathcal{R}$ 的一个子集上的一个函数, 其值取自 $\mathcal{R}$, 即它确立了 $\mathcal{R}$ 的一些元素 f 与 $\mathcal{R}$ 的另一些元素 Rf 之间的对应关系.

除了 $\mathcal{R}_\infty$ 以外, 也容许 $\mathcal{R}_n$. 注意, 若 $\mathcal{R}_\infty$ 是一个 F_Ω, 则算子 R 对 F_Ω 中的元素, 即通常的构形空间中的函数定义, 其取值也类似地定义. 于是, 这些算子被称为 "函数的函数" 或 "泛函." 见 1.2 节和 1.4 节中的例子. 使得 Rf 有定义的 f 的类, 称为 R 的定义域, 该域未必是全空间 $\mathcal{R}$. 但若该域是 $\mathcal{R}$, 则称 R 处处有定义. 此外, 所有 Rf 的集合, 即 R 的值域 (R 作用在定义域上的映射全体), 不一定要被包含在 R 的定义域内. 换言之, 若 Rf 有意义, 不一定导致关系 $R(Rf) = R^2 f$ [58].

我们已在上节中说明了 $R \pm S, aR, RS, R^m$ (R, S 是算子, a 是一个复数, $m = 0, 1, 2, \cdots$) 的意义:

$$(R \pm S) f = Rf \pm Sf, \quad (aR) f = aRf, \quad (RS) f = R(Sf),$$

58 例如, 设 $\mathcal{R}_\infty$ 是一个 F_Ω, 其中 Ω 是所有实数 $x, -\infty < x < \infty$ 的一个空间. $\dfrac{d}{dx}$ 是一个泛函, 即一个算子, 但在我们的意义上只对这样的 $f(x)$ 有定义, 首先它是可微分的, 其次, $\displaystyle\int_{-\infty}^{\infty} \left|\frac{d}{dx} f(x)\right|^2 dx$ 有限 (见 2.8 节中对此的详细讨论). $\dfrac{d^2}{dx^2} f(x)$ 自然一般不存在, 且 $\displaystyle\int_{-\infty}^{\infty} \left|\frac{d^2}{dx^2} f(x)\right|^2 dx$ 不一定是有限的. 例如, $f(x) = |x|^{\frac{3}{2}} e^{-x^2}$ 就有这样的性态.

$$R^0 = I,\quad R^1 = R,\quad R^2 = RR,\quad R^3 = RRR,\quad \cdots.$$

为了确定这些算子的定义域, 应该注意, 仅当右端有定义时, 左端 (即算子 $R \pm S, aR, RS$) 才有定义. 例如, $R \pm S$ 仅在 R 与 S 的定义域的公共部分才有定义, 等等. 若 Rf 关于每个 f 是单值的, 则 R 有逆 R^{-1}：当 $Rg = f$ 有一个解 g 时, $R^{-1}f$ 的值定义为这个 g. 关于 $R \pm S, aR, RS$ 的计算规则已在前面几节讨论过, 以下只讨论定义域问题. 被定义为相等的算子有相同的定义域, 但算子方程如 $O \cdot R = O$ 并不在这些定义域中成立：Of 总是有意义的, 但是按照定义, $(O \cdot R)f$ 仅当 Rf 有定义时才有意义 (但若二者都有定义, 则二者都 $= 0$). 另一方面, $I \cdot R = R \cdot I = R$ 成立, 且 $R^m \cdot R^l = R^{m+l}$ 也成立, 且对其定义域也同样成立.

若 R, S 有逆, 则 RS 也有逆, 易见 $(RS)^{-1} = S^{-1}R^{-1}$. 此外, 对于 $a \neq 0$, $(aR)^{-1} = \dfrac{1}{a}R^{-1}$. 若 R^{-1} 存在, 我们也可以构成 R 的其他负幂：

$$R^{-2} = R^{-1}R^{-1},\quad R^{-3} = R^{-1}R^{-1}R^{-1},\quad \cdots.$$

在上述一般论述的基础上, 下面可以更仔细地研究在应用中有特殊重要性的那些特定的算子类.

定义 7 算子 A 称为是线性的, 若它的定义域是线性流形, 即 A 包含 $a_1 f_1 + \cdots + a_k f_k$ 及 $f_1, \cdots, f_k$, 并且以下等式成立：

$$A(a_1 f_1 + \cdots + a_k f_k) = a_1 A f_1 + \cdots + a_k A f_k.$$

以下只考虑线性算子, 事实上, 只考虑其定义域处处稠密的线性算子.

上述仅要求定义域处处稠密的说法, 为要求算子处处有意义提供了充分的替代条件. 在量子力学中, 我们必须放弃算子处处有意义的要求. 这种情形至关重要, 我们有必要更深入地予以考虑. 例如, 考虑薛定谔波动力学的构形空间, 为简单起见, 设空间是一维的：$-\infty < q < +\infty$. 波函数是 $\varphi(q)$, 且 $\displaystyle\int_{-\infty}^{+\infty} |\varphi(q)|^2 dq$ 有界. 这样的波函数全体构成了一个希尔伯特空间 (见 2.3 节). 考虑算子 $q\cdot$ 与 $\dfrac{h}{2\pi i}\dfrac{d}{dq}\cdot$, 它们显然是线性算子, 但其定义域绝非整个希尔伯特空间. 对 $q\cdot$ 而言, 因为即使 $\displaystyle\int_{-\infty}^{+\infty} |\varphi(q)|^2 dq$ 是有限的, 积分

$$\int_{-\infty}^{+\infty} |q \cdot \varphi(q)|^2 dq = \int_{-\infty}^{+\infty} \left|q^2 \varphi(q)\right|^2 dq$$

也很可能是无限的. 这使得 $q \cdot \varphi(q)$ 不再属于希尔伯特空间. 对 $\dfrac{h}{2\pi i}\dfrac{d}{dq}\cdot$ 而言, 因为

存在不可微函数 $\varphi(q)$, 对之即使 $\int_{-\infty}^{+\infty}|\varphi(q)|^2 dq$ 有限,

$$\int_{-\infty}^{+\infty}\left|\frac{h}{2\pi i}\frac{d}{dq}\varphi(q)\right|^2 dq=\frac{h^2}{4\pi^2}\int_{-\infty}^{+\infty}\left|\frac{d}{dq}\varphi(q)\right|^2 dq$$

也不是有限的 (如 $|q|^{\frac{1}{2}}e^{-q^2}$ 或 $e^{-q^2}\sin(e^{q^2})$). 但其定义域是处处稠密的. 这两个算子当然可应用于只在有限区间 $0\leqslant q\leqslant c$ 中不为零、处处连续可微的 $\varphi(q)$; 该函数集合是处处稠密的 [59].

我们进一步定义:

定义 8 两个算子 A, A^* 称为是伴随的, 若它们有相同的定义域, 且在该定义域中

$$(Af,g)=(f,A^*g),\quad (A^*f,g)=(f,Ag).$$

(通过交换 f, g, 并对两边取复共轭, 这些关系中的每一个都可以从另一个推导出来. 此外, 显然关系 A, A^* 是对称的; 即 A^*, A 也是伴随的, 所以 $A^{**}=A$.)

进一步注意到, 对每个 A 只能给出一个伴随的 A^*. 即若 A 与 A_1^* 及 A_2^* 伴随, 则 $A_1^*=A_2^*$. 事实上, 对所有 Ag 有意义的 g,

$$(A_1^*f,g)=(f,Ag)=(A_2^*f,g),$$

且由于 g 处处稠密, $A_1^*f=A_2^*f$, 因为这一般地成立, 从而 $A_1^*=A_2^*$, 即, A 唯一地确定了 A^*, 正如 A^* 唯一地确定了 A.

立即可以看出, O, I 及一般地, 所有投影算子 E 都是自伴的 (见**定理 12**), 即 O^*, I^*, E^* 存在且分别等于 O, I, E. 进而, $(aA)^*=\bar{a}A^*$. 此外, 只要 $A\pm B$ 一般可以构成 (即它们的定义域处处稠密), 则 $(A\pm B)^*=A^*\pm B^*$. 最后, 对定义域稍加限制后容易证明, $(AB)^*=B^*A^*$ (因为 $(ABf,g)=(Bf,A^*g)=(f,A^*B^*g)$), 以及由 $(A^{-1}f,g)=(A^{-1}f,A^*A^{*-1}g)=(AA^{-1}f,A^{*-1}g)=(f,A^{*-1}g)$, 有 $(A^{-1})^*=(A^*)^{-1}$.

59 根据 2.3 节中的陈述 (在条件 **E** 的讨论中), 若我们能够任意好地近似以下这种函数的所有线性组合: 在由有限个区间组成的集合中 $f(x)=1$, 此外 $f(x)=0$, 则这是充分的. 而若我们可以对这些函数中的每一个单独地近似, 则这是可能的, 进而, 若可以对那些有单个单位区间的函数 (其他函数是它们的和) 做同样的事情, 则这又是可能的; 例如, 设区间为 $a<x<b$. 函数

$$f(x)=\begin{cases}0, & \text{对于 } x<a-\varepsilon \text{ 或者 } x>b+\varepsilon,\\ \cos^2\dfrac{\pi}{2}\dfrac{a-x}{\varepsilon}, & \text{对于 } a-\varepsilon\leqslant x\leqslant a,\\ \cos^2\dfrac{\pi}{2}\dfrac{x-b}{\varepsilon}, & \text{对于 } b\leqslant x\leqslant b+\varepsilon,\\ 1, & \text{对于 } a<x<b\end{cases}$$

确实满足我们对正则性的要求, 并对充分小的 ε, 任意好地近似于给定函数.

特别是对薛定谔波动力学 (我们在前面考虑过, 但这里认为是 k 维构形空间), 希尔伯特构形空间由使得 $\int_{-\infty}^{+\infty}\cdots\int_{-\infty}^{+\infty}|\varphi(q_1,\cdots,q_k)|^2\,dq_1\cdots dq_k$ 有限的 $\varphi(q_1,\cdots,q_k)$ 组成, 对算子 $q\cdot$ 与 $\frac{h}{2\pi i}\frac{d}{dq}\cdot$ 有

$$(q_l\cdot)^*=q_l\cdot,\quad \left(\frac{h}{2\pi i}\frac{\partial}{\partial q_l}\cdot\right)^*=\frac{h}{2\pi i}\frac{\partial}{\partial q_l}\cdot.$$

前者是清楚的, 因为

$$\begin{aligned}&\int_{-\infty}^{+\infty}\cdots\int_{-\infty}^{+\infty}q_l\varphi(q_1,\cdots,q_k)\cdot\overline{\psi(q_1,\cdots,q_k)}dq_1\cdots dq_k\\&=\int_{-\infty}^{+\infty}\cdots\int_{-\infty}^{+\infty}\varphi(q_1,\cdots,q_k)\cdot\overline{q_l\cdot\psi(q_1,\cdots,q_k)}dq_1\cdots dq_k,\end{aligned}$$

后者意味着

$$\begin{aligned}&\int_{-\infty}^{+\infty}\cdots\int_{-\infty}^{+\infty}\frac{h}{2\pi i}\frac{\partial}{\partial q_i}\varphi(q_1,\cdots,q_k)\cdot\overline{\psi(q_1,\cdots,q_k)}\cdot dq_1\cdots dq_k\\&=\int_{-\infty}^{+\infty}\cdots\int_{-\infty}^{+\infty}\varphi(q_1,\cdots,q_k)\cdot\overline{\frac{h}{2\pi i}\frac{\partial}{\partial q_i}\psi(q_1,\cdots,q_k)}\cdot dq_1\cdots dq_k,\end{aligned}$$

即

$$\begin{aligned}&\int_{-\infty}^{+\infty}\cdots\int_{-\infty}^{+\infty}\left\{\frac{\partial}{\partial q_i}\varphi(q_1,\cdots,q_k)\cdot\overline{\psi(q_1,\cdots,q_k)}\right.\\&\qquad\left.+\varphi(q_1,\cdots,q_k)\cdot\frac{\partial}{\partial q_i}\overline{\psi(q_1,\cdots,q_k)}\right\}dq_1\cdots dq_k=0,\\&\lim_{A\to+\infty,B\to+\infty}\int_{-\infty}^{+\infty}\cdots\int_{-\infty}^{+\infty}\left[\varphi(q_1,\cdots,q_k)\overline{\psi(q_1,\cdots,q_k)}\right]_{q_l=-B}^{q_l=+A}\\&\times dq_1\cdots dq_{l-1}dq_{l+1}\cdots dq_k=0.\end{aligned}$$

极限必定存在, 因为所有积分

$$\int_{-\infty}^{+\infty}\cdots\int_{-\infty}^{+\infty}dq_1\cdots dq_k$$

的收敛性是肯定的 $\left(\text{由于 }\varphi,\psi,\frac{\partial}{\partial q_l}\varphi,\frac{\partial}{\partial q_l}\psi\text{ 属于希尔伯特空间}\right)$, 故仅有它为零的情形是重要的. 若它 $\neq 0$, 则 (肯定存在的) 极限

$$\int_{-\infty}^{+\infty}\cdots\int_{-\infty}^{+\infty}\varphi(q_1,\cdots,q_k)\cdot\overline{\psi(q_1,\cdots,q_k)}\cdot dq_1\cdots dq_{l-1}dq_{l+1}\cdots dq_k$$

当 $q_l\to+\infty$ 或 $q_l\to-\infty$ 时 $\neq 0$, 而这与积分

$$\int_{-\infty}^{+\infty}\cdots\int_{-\infty}^{+\infty}\varphi\left(q_{1},\cdots,q_{k}\right)\cdot\overline{\psi\left(q_{1},\cdots,q_{k}\right)}\cdot dq_{1}\cdots dq_{l-1}dq_{l}dq_{l+1}\cdots dq_{k}$$

的绝对收敛性 (φ,ψ 属于希尔伯特空间!) 不相容.

若 A 是积分算子,

$$A\varphi\left(q_{1},\cdots,q_{k}\right)=\int_{-\infty}^{+\infty}\cdots\int_{-\infty}^{+\infty}K(q_{1},\cdots,q_{k};q_{1}',\cdots,q_{k}')\varphi\left(q_{1}',\cdots,q_{k}'\right)dq_{1}'\cdots dq_{k}',$$

则立即可知 A^{*} 也是一个积分算子, 但其核不是 $K(q_{1},\cdots,q_{k};q_{1}',\cdots,q_{k}')$, 而是

$$\overline{K(q_{1},\cdots,q_{k};q_{1}',\cdots,q_{k}')}.$$

现在考虑矩阵理论中的情形, 其中希尔伯特空间由使得 $\sum_{\mu=1}^{\infty}|x_{\mu}|^{2}$ 有限的所有序列 $x_{1},x_{2},\cdots$ 组成. 一个线性算子 A 把 $x_{1},x_{2},\cdots$ 变换为 $y_{1},y_{2},\cdots$

$$A\left\{x_{1},x_{2},\cdots\right\}=\left\{y_{1},y_{2},\cdots\right\},$$

由于 A 是线性的, $y_{1},y_{2},\cdots$ 必定与 $x_{1},x_{2},\cdots$ 线性相关 [60]:

$$y_{\mu}=\sum_{\nu=1}^{\infty}a_{\mu\nu}x_{\nu}.$$

因此 A 由矩阵 $a_{\mu\nu}$ 表征. 我们立即看到 $\{\bar{a}_{\nu\mu}\}$(复共轭转置矩阵) 属于 A^{*} [60].

与矩阵理论中的情形相类似, 下面我们将细致地引入埃尔米特算子的概念. 同时, 我们要介绍今后颇为有用的其他两个概念.

定义 9 算子 A 称为埃尔米特算子, 若 $A^{*}=A$. 又称 A 为定号算子, 若恒有 $(Af,f)\geqslant 0$ 成立 [61]. 算子 U 称为酉算子, 若 $UU^{*}=U^{*}U=I$ [62].

---

60 以下考虑不是严格的, 因为它在无穷和的情形中应用了线性性质, 等等. 但它可以完善如下: 令 $\varphi_{1},\varphi_{2},\cdots$ 是一个完全正交集, A,A^{*} 是伴随算子. 令 $f=\sum_{\nu=1}^{\infty}x_{\nu}\varphi_{\nu}, Af=\sum_{\nu=1}^{\infty}y_{\nu}\varphi_{\nu}$, 则

$$y_{\mu}=(Af,\varphi_{\mu})=\left(f,A^{*}\varphi_{\mu}\right)=\sum_{\nu=1}^{\infty}\left(f,\varphi_{\nu}\right)\overline{\left(A^{*}\varphi_{\mu},\varphi_{\nu}\right)},$$

根据定理 **7γ**

$$y_{\mu}=\sum_{\nu=1}^{\infty}x_{\nu}\overline{\left(\varphi_{\mu},A\varphi_{\nu}\right)}=\sum_{\nu=1}^{\infty}\left(A\varphi_{\nu},\varphi_{\mu}\right)x_{\nu}.$$

若取 $a_{\mu\nu}=\left(A\varphi_{\nu},\varphi_{\mu}\right)$, 我们得到正文中的公式 $y_{\mu}=\sum_{\nu=1}^{\infty}a_{\mu\nu}x_{\nu}$, 且其绝对收敛性是有保证的. 在序列 $x_{1},x_{2},\cdots$ 的希尔伯特空间中容易看出, 序列 $\varphi_{1}=1,0,0,\cdots;\varphi_{2}=0,1,0,\cdots;\cdots$ 构成一个完全标准正交系. 对 $f=\{x_{1},x_{2},\cdots\}$ 是 $f=\sum_{\nu=1}^{\infty}x_{\nu}\varphi_{\nu}$, 对 $Af=\{y_{1},y_{2},\cdots\}$ 是 $f=\sum_{\nu=1}^{\infty}y_{\nu}\varphi_{\nu}$, 这样就与正文完全一致. 若对 A^{*} 构成 $a_{\mu\nu}^{*}$, 则

$$a_{\mu\nu}^{*}=\left(A^{*}\varphi_{\nu},\varphi_{\mu}\right)=\left(\varphi_{\nu},A\varphi_{\mu}\right)=\overline{\left(A\varphi_{\mu},\varphi_{\nu}\right)}=\bar{a}_{\nu\mu}.$$

61 (Af,f) 在任何情况下都是实数, 因为

$$(A^{*}f,f)=(f,Af)=(A\bar{f},f)$$

62 因此, U,U^{*} 必定处处有定义. 进而, 它们互逆. 因此, 它们每个都取每个值一次且仅一次.

对于酉算子, 我们有 $U^*=U^{-1}$. 按照定义

$$(Uf,Ug)=(U^*Uf,Ug)=(f,g),$$

因此, 特别 (对 $f=g$) 有 $\|Uf\|=\|f\|$ 成立. 反之, 若 U 处处有定义, 并遍历取值 (见注 62), 则由后一个性质可推导出酉性质. 兹证明如下: 假设 $\|Uf\|=\|f\|$ 成立; 即 $(Uf,Uf)=(f,f),(U^*Uf,f)=(f,f)$. 若先用 $\dfrac{f+g}{2}$ 替代 f, 再用 $\dfrac{f-g}{2}$ 替代 f, 并把得到的结果相减, 则容易通过计算得到 $\mathrm{Re}\,(Uf,Ug)=\mathrm{Re}\,(f,g)$. 若用 $i\cdot f$ 替代 f, 则代替 Re 我们得到 Im 的公式. 因此,

$$(Uf,Ug)=(f,g),\quad (U^*Uf,Ug)=(f,g)$$

一般地成立. 对固定的 f, 上述公式对所有 g 成立, 因此 $U^*Uf=f$. 由于这个公式对所有 f 成立, 故 $U^*U=I$. 我们还需要证明 $UU^*=I$. 对每一个 f 有一个 g 满足 $Ug=f$, 使得 $UU^*f=UU^*\cdot Ug=U\cdot U^*Ug=Ug=f$, 因此 $UU^*=I$.

因为由线性性质

$$\|Uf-Ug\|=\|U\,(f-g)\|=\|f-g\|,$$

每个酉算子都是连续的, 而这对埃尔米特算子完全不是必要的. 例如, 量子力学中十分重要的算子 $q\cdot$ 与 $\dfrac{h}{2\pi i}\dfrac{d}{dq}\cdot$ 都是不连续的 [63].

由前面关于 A^* 的计算规则立即可知, 若 U,V 是酉算子, U^{-1},UV 也是酉算子. 因此 U 的所有乘幂也是酉算子. 若 A,B 是埃尔米特算子, 则 $A+B$ 也是埃尔米特算子. 另一方面, 仅当 a 是实数时 ,aA 是埃尔米特算子 (若 $A\neq 0$), 而仅当 A,B 可易时, 即当 $AB=BA$ 时, AB 是埃尔米特算子. 此外, 我们知道所有投影算子 (特别是 O,I) 都是埃尔米特算子. 薛定谔理论的算子 $q_l\cdot$ 与 $\dfrac{h}{2\pi i}\dfrac{d}{dq_l}\cdot$ 也是埃尔米特算子. A 的所有乘幂以及所有实系数多项式 (也包括 A^{-1}, 若它存在) 也都是埃尔米特算子. 值得注意的是, 对埃尔米特算子 A 与任意算子 X, XAX^* 也是埃尔米特算子:

$$(XAX^*)^*=X^{**}A^*X^*=XAX^*.$$

因此, 例如, 所有 $XX^*(A=I)$ 与 X^*X (X^* 替代 X) 都是埃尔米特算子. 酉算子 U,UAU^{-1} 是埃尔米特算子, 因为 $U^{-1}=U^*$.

---

63 对给定的 $\int_{-\infty}^{+\infty}|\varphi(q)|^2\,dq$, $\int_{-\infty}^{+\infty}x^2\,|\varphi(q)|^2\,dq$ 以及 $\int_{-\infty}^{+\infty}\left|\dfrac{d}{dq}\varphi(q)\right|^2dq$ 都可以做成任意大, 如取 $\varphi(q)=ae^{-bq^2}$. 这三个积分都是有限的 ($b>0$!), 但分别正比于 $a^2b^{-\frac{1}{2}},a^2b^{-\frac{3}{2}},a^2b^{\frac{1}{2}}$, 使得其中两个的值可以被任意指定.

算子的连续性, 正如对分析中处理的数值函数的连续性那样, 是具有基本重要性的性质. 因此, 我们要在线性算子情形对其存在性陈述一些特征条件.

定理 18 线性算子 R 是连续的, 若它在点 $f=0$ 连续. R 在点 $f=0$ 连续的充分必要条件是: 存在常数 C, 使得关系式 $\|Rf\| \leqslant C \cdot \|f\|$ 一般地成立. 这个条件又等价于

$$|(Rf, g)| \leqslant C \cdot \|f\| \cdot \|g\|$$

的一般成立. 对于埃尔米特算子 R, 这只要求对 $f=g$:

$$|(Rf, f)| \leqslant C \cdot \|f\|^2;$$

或因为 (Rf, f) 是实数 (注 61),

$$-C \cdot \|f\|^2 \leqslant (Rf, f) \leqslant C \cdot \|f\|^2$$

注 算子的连续性概念起源于希尔伯特 [64]. 他称连续性为 "有界性", 并用上面倒数第二个判据定义. 若最后一个判据中只有一个 "$\leqslant$" 一般地成立, 则称 R 为向上或向下半有界的. 例如, 每个定号的 R 是向下半有界的 ($C=0$).

证明 算子 R 在 $f=0$ 的连续性表示, 对每个 $\varepsilon>0$, 存在一个 $\delta>0$, 使得由 $\|f\|<\delta$ 可推出 $\|Rf\|<\varepsilon$. 于是, 由 $\|(f-f_0)\|<\delta$ 可知,

$$\|R(f-f_0)\| = \|Rf - Rf_0\| < \varepsilon,$$

即 R 也对 $f=f_0$ 连续, 因此处处连续.

若 $\|Rf\| \leqslant C \cdot \|f\|$(当然 $C>0$), 则我们有连续性, 因为可取 $\delta = \dfrac{\varepsilon}{C}$. 反之, 若 R 有连续性, 我们可以由 $\varepsilon=1$ 确定 δ, 并设 $C=\dfrac{2}{\delta}$. 于是

$$\|Rf\| \leqslant C \cdot \|f\|$$

对于 $f=0$ 恒成立; 对于 $f \neq 0$, 我们有 $\|f\|>0$, 故可以引入 $g = \dfrac{\frac{1}{2}\delta}{\|f\|} \cdot f$. 于是我们有 $\|g\| = \dfrac{1}{2}\delta$, 且因此

$$\|Rg\| = \frac{\frac{1}{2}\delta}{\|f\|} \cdot \|Rf\| < 1, \quad \|Rf\| < \frac{\|f\|}{\frac{1}{2}\delta} = C \cdot \|f\|.$$

64 Gött. Nachr., 1906.

由 $\|Rf\| \leqslant C \cdot \|f\|$ 可以推出

$$|(Rf, g)| \leqslant \|Rf\| \cdot \|g\| \leqslant C \cdot \|f\| \cdot \|g\|,$$

反之, 若设 $g = Rf$, 且又有 $\|Rf\| \leqslant C \cdot \|f\|$, 则由 $|(Rf, g)| \leqslant C \cdot \|f\| \cdot \|g\|$ 我们得到 $\|Rf\|^2 \leqslant C \cdot \|f\| \cdot \|Rf\|$. 对于埃尔米特算子 R 还需要证明, $|(Rf, f)| \leqslant C \cdot \|f\|^2$ 导致 $|(Rf, g)| \leqslant C \cdot \|f\| \cdot \|g\|$. 用 $\dfrac{f+g}{2}$ 与 $\dfrac{f-g}{2}$ 替代 f 给出 [65]

$$\begin{aligned}\mathrm{Re}\,|(Rf, g)| &= \left|R\left(\frac{f+g}{2}, \frac{f+g}{2}\right) - R\left(\frac{f-g}{2}, \frac{f-g}{2}\right)\right| \\ &\leqslant C\left(\left\|\frac{f+g}{2}\right\|^2 \left\|\frac{f-g}{2}\right\|^2\right) = C\frac{\|f\|^2 + \|g\|^2}{2}.\end{aligned}$$

现在如在**定理 1**的证明中那样, 用 $af, \dfrac{1}{a}g (a > 0)$ 替代 f, g. 右边项的极小化导致 $|\mathrm{Re}(Rf, g)| \leqslant C \cdot \|f\| \cdot \|g\|$. 然后, 用 $e^{i\alpha f}$ (α 为实数) 替代 f, 给出左边项的极大值

$$|(Rf, g)| \leqslant C \cdot \|f\| \cdot \|g\|.$$

当然, 这种关系式仅当 Rg 有定义时成立, 但因为这些 g 是处处稠密的, 而 Rg 不出现在最后结果中, 这一点因为连续性而一般地成立.

我们再证明关于定号算子的另一条定理.

定理 19 若 R 既是埃尔米特算子又是定号算子, 则以下关系成立:

$$\overline{|(Rf, g)|} \leqslant \sqrt{(Rf, f) \cdot (Rg, g)}.$$

由 $(Rf, f) = 0$ 然后得到 $f = 0$.

证明 上面的不等式可由 $(Rf, f) \geqslant 0$ 的一般有效性 (定号性!) 推出, 恰如施瓦茨不等式

$$|(f, g)| \leqslant \sqrt{(f, f) \cdot (g, g)} \quad (\text{即} \leqslant \|f\| \cdot \|g\|)$$

在**定理 1**中对 $(f, f) \geqslant 0$ 导出. 若现在 $(Rf, f) = 0$, 则由这个不等式可知, 若 Rg 有定义, 则也有 $(Rf, g) = 0$. 所以, 由对所有 g 的连续性, 它对一个处处稠密的 g 集合成立. 从而 $Rf = 0$.

---

65 R 的埃尔米特特性对简化

$$\begin{aligned}R\left(\frac{f+g}{2}, \frac{f+g}{2}\right) - R\left(\frac{f-g}{2}, \frac{f-g}{2}\right) &= \frac{(Rf, g) + (Rg, f)}{2} \\ &= \frac{(Rf, g) + \overline{(f, Rg)}}{2} = \frac{(Rf, g) + \overline{(Rf, g)}}{2} = \mathrm{Re}(Rf, g)\end{aligned}$$

是重要的 (在第三步).

最后, 我们讨论两个算子 R, S 的可易性这个重要的概念, 即关系式 $RS = SR$. 由 $RS = SR$ 可知

$$S\cdots SSR = S\cdots SRS = S\cdots RSS = \cdots = RS\cdots SS$$

即 R, S^n 可易 ($n=1,2,\cdots$). 因为 $RI = IR = R$ 与 $S^0 = I$, 这也对 $n=0$ 成立. 若 S^{-1} 存在, 则 $S^{-1}\cdot SR\cdot S^{-1} = S^{-1}S\cdot RS^{-1} = RS^{-1}$, 又因为

$$S^{-1}\cdot SR\cdot S^{-1} = S^{-1}S\cdot RS^{-1} = RS^{-1},$$
$$S^{-1}\cdot RS\cdot S^{-1} = S^{-1}R\cdot SS^{-1} = S^{-1}R,$$

且因此 $RS^{-1} = S^{-1}R$. 所以, $n=-1$ 及因此 $n=-2,-3,\cdots$ 也都是容许的, 即 R 与 S 的所有乘幂可易. 其反复应用可以说明, R 的每个乘幂都与 S 的每个乘幂可易. 若 R 与 S, T 可易, 则它显然与所有 aS, 且也与所有 $S \pm T, ST$ 可易. 与以上结果一起, 可知若 R, S 可易, R 的所有多项式与 S 的所有多项式均可易. 特别对 $R = S$, R 的所有多项式彼此可易.

2.6 本征值问题

现在, 我们已有足够的知识, 可以在抽象希尔伯特空间中探讨量子力学中的一个重要核心问题, 这是在其与特殊情况 F_Z 与 F_Ω 的关系方面: (分别) 求解 1.3 节中的方程 $\mathbf{E}_1$ 与 $\mathbf{E}_2$. 我们称之为本征值问题, 并必须对该问题作新的与统一的处理.

在 1.3 节, 问题 $\mathbf{E}_1$ 与 $\mathbf{E}_2$ 都要求找到方程

E. $$H\varphi = \lambda\varphi$$

的所有 $\varphi \neq 0$ 的解, 这里 H 是对应于哈密顿函数的埃尔米特算子 (见 1.3 节中的讨论), φ 是希尔伯特空间中的一个元素, λ 是一个实数 (H 给定, φ, λ 待定). 与此相关, 对待求解的数目有一些要求. 需要找到这样的数目, 使得:

(1) 在矩阵理论中, 矩阵 $\mathbb{S} = \{s_{\mu\nu}\}$ 可由这些解

$$\varphi_1 = \{s_{11}, s_{21}, \cdots\}, \quad \varphi_2 = \{s_{12}, s_{22}, \cdots\}, \quad \cdots$$

构成 (我们在 F_Z 中!), 并有逆 $\mathbb{S}^{-1}$ (见 1.3 节);

(2) 在波动理论中, 每个波函数 (不必是一个解) 都可以展开为解

$$\varphi_1 = \varphi_1(q_1, \cdots, q_k), \quad \varphi_2 = \varphi_2(q_1, \cdots, q_k), \quad \cdots$$

$(\varphi_1, \varphi_2, \cdots$ 可能属于不同的 $\lambda)$ 的一个级数

$$\varphi(q_1, \cdots, q_f) = \sum_{n=1}^{\infty} C_n \varphi_n(q_1, \cdots, q_f)$$

(1.3 节中没有提及这后一种情况, 但这个要求对波动理论的进一步发展是必不可少的, 特别是对薛定谔的 "摄动理论" [66]).

现在, (1) 与 (2) 表示同一件事, 因为矩阵 $\mathbb{S}$ 把 $\{1,0,0,\cdots\}, \{0,1,0,\cdots\}, \cdots$ 分别变换为

$$\{s_{11}, s_{21}, s_{31}, \cdots\}, \{s_{12}, s_{22}, s_{32}, \cdots\}, \cdots,$$

且因此, 整个希尔伯特空间 $\mathcal{R}_\infty$ 被变换为 $\varphi_1, \varphi_2, \cdots$ 所张成的闭线性流形. 因此, 为使 $\mathbb{S}^{-1}$ 存在, 后者也必须等于 $\mathcal{R}_\infty$. 但 (2) 说的也是同一件事: 它也要求, 每个 φ 可以用 $\varphi_1, \varphi_2, \cdots$ 的线性组合以任意精度予以近似 [67]. 清楚地说明这个条件的重要性, 并应用我们已经掌握的正式手段, 再次证明方程 **E** 的性质.

首先, 因为要求 $\varphi \neq 0$, 又因为若 φ 是一个解, 则 $a\varphi$ 也是一个解, 因此, 只需考虑 $\|\varphi\| = 1$ 的解. 其次, 无须要求 λ 是实数, 因为这可以由 $H\varphi = \lambda\varphi$ 得到

$$(H\varphi, \varphi) = (\lambda\varphi, \varphi) = \lambda(\varphi, \varphi) = \lambda$$

(见 2.5 节, 注 61). 最后, 属于不同 λ_1, λ_2 的解 φ_1, φ_2 相互正交

$$(H\varphi_1, \varphi_2) = \lambda_1(\varphi_1, \varphi_2),$$
$$(H\varphi_1, \varphi_2) = (\varphi_1, H\varphi_2) = \lambda_2(\varphi_1, \varphi_2).$$

因为 $\lambda_1(\varphi_1, \varphi_2) = \lambda_2(\varphi_1, \varphi_2)$ 与 $\lambda_1 \neq \lambda_2$, 故 $(\varphi_1, \varphi_2) = 0$.

现在设 $\lambda_1, \lambda_2, \cdots$ 是对 **E** 可解的互不相同的 λ 的全体 (如果对每个 λ, 方程 $H\varphi = \lambda\varphi$ 是可解的, 我们选择绝对值为 1 的解 φ_λ, 则根据前面所述的理由, 所有的 φ_λ 构成一个标准正交系. 由 2.2 节**定理 3**$^{(\infty)}$, 该系统是一个有限或无穷序列. 从而也可以把 λ 写成一个可终止或可不终止的序列). 对每个 $\lambda = \lambda_\varrho$, $H\varphi = \lambda\varphi$ 的所有解构成一个线性流形, 且是闭的 [68]. 因此根据**定理 9**, 存在这样的解的一个标准正交系 $\varphi_{\varrho,1}, \cdots, \varphi_{\varrho,\nu_\varrho}$, 它张成这个闭线性流形. 显然, 数字 ν_ϱ 是 $\lambda = \lambda_\varrho$ 线性无关解

66 见注 9 中提到书中的第 5 篇文章 (Ann. Phys., (4) **80** (1926)).

67 我们故意没有提及更深入的收敛性问题; 这些问题并未在矩阵与波动理论的原始形式中精确处理; 此外, 我们稍后会妥善解决 (例如, 见 2.9 节).

68 无须进一步讨论就很清楚, 后者只适用于处处有定义且连续的 H; 对之由 $f_n \to f$ 可以得到 $Hf_n \to Hf$. 此外, 以下更局限的性质也是一个后果: 由 $f_n \to f$, $Hf_n \to f^*$ 可知 $Hf \to f^*$ [这是所谓的 H 的闭包, 见作者的论文, Math. Ann., **102** (1929)]. 这总是被量子力学的算子 (甚至不连续的算子) 所满足; 一个不是闭的埃尔米特算子可以通过其定义域的唯一扩张成为 (埃尔米特) 闭的 (但连续性并非如此), 见 2.9 节 82 页, 注 96.

的最大数目, 称之为本征值 λ_ϱ 的重数 ($\nu=1,2,\cdots,\infty$; 例如对 $H=1,\lambda=1$ 可能出现 $\nu=\infty$). 按照以前的讨论, 两个不同 ϱ 的 $\varphi_{\varrho,1},\cdots,\varphi_{\varrho,\nu_\varrho}$ 也是相互正交的. 因此,

$$\varphi_{\varrho,\nu} \quad (\varrho=1,2,\cdots;\nu=1,2,\cdots,\nu_\varrho)$$

的全体也构成一个标准正交系. 由其起源可见, 如同 **E** 的所有解 φ 一样, $\varphi_{\varrho,\nu}$ 张成同样的闭线性流形.

把 $\varphi_{\varrho,\nu}$ 以任意次序排列为 $\psi_1,\psi_2,\cdots$, 对应的 λ_ϱ 也排列为 $\lambda^{(1)},\lambda^{(2)},\cdots$. 前面的条件说明, **E** 的所有解作为一个闭线性流形, 可张成 $\mathcal{R}_\infty$. 这表示 $\psi_1,\psi_2,\cdots$ (解的一个子集!) 必定也是如此 —— 因此根据**定理 7**, 这个标准正交系是完全的.

因此, 在量子力学意义上, 求解本征值问题就是要求找到足够数量的 **E** 的解

$$\psi=\psi_1,\psi_2,\cdots \quad 与 \quad \lambda=\lambda_1,\lambda_2,\cdots$$

使得由它们可构成一个完全的标准正交系. 但一般而言这是不可能的. 例如, 在波动理论中, 我们将看到, 对 **E** 的解的一个特定子集 (即 1.3 节中的 $\mathbf{E_2}$) —— 需要其全体来由这些解展开每个波函数 (见以上) —— 不存在对绝对值平方的有限积分值[69]. 因此, 它们不属于希尔伯特空间. 从而, 在希尔伯特空间中不存在解的完全标准正交系 (且我们仅在 **E** 中考虑希尔伯特空间!).

另一方面, 本征值问题的希尔伯特理论表明, 这种现象并非算子 (甚至连续算子) 的例外行为[70]. 因此, 必须分析它发生时的情况 (我们将很快看到这在物理上表示什么, 见 3.3 节). 若这一情况发生, 即若由 **E** 的解所选的标准正交系不是完全的, 则我们说存在 "H 的连续谱" ($\lambda_1,\lambda_2,\cdots$ 构成 H 的 "点" 或 "离散" 谱).

由于 **E** 失效, 我们的下一个问题便是找到并改进对埃尔米特算子本征值问题的表达, 并应用于量子力学. 我们遵照希尔伯特设置的模式 (见上面注 70), 对之现在加以说明.

2.7 拓 展

方程

$$H\varphi=\lambda\varphi$$

以及由它的解构成完全标准正交系的要求, 起源于与有限维 $\mathcal{R}_n$ 情形的类比.

在 $\mathcal{R}_n$ 中, H 是一个矩阵

$$\mathbb{H}=\{h_{\mu\nu}\}, \quad \mu,\nu=1,\cdots,n, \quad h_{\mu\nu}=\bar{h}_{\nu\mu},$$

69 例如, 见薛定谔对氢原子的处理, 在注 16 中引用的文献.

70 见注 64 所引用的文献.

且 $\mathbb{H}\varphi=\lambda\varphi$, 即

$$\sum_{\nu=1}^{n} h_{\mu\nu}x_\nu=\lambda x_\mu \quad (\mu=1,\cdots,n)$$

的解 $\varphi=\{x_1,x_2,\cdots,x_n\}$ 构成一个完全标准正交系, 这是熟知的代数事实 [71].

正如我们所见, $\mathcal{R}_n$ 的这个性质不能通过 $n\to\infty$ 传递到 $\mathcal{R}_\infty$. 因此 $\mathcal{R}_\infty$ 中的本征值问题必须用不同的形式来表达. 我们将看到, $\mathcal{R}_n$ 中的本征值问题可以改写成能实现转变到 $\mathcal{R}$ 的新形式问题 (它在 $\mathcal{R}_n$ 中等同于旧的). 也就是, 二者在每个 $\mathcal{R}_n\,(n=1,2,\cdots)$ 中都表达同样的事情 (即埃尔米特矩阵对角化的可能性), 但其一可以传递到 $\mathcal{R}_\infty$, 而另一则不能.

设 $\{x_{11},\cdots,x_{1n}\},\cdots,\{x_{n1},\cdots,x_{nn}\}$ 是本征值方程的解的完全标准正交系, $\lambda_1,\cdots,\lambda_n$ 是对应的 λ. 向量 $\{x_{11},\cdots,x_{1n}\},\cdots,\{x_{n1},\cdots,x_{nn}\}$ 于是构成 $\mathcal{R}_n$ 中的一个笛卡儿坐标系. 在这一坐标系中, $\{x_{11},\cdots,x_{1n}\},\cdots,\{x_{n1},\cdots,x_{nn}\}$ 到 $\xi_1,\cdots,\xi_n$ 的变换公式参考基底

$$\{1,0,0,\cdots,0\},\{0,1,0,\cdots,0\},\cdots,\{0,0,0,\cdots,1\},$$

而成为

$$\{\xi_1,\cdots,\xi_n\}=\mathfrak{x}_1\{x_{11},\cdots,x_{1n}\}+\cdots+\mathfrak{x}_n\{x_{n1},\cdots,x_{nn}\},$$

即

$$\xi_1=\sum_{\mu=1}^{n} x_{\mu 1}\mathfrak{x}_\mu,\cdots,\quad \xi_n=\sum_{\mu=1}^{n} x_{\mu n}\mathfrak{x}_\mu,$$

以及反变换,

$$\mathfrak{x}_1=\sum_{\mu=1}^{n} \bar{x}_{1\mu}\xi_\mu,\cdots,\quad \mathfrak{x}_n=\sum_{\mu=1}^{n} \bar{x}_{n\mu}\xi_\mu.$$

我们可以把条件

$$\sum_{\nu=1}^{n} h_{\mu\nu}x_{\varrho\nu}=\lambda_\varrho x_{\varrho\mu},\quad \varrho=1,\cdots,n$$

借助变量 $\mathfrak{x}_1,\cdots,\mathfrak{x}_n$ 与一组新的变量 $\eta_1,\cdots,\eta_n$ (以及基于以上公式所属的变量 $\mathfrak{y}_1,\cdots,\mathfrak{y}_n$) 写出如下:

$$\sum_{\varrho,\mu=1}^{n}\left(\sum_{\nu=1}^{n} h_{\mu\nu}x_{\varrho\nu}\right)\mathfrak{x}_\varrho\bar{\eta}_\mu=\sum_{\varrho,\mu=1}^{n}\lambda_\varrho x_{\varrho\mu}\mathfrak{x}_\varrho\bar{\eta}_\mu,$$

即

71 见库朗–希尔伯特: 注 30 中所引文献.

D. $$\sum_{\mu,\nu=1}^{n} h_{\mu\nu}\xi_\mu\bar{\eta}_\nu = \sum_{\varrho=1}^{n}\lambda_\varrho\left(\sum_{\mu=1}^{n}\bar{x}_{\varrho\mu}\xi_\mu\right)\overline{\left(\sum_{\mu=1}^{n}\bar{x}_{\varrho\mu}\eta_\mu\right)}.$$

故我们坐标系的笛卡儿特性可以表示为

O. $$\sum_{\mu=1}^{n}\xi_\mu\bar{\eta}_\mu = \sum_{\varrho=1}^{n}\left(\sum_{\mu=1}^{n}\bar{x}_{\varrho\mu}\xi_\mu\right)\overline{\left(\sum_{\mu=1}^{n}\bar{x}_{\varrho\mu}\eta_\mu\right)}.$$

因此, 找到有 **D**, **O** 性质的一个矩阵 $\{x_{\varrho\mu}\}$, 便等同于在 $\mathcal{R}_n$ 中求解本征值问题; 但以这种形式转变到 $\mathcal{R}_\infty$ 又将失败. 由于条件 **D**, **O** 其实并不能完全地确定未知的 $\lambda_\varrho, x_{\varrho\mu}$, 这种失败并不令人惊讶. 事实上, 如同这个 "对角变换理论" 所表明的 (见注 71 中的文献), λ_ϱ 除了次序以外唯一地确定, 但情况对 $x_{\varrho\mu}$ 要糟糕得多. 每一列 $x_{\varrho 1},\cdots,x_{\varrho n}$ 显然都可以乘以一个绝对值为 1 的因子 θ_ϱ. 且若几个 λ_ϱ 重合, 甚至对应的 $x_{\varrho 1},\cdots,x_{\varrho n}$ 行之间的一个任意酉变换都是可能的! 对这种并非唯一确定的量尝试在极限 $n\to\infty$ 下的转变是毫无希望的: 因为若 $\lambda_\varrho, x_{\varrho\mu}$ 可以经历任意大的波动, 而这种波动因为它们确定中的不完全性成为可能, 这样的过程怎么会收敛呢?

但是这指出了处理这个问题的合适途径: 我们必须首先寻求 **D**, **O** 与未知数 $\lambda_\varrho, x_{\varrho\mu}$ 的替代品, 它们具备所缺乏的唯一性. 然后说明, 这样的极限过程造成的困难较小.

若 l 是一个或多个 λ_ϱ 所取的任意值, 则

$$\sum_{\lambda_\varrho=l}\left(\sum_{\mu=1}^{n}\bar{x}_{\varrho\mu}\xi_\mu\right)\overline{\left(\sum_{\mu=1}^{n}\bar{x}_{\varrho\mu}\eta_\mu\right)}$$

在上面提到的 $\lambda_\varrho, x_{\varrho\mu}$ 的变化 (与 **D**, **O** 相容) 下是不变的. 若 l 对所有 λ_ϱ 各不相同, 则和式为零, 且因此肯定是不变的. 所以埃尔米特形式 (这里 ξ 与 η 分别记为 $\xi_1,\cdots,\xi_n$ 与 $\eta_1,\cdots,\eta_n$)

$$E(l;\xi,\eta) = \sum_{\lambda_\varrho\leqslant l}\left(\sum_{\mu=1}^{n}\bar{x}_{\varrho\mu}\xi_\mu\right)\overline{\left(\sum_{\mu=1}^{n}\bar{x}_{\varrho\mu}\eta_\mu\right)}$$

也是不变的 (l 任意!). 若我们知道 $E(l;\xi,\eta)$(即它们的系数), 则容易由此反过来得到 $\lambda_\varrho, x_{\mu\nu}$. 于是, 若我们通过 $E(l;\xi,\eta)$ 形成本征值问题 (即 **D**, **O**) (替代 $\lambda_\varrho, x_{\mu\nu}$), 将达到想要的唯一表达方式.

因此, 设 $\mathbb{E}(l)$ 为埃尔米特形式的矩阵 $E(l;\xi,\eta)$ [72]. 对于矩阵族 $\mathbb{E}(l)$, **D**, **O** 意

72 也就是 $\mathbb{E}(l)=\{e_{\mu\nu}(l)\}, E(l;\xi,\eta)=\sum_{\mu,\nu=1}^{n}e_{\mu\nu}(l)\,\xi_\mu\bar{\eta}_\nu$. 所以,

$$e_{\mu\nu}(l) = \sum_{\lambda_\varrho\leqslant l} x_{\varrho\mu}\bar{x}_{\varrho\nu}.$$

味着什么呢?

O 表示: 若 l 充分大 (即大于所有 λ_ϱ), 则 $\mathbb{E}(l)=\mathbb{I}$ (单位矩阵). 由 $\mathbb{E}(l)$ 的特性可知, 若 l 充分小 (即小于所有 λ_ϱ), 则 $\mathbb{E}(l)=\mathbb{O}$, 且当 l 由 $-\infty$ 增加到 $+\infty$ 时, 除开在有限个点上 ($\lambda_1,\cdots,\lambda_n$ 中的不同值, 记为 $l_1<l_2<\cdots<l_m, m\leqslant n$) 不连续地变化外, $\mathbb{E}(l)$ 恒为常数. 不连续性位于所涉及点的左侧 (因为 $\sum_{\lambda_\varrho\leqslant 1}$ 作为 l 的函数, 在右侧是连续的. 而对 $\sum_{\lambda_\varrho<1}$ 的情况正好相反). 最后, 我们要证明, 对 $l'\leqslant l''$,

$$\mathbb{E}(l')\mathbb{E}(l'')=\mathbb{E}(l'')\mathbb{E}(l')=\mathbb{E}(l')$$

(矩阵乘积!).

更方便的是在 $\mathfrak{x}_1,\cdots,\mathfrak{x}_n$ 与 $\mathfrak{y}_1,\cdots,\mathfrak{y}_n$ 的坐标系中对 $E(l';\xi,\eta), E(l'';\xi,\eta)$ 证明这一点. 引入这些变量后, 从 $E(l';\xi,\eta)$ 与 $E(l'';\xi,\eta)$ 可以得到

$$\sum_{\lambda_\varrho\leqslant l'}\mathfrak{x}_\varrho\bar{\mathfrak{y}}_\varrho \quad 与 \quad \sum_{\lambda_\varrho\leqslant l''}\mathfrak{x}_\varrho\bar{\mathfrak{y}}_\varrho$$

因此这些矩阵是这样的: 除在对角线上的元素外, 其余元素均为 0; 若 $\lambda_\varrho\leqslant l'$ 或 $\leqslant l''$, 则在对角线上第 λ_ϱ 位是 1, 否则也是 0. 对这样的矩阵, 以上命题显然成立.

现在变换 **D**, 它显然意味着

$$\sum_{\mu,\nu=1}^{n}h_{\mu\nu}\xi_\mu\bar{\eta}_\nu=\sum_{\tau=1}^{m}l_\tau\{E(l_\tau;\xi,\eta)-E(l_{\tau-1};\xi,\eta)\},$$

其中 l_0 是小于 l_1 的任意数. 但因为 $E(l_\tau;\xi,\eta)$ 在以下每个区间中,

$$-\infty<l<l_1,\quad l_1\leqslant l\leqslant l_2,\quad l_{m-1}\leqslant l<l_m,\quad l_m\leqslant l<+\infty,$$

都是常数, 则对每一组数集

$$\Lambda_0<\Lambda_1<\Lambda_2<\cdots<\Lambda_k,$$

若 $l_1,\cdots,l_m$ 在其中出现, 则

$$\sum_{\mu,\nu=1}^{n}h_{\mu\nu}\xi_\mu\bar{\eta}_\nu=\sum_{\tau=1}^{k}\Lambda_\tau[E(\Lambda_\tau;\xi,\eta)-E(\Lambda_{\tau-1};\xi,\eta)].$$

应用斯蒂尔切斯 (Stieltjes) 积分概念 [73], 这可以写成

$$\sum_{\mu,\nu=1}^{n}h_{\mu\nu}\xi_\mu\bar{\eta}_\nu=\int_{-\infty}^{+\infty}\lambda dE(\lambda;\xi,\eta).$$

73 关于斯蒂尔切斯积分的概念, 见 Perron, *Die Lehre von den Kettenbrüchen*, Leipzig, 1913, 又, 对算子理论要求的特殊考虑, 见 Carleman, *Équations intégrales singulières*, Upsala, 1923. 对此兴趣不大的读者, 以下定义便足够了: 在细分为 $\Lambda_0,\Lambda_1,\cdots,\Lambda_k$ 的区间 a,b

$$a\leqslant\Lambda_0<\Lambda_1<\Lambda_2<\cdots<\Lambda_k\leqslant b$$

$\left(\int_{-\infty}^{+\infty}\right.$ 显然可以被 $\int_a^b$ 替代, $a < l_1, b > l_m.$$\left.\right)$ 或者, 若我们考虑系数, 并代替矩阵本身写出对所有系数成立的方程:

$$\mathbb{H} = \int_{-\infty}^{+\infty} \lambda d\mathbb{E}(\lambda),$$

其中, $\mathbb{H} = \{h_{\mu\nu}\}$.

因此, 我们要讨论的问题如下: 对一个给定的埃尔米特矩阵 $\mathbb{H} = \{h_{\mu\nu}\}$, 寻找具有以下性质的埃尔米特矩阵族 $\mathbb{E}(\lambda)\ (-\infty < \lambda < +\infty)$:

$\mathbf{S_1}$. 对足够 $\left\{\begin{matrix}小\\大\end{matrix}\right\}$ 的 λ, $\mathbb{E}(\lambda) = \left\{\begin{matrix}\mathbb{O}\\ \mathbb{I}\end{matrix}\right\}$.

$\mathbb{E}(\lambda)$ (看作 λ 的函数) 除开在有限点不连续外, 处处为常数. 此外, 不连续性总是位于给定点的左侧.

$\mathbf{S_2}$. 等式 $\mathbb{E}(\lambda')\mathbb{E}(\lambda'') = \mathbb{E}(\mathrm{Min}(\lambda'\lambda''))$ 恒成立 [74].

$\mathbf{S_3}$. 我们有 (应用斯蒂尔切斯积分) 以下关系:

$$\mathbb{H} = \int_{-\infty}^{+\infty} \lambda d\mathbb{E}(\lambda).$$

在此, 我们不拟考虑相反的过程, 即从 $\mathbf{S_1}\sim\mathbf{S_3}$ 反推 $\mathbf{D}, \mathbf{O}$(虽然这是简单的). 因为本征值问题现在的形式, 才是量子力学中需要的. 我们要把 $\mathbf{S_1}\sim\mathbf{S_3}$ 从有限个变量推广到无限个变量, 即从 $\mathcal{R}_n$ 到 $\mathcal{R}_\infty$.

在 $\mathcal{R}_\infty$ 中, $\mathbb{H}$ 与 $\mathbb{E}(\lambda)$ 的作用被埃尔米特算子 H 与 $E(\lambda)$ 取代. 对给定的 H, 我们力图以某种方式确定 (以 $\mathbf{S_1}\sim\mathbf{S_3}$ 为模型) 相联系的一族 $E(\lambda)$. 因此, 只要找到 $\mathbf{S_1}\sim\mathbf{S_3}$ 的 $\mathcal{R}_\infty$ 类同物就可以了.

由于 $\mathcal{R}_n$ 的维数在 $\mathbf{S_2}$ 中不起作用, 性质 $\mathbf{S_2}$ 在转变中保持不变. 但我们希望变化之, 以便应用于投影算子 (2.4 节). 首先, 该性质意味着, 当 $\lambda' = \lambda'' = \lambda$ 时, $E(\lambda)^2 = E(\lambda)$, 即 $E(\lambda)$ 必定是投影算子. 但是然后 $\mathbf{S_2}$ 表示 (仅考虑 $\lambda' \leqslant \lambda''$ 即可, 因为对 $\lambda' \geqslant \lambda''$ 可得到对应的结果): $\lambda' \leqslant \lambda''$ 意味着 $E(\lambda') \leqslant E(\lambda'')$ (见 2.4 节**定理 14** 与其后的文字). 但有一点需引起注意, 在 $\mathbf{S_3}$ 的情况下, 表达式

中求和

$$\sum_{\tau=1}^{k} f(\Lambda_\tau)[(g(\Lambda_\tau) - g(\Lambda_{\tau-1})].$$

若它当 $\Lambda_0, \Lambda_1, \cdots, \Lambda_k$ 不断细分时收敛, 则积分 $\int_a^b f(x)\,dg(x)$ 将有意义并等于这个极限 (对 $g(x) = x$, 这转化为众所周知的黎曼积分). 因此, 在我们的情况, 所推导的方程意味着 $\int_{-\infty}^{+\infty} xdE(x;\xi,\eta)$ 存在 (我们用 λ 而不用 x 记变量), 且它等于 $\sum_{\mu,\nu=1}^{n} h_{\mu\nu}\xi_\mu\bar{\eta}_\nu$.

74 $\mathrm{Min}(a,b,\cdots,e)$ 是有限多实数 $a,b,\cdots,e$ 中的最小者, $\mathrm{Max}(a,b,\cdots,e)$ 是其最大者.

$H=\int_{-\infty}^{+\infty}\lambda dE(\lambda)$ 是无意义的, 因为斯蒂尔切斯积分是对数字而不是对算子定义的. 但容易用数字替代 $H, E(\lambda)$, 即把该方程表示为数字间的关系. 对 $\mathcal{R}_\infty$ 的所有 f, g, 如果 Hf 有定义, 我们要求

$$(Hf, g)=\int_{-\infty}^{+\infty}\lambda d\,(E\,(\lambda)\,f, g).$$

其中, $H=\int_{-\infty}^{+\infty}\lambda dE(\lambda)$ 只需理解为一个符号, 一种缩写方式.

最后, 性质 $\mathbf{S_1}$ 在向无限维转变中要受到实质性的影响. 在 $E(\lambda)$ 取其端点值 0 或 1 以外的点, 或 $E(\lambda)$ 作不连续跳跃的那些点, 是 ($\mathcal{R}_n$ 中) H 的本征值, 而在它的定常区间里没有本征值. 但若 $n\to\infty$, 许多事情可能发生. 最小或最大本征值可以分别趋向 $-\infty$ 或 $+\infty$, 其他本征值可能越来越稠密地集聚, 因为它们的数量可以任意多地增加, 以至于定常区间最终收缩为点. (特别是这最后一种情形, 在希尔伯特理论中是一种征兆, 在一定条件下表明所谓连续谱的出现 [75].) 我们因此必须在由 $\mathcal{R}_n$ 到 $\mathcal{R}_\infty$ 的转变中对 $\mathbf{S_1}$ 作重大改变. 必须容许 $E(\lambda)$ 的变化不再显示离散与不连续特性的可能性.

根据这样的观点, 很可能要放弃 $E(\lambda)$ 取端点值 0 或 1 的要求, 而只要求它收敛到 0 或 1 (分别当 $\lambda\to-\infty$ 或 $\lambda\to+\infty$ 时), 同样, 替代定常区间段与离散点, 也容许连续增加可能性的出现. 另一方面, 我们可以试图保持较不苛刻的要求, 即在可能的不连续点, 不连续性只出现在左侧. 对应地把 $\mathbf{S_1}$ 的公式写成：当 $\lambda\to-\infty$ 时, $E(\lambda)\to 0$, 当 $\lambda\to+\infty$ 时, $E(\lambda)\to 1$, 而当 $\lambda\to\lambda_0, \lambda\geqslant\lambda_0$ 时, $E(\lambda)\to E(\lambda_0)$ [76].

对 $\mathbf{S_3}$ 还有一些要说. 在有限维空间中,

$$\mathbb{H}=\sum_{\tau=1}^{m}l_\tau\mathbb{F}_\tau,\quad \text{其中 } \mathbb{F}_\tau=\mathbb{E}\,(l_\tau)-\mathbb{E}\,(l_{\tau-1})\,.$$

因为 $\mathbf{S_1}$, 对 $\sigma\geqslant\tau$ 我们有

$$\begin{aligned}\mathbb{F}_\tau\mathbb{E}\,(l_\sigma)&=\mathbb{E}\,(l_\tau)\,\mathbb{E}\,(l_\sigma)-\mathbb{E}\,(l_{\tau-1})\,\mathbb{E}\,(l_\sigma)\\&=\mathbb{E}\,(l_\tau)-\mathbb{E}\,(l_{\tau-1})\\&=\mathbb{F}_\tau,\end{aligned}$$

而对 $\sigma\leqslant\tau-1$ 有

$$\mathbb{F}_\tau\mathbb{E}\,(l_\sigma)=\mathbb{E}\,(l_\tau)\,\mathbb{E}\,(l_\sigma)-\mathbb{E}\,(l_{\tau-1})\,\mathbb{E}\,(l_\sigma)$$

75 见注 64 中的文献, 以及在注 73 中提到的卡尔曼 (Carleman) 的书. 我们将大量涉及 “连续谱,” 见 2.8 节.

76 我们用 $A(\lambda)\to B$ (其中 $A(\lambda), B$ 是 $\mathcal{R}_\infty$ 中的算子, λ 是一个实参数) 表示 $\mathcal{R}_\infty$ 的所有满足 $A(\lambda)f\to Bf$ 的 f. 希尔伯特空间中算子收敛性就是在这个意义上理解的.

$$
\begin{aligned}
&= \mathbb{E}(l_\sigma) - \mathbb{E}(l_\sigma) \\
&= \mathbb{O}.
\end{aligned}
$$

又因为 $\mathbb{F}_\sigma = \mathbb{E}(l_\sigma) - \mathbb{E}(l_{\sigma-1})$, 故

$$
\mathbb{F}_\tau \cdot \mathbb{F}_\sigma = \begin{cases} \mathbb{F}_\tau, & \text{对 } \tau = \sigma, \\ \mathbb{O}, & \text{对 } \tau \neq \sigma, \end{cases}
$$

由此

$$
\mathbb{H}^2 = \left(\sum_{\tau=1}^{m} l_\tau \mathbb{F}_\tau \right)^2 = \sum_{\tau,\sigma=1}^{m} l_\tau l_\sigma \mathbb{F}_\tau \mathbb{F}_\sigma = \sum_{\tau=1}^{m} l_\tau^2 \mathbb{F}_\tau,
$$

同样有 $\mathbb{H}^p = \sum_{\tau=1}^{m} l_\tau^p \mathbb{F}_\tau$. 所以

$$
\mathbb{H}^2 = \int_{-\infty}^{+\infty} \lambda^2 d\mathbb{E}(\lambda),
$$

它类似于关于 $\mathbb{H}$ 本身成立的方程. 在 $\mathcal{R}_\infty$ 中假定类同的符号关系

$$
H^2 = \int_{-\infty}^{+\infty} \lambda^2 dE(\lambda),
$$

它由下式得到特定的意义:

$$
(H^2 f, g) = \int_{-\infty}^{+\infty} \lambda^2 d(E(\lambda) f, g).
$$

(这实际上将被我们后面的考虑所确认.) 对于 $f = g$, 我们有

$$
(H^2 f, f) = (Hf, Hf) = \|Hf\|^2, \quad (E(\lambda) f, f) = \|E(\lambda) f\|^2,
$$

从而

$$
\|Hf\|^2 = \int_{-\infty}^{+\infty} \lambda^2 d\left(\|E(\lambda) f\|^2\right).
$$

然而, 这个公式使得我们不仅期待 $E(\lambda)$ (若它有定义) 确定 Hf 的值, 而且也可以看出该定义是否对一个特定的函数 f 作出. 因为积分 $\int_{-\infty}^{+\infty} \lambda^2 d\left(\|E(\lambda) f\|^2\right)$ 有非负被积式 ($\lambda^2 \geqslant 0$), 以及在微分符号后面有单调增表达式 ($\|E(\lambda) f\|^2$, 见 $\mathbf{S_2}$ 与 2.4 节**定理 15**), 该积分按其本性将收敛到零、有限正数, 或正常发散到 $+\infty$ [77]. 且这与 H 无关, 即无须考虑 Hf 是否有定义. 于是我们期待, 当且仅当 $\|Hf\|^2$ 有限, 即以上表达式对所有 f 有定义时, Hf 才有定义 (即存在于 $\mathcal{R}_\infty$ 中).

77 这出自注 73 中斯蒂尔切斯积分的定义. 证明见其中给出的文献.

因此, $\mathbf{S_1}\sim\mathbf{S_3}$ 的新构架如下: 对给定的埃尔米特算子 H, 寻找有以下性质的投影算子族 $E(\lambda)\,(-\infty<\lambda<+\infty)$:

$\bar{\mathbf{S}}_\mathbf{1}$. 对 $\lambda\to\begin{pmatrix}-\infty\\+\infty\end{pmatrix}$, 我们分别有 $E(\lambda)\to\begin{pmatrix}0\\1\end{pmatrix}$, 对 $\lambda\to\lambda_0,\lambda\geqslant\lambda_0$, 我们有 $E(\lambda)f\to E(\lambda_0)f$ (对每个 f!).

$\bar{\mathbf{S}}_\mathbf{2}$. 由 $\lambda'\leqslant\lambda''$ 可知 $E(\lambda')\leqslant E(\lambda'')$.

$\bar{\mathbf{S}}_\mathbf{3}$. 积分 $\displaystyle\int_{-\infty}^{+\infty}\lambda^2 d\left(\|E(\lambda)f\|^2\right)$ 按其性质是收敛的 (零或有限正数) 或正常发散的 $(+\infty)$, 确定了 H 的定义域: Hf 在且仅在非发散情况有意义, 在这种情况下

$$(Hf,g)=\int_{-\infty}^{+\infty}\lambda d(E(\lambda)f,g)$$

(当左边表达式有限时, 后一个积分绝对收敛 [78]).

算子 H 未在性质 $\bar{\mathbf{S}}_\mathbf{1},\bar{\mathbf{S}}_\mathbf{2}$ 的描述中出现. 众所周知, 具有这两条性质的投影算子族是单位分解. 与 $\bar{\mathbf{S}}_\mathbf{3}$ 有关的 H 的单位分解被称为属于 H 的.

于是, $\mathcal{R}_\infty$ 中的本征值问题的提法如下: 对给定的埃尔米特算子 H, 是否存在属于 H 的单位分解? 若存在, 有多少个? (想要的答案是恰好存在一个.) 此外必须说明, 我们的本征值问题的定义, 是如何与量子力学中 (尤其是波动理论中) 所应用的埃尔米特算子本征值确定的一般方法相联系的.

2.8 本征值问题初探

关于本征值问题的定义而产生的第一个疑问是: $\bar{\mathbf{S}}_\mathbf{1}\sim\bar{\mathbf{S}}_\mathbf{3}$ 看起来与我们在 2.7 节开始时提出的问题完全不同, 它们与本问题的相关性不再能被识别. 我们确实在 $\mathcal{R}_n$ 中由该问题形成了 $\mathbf{S_1}\sim\mathbf{S_3}$, 但在 $\mathcal{R}_\infty$ 中, 这种关系实质性地改变了, 虽然如前面注意到的, 它们在 $\mathcal{R}_n$ 中是等价的. 因此, 我们要重新考虑整个问题, 确定新框架与旧框架的吻合程度, 即何时及如何用 $E(\lambda)$ 确定 $\lambda_1,\lambda_2,\cdots$ 与 $\varphi_1,\varphi_2,\cdots$.

若单位分解 $E(\lambda)$ 属于埃尔米特算子 A, 在什么条件下方程

$$A\varphi=\lambda_0\varphi$$

是可解的呢? $A\varphi=\lambda_0\varphi$ 表示对所有 g 有 $(A\varphi,g)-\lambda_0(\varphi,g)=0$, 即

$$0=\int_{-\infty}^{+\infty}\lambda d(E(\lambda)f,g)-\lambda_0(\varphi,g)$$

78 见 Math. Ann., **102** (1929).

$$= \int_{-\infty}^{+\infty} \lambda d\,(E\,(\lambda)\,f, g) - \lambda_0 \int_{-\infty}^{+\infty} d\,(E\,(\lambda)\,f, g)$$

$$= \int_{-\infty}^{+\infty} (\lambda - \lambda_0) d(E\,(\lambda)\,f, g).$$

首先设 $g = E\,(\lambda_0)\,f$, 则

$$0 = \int_{-\infty}^{+\infty} (\lambda - \lambda_0)\,d\,(E\,(\lambda)\,f, E\,(\lambda_0)\,f)$$

$$= \int_{-\infty}^{+\infty} (\lambda - \lambda_0) d(E\,(\lambda_0)\,E\,(\lambda)\,f, f)$$

$$= \int_{-\infty}^{+\infty} (\lambda - \lambda_0) d(E(\mathrm{Min}\,(\lambda, \lambda_0))f, f)$$

$$= \int_{-\infty}^{+\infty} (\lambda - \lambda_0) d(\|E(\mathrm{Min}\,(\lambda, \lambda_0))f\|^2).$$

现在记 $\int_{-\infty}^{+\infty} = \int_{-\infty}^{\lambda_0} + \int_{\lambda_0}^{+\infty}$. 我们可以在 $\int_{-\infty}^{\lambda_0}$ 中把 $\mathrm{Min}\,(\lambda, \lambda_0)$ 用 λ 代替, 以及在 $\int_{\lambda_0}^{+\infty}$ 中用 λ_0 代替. 在后一个积分中, 微分符号后面出现的是常数. 因此该积分为零. 第一个积分可记为

$$\int_{-\infty}^{\lambda_0} (\lambda - \lambda_0) d(\|E(\lambda) f\|^2) = 0.$$

回到前述论据的开始并取 $g = f$, 于是

$$0 = \int_{-\infty}^{\infty} (\lambda - \lambda_0) d(E\,(\lambda)\,f, f) = \int_{-\infty}^{\infty} (\lambda - \lambda_0) d(\|E(\lambda) f\|^2).$$

由此减去前面的结果, (在改变被积式的符号后) 得到

$$\int_{\lambda_0}^{+\infty} (\lambda_0 - \lambda) d(\|E(\lambda) f\|^2) = 0.$$

现在稍微细致地考察

$$\int_{-\infty}^{\lambda_0} (\lambda_0 - \lambda)\,d(\|E\,(\lambda)\,f\|^2) \quad 与 \quad \int_{\lambda_0}^{+\infty} (\lambda - \lambda_0)\,d(\|E\,(\lambda)\,f\|^2).$$

在每种情况下被积式都 $\geqslant 0$, 且微分符号后面是 λ 的一个单调增函数. 因此, 对每个 $\varepsilon > 0$, 我们有

$$0 = \int_{-\infty}^{\lambda_0} (\lambda_0 - \lambda)\,d(\|E\,(\lambda)\,f\|^2) \geqslant \int_{-\infty}^{\lambda_0 - \varepsilon} (\lambda_0 - \lambda)\,d(\|E\,(\lambda)\,f\|^2)$$

$$\geqslant \int_{-\infty}^{\lambda_0-\varepsilon} \varepsilon \cdot d(\|E(\lambda) f\|^2)$$

$$= \varepsilon \|E(\lambda_0 - \varepsilon) f\|^2,$$

$$\begin{aligned}\int_{\lambda_0}^{+\infty} (\lambda-\lambda_0)\, d(\|E(\lambda) f\|^2) &= \int_{\lambda_0+\varepsilon}^{\infty} (\lambda-\lambda_0)\, d(\|E(\lambda) f\|^2) \\ &\geqslant \int_{\lambda_0+\varepsilon}^{\infty} \varepsilon \cdot d(\|E(\lambda) f\|^2) \\ &= \varepsilon(\|f\|^2 - \|E(\lambda_0+\varepsilon) f\|^2) \\ &= \varepsilon \|f - E(\lambda_0+\varepsilon) f\|^2.\end{aligned}$$

以上二式的右边 $\leqslant 0$, 但因为它们也 $\geqslant 0$, 故它们必须为零. 因此,

$$E(\lambda_0 - \varepsilon) f = 0, \quad E(\lambda_0 + \varepsilon) f = f.$$

由于 $E(\lambda)$ 的右边项的连续性, 我们可以在第二个方程的右边取 $\varepsilon \to 0$: $E(\lambda_0) f = f$. 于是对于 $\lambda \geqslant \lambda_0$, 因为第二个方程 ($\varepsilon = \lambda - \lambda_0 \geqslant 0$), $E(\lambda) f = f$; 而对于 $\lambda < \lambda_0$, 因为第一个方程 ($\varepsilon = \lambda_0 - \lambda > 0$), $E(\lambda) f = 0$. 因此,

$$E(\lambda) f = \begin{cases} f, & 对\ \lambda \geqslant \lambda_0, \\ 0, & 对\ \lambda < \lambda_0. \end{cases}$$

但这个必要条件也是充分的, 因为由之可以得到

$$(Af, g) = \int_{-\infty}^{+\infty} \lambda d(E(\lambda) f, g) = \lambda_0 (f, g)$$

(回顾注 73 中给出的斯蒂尔切斯积分的定义即可知), 因此对所有 g, $(Af - \lambda_0 f, g) = 0$; 即 $Af = \lambda_0 f$.

$Af = \lambda_0 f$ 表示什么呢? 首先, 它涉及 $E(\lambda)$ 在 $\lambda = \lambda_0$ 处的不连续性. 由 2.4 节**定理 17**, 当 $\lambda \to 0, \lambda > \lambda_0$, 或当 $\lambda \to 0, \lambda < \lambda_0$ 时, $E(\lambda)$ 分别收敛到投影算子 $E^{(1)}(\lambda)$ 或 $E^{(2)}(\lambda)$ [79]. 由 $\mathbf{S_1}$, $E^{(2)}(\lambda) = E(\lambda_0)$, 但在不连续情况, $E^{(1)}(\lambda) \neq E(\lambda_0)$. 进而, 因为对 $\lambda < \lambda_0$ 有 $E(\lambda) \leqslant E(\lambda_0)$, 由 $\mathbf{S_2}$ 恒有 $E^{(1)}(\lambda_0) \leqslant E(\lambda_0)$. 因此, $E(\lambda_0) - E^{(1)}(\lambda_0)$ 是一个投影算子, 且由不连续性的特征可知, 它 $\neq O$.

---

79 这只对 λ 序列给出了证明. 然而, 所有这样的 λ 序列的极限 ($\lambda \to \lambda_0$ 及 $\lambda < \lambda_0$ 或 $\lambda > \lambda_0$) 必定相同, 因为两个这样的序列可以合并成一个, 且由于它有一个极限, 两个组成部分都必须有相同的极限. 由此可知其收敛性 (对所有序列的公共极限), 也在 λ 连续变化的情况出现.

对所有 $\lambda < \lambda_0$, $E(\lambda)f = 0$ 导致 $E^{(1)}(\lambda)f = 0$, 但 (因为 $E(\lambda) \leqslant E^{(1)}(\lambda_0)$) 也可以从后者推出前者. 当 $\lambda \geqslant \lambda_0$ 时, 由 $E(\lambda_0)f = f$ 得到 $E(\lambda)f = f$, 因为 $E(\lambda_0) \leqslant E(\lambda)$ 与 $E(\lambda)E(\lambda_0) = E(\lambda_0)$, 从而, $E(\lambda)f = E(\lambda)E(\lambda_0)f = E(\lambda_0)f = f$. 因此, $E^{(1)}(\lambda_0)f = 0$ 与 $E(\lambda_0)f = f$ 关于 $Af = \lambda_0 f$ 是特征性的, 或 (根据 2.4 节**定理 14**)$[E(\lambda_0) - E^{(1)}(\lambda_0)]f = f$. 换言之, 记 $E(\lambda_0) - E^{(1)}(\lambda_0) = P_{\mathcal{M}_{\lambda_0}}$, 则上述表达式说明 f 属于 $\mathcal{M}_{\lambda_0}$.

总而言之, $Af = \lambda f$ 仅在 $E(\lambda)$ 的不连续处有一个非零解 $f \neq 0$, 并且解 f 构成上面定义的闭线性流形 $\mathcal{M}_{\lambda_0}$.

2.6 节中寻找的, 由这些解构成的 (组合任何 λ) 的完全标准正交系, 当且仅当 $\mathcal{M}_{\lambda_0}(-\infty < \lambda_0 < \lambda)$ 张成闭线性流形 $\mathcal{R}_\infty$ 时存在. 我们在 2.6 节中已讨论过如何构造该系. $\mathcal{M}_{\lambda_0}$ 的彼此正交性还可以从另一角度来看: 因为

$$E(\lambda_0) = E^{(1)}(\lambda_0) \leqslant E(\lambda_0) \leqslant E^{(1)}(\mu_0), \quad E(\mu_0) - E^{(1)}(\mu_0) \leqslant 1 - E^{(1)}(\mu_0),$$

由 $\lambda_0 < \mu_0$ 可知

$$P_{\mathcal{M}_{\lambda_0}} P_{\mathcal{M}_{\mu_0}} = [E(\lambda_0) - E^{(1)}(\lambda_0)][E(\mu_0) - E^{(1)}(\mu_0)] = O.$$

虽然使上式成立的精确条件尚未确定, 但我们注意到以下事实: 若存在 $E(\lambda)$ 的单调增区间 μ_1, μ_2 (即对 $\mu_1 < \mu_2$, $E(\lambda)$ 在 $\mu_1 \leqslant \lambda \leqslant \mu_2$ 连续, $E(\mu_1) \leqslant E(\mu_2)$), 则上式肯定不成立. 由于对 $\lambda \leqslant \mu_1$, $E(\lambda) - E^{(1)}(\lambda) \leqslant E(\lambda) \leqslant E(\mu_1)$, 而对 $\mu_1 \leqslant \lambda \leqslant \mu_2$, 因为连续性有 $E(\lambda) - E^{(1)}(\lambda) = 0$, 并且对 $\mu_2 < \lambda, E(\lambda) - E^{(1)}(\lambda) \leqslant I - E^{(1)}(\lambda) \leqslant I - E(\mu_2)$. 因此, $E(\lambda) - E^{(1)}(\lambda)$ 恒正交于 $E(\mu_2) - E(\mu_1)$. 记 $E(\mu_2) - E(\mu_1) = P_{\mathcal{N}}$, 则所有 $\mathcal{M}_\lambda$ 都正交于 $\mathcal{N}$. 若从 $P_{\mathcal{N}}$ 中选择一个完全标准正交系, 则 $\mathcal{N}$ 只包含零, 即 $E(\mu_2) - E(\mu_1) = O$, 这与假设相矛盾.

$E(\lambda)$ 的不连续性已知为 A 的离散谱. 正是这些 λ, 使 $Af = \lambda f$ 有非零解 $f \neq 0$. 若从每个 $\mathcal{M}_\lambda \neq 0$ 中选择一个 $\|f\| = 1$ 的 f, 则由 $\mathcal{M}_\lambda$ 的正交性得到一个标准正交系. 根据 2.2 节**定理 3**, 它是有限的, 或者是一个序列. 因此, 离散谱 λ 至多是一个序列.

在其邻域内, $E(\lambda)$ 不是常数的所有点构成 A 的谱. 我们已经看到, 若存在其中有 A 的谱而不是谱点渗入的区间 (即 $E(\lambda)$ 不为常数的连续区间), 则在与 2.6 节开始处的表达方式相同的意义上, 其本征值问题肯定是不可解的. 我们无意进一步研究这种不可解性的精确条件, 因为不可解性也可能在某些其他情况下出现, 即当离散谱真的渗入有谱点存在的所有区间时出现; 把离散谱从其余谱中分离出来是十分麻烦的, 超出了本书的范围. (读者可以在前已引用的希尔伯特的论文中找到这些研究.)

另一方面, 我们想要说明, 在 $A\varphi=\lambda\varphi$ 的完全正交系 $\varphi_1,\varphi_2,\cdots$ 存在 (本征值 $\lambda=\lambda_1,\lambda_2,\cdots$, 对应于 $\varphi=\varphi_1,\varphi_2,\cdots$), 即存在纯离散谱的情况下, 如何构建 $E(\lambda)$. 我们有 [80]

$$E(\lambda)=\sum_{\lambda_\varrho\leqslant\lambda}P_{[\varphi_\varrho]}.$$

(和式 $\sum$ 可能只有 0 项, 若 $E(\lambda)=O$. 或者包含有限个正数项, 则其意义是清楚的. 或者有无穷多项, 在这种情况下, 根据 2.4 节最后部分的考虑, 它是收敛的.)

事实上, $\bar{\mathbf{S}}_2$ 是显然的, 因为对 $\lambda'\leqslant\lambda''$,

$$E(\lambda'')-E(\lambda')=\sum_{\lambda'<\lambda_\varrho\leqslant\lambda''}P_{[\varphi_\varrho]}$$

是一个投影算子, 因此 $E(\lambda')\leqslant E(\lambda'')$ (**定理 14**). 对 $\bar{\mathbf{S}}_1$ 的证明如下: 对每一个 f, 由**定理 7**有 [81]

$$\sum_\varrho\left\|P_{[\varphi_\varrho]}f\right\|^2=\sum_\varrho|(f,\varphi_\varrho)|^2=\|f\|^2,$$

即 $\sum_\varrho\left\|P_{[\varphi_\varrho]}f\right\|^2$ 是收敛的. 因此, 对每个 $\varepsilon>0$, 可以给出一个有限数 ϱ, 使得这些单独取的和 $\sum_\varrho>\|f\|^2-\varepsilon$, 因此, 由之失去的每个 $\sum_\varrho'$ 都小于 ε. 于是也有

$$\left\|{\sum_\varrho}'P_{[\varphi_\varrho]}f\right\|^2={\sum_\varrho}'\left\|P_{[\varphi_\varrho]}f\right\|^2<\varepsilon.$$

由此特别有

$$\left\|\sum_{\lambda_\varrho\leqslant\lambda}P_{[\varphi_\varrho]}f\right\|^2<\varepsilon,\ \text{当 }\lambda\text{ 充分小时},$$

$$\left\|\sum_{\lambda_\varrho>\lambda}P_{[\varphi_\varrho]}f\right\|^2<\varepsilon,\ \text{当 }\lambda\text{ 充分大时},$$

$$\left\|\sum_{\lambda_0<\lambda_\varrho\leqslant\lambda}P_{[\varphi_\varrho]}f\right\|^2<\varepsilon,\ \text{当 }\lambda\geqslant\lambda_0\text{ 且足够接近 }\lambda_0\text{ 时}.$$

80 这正是 2.7 节中给出的 $E(\lambda;\xi,\eta)$ 定义的重述.

81 回想起**定理 10** 的证明中所作构形表明, 若 $\|\varphi\|=1$, 则 $P_{[\varphi]}f=(f,\varphi)\cdot\varphi$ 给出 $\left\|P_{[\varphi]}f\right\|=|(f,\varphi)|=|(\varphi,f)|$.

于是 [82]

$$E(\lambda)f=\sum_{\lambda_\varrho\leqslant\lambda}P_{[\varphi_\varrho]}f\to 0,\quad 对\ \lambda\to-\infty,$$

$$f-E(\lambda)f=\sum_{\lambda_\varrho>\lambda}P_{[\varphi_\varrho]}f\to 0,\quad 对\ \lambda\to+\infty,$$

$$E(\lambda)f-E(\lambda_0)f=\sum_{\lambda_0<\lambda_\varrho\leqslant\lambda}P_{[\varphi_\varrho]}f\to 0,\quad 对\ \lambda(\geqslant\lambda_0)\to\lambda_0,$$

即 $\bar{\mathbf{S}}_1$ 成立.

为了便于验证 $\bar{\mathbf{S}}_3$ 是否成立, 取 $f=x_1\varphi_1+x_2\varphi_2+\cdots$, 则 $Af=\lambda_1x_1\varphi_1+\lambda_2x_2\varphi_2+\cdots$. 为了使 Af 有意义, $\sum_{\varrho=1}^{\infty}\lambda_\varrho^2|x_\varrho|^2$ 必须是有限的. 但 [83]

$$\int_{-\infty}^{+\infty}\lambda^2d\|E(\lambda)f\|^2=\int_{-\infty}^{+\infty}\lambda^2d\left(\sum_{\lambda_\varrho\leqslant\lambda}|x_\varrho|^2\right)=\sum_{\varrho=1}^{\infty}\lambda_\varrho^2|x_\varrho|^2,$$

$$\int_{-\infty}^{+\infty}\lambda d(E(\lambda)f,g)=\int_{-\infty}^{+\infty}\lambda d\left(\sum_{\lambda_\varrho\leqslant\lambda}x_\varrho\bar{y}_\varrho\right)=\sum_{\varrho=1}^{\infty}\lambda_\varrho x_\varrho\bar{y}_\varrho=(Af,g).$$

所以 $\bar{\mathbf{S}}_3$ 也是满足的.

再考虑两种纯连续谱的情况, 即没有离散谱存在的情况. 作为第一个例子, 设 $\mathcal{R}_\infty$ 是

$$\int_{-\infty}^{\infty}\cdots\int_{-\infty}^{\infty}|f(q_1,\cdots,q_l)|^2dq_1\cdots dq_l$$

有限的所有函数 $f(q_1,\cdots,q_l)$ 的空间, A 是算子 q_j, 其埃尔米特特性是显然的.

---

82 我们有 (根据**定理 7**)

$$f=\sum_\varrho(f,\varphi_\varrho)\cdot\varphi_\varrho=\sum_\varrho P_{[\varphi_\varrho]}f,$$

这也可由 2.4 节最后部分的考虑得知, 并属于随后的第二个方程.

83 根据注 73,

$$\int_{-\infty}^{+\infty}\lambda^2d\left(\sum_{\lambda_\varrho\leqslant\lambda}|x_\varrho|^2\right)=\lim\sum_{\tau=1}^{k}\Lambda_\tau^2\cdot\sum_{\Lambda_{\tau-1}<\lambda_\varrho\leqslant\Lambda_\tau}|x_\varrho|^2.$$

若所有 $\Lambda_\tau^2-\Lambda_{\tau-1}^2<\varepsilon$ (即若 $\Lambda_0,\cdots,\Lambda_k$ 网格足够精细), 表达式右边的变化小于 $\varepsilon\sum_{\varrho=1}^{\infty}|x_\varrho|^2=\varepsilon\|f\|^2$, 若我们把它用

$$\sum_{\tau=1}^{k}\sum_{\Lambda_{\tau-1}<\lambda_\varrho\leqslant\Lambda_\tau}\lambda_\varrho^2|x_\varrho|^2=\sum_{\Lambda_0<\lambda_\varrho\leqslant\Lambda_k}\lambda_\varrho^2|x_\varrho|^2$$

替代; 且若 Λ_0 足够小及 Λ_k 足够大, 则它与 $\sum_{\tau=1}^{\infty}\lambda_\varrho^2|x_\varrho|^2$ 任意接近. 这个和就是待求的极限, 即积分的值. 下一个积分公式以完全相同的方式证明.

$Af=\lambda f$ 显然意味着 $(q_j-\lambda)f(q_1,\cdots,q_l)=0$, 即除了在 $l-1$ 维平面 $q_j=\lambda$ 上可能有例外, 几乎处处有 $f(q_1,\cdots,q_l)=0$. 然而, 这个平面 (由 2.3 节中与条件 **B** 有关的讨论) 是不重要的, 因为其勒贝格测度 (即体积) 为 0. 于是 $f\equiv 0$ [84]. 因此, 不存在 $Af=\lambda f$ 的非零解. 但我们也看到 (不精确地) 那里有可能出现非零解. $(q_j-\lambda)f(q_1,\cdots,q_l)=0$ 意味着只有在 $q_j=\lambda$ 上可找到 $f\neq 0$. 对多个 λ, 例如 $\lambda=\lambda',\lambda'',\cdots,\lambda^{(s)}$, 当 $q_j=\lambda',\lambda'',\cdots,\lambda^{(s)}$ 时, 它们的解的线性组合是非零的. 于是, 我们可以把非零解 f 看作满足 $\lambda\leqslant\lambda_0$ 的所有解的线性组合, 若它只对 $\lambda\leqslant\lambda_0$ 是非零的. 但在纯离散谱的情况, 我们有

$$E(\lambda_0)=\sum_{\lambda_\varrho\leqslant\lambda_0}P_{[\varphi_\varrho]}=P_{\mathcal{N}_{\lambda_0}},\quad \mathcal{N}_{\lambda_0}=\left[\varphi_{\varrho(\lambda_\varrho\leqslant\lambda_0)}\right],$$

即 $\mathcal{N}_\lambda$ 由满足 $\lambda\leqslant\lambda_0$ 的 $Af=\lambda f$ 的所有解 φ_ϱ 的线性组合所组成. 因此 —— 不太精确和粗略地说 —— 可以期望 $E(\lambda_0)=P_{\mathcal{N}_{\lambda_0}}$, 其中 $\mathcal{N}_{\lambda_0}$ 由那些只对 $q_j\leqslant\lambda_0$ 不等于零的 f 组成. 于是, $\mathcal{R}_\infty-\mathcal{N}_\infty$ 显然由那些对 $q_j>0$ 恒为零的 f 所组成, 所以,

$$E(\lambda_0)f(q_1,\cdots,q_l)=\begin{cases} f(q_1,\cdots,q_l), & \text{对 } q_j\leqslant\lambda_0,\\ 0, & \text{对 } q_j>\lambda_0.\end{cases}$$

粗略地说, 我们找到了一个 $E(\lambda)$ 的投影算子族, 假设它们关于 A 满足 $\bar{\mathbf{S}}_1\sim\bar{\mathbf{S}}_3$. 事实上, $\bar{\mathbf{S}}_1,\bar{\mathbf{S}}_2$ 显然满足. 当然, 对于 $\bar{\mathbf{S}}_1$, $\lambda\to\lambda_0$ 的情形也成立, 甚至无须条件

---

84 在这一点上, 我们遵循的数学上正确的方法与狄拉克的符号方法 (例如, 见注 1 提到的他的书) 分道扬镳. 后一方法实质上是把 f 看作 $(q-\lambda)f(q)\equiv 0$ 的解 (为简单起见, 我们取 $l=j=1,q_j=q$). 但因为每个 $(f,g)=\int f(q)\overline{g(q)}dq=0$, 以及 $f(q)\neq 0$, $f(q)$ 在 $q=\lambda$ 处 (它仅有的不同于零的点) 是无限的, 且实质上是如此强烈地无限, 以至于 $(f,g)\neq 0$. 因为对 $q\neq\lambda$ 有 $f(q)=0$, $\int f(q)\overline{g(q)}dq$ 可以只依赖于 $\overline{g(\lambda)}$, 且事实上很清楚, 该积分因其可加性, 必定正比于 $\overline{g(\lambda)}$. 因此, 它等于 $c\overline{g(\lambda)}$, 且必定有 $c\neq 0$; 若把 $f(q)$ 用 $\frac{1}{c}f(q)$ 替代, 得到 $c=1$. 于是我们有一个虚拟函数, 使 $\int f(q)\overline{g(q)}dq=\overline{g(\lambda)}$ 成立.

只考虑 $\lambda=0$ 的情况当然就足够了, 记 $f(q)=\delta(q)$, 它通过

Δ. $$q\delta(q)\equiv 0,\quad \int\delta(q)f(q)dq=f(0)$$

定义. 于是对任意 $\lambda,\delta(q-\lambda)$ 是解; 虽然不存在具有性质 **Δ** 的函数 δ, 却存在对这种性态收敛的函数序列 (尽管不存在极限函数), 例如,

$$f_\varepsilon(q)=\begin{cases}\dfrac{1}{2\varepsilon}, & \text{对 } |x|<\varepsilon,\\ 0, & \text{对 } |x|\geqslant\varepsilon,\end{cases}\quad \text{当 } \varepsilon\to+0 \text{ 时},$$

以及

$$f_\varepsilon(q)=\sqrt{\frac{a}{\pi}}e^{-ax^2},\quad \text{当 } a\to+\infty \text{ 时}$$

提供了这种序列的例子 (也见 1.3 节, 特别是注 32).

$\lambda \geqslant \lambda_0$, 即 $E(\lambda)$ 关于 λ 是几乎处处连续的. 为了证明 $\bar{\mathbf{S}}_3$ 也满足, 只需证明以下方程成立即可

$$\begin{aligned}
&\int_{-\infty}^{+\infty} \lambda^2 d \|E(\lambda) f\|^2 \\
&= \int_{-\infty}^{+\infty} \lambda^2 d \left(\int_{-\infty}^{+\infty} \cdots \int_{-\infty}^{\lambda} \cdots \int_{-\infty}^{+\infty} |f(q_1, \cdots, q_j, \cdots, q_l)|^2 dq_1 \cdots dq_j \cdots dq_l \right) \\
&= \int_{-\infty}^{+\infty} \lambda^2 \\
&\quad \times \left(\int_{-\infty}^{+\infty} \cdots \int_{-\infty}^{+\infty} |f(q_1, \cdots, q_{j-1}, \lambda, q_{j+1}, \cdots, q_l)|^2 dq_1 \cdots dq_{j-1} dq_{j+1} \cdots dq_l \right) d\lambda \\
&= \int_{-\infty}^{+\infty} \cdots \int_{-\infty}^{+\infty} q_j^2 \left| f(q_1, \cdots, q_{j-1}, q_j, q_{j+1}, \cdots, q_l) \right|^2 dq_1 \cdots dq_{j-1} dq_j dq_{j+1} \cdots dq_l \\
&= |Af|^2,
\end{aligned}$$

$$\begin{aligned}
&\int_{-\infty}^{+\infty} \lambda d(E(\lambda) f, g) \\
&= \int_{-\infty}^{+\infty} \lambda d \Bigg(\int_{-\infty}^{+\infty} \cdots \int_{-\infty}^{\lambda} \cdots \int_{-\infty}^{+\infty} f(q_1, \cdots, q_j, \cdots, q_l) \\
&\quad \times \overline{g(q_1, \cdots, q_j, \cdots, q_l)} dq_1 \cdots dq_j \cdots dq_l \Bigg) \\
&= \int_{-\infty}^{+\infty} \lambda \Bigg(\int_{-\infty}^{+\infty} \cdots \int_{-\infty}^{+\infty} f(q_1, \cdots, q_{j-1}, \lambda, q_{j+1}, \cdots, q_l) \\
&\quad \times \overline{g(q_1, \cdots, q_{j-1}, \lambda, q_{j+1}, \cdots, q_l)} dq_1 \cdots dq_{j-1} dq_{j+1} \cdots dq_l \Bigg) d\lambda \\
&= \int_{-\infty}^{+\infty} \cdots \int_{-\infty}^{+\infty} q_j f(q_1, \cdots, q_{j-1}, q_j, q_{j+1}, \cdots, q_l) \\
&\quad \times \overline{g(q_1, \cdots, q_j, \cdots, q_l)} dq_1 \cdots dq_{j-1} dq_j dq_{j+1} \cdots dq_l \\
&= (Af, g).
\end{aligned}$$

我们再次意识到, 由于 $E(\lambda)$ 几乎处处连续增加, 离散谱或本征值问题的老框架必定失效.

这个例子也更一般地展示了如何在连续谱中找到 $E(\lambda)$ 的一条可能途径: 人们可以 (不正确地!) 确定 $Af = \lambda f$ 的解 (因为 λ 位于连续谱中, 这些 f 肯定不属于 $\mathcal{R}_\infty$), 并对所有 $\lambda \leqslant \lambda_0$ 构成它们的线性组合. 这些又部分地属于 $\mathcal{R}_\infty$, 并可能最终构成闭线性流形 $\mathcal{N}_{\lambda_0}$. 然后, 设 $E(\lambda_0) = P_{\mathcal{N}_{\lambda_0}}$ —— 若对它的各种性质处理得当, 在此基础上 (对 A 与这些 $E(\lambda)$) 验证 $\bar{\mathbf{S}}_1 \sim \bar{\mathbf{S}}_3$ 是可能的, 并可把探索性研究转变为

精确论证[85].

我们打算考虑的第二个例子是波动力学的另一个重要算子, $\frac{h}{2\pi i}\frac{\partial}{\partial q_j}$. 为了避免不必要的复杂性, 设 $l=j=1$(其他值的处理是类似的). 于是, 我们需要研究算子

$$A'f(q)=\frac{h}{2\pi i}\frac{\partial}{\partial q}f(q).$$

若 q 的定义域是 $-\infty<q<+\infty$, 则正如 2.5 节中所述, 这是一个埃尔米特算子. 另一方面, 对一个有限的定义域 $a\leqslant q\leqslant b$, 这并非如此

$$\begin{aligned}(A'f,g)-(f,A'g)&=\int_a^b\frac{h}{2\pi i}f'(q)\overline{g(q)}dq-\int_a^b f(q)\overline{\frac{h}{2\pi i}g'(q)}dq\\&=\frac{h}{2\pi i}\int_a^b\left\{f'(q)\overline{g(q)}+f(q)\overline{g'(q)}\right\}dq\\&=\frac{h}{2\pi i}\left[f(q)\overline{g(q)}\right]_a^b\\&=\frac{h}{2\pi i}\left[f(b)\overline{g(b)}-f(a)\overline{g(a)}\right].\end{aligned}$$

为了使它为零, $\frac{h}{2\pi i}\frac{\partial}{\partial q_j}$ 的定义域必须这样限制：对任意选取的两个 f,g, 使得 $f(a)\overline{g(a)}=f(b)\overline{g(b)}$, 即 $f(a):f(b)=\overline{g(b)}:\overline{g(a)}$. 若对一个固定的 g, 变动 f, 则我们看到, $f(a):f(b)$ 必须在整个定义域上有相同的数值 θ (θ 甚至可以是 0 或 ∞); 交换 f 与 g 导致 $\theta=\frac{1}{\bar{\theta}}$, 即 $|\theta|=1$. 因此, 为使 $\frac{h}{2\pi i}\frac{\partial}{\partial q_j}$ 是埃尔米特算子, 必须提出以下形式的 "边界条件"

$$f(a):f(b)=\theta$$

(θ 是绝对值为 1 的固定数值).

首先, 取区间 $-\infty<q<+\infty$. $A\varphi=\lambda\varphi$, 即 $\frac{h}{2\pi i}\varphi'(q)=\lambda\varphi(q)$ 的解是函数

$$\varphi(q)=ce^{\frac{2\pi i}{h}\lambda q},$$

然而, 由于 $\int_{-\infty}^{+\infty}|\varphi(q)|^2dq=\int_{-\infty}^{+\infty}|c|^2dq=+\infty$ (除非 $c=0$, $\varphi\equiv 0$), 这个解不能直接用于我们的目的. 注意到在第一个例子中, 我们找到了解 $\delta(q-\lambda)$, 即一个不存在的虚拟函数 (见注 84). 现在我们找到了 $e^{\frac{2\pi i}{h}\lambda q}$, 一个完全正常的函数, 但因其绝

85 这个想法的精确阐释 (这里只有探索性陈述) 见于赫林格的论文, Hellinger, J. f. Math., **136** (1909), 以及 Weyl, Math. Ann., **68** (1910).

对值平方的积分具有无界性, 从而不属于 $\mathcal{R}_\infty$. 按照我们的观点, 这两个事实有相同的意义; 因为不属于 $\mathcal{R}_\infty$ 的东西对我们而言是不存在的 [86].

如同在第一种情况, 我们现在构成属于 $\lambda \leqslant \lambda_0$ 的解的线性组合, 即函数

$$f(q)=\int_{-\infty}^{\lambda_0} c(\lambda) e^{\frac{2\pi i}{h}\lambda q} d\lambda.$$

我们期望在其中将出现 $\mathcal{R}_\infty$ 中的函数, 并进而构成闭线性流形 $\mathcal{N}'_{\lambda_0}$, 且最终投影算子 $E(\lambda_0)=P_{\mathcal{N}'_{\lambda_0}}$ 将形成属于 A' 的单位分解.

兹设

$$c(\lambda)=\begin{cases}1, & \text{对 } \lambda \geqslant \lambda_1 \\ 0, & \text{对 } \lambda<\lambda_1\end{cases}, \quad \lambda_1<\lambda_0,$$

于是,

$$f(q)=\int_{\lambda_1}^{\lambda_0} e^{\frac{2\pi i}{h}\lambda q} d\lambda=\frac{e^{\frac{2\pi i}{h}\lambda_0 q}-e^{\frac{2\pi i}{h}\lambda_1 q}}{\frac{2\pi i}{h} q},$$

我们得到了确认第一个推测的一个例子: 因为这个 $f(q)$ 对有限值是处处正则的, 而对 $q\to\pm\infty$, 其行为如同 $\frac{1}{q}$, 使得 $\int_{-\infty}^{\infty}|f(q)|^2 dq$ 是有限的. 用傅里叶 (Fourier) 积分理论可以证明, 其余推测也是正确的. 总之, 该理论导致了以下结果 [87].

设 $f(x)$ 是任意函数, 其 $\int_{-\infty}^{\infty}|f(x)|^2 dx$ 有限. 则可以构成一个函数

$$Lf(x)=F(y)=\frac{1}{\sqrt{2\pi}}\int_{-\infty}^{+\infty} e^{ixy} f(x)\, dx,$$

使得 $\int_{-\infty}^{+\infty}|F(y)|^2 dy$ 也是有限的, 并且实际上等于 $\int_{-\infty}^{+\infty}|f(x)|^2 dx$. 此外, $LLf(x)=f(-x)$ (这就是所谓的傅里叶变换, 该变换在微分方程理论中有重要作用).

若用 $\sqrt{\frac{2\pi}{h}}q, \sqrt{\frac{2\pi}{h}}p$ 替代 x, y, 则我们得到同样性质的变换

$$Mf(q)=F(p)=\frac{1}{\sqrt{h}}\int_{-\infty}^{+\infty} e^{\frac{2\pi i}{h}pq} f(q)\, dq.$$

所以, 上述关系式把 $\mathcal{R}_\infty$ 映射为其自身 [$Mf(q)=g(p)$ 对 $\mathcal{R}_\infty$ 中的每个 $g(p)$ 可解: $f(q)=Mg(-p)$], 保持 $\|f\|$ 不变, 并是线性的. 根据 2.5 节, 这个 M 是酉算子. 从而 $M^2 f(q)=f(-q)$: $M^{-1}f(q)=M^* f(q)=Mf(-q)$, 故 M 与 M^2 可易, 即有运算 $f(q)\to f(-q)$.

86 当然, 只有在物理应用中的成功才可以证实这个观点在量子力学中有用.

87 Plancherel, Circ. Math. di. Pal., **30** (1910); Titchmarsh, Lond. Math. Soc. Proc., **22**(1924).

于是, 对 $\mathcal{N}'_{\lambda_0}$ 必须记住: 若 $F(p) = M^{-1}f(q)$ 对所有 $p < \lambda_0$ 等于零, 则 $f(q)$ 属于 $\mathcal{N}'_{\lambda_0}$ (这里

$$F(p) = \sqrt{h}c(p)$$

其中 $c(p)$ 的定义如前). 但如我们所知, 这些 $F(p)$ 构成闭线性流形 $\mathcal{N}_{\lambda_0}$. 因此, 由 M 得到的这个 $\mathcal{N}_{\lambda_0}$ 的像 $\mathcal{N}'_{\lambda_0}$ 也是闭线性流形. 通过 M 对整个 $\mathcal{R}_\infty$ 的变换, $E(\lambda_0)$ 成为 $E'(\lambda_0)$, 恰如 $\mathcal{N}_{\lambda_0}$ 成为 $\mathcal{N}'_{\lambda_0}$, 因此 $E'(\lambda_0) = ME(\lambda_0)M^{-1}$. 于是 $E'(\lambda)$, 如同 $E(\lambda)$ 一样有性质 $\bar{\mathbf{S}}_1, \bar{\mathbf{S}}_2$. 尚需证明 $\bar{\mathbf{S}}_3$, 即 $E(\lambda)$ 的单位分解属于 A'.

在这方面, 我们局限于以下说明: 若 $f(q)$ 是可微的且其收敛性没有特殊困难, 又若 $\int_{-\infty}^{+\infty}\left|\frac{h}{2\pi i}f'(q)\right|^2 dq$ 是有限的, 则 $\int_{-\infty}^{+\infty}\lambda^2 d\|E'(\lambda)f\|^2$ 也是有限的, 并有 $(A'f, g) = \int_{-\infty}^{+\infty}\lambda d(E'(\lambda)f, g)$ [88]. 事实上 (回忆起 $M^{-1}f(q) = F(p)$),

$$\begin{aligned}(A'f, q) &= \frac{h}{2\pi i}f'(q)\\ &= \frac{h}{2\pi i}\frac{\partial}{\partial q}(MF(p))\\ &= \frac{h}{2\pi i}\frac{\partial}{\partial q}\left(\frac{1}{\sqrt{h}}\int F(p)e^{\frac{2\pi i}{h}pq}dp\right)\\ &= \frac{\sqrt{h}}{2\pi i}\int F(p)\frac{\partial}{\partial q}\left(e^{\frac{2\pi i}{h}pq}\right)dp\\ &= \frac{1}{\sqrt{h}}\int F(p)\cdot p\cdot e^{\frac{2\pi i}{h}pq}dp\\ &= M(pF(p)),\end{aligned}$$

因此, 对如前所述的 $f, A' = MAM^{-1}$ (这里 A 是算子 $q\cdot$, 或因为我们在这里使用变量 p, 是 $p\cdot$). 因为上述命题对 $A, E(\lambda)$ 成立, 它们也在 $\mathcal{R}_\infty$ 被 M 变换后成立. 由此, 它们也对 $A' = MAM^{-1}$ 与 $E'(\lambda) = ME(\lambda)M^{-1}$ 成立.

$\frac{h}{2\pi i}\frac{\partial}{\partial q}$ 在区间 $a \leqslant q \leqslant b$ ($a < b, a, b$ 有限) 中的情况有实质性的不同. 在这种情况, 如我们所知, 为了保证埃尔米特特性, “边界条件”

$$f(a) : f(b) = \theta \quad (|\theta| = 1)$$

是必须的. 另外, $\frac{h}{2\pi i}\frac{\partial}{\partial q}f(q) = \lambda f(g)$ 可由

$$f(q) = ce^{\frac{2\pi i}{h}\lambda q}$$

---

88 也就是, $E'(\lambda)$ 不属于 $A' = \frac{h}{2\pi i}\frac{\partial}{\partial q}$ 本身, 但属于一个算子, 其定义域包括 A' 的定义域, 且在该域中与 A' 吻合. 见 2.9 节关于这一论述的进一步发展.

解出, 但现在

$$\int_a^b |f(q)|^2\,dq=\int_a^b |c|^2\,dq=(b-a)\,|c|^2$$

有限, 使得 $f(q)$ 恒属于 $\mathcal{R}_\infty$. 另一方面, 需要满足以下边界条件:

$$f\,(a):f\,(b)=e^{\frac{2\pi i}{h}\lambda(a-b)}=\theta,$$

或者, 若我们设 $\theta=e^{-i\alpha}\,(0\leqslant\alpha<2\pi)$, 则它成为

$$\frac{2\pi i}{h}\lambda\,(a-b)=-i\alpha-2k\pi i\quad(k=0,\pm1,\pm2,\cdots),$$

$$\lambda=\frac{h}{b-a}\left(\frac{\alpha}{2\pi}+k\right).$$

因此我们有一个离散谱, 于是标准化解通过 $(b-a)\,|c|^2=1$ 确定, 取 $c=\dfrac{1}{\sqrt{b-a}}$, 则

$$\varphi_k\,(q)=\frac{1}{\sqrt{b-a}}e^{\frac{2\pi i}{h}\lambda q}=\frac{1}{\sqrt{b-a}}e^{\frac{2\pi i}{a-b}\left(\frac{\alpha}{2\pi}+k\right)q},\quad k=0,\pm1,\pm2,\cdots.$$

因此这是一个标准正交系, 但它也是完全的. 因为若 $f(q)$ 正交于所有 $\varphi_k\,(q)$, 则 $e^{\frac{\alpha i}{b-a}q}f(q)$ 正交于所有 $e^{\frac{2\pi i}{b-a}kq}$, 因此 $e^{\frac{\alpha i}{2\pi}x}f\left(\dfrac{b-a}{2\pi}x\right)$ 正交于所有 e^{ikx}, 即正交于 $1,\cos x,\sin x,\cos 2x,\sin 2x,\cdots$. 此外, 它定义于区间

$$a\leqslant\frac{b-a}{2\pi}x\leqslant b,$$

其长度是 2π, 根据熟知的定理, 它必须为零, [89]因此 $f(g)\equiv0$.

因此, 我们有一个纯离散谱, 这是我们在本节开始时一般处理的情形. 人们应当注意到 "边界条件" —— 即 θ 或 α —— 对本征值与本征函数的影响.

最后也可以考虑单边无限区间 (定义域), 即 $0\leqslant q<+\infty$. 首先, 必须再次证明算子的埃尔米特性质. 我们有

$$\begin{aligned}(A'f,g)-(f,A'g)&=\frac{h}{2\pi i}\int_0^{+\infty}\left\{f'\,(q)\,\overline{g\,(q)}+f\,(q)\,\overline{g'\,(q)}\right\}dq\\&=\frac{h}{2\pi i}\left[f\,(q)\,\overline{g\,(q)}\right]_0^{+\infty}.\end{aligned}$$

我们将证明当 $q\to+\infty$ 时 $f\,(q)\,\overline{g\,(q)}$ 趋于零, 正如我们在 2.5 节中在 (双向) 无限区间 (定义域) 证明的那样. 因此, 必须要求 $f\,(0)\,\overline{g\,(0)}$. 若设 $f=g$, 可以看出 "边界条件" 是 $f\,(0)=0$.

89 所有傅里叶系数为零, 因此, 函数本身也为零 (例如, 见注 30 给出文献中的 Courant-Hilbert).

这种情况下有严重困难出现. $A'\varphi=\lambda\varphi$ 的解与在区间 $-\infty<q<+\infty$ 的解相同, 即函数 $\varphi(q)=ce^{\frac{2\pi i}{h}\lambda q}$, 它们不属于 $\mathcal{R}_\infty$, 且不满足边界条件. 后者是令人怀疑的. 更令人惊讶的是, 用以前描述的方法, 我们必定得到与 $-\infty<q<+\infty$ 区间中相同的 $E(\lambda)$, 因为 (非正常, 即不属于 $\mathcal{R}_\infty$ 的) 解是相同的, 但算子彼此不同. 如何解释这一点呢? 而且它们也不是我们需要的. 若我们再次在希尔伯特空间 F_Ω 函数 $f(q)\left(0\leqslant q<+\infty, \int_0^{+\infty}|f(q)|^2\,dq \text{ 有限}\right)$ 中定义 M, M^{-1}

$$Mf(q)=F(p)=\frac{1}{\sqrt{h}}\int_0^{+\infty}e^{\frac{2\pi i}{h}pq}f(q)\,dq,$$

$$M^{-1}F(p)=f(q)=\frac{1}{\sqrt{h}}\int_{-\infty}^{+\infty}e^{\frac{2\pi i}{h}pq}F(p)\,dp(=MF(-p)),$$

则 M 把满足条件

$$0\leqslant q<+\infty,\quad \int_0^{\infty}|f(x)|^2\,dx \text{ 有限}$$

的所有函数 $f(q)$ 的希尔伯特空间 F_Ω, 映射到满足条件

$$-\infty<p<+\infty,\quad \int_{-\infty}^{\infty}|F(p)|^2\,dp \text{ 有限}$$

的函数 $F(p)$ 的另一个希尔伯特空间 $F_{\Omega''}$. $\|Mf(q)\|=\|f(q)\|$ 恒成立 (若我们对 $-\infty<q<0$ 设 $f(q)=0$, 这由以前提到的定理即可知), $\|M^{-1}F(p)\|=\|F(p)\|$ 一般不成立 —— 因为根据以前提到的定理, 若对 $q<0$ 用 $f(q)=\frac{1}{\sqrt{h}}\int_{-\infty}^{+\infty}e^{\frac{2\pi i}{h}pq}F(p)\,dp$ 定义 $f(q)$, 则

$$\|F\|^2=\int_{-\infty}^{+\infty}|F(p)|^2\,dp=\int_{-\infty}^{+\infty}|f(q)|^2\,dq,$$

$$\left\|M^{-1}F\right\|^2=\|f\|^2=\int_0^{+\infty}|f(q)|^2\,dq.$$

因此 $\left\|M^{-1}F\right\|<\|F\|$, 除非恰好 $f(q)$(定义如上) 对所有 $q<0$ 为零. 于是, $E'(\lambda)=ME(\lambda)M^{-1}$ 完全不是一个单位分解 [90] —— 该方法失效.

我们将很快看到 (注 105 中), 方法失效的原因是自然的, 因为没有一个单位分解属于这个算子.

---

90 $M^{-1}Mf(q)=f(q)$ 确实成立 (对 $q<0$ 定义 $f(q)=0$, 并应用前面的定理便足够了), 但 $MM^{-1}F(p)=F(p)$ 并不总是成立的 —— 因为一般说来, $\|M^{-1}F\|<\|F\|$, 因此 $\|MM^{-1}F\|<\|F\|$. 所以 $M^{-1}M=I$, $MM^{-1}\neq I$, 即 M^{-1} 不是 M 真正的逆 (也不可能存在另一个, 因为如果它存在, 那么因为 $M^{-1}M=I$, 它仍然会等于 M^{-1}). 作为其后果, 例如, 由 $E'(\lambda)=ME(\lambda)M^{-1}$, 仍然可以得出结论 $E'(\lambda)^2=E'(\lambda)$(因为只涉及 $M^{-1}M$), 但对 $\lambda\rightarrow+\infty$, $E'(\lambda)\rightarrow MM^{-1}\neq I$.

在结束这个入门讨论之前, 我们要引入用符号形式

$$A = \int_{-\infty}^{+\infty} \lambda dE(\lambda)$$

表示的算子运算的几条正式规则.

首先, 设 F 是一个与所有 $E(\lambda)$ 可易的投影算子. 则对所有 $\lambda' < \lambda''$,

$$\begin{aligned} \|E(\lambda'') Ff - E(\lambda') Ff\|^2 &= \|(E(\lambda'') - E(\lambda'))Ff\|^2 \\ &= \|F(E(\lambda'') - E(\lambda'))f\|^2 \\ &\leqslant \|(E(\lambda'') - E(\lambda'))f\|^2. \end{aligned}$$

因此, 因为 $E(\lambda''), E(\lambda')$ 及 $E(\lambda'') - E(\lambda')$, 以及 $E(\lambda'')F, E(\lambda')F$ 及 $\{E(\lambda'') - E(\lambda')\}F$ 都是投影算子, 我们有

$$\|E(\lambda'') Ff\|^2 - \|E(\lambda') Ff\|^2 \leqslant \|E(\lambda'') f\|^2 - \|E(\lambda') f\|^2.$$

因此

$$\int_{-\infty}^{+\infty} \lambda^2 d\left(\|E(\lambda) f\|^2\right) \geqslant \int_{-\infty}^{+\infty} \lambda^2 d\left(\|E(\lambda) Ff\|^2\right).$$

于是由 $\bar{\mathbf{S}}_3$, 若 Af 有意义, 则 AFf 也有意义. 进而 [91],

$$AF = \int_{-\infty}^{+\infty} \lambda d(E(\lambda) F) = \int_{-\infty}^{+\infty} \lambda d(FE(\lambda)) = FA,$$

即 A 与 F 也是可易的. 尤其是, 我们可以对 F 取任何投影算子 $E(\lambda)$ (因为 $\bar{\mathbf{S}}_3$), 于是

$$AE(\lambda) = \int_{-\infty}^{+\infty} \lambda' d(E(\lambda') E(\lambda)) = \int_{-\infty}^{+\infty} \lambda' d(E(\mathrm{Min}(\lambda, \lambda'))).$$

把积分分成两部分 $\left(\int_{-\infty}^{+\infty} = \int_{-\infty}^{\lambda} + \int_{\lambda}^{+\infty}\right)$, 由于第二个积分微分号后的函数是常数, 我们有

$$AE(\lambda) = \int_{-\infty}^{\lambda} \lambda' dE(\lambda') + \int_{\lambda}^{+\infty} \lambda' dE(\lambda)$$

---

91 事实上, 这必须借助严格方程

$$(Af, g) = \int \lambda d(E(\lambda)f, g)$$

而不是用符号来予以证明. 推导如下:

$$(AFf, g) = \int \lambda d(E(\lambda)Ff, g) = \int \lambda d(FE(\lambda)f, g) = \int \lambda d(E(\lambda)f, Fg) = (Af, Fg) \equiv (FAf, g)$$

由此即得到 $AF = FA$.

$$= \int_{-\infty}^{\lambda} \lambda' dE(\lambda') + 0$$
$$= E(\lambda) A.$$

此外, 由上述关系可得 [92]

$$A^2 = \int_{-\infty}^{+\infty} \lambda d(E(\lambda) A) = \int_{-\infty}^{+\infty} \lambda d\left(\int_{-\infty}^{\lambda} \lambda' dE(\lambda')\right) = \int_{-\infty}^{+\infty} \lambda^2 dE(\lambda).$$

一般地, 以下关系成立:

$$A^n = \int_{-\infty}^{+\infty} \lambda^n dE(\lambda),$$

这可以用由 $n-1$ 到 n 的归纳法证明 [92]

$$A^n = A^{n-1}A = \int_{-\infty}^{+\infty} \lambda^{n-1} d(E(\lambda) A) = \int_{-\infty}^{+\infty} \lambda^{n-1} d\left(\int_{-\infty}^{\lambda} \lambda' dE(\lambda')\right)$$
$$= \int_{-\infty}^{+\infty} \lambda^{n-1} \cdot \lambda dE(\lambda)$$
$$= \int_{-\infty}^{+\infty} \lambda^n dE(\lambda).$$

然后, 若 $p(x) = a_0 + a_1 x + \cdots + a_n x^n$ 是任意多项式, 则

$$p(A) = \int_{-\infty}^{+\infty} p(\lambda) dE(\lambda)$$

(当然, $p(A)$ 被理解为 $p(A) = a_0 I + a_1 A + \cdots + a_n A^n$. 且由 $\bar{\mathbf{S}}_{\mathbf{1}}$ 可知 $\int_{-\infty}^{+\infty} \lambda^n dE(\lambda) = 1$).

此外, 以下结论成立: 若 $r(\lambda), s(\lambda)$ 是两个任意函数, 兹 (用符号) 定义两个算子 B, C, [93]

$$B = \int_{-\infty}^{+\infty} r(\lambda) dE(\lambda), \quad C = \int_{-\infty}^{+\infty} s(\lambda) dE(\lambda),$$

---

92 第三个等号出自

$$\int f(\lambda) d\left(\int^{\lambda} g(\lambda') dh(\lambda')\right) = \int f(\lambda) g(\lambda) dh(\lambda).$$

它是对斯蒂尔切斯积分一般地成立的方程. 由于 d 与 $\int^{\lambda}$ 之间的互逆关系, 这个方程是清楚的, 无须进一步讨论. 作者给出了一个严格证明: Annals of Mathematics, **32**(1931).

93 也就是

$$(Bf, g) = \int_{-\infty}^{+\infty} r(\lambda) d(E(\lambda)f, g), \quad (Cf, g) = \int_{-\infty}^{+\infty} s(\lambda) d(E(\lambda)f, g).$$

于是得到

$$BC = \int_{-\infty}^{+\infty} r(\lambda)\, s(\lambda)\, dE(\lambda).$$

这个结论的证明与特殊情况 $B = C = A$ 的完全一样.

$$\begin{aligned} BE(\lambda) &= \int_{-\infty}^{+\infty} r(\lambda')\, d(E(\lambda')\, E(\lambda)) = \int_{-\infty}^{+\infty} r(\lambda')\, d\left(E(\mathrm{Min}\left(\lambda, \lambda'\right))\right) \\ &= \int_{-\infty}^{\lambda} r(\lambda')\, dE(\lambda') + \int_{\lambda}^{+\infty} r(\lambda')\, dE(\lambda') \\ &= \int_{-\infty}^{\lambda} r(\lambda')\, dE(\lambda'), \end{aligned}$$

$$\begin{aligned} CB = \int_{-\infty}^{+\infty} s(\lambda)\, d(BE(\lambda)) &= \int_{-\infty}^{+\infty} s(\lambda)\, d\left(\int_{-\infty}^{\lambda} r(\lambda')\, dE(\lambda')\right) \\ &= \int_{-\infty}^{+\infty} s(\lambda) \cdot r(\lambda)\, dE(\lambda) \\ &= \int_{-\infty}^{+\infty} s(\lambda)\, r(\lambda)\, dE(\lambda). \end{aligned}$$

容易验证以下关系式成立:

$$\begin{aligned} B^* &= \int_{-\infty}^{+\infty} \overline{r(\lambda)} dE(\lambda), \\ aB &= \int_{-\infty}^{+\infty} ar(\lambda)\, dE(\lambda), \\ B \pm C &= \int_{-\infty}^{+\infty} (r(\lambda) \pm s(\lambda)) dE(\lambda). \end{aligned}$$

于是, 对函数 $r(\lambda)$ 不再有形式上的困难来写出 $B = r(A)$ [94]. 特别值得注意的是 (不连续!) 函数 $e_\lambda(\lambda') = \begin{cases} 1, & \text{对 } \lambda' \leqslant \lambda \\ 0, & \text{对 } \lambda' > \lambda \end{cases}$. 对这些成立有 (由 $\bar{\mathbf{S}}_1$)

$$e_\lambda(A) = \int_{-\infty}^{+\infty} e_\lambda(\lambda')\, dE(\lambda) = \int_{-\infty}^{\lambda} dE(\lambda') = E(\lambda).$$

(在本节开始时, 我们讨论了算子 $A = q_j\cdot$. 其 $E(\lambda)$ 对 $q_j \leqslant \lambda$ 或 $q_j > \lambda$ 分别是与 1 或 0 的乘积, 即与 $e_\lambda(q)$ 相乘. 所以 $e_\lambda(q_j\cdot) = e_\lambda(q_j)\cdot$. 这个例子很适合直观显示以上的概念.)

94 这个函数概念的精确基础由作者在 Annals of Mathematics, **32**(1931) 中给出. F. 里斯 (F. Riezs) 是通过多项式的极限过程定义一般算子函数的第一人.

2.9　本征值问题存在性与唯一性补遗

在 2.8 节中, 我们只对单位分解 $E(\lambda)$ 属于给定埃尔米特算子 A 的本征值问题这一点进行了一些定性的描述, 并强调了一些特殊情况. 问题的系统研究还有待进行. 完整的数学处理, 超出了本书的范围. 我们仅限于证明少数结论及部分叙述 —— 因为涉及这些内容的精确数学知识, 对于量子力学的理解, 并不是绝对必要的 [95].

在**定理 18** 中说明了, 线性算子的连续性可表达为

Co.　$\|Af\| \leqslant C \cdot \|f\| \quad (C$ 任意, 但固定$)$,

根据**定理 18**, 条件 **Co** 有几种等价形式.

Co$_1$.　$|(Af,g)| \leqslant C \cdot \|f\|\|g\|$,

Co$_2$.　$|(Af,f)| \leqslant C \cdot \|f\|^2$.

(但后两式只适用于埃尔米特算子 A.)

与连续性的条件 **Co$_1$** 等价的是希尔伯特有界性概念. 对有界 (即连续) 的埃尔米特算子的本征值问题, 希尔伯特已经建立了理论并考虑了可解性 (见注70). 在讨论该问题之前, 我们先引入一个新概念.

埃尔米特算子 A 称为是闭的, 若它具备以下性质: 对给定的点列 $f_1, f_2, \cdots$, 假设所有 Af_n 均有定义, 且有 $f_n \to f, Af_n \to f^*$, 则 A 是闭的, 当且仅当 Af 也有定义且等于 f^* 时. 注意, 连续性还可以用与上面的定义紧密相关的方式定义如下: 若所有 Af_n, Af 都有定义, 且若 $f_n \to f$, 则 $Af_n \to Af$. 两种定义的区别在于, 封闭性要求 $Af_n \to f^* = Af$; 而连续性仅要求 $Af_n \to f^*$(即 f^* 存在).

举几个例子: 又记 $\mathcal{R}_\infty$ 是 $\int_{-\infty}^{+\infty} |f(q)|^2 dq(-\infty < q < \infty)$ 有限的所有 $f(q)$ 的空间; A 是算子 $q\cdot$, 对所有 $\int_{-\infty}^{+\infty} |f(q)|^2 dq$与 $\int_{-\infty}^{+\infty} q^2 |f(q)|^2 dq$ 有限的 $f(q)$ 有定义. A' 是算子 $\frac{h}{2\pi i}\frac{\partial}{\partial q}$, 它对所有处处可微, 且 $\int_{-\infty}^{+\infty} |f(q)|^2 dq$ 与 $\int_{-\infty}^{+\infty} \left|\frac{h}{2\pi i} f'(q)\right|^2 dq$ 都有限的函数有定义. 如我们所知, 二者都是埃尔米特算子.

兹证 A 是闭的. 因为设 $f_n \to f, Af_n \to f^*$, 即

$$\int_{-\infty}^{+\infty} |f_n(q) - f(q)|^2 dq \to 0, \quad \int_{-\infty}^{+\infty} |qf_n(q) - f^*(q)|^2 dq \to 0.$$

---

95 无界埃尔米特算子理论 (除了主要对有界算子的希尔伯特理论之外) 由作者提出, 见注78中的文献. M. Stone, Proc. Nat. Ac., 1929, 1930 独立地给出了类似的结果.

根据 2.3 节中证明 **D** 时的讨论, 存在 $f_1, f_2, \cdots$ 的子序列 $f_{n_1}, f_{n_2}, \cdots$, 除开在一个测度为 0 的 q 集上, 该序列处处收敛: $f_{n_\nu}(q) \to g(q)$. 因此

$$\int_{-\infty}^{+\infty} |g(q) - f(q)|^2 \, dq \to 0, \quad \int_{-\infty}^{+\infty} |qg(q) - f^*(q)|^2 \, dq \to 0,$$

即除开在一个测度为 0 的集上, $g(q) = f(q)$ 及 $qg(q) = f^*(q)$, 因此也有 $qf(q) = f^*(q)$—— 即 $f^*(q)$ 与 $qf(q)$ 实质上并无不同. 由于按假设 $f^*(q)$ 属于 $\mathcal{R}_\infty$, 故 $qf(q)$ 也属于 $\mathcal{R}_\infty$. 所以, $Af(q)$ 是有意义的, 并且 $qf(q) = f^*(q)$.

另一方面, A' 不是闭的: 取 $f_{(n)}(q) = e^{-\sqrt{q^2+\frac{1}{n}}}, f(q) = e^{-|q|}$. 显然所有 $A'f_n$ 都有意义, 但 $A'f$ 并非如此 (f 在 $q=0$ 不可微). 尽管如此, 若取

$$f^*(q) = -\mathrm{sgn}(q)\, e^{-|q|}, \quad \mathrm{sgn}(q) = \begin{cases} -1, & \text{对} q < 0, \\ 0, & \text{对} q = 0, \\ +1, & \text{对} q > 0, \end{cases}$$

容易计算得到 $f_n \to f, A'f_n \to f^*$ 成立.

以下证明: 与连续性对照, 对埃尔米特算子而言, 封闭性总是可实现的一种性质. 也可以通过扩张过程实现 —— 即我们保持算子在 $\mathcal{R}_\infty$ 中有定义的点全部不变, 并对以前无定义的一些点补充定义.

事实上, 设 A 为一个任意的埃尔米特算子. 兹定义算子 $\tilde{A}$ 如下: 对于序列 $f_1, f_2, \cdots$, 若 Af_n 有定义, f_n 有极限 f, 并且 Af_n 也有极限 f^*, 则我们定义 $\tilde{A}f$ 为 $\tilde{A}f = f^*$. 这个定义仅当极限唯一时是容许的, 即当 $f_n \to f, g_n \to f, Af_n \to f^*, Ag_n \to g^*$ 时, 可推出 $f^* = g^*$. 事实上, 若 Ag 有意义, 则

$$(f^*, g) = \lim (Af_n, g) = \lim (f_n, Ag) = (f, Ag),$$

$$(g^*, g) = \lim (Ag_n, g) = \lim (g_n, Ag) = (f, Ag),$$

故 $(f^*, g) = (g^*, g)$. 但这些 g 处处稠密, 所以 $f^* = g^*$. 因此, 我们正确地定义了 $\tilde{A}$. 这个 $\tilde{A}$ 是 A 的一个扩张, 即当 A 有定义时, $\tilde{A}$也有定义, 并且$\tilde{A} = A$. 由于 A 是线性的埃尔米特算子, $\tilde{A}$ 亦然 (由于连续性). 最后, 根据下面的论证, $\tilde{A}$ 是闭算子: 设所有 $\tilde{A}f$ 都有意义, $f_n \to f, \tilde{A}f_n \to f^*$. 于是, 存在序列 $f_{n,1}, f_{n,2}, \cdots$ 及有定义的 $f_{n,m}$,使得$f_{n,m} \to f_n, Af_{n,m} \to f_n^*$, 并且 $\tilde{A}f_n = f_n^*$. 对每个这样的 n 存在 N_n, 使得对所有 $m \geqslant N_n$,

$$\|f_{n,m} - f_n\| \leqslant \frac{1}{n}, \quad \|Af_{n,m} \to f_n^*\| \leqslant \frac{1}{n}$$

成立. 因此, $f_{n,N_n} - f_n \to 0$, $Af_{n,N_n} - \tilde{A}f \to 0$, 从而 $f_{n,N_n} - f \to 0, Af_{n,N_n} - f^* \to 0$. 于是, 由定义可知 $\tilde{A}f = f^*$.

(注意：一个不连续算子永远不可能通过扩张成为连续的.)

若算子 B 扩张为算子 A, 即若 Af 有定义时, Bf 也有定义, 且 $Bf=Af$, 我们写作 $B \succ A$ 或 $A \prec B$. 我们刚刚证明了 $A \prec \tilde{A}$, 并且 $\tilde{A}$ 是闭厄尔米特算子. 无须进一步讨论, 对每个闭的 B 及 $A \prec B$, $\tilde{A} \prec B$ 显然也成立. 因此, $\tilde{A}$ 是 A 的最小闭扩张 (故 $\tilde{\tilde{A}} = \tilde{A}$).

鉴于 A 与 $\tilde{A}$ 之间的密切关系, 我们在今后所有的研究中可以用 $\tilde{A}$ 替代 A, 因为 $\tilde{A}$ 以自然的方式扩张了 A 的定义域, 或者反过来说, A 以一种不必要的方式限制了 $\tilde{A}$ 的定义域. 用 $\tilde{A}$ 代替 A, 其后果是, 可以认为我们必须与之打交道的埃尔米特算子是闭的.

再考虑连续的埃尔米特算子 A. 在这种情况下, A 的闭包等价于其定义域的闭包. 于是, 连续性的特征化条件 $\|Af\| \leqslant C \cdot \|f\|$ 显然也对 $\tilde{A}$ 成立, 因此 $\tilde{A}$ 也是连续的. 由于 $\tilde{A}$ 的定义域是闭的, 另一方面, 它是处处稠密的, 故该定义域等于 $\mathcal{R}_\infty$. 即, $\tilde{A}$ 处处有定义. 作为推论, 每个闭的及连续的算子亦如此. 反之, 若一个闭算子处处有定义, 则该算子必定是连续的 (这是特普利茨 (Toeplitz) 定理[96], 这里不拟证明).

希尔伯特的结果如下：对于每个连续算子, 存在且仅存在一个对应的单位分解 (见注 70 中的文献). 由于连续算子总是有定义的, 且 $\int \lambda^2 d\left(\|E(\lambda) f\|^2\right)$ 必定总是有限的并等于 $\|Af\|^2$, 故由 **Co** 可知, 该积分 $\leqslant C^2\|f\|^2$, 从而

$$0 \geqslant \|Af\|^2 - C^2\|f\|^2 = \int_{-\infty}^{+\infty} \lambda^2 d\|E(\lambda) f\|^2 - C^2 \int_{-\infty}^{+\infty} d\|E(\lambda) f\|^2$$
$$= \int_{-\infty}^{+\infty} \left(\lambda^2 - C^2\right) d\|E(\lambda) f\|^2 .$$

兹设 $f = E(-C-\varepsilon) g$, 则 $E(\lambda) f = E[\mathrm{Min}(\lambda, -C-\varepsilon)] g$, 因此它对 $\lambda \geqslant -C-\varepsilon$ 是常数, 所以我们只需要考虑积分区域 $\int_{-\infty}^{-C-\varepsilon}$. 在这种情况下, $E(\lambda) f = E(\lambda) g$ 及

$$\lambda^2 - C^2 \geqslant (C+\varepsilon)^2 - C^2 > 2C\varepsilon ,$$

于是

$$0 \geqslant 2C\varepsilon \int_{-\infty}^{-C-\varepsilon} d\|E(\lambda) g\|^2 = 2C\varepsilon \|E(-C-\varepsilon) g\|^2 ,$$
$$\|E(-C-\varepsilon) g\|^2 \leqslant 0, \quad E(-C-\varepsilon) g = 0.$$

用同样的方法可以证明, 对于 $f = g - E(C+\varepsilon) g$, 有

$$g - E(C+\varepsilon) g = 0.$$

96 Math. Ann., **69** (1911).

总之, 对所有 $\varepsilon > 0$ 有 $E(-C-\varepsilon) = O, E(C+\varepsilon) = I$, 即对 $\lambda < -C, E(\lambda) = O$, 以及对 $\lambda > C, E(\lambda) = I$. (因为 $\overline{S}_2$, 后者对 $\lambda = C$ 也成立.) 换言之, $E(\lambda)$ 只在 $-C \leqslant \lambda \leqslant C$ 中有变化.

这样, A 的连续性可作为推论. 因为

$$\begin{aligned}\|Af\|^2 &= \int_{-\infty}^{+\infty} \lambda^2 d\,\|E(\lambda)f\|^2 = \int_{-C}^{C} \lambda^2 d\,\|E(\lambda)f\|^2 \\ &\leqslant C^2 \int_{-C}^{C} d\,\|E(\lambda)f\|^2 = C^2 \int_{-\infty}^{+\infty} d\,\|E(\lambda)f\|^2 = C^2\,\|f\|^2,\end{aligned}$$

由此可推出 $\|Af\| \leqslant C \cdot \|f\|$. 因此可见, 只在一个有限 λ 区间里, 连续算子 A 便完全被单位分解穷尽了. 但其他不连续的埃尔米特算子的情形如何呢? 仍然有对 λ 区间并非有限的所有单位分解. 这些是否穷尽了上述的埃尔米特算子呢?

首先必须正确评估这些算子不可能处处有定义的情形.

完全可能的是, 一个埃尔米特算子在希尔伯特空间中的一些点未被定义, 但算子在这些点实际上是可以定义的. 例如, 算子 $A' = \frac{h}{2\pi i}\frac{\partial}{\partial q}$ 对 $f(q) = e^{-|q|}$ 无定义, 但我们也可以把 $\frac{h}{2\pi i}\frac{\partial}{\partial q}$ 局限于分析函数 (在 $-\infty < q < +\infty$, q 是实数)[97], 等等. 因为我们要求定义域处处稠密, 故它不会任意地缩小. 此外, 我们仅限于研究闭算子. 尽管如此, 我们的研究也不是充分有效的. 事实上, 例如, 在区间 $0 \leqslant q \leqslant 1$ 中考虑算子 $A' = \frac{h}{2\pi i}\frac{\partial}{\partial q}$. 设 $f(q)$ 处处可微, 且 $\int_0^1 |f(q)|^2 dq, \int_0^1 |f'(q)|^2 dq$ 有限. 为使 A' 是埃尔米特算子, 必须施加边界条件 $f(0) : f(1) = e^{-i\alpha}(0 \leqslant \alpha < 2\pi)$; 记这些 $f(q)$ 的集合为 $\mathcal{A}_\alpha$, 且被如此限制的 A' 记为 A'_α. 此外, 考虑边界条件 $f(1) = f(0) = 0$. 称这一 $f(q)$ 集合为 $\mathcal{A}^0$, 对应地被限制的 A' 为 A'^0. 所有 $\tilde{A}'_\alpha$ 是 $\tilde{A}'^0$ 的扩张 (因此是埃尔米特算子, 其定义域处处稠密 [98]), 因此, 闭的 $\tilde{A}'_\alpha$ 也是 $\tilde{A}'^0$ 的扩张. 所有 $\tilde{A}'_\alpha$

---

97 甚至在 $-\infty < q < +\infty$ 中的解析函数 $f(q)\left(\int_{-\infty}^{+\infty} |f(q)|^2 dq, \int_{-\infty}^{+\infty} |f'(q)|^2 dq, \cdots \text{有限}\right)$ 也在 $\mathcal{R}_\infty$ 中处处稠密. 事实上, 由 2.3 节 **D**,

$$f_{a,b}(q) = \begin{cases} 1, & \text{对} a < q < b, \\ 0, & \text{其他} \end{cases}$$

的线性组合处处稠密. 因此, 把这些用解析函数 $f(q)$ 任意好地近似表达便足够了. 这样的实际例子如

$$f_{a,b}^{(\varepsilon)}(q) = \frac{1}{2} - \frac{1}{2}\tanh\left(\frac{(q-a)(q-b)}{\varepsilon}\right) = \frac{1}{e^{2\frac{(q-a)(q-b)}{\varepsilon}} + 1},$$

就是想要的类型, 它当 $\varepsilon \to +0$ 时收敛到 $f_{a,b}(q)$.

98 把 $f_{a,b}(q), 0 \leqslant a < b \leqslant 1$ 用取自 $\mathcal{A}^0$ 的函数来近似就又足够了. 例如, 函数

$$f_{a,b}^{(\varepsilon)}(q) = \frac{1}{2} - \frac{1}{2}\tanh\left(\frac{1}{\varepsilon}\frac{(q-a-\varepsilon)(q-b+\varepsilon)}{q(1-q)}\right)$$

当 $\varepsilon \to +0$ 时可用于这一目的.

彼此之间不同, 亦与 $\tilde{A}'^0$ 不同. 事实上, 酉运算 $f(q) \to e^{i\beta q} f(q)$ 显然把 A' 变换为 $A' + \dfrac{h\beta}{2\pi}I$, 并且

$$\mathcal{A}_\alpha\text{变换为}\mathcal{A}_{\alpha+\beta},$$

$$\mathcal{A}^0\text{仍为}\mathcal{A}^0,$$

所以

$$A'_\alpha\text{变换为}A'_{\alpha-\beta} + \frac{h\beta}{2\pi}I,$$

$$A'^0\text{变换为}A'^0 + \frac{h\beta}{2\pi}I,$$

所以

$$\tilde{A}'_\alpha\text{变换为}\tilde{A}'_{\alpha+\beta} + \frac{h\beta}{2\pi}I,$$

$$\tilde{A}'^0\text{变换为}\tilde{A}'^0 + \frac{h\beta}{2\pi}I.$$

因此, 由 $\tilde{A}'_\alpha = \tilde{A}'^0$ 可知 $\tilde{A}'_{\alpha-\beta} = \tilde{A}'^0$; 即所有 $\tilde{A}'_\gamma$ 彼此相等. 所以, 只要证明若 $\alpha \neq \gamma$ 有 $\tilde{A}'_\alpha \neq \tilde{A}'_\gamma$ 就足够了. 而情况肯定如此, 若 A'_α, A'_γ 无共同埃尔米特扩张, 即若 A' 不是在 $\mathcal{A}_\alpha, \mathcal{A}_\gamma$ 的并中的埃尔米特算子. 由于 $e^{i\alpha q}$ 属于 $\mathcal{A}_\alpha, e^{i\gamma q}$ 属于 $\mathcal{A}_\gamma$, 并且

$$\begin{aligned}(A'e^{i\alpha q}, e^{i\gamma q}) - (e^{i\alpha q}, A'e^{i\gamma q}) &= i\alpha \int_0^1 e^{i(\alpha-\gamma)q}dq - i\gamma \int_0^1 e^{i(\alpha-\gamma)q}dq \\ &= i(\alpha-\gamma)\int_0^1 e^{i(\alpha-\gamma)q}dq \\ &= e^{i(\alpha-\gamma)} - 1 \neq 0,\end{aligned}$$

而情况确实如此. 因此, 闭埃尔米特算子 $\tilde{A}'^0$ 定义在太窄的值域, 因为那里存在它的闭埃尔米特真扩张 (即与 $\tilde{A}'^0$ 不同): $\tilde{A}'_\alpha$—— 且因此扩张过程 —— 是无穷多值的, 因为每个 $\tilde{A}'_\alpha$ 都可以应用, 每个都生成本征值问题的另一个解 (恒为一个纯离散谱, 但它依赖于 α: $\lambda_k = h\left(\dfrac{\alpha}{2\pi} + k\right)$, $k = 0, \pm 1, \pm 2, \cdots$).另一方面, 对算子 $\tilde{A}'^0$ 本身, 我们一般不期待本征值问题有合适的解. 事实上, 我们在本节的进程中还将说明, 属于一个单位分解的埃尔米特算子 (即有可解的本征值问题), 不具有真扩张. 不具有真扩张的算子 —— 已在所有可用合理方式 (即不违背其埃尔米特本性) 定义的点有定义, 称为极大算子. 那么由以上, 单位分解只能属于极大算子.

另一方面, 以下定理成立: 每个埃尔米特算子都可以扩张为极大埃尔米特算子. (事实上, 一个非极大闭算子总可以用无限多种不同的方式扩张. 扩张过程仅有的步骤是取闭包 $A \to \tilde{A}$. 见注 95.) 我们可以期待的该问题的最一般成立的解是: 有且

仅有一个单位分解属于每个极大埃尔米特算子 (每个闭连续算子在 $\mathcal{R}_\infty$ 中处处有意义, 因此是极大算子).

因此必须回答以下问题: 一个单位分解属于一个极大埃尔米特算子吗? 可能出现几个单位分解属于同一个算子的情况吗?

我们从陈述问题的答案开始: 对一个给定的极大埃尔米特算子, 属于它的单位分解或是没有或是恰好有一个, 且前者会发生, 即本征值问题肯定是唯一的, 但它在一定条件下是不可解的. 然而, 后一情况在某种意义上被看作是例外. 以下将简述导致这一结果的理由.

如果我们考虑矩阵 $\mathbb{A}$ 的有理函数 $f(\lambda)$(有限维, 可通过酉变换成对角形式), 那么, 本征向量被保持, 本征值 $\lambda_1, \cdots, \lambda_n$ 变为 $f(\lambda_1), \cdots, f(\lambda_n)$ [99]. 现在, 若 $f(\lambda)$(在复平面上) 把实轴映射为单位圆的圆周, 那么, 只有实本征值的矩阵变换为本征值的绝对值为 1 的矩阵 ——即埃尔米特矩阵变换为酉矩阵 [100]. 例如, $f(\lambda) = \dfrac{\lambda - i}{\lambda + i}$ 有这个性质. 对应的变换

$$\mathbb{U} = \frac{\mathbb{A} - i\mathbb{I}}{\mathbb{A} + i\mathbb{I}}, \quad \mathbb{A} = -i\frac{\mathbb{U} + \mathbb{I}}{\mathbb{U} - \mathbb{I}},$$

是熟知的凯利 (Cayley) 变换. 现在讨论这个变换对 $\mathcal{R}_\infty$ 中埃尔米特算子的影响, 即我们这样定义一个算子 $U: Uf$ 有定义, 当且仅当 $f = (A + iI)\varphi = A\varphi + i\varphi$, 从而, $Uf = (A - iI)\varphi = A\varphi - i\varphi$. 我们希望这个定义产生一个对所有 f 单值的 Uf, 且 U 是酉算子. 在 $\mathcal{R}_n$ 中证明上述结论的意义不大, 因为假定了矩阵到对角形式的可变换性, 即本征值问题事实上有一个纯离散谱的可解性. 但若关于 U 的结论被证明是正确的, 则我们可以用以下方法求解本征值问题.

下面形式的 U 的本征值问题是可解的: 存在满足以下条件的唯一投影算子族 $E(\sigma)\ (0 \leqslant \sigma \leqslant 1)$,

$\overline{\overline{\mathbf{S}}}_\mathbf{1}$. $E(0) = O, E(1) = I$, 并且当 $\sigma \to \sigma_0, \sigma \geqslant \sigma_0$ 时, $E(\sigma) f \to E(\sigma_0) f$;

$\overline{\overline{\mathbf{S}}}_\mathbf{2}$. 当 $\sigma' \leqslant \sigma''$ 时, $E(\sigma') \leqslant E(\sigma'')$;

$\overline{\overline{\mathbf{S}}}_\mathbf{3}$. 以下关系恒成立:

$$(Uf, g) = \int_0^1 e^{2\pi i\sigma} d(E(\sigma')f, g)$$

99 因为函数 $f(\lambda)$ 可以用多项式来近似, 所以只需要考虑多项式, 且因此, 其分量, 即简单的乘幂, $f(\lambda) = \lambda^s (s = 0, 1, 2, \cdots)$ 便足够了. 因为酉变换在这里无关紧要, 我们可以假定 $\mathbb{A}$ 是一个对角阵; 对角线元素是本征值 $\lambda_1, \lambda_2, \cdots, \lambda_n$. 只需要证明 $\mathbb{A}^s$ 也是对角阵, 且它有对角线元素 $\lambda_1^s, \lambda_2^s, \cdots, \lambda_n^s$, 而这是显然的.

100 为了说明这些性质分别是埃尔米特矩阵和酉矩阵的特征, 只需要验证它们是对角阵. 对于元素为 $\lambda_1, \cdots, \lambda_n$ 的对角阵 $\mathbb{A}$, 元素为 $\overline{\lambda}_1, \cdots, \overline{\lambda}_n$ 的对角阵 $\mathbb{A}^*$ 是其转置共轭阵; 因此, $\mathbb{A} = \mathbb{A}^*$ 意味着 $\lambda_1 = \overline{\lambda}_1, \cdots, \lambda_n = \overline{\lambda}_n$, 即, $\lambda_1, \cdots, \lambda_n$ 是实数; 进而, $\mathbb{A}\mathbb{A}^* = \mathbb{A}^*\mathbb{A} = \mathbb{I}$ 意味着 $\lambda_1\overline{\lambda}_1 = 1, \cdots, \lambda_n\overline{\lambda}_n = 1$, 也就是 $|\lambda_1| = |\lambda_2| = \cdots = |\lambda_n| = 1$.

(Uf 处处有意义, 且右边的积分总是绝对收敛的.)[101]

上述结论可用希尔伯特理论方法在其框架中证明. 酉算子 U 恒连续这个事实 (见注 70,101 中的文献) 使证明成为可能. 我们会想到对于埃尔米特算子, 条件 $\overline{\mathbf{S}}_1 \sim \overline{\mathbf{S}}_3$ 是类同的. 仅有的差别在于：替代实被积式 $\lambda(-\infty<\lambda<+\infty)$, 这里取沿着一个单位圆周的复被积式 $e^{2\pi i\sigma}$(即使在 $\mathcal{R}_n$ 中, 埃尔米特–酉关系与实轴–单位圆关系之间也具有很深刻的类同；见注 100), 在 $\overline{\mathbf{S}}_3$ 中关于算子域的描述在这里是多余的, 因为酉算子处处有定义.

由于 $\overline{\overline{\mathbf{S}}}_1$, 当 $\sigma\to 0$ 时 (因为按其本性有 $\sigma\geqslant 0$), $E(\sigma)f\to E(0)f=0$, 而当 $\sigma\to 1$ 时 (因为 $\sigma\leqslant 1$) 无须要求 $E(\sigma)f\to E(1)f=f$. 若确实并非如此, 则 $E(\sigma)$ 在 $\sigma=1$ 是不连续的. 但由于投影算子 E' 存在, 所以当 $\sigma\to 1$ 与 $\sigma<1$ 时, $E(\sigma)f\to E'f$ (见 2.4 节**定理 17**, 以及注 79), 这意味着 $E'\neq E(1)=I$；即 $E'f=0$ 也有 $f\neq 0$ 的解. 由于 $E(\sigma)\leqslant E'$, 故由 $E'f=0$ 可知, 对所有 $\sigma<1$ 有 $E(\sigma)f=0$. 反之, 按照 E' 的定义, 前者也是后者的结果. 若所有 $E(\sigma)f=0(\sigma<1)$, 则恰如我们在 2.8 节开始处看到的, 对所有 g 有 $(Uf,g)=(f,g)$, 因此 $Uf=f$. 反之, 若 $Uf=f$, 则

$$\int_0^1 e^{2\pi i\sigma}d(E(\sigma)f,f)=(Uf,f)=(f,f),$$

$$\mathrm{Re}\int_0^1 e^{2\pi i\sigma}d(E(\sigma)f,f)=(f,f),$$

$$\int_0^1(1-\cos(2\pi\sigma))\,d(E(\sigma)f,f)=0,$$

$$\int_0^1(1-\cos(2\pi\sigma))\,d\left(\|E(\sigma)f\|^2\right)=0.$$

由此我们得到与 2.8 节开始处完全相同的结果：对所有 $\sigma<1$(及 $\sigma\geqslant 0$) 有 $E(\sigma)f=0$. 因此, $E(\sigma)$ 在 $\sigma=1$ 的不连续性意味着 $Uf=f$ 有非零解 $f\neq 0$.

应用凯利变换 U, 我们有 $\varphi=Af+if$ 与 $U\varphi=Af-if$, 且由 $U\varphi=0$ 有 $f=0$, $\varphi=0$. 这里 $E(\sigma)f\to f$ 也必须对 $\sigma\to 1$ 成立. 因此, 由映射

$$\lambda=-i\frac{e^{2\pi i\theta}+1}{e^{2\pi i\theta}-1}=-\cot\pi\sigma,\quad \sigma=-\frac{1}{\pi}\mathrm{arccot}\lambda$$

(它们把区间 $0<\sigma<1$ 与 $-\infty<\lambda<+\infty$ 一一单调地相互映射), 我们可以由 $E(\sigma)$ 在 $\overline{\mathbf{S}}_1\sim\overline{\mathbf{S}}_2$ 的意义上生成 $F(\lambda)$ 的一个单位分解.

---

101 为了证明这一点, 见注 78 中所引作者的工作, 又见 A.Wintner, Math. Z., **39**(1929). 有界函数 $f(\sigma)$ 的所有积分 $\int_0^1 f(\sigma)\,d(E(\sigma)f,g)$ 的绝对收敛性证明如下. 观察 $\mathrm{Re}(E(\sigma)f,g)$ 就足够了, 因为在其中用 if,g 替代 f,g 将把它改变为 $\mathrm{Im}(E(\sigma)f,g)$. 因为 $\mathrm{Re}(E(\sigma)f,g)=\left(E(\sigma)\frac{f+g}{2},\frac{f+g}{2}\right)-\left(E(\sigma)\frac{f-g}{2},\frac{f-g}{2}\right)$, 只需要研究 $(E(\sigma)f,g)$ 就可以了. 在 $\int_0^1 f(\sigma)\,d(E(\sigma)f,g)$ 中, 被积式是有界的, 且微分记号后面的 σ 函数是单调的；命题因此得证.

C. $$F(\lambda)=E\left(-\frac{1}{\pi}\text{arccot}\lambda\right),\quad E(\sigma)=F(-\cot\pi\sigma)$$

下面我们要证明, 当且仅当 $E(\sigma)$ 对 U 满足 $\overline{\overline{\mathbf{S}}}_{\mathbf{3}}$ 时, $F(\lambda)$ 对 A 满足 $\overline{\mathbf{S}}_{\mathbf{3}}$. 这样, 埃尔米特算子 (可能不连续)$A$ 的本征值问题的存在性与唯一性问题便简化为酉算子 U 的对应问题. 然而如前所述, 这些问题已经以最有利的方式得到了解决.

因此, 设 A 是埃尔米特算子及 U 是其凯利变换. 我们首先从 U 是酉算子的情况开始讨论. 其 $E(\sigma)$ 必须符合 $\overline{\overline{\mathbf{S}}}_{\mathbf{1}},\overline{\overline{\mathbf{S}}}_{\mathbf{2}}$ 以及 $\overline{\overline{\mathbf{S}}}_{\mathbf{3}}$. 我们根据 **C** 构成 $F(\lambda)$, 于是 $\overline{\mathbf{S}}_{\mathbf{1}},\overline{\mathbf{S}}_{\mathbf{2}}$ 满足. 若 Af 有定义, 则 $Af+if=\varphi, Af-if=U\varphi$, 以及因此, $f=\dfrac{\varphi-U\varphi}{2i}, Af=\dfrac{\varphi+U\varphi}{2}$.

部分地用符号计算, 我们得到 [102]

$$\begin{aligned}
f&=\frac{1}{2i}(\varphi-U\varphi)=\frac{1}{2i}\left(\varphi-\int_0^1 e^{2\pi i\sigma}dE(\sigma)\varphi\right)=\int_0^1\frac{1-e^{2\pi i\sigma}}{2i}dE(\sigma)\varphi,\\
E(\sigma)f&=\int_0^1\frac{1-e^{2\pi i\sigma'}}{2i}d\left(E(\sigma)E(\sigma')\varphi\right)\\
&=\int_0^1\frac{1-e^{2\pi i\sigma'}}{2i}d\left(E\left(\text{Min}\left(\sigma,\sigma'\right)\right)\varphi\right)=\int_0^\sigma\frac{1-e^{2\pi i\sigma}}{2i}dE(\sigma')\varphi,
\end{aligned}$$

$$\begin{aligned}
\|E(\sigma)f\|^2&=(E(\sigma)f,f)=\int_0^\sigma\frac{1-e^{2\pi i\sigma'}}{2i}d\left(E(\sigma')\varphi,f\right)\\
&=\int_0^\sigma\frac{1-e^{2\pi i\sigma'}}{2i}\overline{d(E(\sigma')f,\varphi)}\\
&=\int_0^\sigma\frac{1-e^{2\pi i\sigma'}}{2i}d\left(\int_0^{\sigma'}\frac{1-e^{2\pi i\sigma''}}{-2i}\overline{d(E(\sigma'')\varphi,\varphi)}\right)\\
&=\int_0^\sigma\frac{1-e^{2\pi i\sigma'}}{2i}\cdot\frac{1-e^{-2\pi i\sigma'}}{-2i}\overline{d(E(\sigma')\varphi,\varphi)}\\
&=\int_0^\sigma\frac{\left(1-e^{2\pi i\sigma'}\right)\left(1-e^{-2\pi i\sigma'}\right)}{4}\left(d\|E(\sigma')\varphi\|^2\right)\\
&=\int_0^\sigma\sin^2(\pi\sigma')\left(d\|E(\sigma')\varphi\|^2\right),
\end{aligned}$$

因此, $\overline{\mathrm{S}}_3$ 中给出的积分是

$$\int_{-\infty}^{+\infty}\lambda^2 d\|F(\lambda)f\|^2=\int_0^1\cot^2(\pi\sigma)\,d\|E(\sigma)f\|^2$$

---

102 我们应用斯蒂尔切斯积分于 $\mathcal{R}_\infty$ 的元素, 而不是数字. 所有我们的关系式被理解为是成立的, 若我们在 $\mathcal{R}_\infty$ 中选择一个固定的 g, 并形成 $(*f,g)$, 这里 f 可以是 $\mathcal{R}_\infty$ 的任意元素, 而 $*$ 表示一个算子. 与 2.7 节中的算子——斯蒂尔切斯积分不同, 这是一个半符号过程; 替代取自 $\mathcal{R}_\infty$ 的一个 g, 从 $\mathcal{R}_\infty$ 中随意选择两个元素 f,g, 并形成 $(*f,g)$ 替代 $(*,g)$.

$$
\begin{aligned}
&= \int_0^1 \cot^2(\pi\sigma)\, d\left(\int_0^\sigma \sin^2(\pi\sigma')\, d\|E(\sigma')\varphi\|^2\right) \\
&= \int_0^1 \cot^2(\pi\sigma)\sin^2(\pi\sigma')\, d\|E(\sigma')\varphi\|^2 \\
&= \int_0^1 \cos^2(\pi\sigma)\, d\|E(\sigma)\varphi\|^2 .
\end{aligned}
$$

因为该积分的绝对值被 $\int_0^1 d\|E(\sigma)\varphi\|^2 = \|\varphi\|^2$ 所控制, 故结果是有限的. 从而

$$
\begin{aligned}
Af &= \frac{1}{2}(\varphi + U\varphi) = \frac{1}{2}\left(\varphi + \int_0^1 e^{2\pi i\sigma} dE(\sigma)\varphi\right) = \int_0^1 \frac{1+e^{2\pi i\sigma}}{2} dE(\sigma)\varphi \\
&= \int_0^1 i\frac{1+e^{2\pi i\sigma}}{1-e^{2\pi i\sigma}} \cdot \frac{1-e^{2\pi i\sigma}}{2i} dE(\sigma)\varphi \\
&= -\int_0^1 \cot(\pi\sigma)\, d\left(\int_0^\sigma \frac{1-e^{2\pi i\sigma'}}{2i} dE(\sigma')\varphi\right) \\
&= -\int_0^1 \cot(\pi\sigma)\, dE(\sigma) f \\
&= \int_{-\infty}^{+\infty} \lambda dF(\lambda) f.
\end{aligned}
$$

即 $\overline{\mathbf{S}}_3$ 的最后一个关系也成立. 所以, A 在任何情况下都是该算子的一个扩张, 并根据 $\overline{\mathbf{S}}_3$, 属于 $F(\lambda)$, 但因为它是极大的 (如我们将说明的), A 必须等于它 [103].

现在讨论相反的情形. 设 $F(\lambda)$ 按照 $\overline{\mathbf{S}}_1 \sim \overline{\mathbf{S}}_3$, 属于 A. 那 U 是什么? 首先通过 $\mathbf{C}$ 定义 $E(\sigma)$, 故 $E(\sigma)$ 满足 $\overline{\overline{\mathbf{S}}}_1, \overline{\overline{\mathbf{S}}}_2$. 又设 φ 是任意的. 我们写出 (仍用符号形式)

$$
\begin{aligned}
f = \int_{-\infty}^{+\infty} \frac{1}{\lambda+i} dF(\lambda)\varphi &= \int_0^1 \frac{1}{-\cot(\pi\sigma)+i} dE(\sigma)\varphi \\
&= \int_0^1 \frac{1-e^{2\pi i\sigma}}{2i} dE(\sigma)\varphi.
\end{aligned}
$$

$\left(\text{因为 } \frac{1}{\lambda+1} \text{ 或 } \frac{1-e^{2\pi i\sigma}}{2i} \text{ 是有界的, 所有积分都收敛}\right)$. 于是有

$$
F(\lambda) f = E(\sigma) f = \int_0^1 \frac{1-e^{2\pi i\sigma'}}{2i} dE(\sigma) E(\sigma')\varphi
$$

103 这里有一个隐含的假设: 对每个给定的单位分解 $F(\lambda)$ 确实存在这样的一个算子. 也就是, 假设对有限的 $\int_{-\infty}^{+\infty} \lambda^2 d\|F(\lambda) f\|^2$ 可以找到一个 f^*, 使得对所有 g 有 $(f^*, g) = \int_{-\infty}^{+\infty} \lambda d(F(\lambda) fg)$; 且有这个性质的 f^* 处处稠密. (该算子的埃尔米特特性来自 $\overline{\mathbf{S}}_3$, 我们在最后一个方程中交换 f, g 并取复共轭.) 注 78 中的文献中对这两个性质给出了证明.

$$
\begin{aligned}
&= \int_0^1 \frac{1-e^{2\pi i\sigma'}}{2i} dE\left(\mathrm{Min}\left(\sigma,\sigma'\right)\right)\varphi \\
&= \int_0^{\sigma} \frac{1-e^{2\pi i\sigma'}}{2i} dE\left(\sigma'\right)\varphi, \\
Af &= \int_{-\infty}^{+\infty} \lambda dF\left(\lambda\right) f \\
&= -\int_0^1 \cot\left(\pi\sigma\right) dE\left(\sigma\right) f \\
&= \int_0^1 i\frac{1+e^{2\pi i\sigma}}{1-e^{2\pi i\sigma}}\, d\left(\int_0^{\sigma} \frac{1-e^{2\pi i\sigma'}}{2i}\, dE\left(\sigma'\right)\varphi\right) \\
&= \int_0^1 i\frac{1+e^{2\pi i\sigma}}{1-e^{2\pi i\sigma}}\frac{1-e^{2\pi i\sigma}}{2i} dE\left(\sigma\right)\varphi \\
&= \int_0^1 \frac{1+e^{2\pi i\sigma}}{2} dE\left(\sigma\right)\varphi.
\end{aligned}
$$

因此,

$$
Af+if=\int_0^1 dE\left(\sigma\right)\varphi=\varphi, \quad Af-if=\int_0^1 e^{2\pi i\sigma} dE\left(\sigma\right)\varphi.
$$

从而 $U\varphi$ 有意义且等于 $\int_0^1 e^{2\pi i\sigma} dE\left(\sigma\right)\varphi$. 因为 φ 是任意的, 故 U 处处有意义. 把它与任意 ψ 构成内积并取复共轭, 我们看到, $U^*\psi=\int_0^1 e^{-2\pi i\sigma} dE\left(\sigma\right)\varphi$. 而 2.8 节最后部分的计算表明 $UU^*=U^*U=I$; 即 U 是属于 $E\left(\sigma\right)$ 的酉算子.

于是, A 的本征值问题的可解性等价于其凯利变换 U 的酉特性, 且其唯一性是确定的. 剩下的问题只是: 是否总能构成 U, 若能够, 它是酉算子吗? 为了回答这些问题, 我们仍从闭埃尔米特算子 A 开始讨论.

U 是这样定义的: 当且仅当 $\varphi=Af+if$, $U\varphi$ 有定义且等于 $Af-if$. 首先必须证明, 一般而言, 这个定义是容许的, 即对一个 φ 不可能存在多个 f. 也就是, 由 $Af+if=Ag+ig$ 可推出 $f=g$, 或因为 A 的线性性质, 由 $Af+if=0$ 可得 $f=0$. 我们有

$$
\begin{aligned}
\left\|Af\pm if\right\|^2 &= \left(Af\pm if, Af\pm if\right) \\
&= \left(Af,Af\right)\pm\left(if,Af\right)\pm\left(Af,if\right)+\left(if,if\right) \\
&= \left\|Af\right\|^2 \mp i\left(Af,f\right)\pm i\left(Af,f\right)+\left\|f\right\|^2 \\
&= \left\|Af\right\|^2+\left\|f\right\|^2.
\end{aligned}
$$

故由 $Af+if=0$ 得到 $\left\|f\right\|^2\leqslant\left\|Af+if\right\|^2=0$, 因此 $f=0$, 故我们的定义方式可实

现. 其次, $\|Af+if\|=\|Af-if\|$, 即 $\|U\varphi\|=\|\varphi\|$. 因此 U 只要有定义便是连续的. 此外, 用 $\mathcal{E}$ 记 U 的定义域 (所有 $Af+if$ 的集合), 用 $\mathcal{F}$ 记 U 的值域 (所有 $U\varphi$ 的集合, 因此是所有 $Af-if$ 的集合). 因为 A 与 U 是线性的, $\mathcal{E}$ 与 $\mathcal{F}$ 是线性流形, 而且都是闭流形. 事实上, 设 φ 分别是 $\mathcal{E}$ 或 $\mathcal{F}$ 的一个极限点, 则在 $\mathcal{E}$ 或 $\mathcal{F}$ 中分别有一个序列 $\varphi_1, \varphi_2, \cdots$, 使得 $\varphi_n \to \varphi$. 从而 $\varphi_n = Af_n \pm if_n$. 因为 φ_n 收敛, 它们满足柯西收敛准则 (见 2.1 节 **D**), 又因为

$$\|f_m-f_n\|^2 \leqslant \|A(f_m-f_n)\pm i(f_m-f_n)\|^2 = \|\varphi_m-\varphi_n\|^2$$

f_n 肯定满足这个条件, 且因为

$$\|Af_m-Af_n\|^2 = \|A(f_m-f_n)\|^2 \leqslant \|A(f_m-f_n)\pm i(f_m-f_n)\|^2 = \|\varphi_m-\varphi_n\|^2,$$

Af_n 也是. 因此, $f_1, f_2, \cdots, f_n$ 与 $Af_1, Af_2, \cdots, Af_n$(按照 2.1 节 **D**) 也收敛: $f_n \to f$, $Af_n \to f^*$. 由于 A 是闭的, Af 有定义且等于 f^*. 因此我们有

$$\varphi_n = Af_n \pm if_n \to f^* \pm if = Af \pm if, \quad \varphi_n \to \varphi.$$

故 $\varphi = Af \pm if$, 即 φ 分别属于 $\mathcal{E}$ 或 $\mathcal{F}$.

因此, U 定义在闭线性流形 $\mathcal{E}$ 上, 并将 $\mathcal{E}$ 映射到闭线性流形 $\mathcal{F}$. U 是线性的, 且因为

$$\|Uf-Ug\| = \|U(f-g)\| = \|f-g\|,$$

U 保持所有距离不变, 称它是等距的. 因此, 由 $f \neq g$ 可知 $Uf \neq Ug$, 即映射是一一对应的. $(f,g)=(Uf,Ug)$ 也成立, 其证明恰如 2.5 节中对酉算子的证明. 因此 U 也对所有内积不变. 但 U 显然当且仅当 $\mathcal{E}=\mathcal{F}=\mathcal{R}_\infty$ 时为酉算子.

若 A, B 是两个闭埃尔米特算子, U, V 是它们的凯利变换, $\mathcal{E}, \mathcal{F}$ 与 $\mathcal{G}, \mathcal{H}$ 分别为它们的定义域与值域, 于是我们立即可知, 若 B 是 A 的真扩张, 则 V 也是 U 的真扩张. 因此, $\mathcal{E}$ 是 $\mathcal{G}$ 的一个真子集, $\mathcal{F}$ 是 $\mathcal{H}$ 的一个真子集. 所以, $\mathcal{E} \neq \mathcal{R}_\infty, \mathcal{F} \neq \mathcal{R}_\infty$. 于是, U 不是酉算子, 并且 A 的本征值问题不可解. 我们已经证明了前面多次引用的定理: 若 A 的本征值问题是可解的, 则不存在 A 的真扩张, 即 A 是极大的.

再次回到闭埃尔米特算子 A 与它的 $\mathcal{E}, \mathcal{F}, U$. 若 Af 有定义, 则对 $Af+if=\varphi$, $U\varphi$ 有定义, 并且 $Af-if=U\varphi$, 因此 $f=\frac{1}{2i}(\varphi-U\varphi), Af=\frac{1}{2}(\varphi+U\varphi)$, 若我们设 $\psi=\frac{1}{2i}\varphi$, 则 $f=\psi-U\psi$, $Af=i(\psi+U\psi)$. 反之, 对于 $f=\psi-U\psi$, Af 当然是有定义的; 因为 $U\psi$ 有定义, 由 $\psi=Af'+if'$(Af' 有定义!) 与 $U\psi=Af'-if'$ 可推出 $f=\psi-U\psi=2if'$. A 的定义域因此是所有 $\psi-U\psi$ 的集合, 且对于 $f=\psi-U\psi$,

$Af = i(\psi + U\psi)$ 成立. 因此, A 也由 U 唯一地确定 (如同 $\mathcal{E},\mathcal{F}$ 也被确定). 同时我们看到, (作为 A 的定义域)$\psi - U\psi$ 必定处处稠密.

相反地, 我们从两个闭线性流形 $\mathcal{E},\mathcal{F}$, 以及一个把 $\mathcal{E}$ 映射到 $\mathcal{F}$ 的线性等距映射 U 出发考虑: 是否有一个埃尔米特算子 A, 其凯利变换就是这个 U 呢? 因为 $\psi - U\psi$ 必须处处稠密, 也将采用这个假设. 于是, 所涉及的 A 按以上所述唯一地确定, 除了又出现以下问题: 这个定义是否可能? 这个 A 是否真的是埃尔米特算子? U 是否真的是其凯利变换? 第一个问题肯定是正确的, 若 f 在 $f = \varphi - U\varphi$ 中唯一地确定了 φ(只要它是一般地存在的), 即若由 $\varphi - U\varphi = \psi - U\psi$ 得到 $\varphi = \psi$, 或由 $\varphi - U\varphi= 0$ 得到 $\varphi= 0$. 但让我们设 $\varphi - U\varphi= 0$, 则由 $g = (\varphi, g) - U\psi$ 有

$$(\varphi, g) = (\varphi, \psi) - (\varphi, U\psi) = (U\varphi, U\psi) - (\varphi, U\psi) = (U\varphi - \varphi, U\psi) = 0,$$

且因为这些 g 处处稠密, $\varphi= 0$.

其次, 我们必须证明 $(Af, g) = (f, Ag)$, 即 (Af, g) 通过交换 f, g 转化为其复共轭. 设 $f = \varphi - U\varphi, g = \psi - U\psi$, 则 $Af = i\,(\varphi + U\varphi)$, 且

$$\begin{aligned}(Af, g) &= (i\,(\varphi + U\varphi)\,\psi - U\psi)\\ &= i\,(\varphi,\psi) + i(U\varphi,\psi) - i\,(\varphi, U\psi) - i(U\varphi, U\psi)\\ &= i\left[(U\varphi,\psi) - \overline{(U\psi,\varphi)}\right]\\ &= i\,(U\varphi,\psi) + \overline{i\,(U\psi,\varphi)},\end{aligned}$$

这就达到了想要的交换 $f \longleftrightarrow g$, (即想要的交换 $\varphi \longleftrightarrow \psi$). 对于第三个问题的答案可从以下看出: 设 A 的凯利变换为 V, 其定义域是所有

$$Af + if = i\,(\varphi + U\varphi) + i\,(\varphi - U\varphi) = 2i\varphi$$

的集合, 即 U 的定义域, 且在该域中,

$$V\,(2i\varphi) = V\,(Af + if) = i\,(\varphi + U\varphi) - i\,(\varphi - U\varphi) = 2iU\varphi,$$

即 $V\varphi = U\varphi$, 因此 $V = U$.

因此, 若对每个埃尔米特算子 A 关联其凯利变换 U, 则 (闭) 埃尔米特算子 A 与 $\varphi - U\varphi$ 处处稠密的线性等距算子 U 一一对应 [104]. 由于 U 的所有等距扩张 V

104 为了使 A 的本征值问题总是可解的, 必须由此导出 U 的酉特性 (即 $\mathcal{E} = \mathcal{F} =\mathcal{R}_n$ 或 $\mathcal{R}_\infty$). 这不同于在 $\mathcal{R}_\infty$ 的情形, 那里我们由非极大 A 的存在性导出. 另一方面, 在 $\mathcal{R}_n$ 中, 这必定如此. 这一点也可以直接看出: 因为 $\mathcal{R}_n$ 的每个线性变换都是闭的, $\varphi - U\varphi$ 也是; 又因为它是处处稠密的, 它正是 $\mathcal{R}_n$ 本身, φ 的集合 $\mathcal{F}$ 的维数不少于其线性映像 $\varphi - U\varphi$ 的维数, 也就是极大维数 n. 这也必须对作为 $\mathcal{E}$ 的线性一一映像的 $\mathcal{F}$ 成立. 但对有限的 n, 这导致 $\mathcal{E} = \mathcal{F} =\mathcal{R}_n$.

可以毫无困难地被找到 ($\varphi - V\varphi$ 自动处处稠密, 因为作为其子集的 $\varphi - U\varphi$ 处处稠密), 我们现在可以描述 A 的所有埃尔米特扩张 B 的特征. 为使 A 是极大的, U 必须也是, 反之亦然. 若 U 不是极大的, 则 $\mathcal{E} \neq \mathcal{R}_\infty$, $\mathcal{F} \neq \mathcal{R}_\infty$. 这些不等性意味着 U 不是极大的; 事实上, $\mathcal{R}_\infty - \mathcal{E} \neq 0$, $\mathcal{R}_\infty - \mathcal{F} \neq 0$. 因此我们可以在 $\mathcal{R}_\infty - \mathcal{E}$ 中选择一个非零的 φ_0 及在 $\mathcal{R}_\infty - \mathcal{F}$ 中选择一个非零的 ψ_0, 且若用 $\dfrac{\varphi_0}{\|\varphi_0\|}, \dfrac{\psi_0}{\|\psi_0\|}$ 替代它们, 甚至还有 $\|\varphi_0\| = \|\psi_0\| = 1$. 兹在 $[\mathcal{E}, \varphi_0]$ 中定义一个算子 V, 使得对 $f = \varphi + a\varphi_0$ (φ 取自 $\mathcal{E}$, a 是一个复数), $Vf = U\varphi + a\psi_0$. V 显然是线性的, 且由于 φ 正交于 φ_0 及 $U\varphi$ 正交于 ψ_0, 我们有

$$\|f\|^2 = \|\varphi\|^2 + |a|^2, \quad \|Vf\|^2 = \|U\varphi\|^2 + |a|^2.$$

因此, $\|Vf\| = \|f\|$, 并且 V 是等距的. 最后, V 是 U 的一个真扩张. 因此, 对 A 的极大性而言, $\mathcal{E} = \mathcal{R}_\infty$ 或 $\mathcal{F} = \mathcal{R}_\infty$ 是一个特征.

另一方面, 若 A 不是极大的, 则闭线性流形 $\mathcal{R}_\infty - \mathcal{E}$, $\mathcal{R}_\infty - \mathcal{F}$ 都非空. 设张成它们的标准正交系分别是 $\varphi_1, \varphi_2, \cdots, \varphi_p$ 与 $\psi_1, \psi_2, \cdots, \psi_q$(见 2.2 节**定理 9**, $p = 1, 2, \cdots, \infty$; $q = 1, 2, \cdots, \infty$; 对 $p = \infty$, φ 级数不终止, 对 ψ 级数情况类似). 设 $r = \mathrm{Min}(p, q)$, 我们用以下方程中的第一个构造 f, 用第二个在 $[\mathcal{E}, \varphi_1, \cdots, \varphi_r]$ 中定义 V:

$f = \varphi + \sum_{\nu=1}^{r} a_\nu \varphi_\nu$, 其中, φ 取自 $\mathcal{E}$, $a_1, \cdots, a_r$ 是数字,

$$Vf = U\varphi + \sum_{\nu=1}^{r} a_\nu \psi_\nu.$$

易见, V 是线性且等距的, 并且还是 U 的一个真扩张. V 的定义域是 $[\mathcal{E}, \varphi_1, \cdots, \varphi_r]$, 因此对于 $r = p$, 它等于 $[\mathcal{E}, \mathcal{R}_\infty - \mathcal{E}] = \mathcal{R}_\infty$; V 的值域是 $[\mathcal{F}, \psi_1, \cdots, \psi_r]$, 因此对 $r = p$, 它等于 $[\mathcal{F}, \mathcal{R}_\infty - \mathcal{F}] = \mathcal{R}_\infty$. 于是, 二者之一肯定等于 $\mathcal{R}_\infty$. 记 V 为埃尔米特算子 B 的凯利变换. 根据前面的讨论, B 是 A 的极大扩张. 可以看出, φ 与 ψ 可以用无限种方式选择 (例如, 可以把 ψ_1 用任何 $\theta\psi_1, |\theta| = 1$ 替代), 且因此, V 与 B 的选择亦然.

我们对本征值问题的探讨到此告一段落, 得到的结果如下: 若本征值问题是可解的, 则它只有一个解, 但对非极大算子肯定不可解. 非极大算子总可以用无限种方式扩张为极大算子 (我们自始至终只讨论埃尔米特算子). 但极大性条件与本征值问题的可解性条件并不完全一样. 前者等价于 $\mathcal{E} = \mathcal{R}_\infty$ 或 $\mathcal{F} = \mathcal{R}_\infty$, 后者是 $\mathcal{E} = \mathcal{R}_\infty$ 与 $\mathcal{F} = \mathcal{R}_\infty$.

我们不打算详细研究前者成立而后者不成立的算子. 这些算子的本征值问题是不可解的, 且由于 (因为极大性) 不存在真扩张, 这种状态是不可更改的. 这些算

子的特征是 $\mathcal{E}=\mathcal{R}_\infty, \mathcal{F}\neq\mathcal{R}_\infty$ 或 $\mathcal{E}\neq\mathcal{R}_\infty, \mathcal{F}=\mathcal{R}_\infty$. 这样的算子确实存在, 且它们可以由两种简单的标准形式生成, 因此, 若与本征值问题可解的极大算子相比较, 它们可以被看成例外情况. 关于这个问题, 读者可以在注 95 中提到的作者的论文中找到更多资料. 无论如何, 从量子力学出发考虑, 当前必须消除这样的算子. 其原因是, 属于一个埃尔米特算子的单位分解如此深入地渗透到所有量子力学概念之中 (如我们后面将看到的), 以至于我们不能无视它的存在, 即无视本征值问题的可解性 [105]. 据此, 我们一般只考虑其本征值问题可解的埃尔米特算子. 由于这里要求增强的极大性, 这些算子称为超极大算子 [106]，它们与单位分解一一对应.

在结束本节时, 我们还应该提到两类 (闭) 埃尔米特算子, 它们肯定是超极大的. 第一类是连续算子：它们处处有意义, 因此是极大的, 且根据希尔伯特 (见注 70 中的文献), 其本征值问题是可解的, 故甚至是超极大的. 第二类是在 $\mathcal{R}_\infty$ 中以任何方式实现的实算子, 如果它们是极大的. 因为 $\mathcal{E}, \mathcal{F}$ 之间在其定义上的差别仅在于符号, 而若其余一切都是实数, 这不会造成任何差别. 因此, 由 $\mathcal{E}=\mathcal{R}_\infty$ 得到 $\mathcal{F}=\mathcal{R}_\infty$, 反之亦然, 即超极大性来自极大性. 无须假设极大性, 我们就可以在任何情况下说 $\mathcal{R}_\infty-\mathcal{E}$ 与 $\mathcal{R}_\infty-\mathcal{F}$ 有同样多的维数. 因此 (用前面研究扩张关系时所用的术语)$p=q$, 从而 $r=p=q$, 以及

$$[\mathcal{E}, \varphi_1, \cdots, \varphi_r]=[\mathcal{E}, \mathcal{R}_\infty-\mathcal{E}]=\mathcal{R}_\infty,$$

$$[\mathcal{F}, \psi_1, \cdots, \psi_q]=[\mathcal{F}, \mathcal{R}_\infty-\mathcal{F}]=\mathcal{R}_\infty,$$

即这时所得到的扩张是超极大的. 在任何情况下, 实算子具有超极大性. 注 95 给出的文献中说明了这对所有定号算子同样成立.

2.10 可易算子

根据 2.4 节的定义, 当 $RS=SR$ 时, 两个算子 R 与 S 是可易的；若二者并非处处有意义, 等式两边的定义域必须相符. 我们首先限于研究埃尔米特算子, 且为

105 尽管如此, 如作者所指出的 (见注 78 中的文献), 以下算子是极大的, 但并非超极大的：设 $\mathcal{R}_\infty$ 是定义在 $0\leqslant q<+\infty$ 中的满足 $f(0)=0$, 以及 $\int_0^\infty|f(q)|^2$ 有限的所有 $f(q)$ 的闭空间, 又设 R 是算子 $i\frac{d}{dq}$, 它对满足 $\int_0^\infty|f'(q)|^2$ 有限且 $f(0)=0$ 的连续可微的所有 $f(q)$ 定义, 且它是闭的. 于是它等于 $-\frac{2\pi}{h}A'$, 若我们对区间 $\{0,\infty\}$ 取 2.8 节中的 A', 它也是埃尔米特算子. 这个 R 是极大的但不是超极大的, 这一点可以通过 $\mathcal{E}, \mathcal{F}$ 的有效计算证实. 这一点值得注意, 因为 $A'=\frac{h}{2\pi}R$ 在物理上可以被看作以平面 $q=0$ 在一边为界的半空间中的动量算子.

106 这个概念源于艾哈德 • 施密特 (Erhard Schmidt). 见注 78 中的文献.

了避免定义域方面的困难, 我们只考虑处处有定义因而是连续的算子. 与 R,S 一起, 我们也考虑属于它们的单位分解: $E(\lambda), F(\lambda)$.

R,S 的可易性意味着对所有 f,g, $(RSf,g)=(SRf,g)$, 即 $(Sf,Rg)=(Rf,Sg)$. 此外, 由 R,S 的可易性可推出 $R^n, S(n=1,2,\cdots)$ 的可易性, 从而 $p(R), S$ 也有可易性, 其中 $p(x)=a_0+a_1x+\cdots+a_nx^n$.

现在用符号表示,

$$R=\int_{-C}^{C}\lambda dE(\lambda),\quad s(R)=\int_{-C}^{C}s(\lambda)dE(\lambda)$$

(C 是 2.9 节中对连续算子 R 引入的常数, R 在那里被称为 A ; $s(x)$ 是任意函数, 见 2.8 节注 94). 对多项式 $s(x)$, 等式 $(s(R)f,Sg)=(Sf,s(R)g)$ 成立. 因此

$$*.\qquad \int_{-C}^{C}s(\lambda)d(E(\lambda)f,Sg)=\int_{-C}^{C}s(\lambda)d(Sf,E(\lambda)g).$$

因为我们可以用多项式任意好地近似每一个连续函数$s(x)$ (在 $-C\leqslant x\leqslant C$ 中一致地), $*$ 式也对连续函数 $s(\lambda)$ 成立. 兹设 $s(x)=\begin{cases}\lambda_0-x, & 对x\leqslant\lambda_0\\ 0, & 对x\geqslant\lambda_0\end{cases}$, 则由 $*$ 式可得

$$\int_{-C}^{\lambda_0}(\lambda_0-\lambda)\,d(E(\lambda)f,Sg)=\int_{-C}^{\lambda_0}(\lambda_0-\lambda)\,d(Sf,E(\lambda)g).$$

若在此用 $\lambda_0+\varepsilon(\varepsilon>0)$ 替代 λ_0, 则相减并除以 ε 后得到

$$\begin{aligned}&\int_{-C}^{\lambda_0}d(E(\lambda)f,Sg)+\int_{\lambda_0}^{\lambda_0+\varepsilon}\frac{(\lambda_0-\lambda)}{\varepsilon}d(E(\lambda)f,Sg)\\ =&\int_{-C}^{\lambda_0}d(Sf,E(\lambda)g)+\int_{\lambda_0}^{\lambda_0+\varepsilon}\frac{(\lambda_0-\lambda)}{\varepsilon}d(Sf,E(\lambda)g),\end{aligned}$$

并且当 $\varepsilon\to 0$ 时 (回想起 $\overline{\mathrm{S}}_1$!)

$$\int_{-C}^{\lambda_0}d(E(\lambda)f,Sg)=\int_{-C}^{\lambda_0}d(Sf,E(\lambda)g),$$

$$(E(\lambda_0)f,Sg)=(Sf,E(\lambda_0)g).$$

所以, 所有 $E(\lambda_0), -C\leqslant\lambda_0\leqslant C$, 都与 S 可易, 但这对其余的 $E(\lambda_0)$ 也都成立, 因为对 $\lambda_0<-C$ 与 $\lambda_0>+C$, 分别有 $E(\lambda_0)=O$ 与 $E(\lambda_0)=I$.

因此, 若 R 与 S 可易, 则所有 $E(\lambda_0)$ 也与 s 可易. 反之, 若所有 $E(\lambda_0)$ 与 S 可易, 则 $*$ 式对每个函数 $s(x)$ 成立. 因此, 所有 $s(R)$ 与 S 可易. 于是我们可以得

出结论：首先, R 与 S 可易, 当且仅当 $E(\lambda)$ 与所有 s 可易；其次, 在这种情况下, 所有 R 的函数 $[s(R)]$ 与 S 可易.

但是, 当且仅当 $E(\lambda)$ 与所有 $F(\mu)$ 可易时, $E(\lambda)$ 与 S 可易 (应用我们的定理于 $S, E(\lambda)$ 而不是 R, S). 因此, 这也是 R, S 可易的特征：所有 $E(\lambda)$ 与所有 $F(\mu)$ 可易. 由以上, R, S 的可易性导致 $r(R), S$ 的可易性. 若用 $S, r(R)$ 替代 R, S, 则得到 $r(R), s(S)$ 的可易性.

若埃尔米特算子 R, S 不受连续性条件限制, 则情况更复杂, 因为 RS 与 SR 的定义域可能错综复杂. 例如, $R \cdot O$ 恒有意义, $(Of = 0, R \cdot Of = R(Of) = R(0) = 0)$, 而另一方面, $O \cdot R$ 仅当 R 有意义时才有意义 (见 2.5 节对此的评论). 因此, 若 R 并非处处有意义, 则因为定义域的差别, $R \cdot O \neq O \cdot R$. 精确地说, R, O 并不可易. 这样的状态对我们后面的目的是很不方便的：O 不仅应当与所有连续埃尔米特算子可易, 也应当与所有埃尔米特算子可易 [107]. 因此我们打算用一种不同的方式来定义不连续函数 R, S 的可易性. 我们将局限于超极大 R, S, 根据 2.9 节, 只有这些是我们感兴趣的算子. 算子 R, S 在新的意义上称为可易的, 若所有 $E(\lambda)$ 与所有 $F(\mu)$ (这里它们又分别是单位分解) 在旧的意义上可易. 对连续的 R 与 S, 新定义等同于旧定义, 然而若 R 或 S(或二者) 不连续, 两个定义不同. 后一情况的例子是 R, O；按旧定义它们是不可易的, 但按新定义它们是可易的, 因为每个 $F(\mu)$ 对 O 等于 O 或 I, [108] 因此, 每个 $F(\mu)$ 都与每个 $E(\lambda)$ 可易.

前面我们证明了, 若 R, S 是两个可易 (连续) 的埃尔米特算子, 则 R 的每个函数 $r(R)$ 与 S 的每个函数 $s(S)$ 都可易. 因为对 $R = S$ 这个前提恒满足, 同一算子的两个函数总是可易的 (这也来自 2.8 节末的乘法公式：$r(R)s(R) = t(R)$ 及 $r(x)s(x) = t(x)$). 顺便指出, 若 $r(x), s(x)$ 是实函数, 则 $r(R), s(R)$ 是埃尔米特算子 (由 2.8 节：若 $r(x)$ 是实函数, 则 $(r(R))^* = \overline{r}(R) = r(R)$).

逆命题也成立. 若 A, B 是两个可易埃尔米特算子, 则存在一个埃尔米特算子 R, 两者都是它的函数, 即 $A = r(R), B = s(R)$. 事实上, 这还可以推广为：给定可易埃尔米特算子的集合 $A, B, C, \cdots$, 则存在一个埃尔米特算子 R, 使得所有 $A, B, C, \cdots$ 都是 R 的函数. 我们不在此给出该定理的证明, 只援引相关的文献 [109]. 对于我们的目的, 该定理仅对有纯离散谱的有限个数 $A, B, C, \cdots$ 是重要的. 下面只

---

107 因为 (见 2.5 节)$R \cdot I, I \cdot R$ 当且仅当 R 有定义时才有定义, 这对 $R \cdot aI, aI \cdot R (a \neq 0)$ 同样成立. 于是这两个积相等, 即 R 与 aI 可易. 因此, R 与 aI 的可易性成立, 除了一个例外：$a = 0$, 使得 R 并非处处有意义. 这很糟糕, 并且强化了我们对连续性定义调整的动机.

108 容易验证, 以下单位分解属于 $a \cdot I$: $F(\mu) = \begin{cases} I, & 对\mu \geqslant a \\ O, & 对\mu < a \end{cases}$.

109 对属于一个特殊的类 (所谓全连续类, 见注 70 中的文献) 的两个埃尔米特算子 A, B, 特普利茨证明了一个定理 (见注 33 中的文献), 由之可得到以上结果. 即完全标准正交系的存在性来自公共本征函数 A, B. 作者证明了对任意 A, B 或 $A, B, C, \cdots$ 的一个一般定理 (见注 94).

对这种情形给出证明, 对一般情况, 我们只能给出几个导引性的评论.

因此, 设 $A, B, C, \cdots$ 是有纯离散谱的有限个埃尔米特算子. 若 λ 是任意数, 则称 $Af = \lambda f$ 的所有解张成的闭线性流形为 $\mathfrak{L}_\lambda$, 其投影算子为 E_λ. 当且仅当非零解 $f \neq 0$ 存在时, λ 是 A 的一个离散本征值, 从而 $\mathfrak{L}_\lambda \neq (O)$, 即 $E_\lambda \neq O$. 相应地, 我们对 B 有 $\mathcal{M}_\lambda, F_\lambda$, 对 C 有 $\mathcal{N}_\lambda, G_\lambda$, 等等. 由 $Af = \lambda f$ 可知 $ABf = BAf = B(\lambda f) = \lambda(Bf)$; 即与 f 一起, Bf 也属于 $\mathfrak{L}_\lambda$. 因为 $E_\lambda f$ 恒属于 $\mathfrak{L}_\lambda$, $BE_\lambda f$ 亦然, 因此, $E_\lambda BE_\lambda f = BE_\lambda f$. 等同地有 $E_\lambda BE_\lambda = BE_\lambda$ 成立. $*$ 式的应用导致 $E_\lambda BE_\lambda = E_\lambda B$, 因此 $E_\lambda B = BE_\lambda$. 正如我们刚才由 A, B 的可易性导出 B, E_λ 的可易性, 由 B, E_λ 的可易性同样可以得到 E_λ, F_μ 的可易性. 由于 A, B 与 $A, B, C, \cdots$ 中的其他并无区别, 我们可以说所有 $E_\lambda, F_\mu, G_\nu, \cdots$ 彼此可易. 因此, $K(\lambda\mu\nu\cdots) = E_\lambda F_\mu G_\nu, \cdots$ 是一个投影算子, 称其闭线性流形为 $\mathcal{K}(\lambda\mu\nu\cdots)$. 根据**定理 14**(2.4 节), $\mathcal{K}(\lambda\mu\nu\cdots)$ 是 $\mathcal{L}_\lambda, \mathcal{M}_\mu, \mathcal{N}_\nu, \cdots$ 之交, 即是公共解

$$Af = \lambda f, Bf = \mu f, Cf = \nu f, \cdots$$

的总体.

设 $\lambda, \mu, \nu, \cdots$ 与 $\lambda', \mu', \nu', \cdots$ 是两组不同的数集, 即 $\lambda \neq \lambda'$ 或 $\mu \neq \mu'$ 或 $\nu \neq \nu', \cdots$. 若 f 属于 $\mathcal{K}(\lambda\mu\nu\cdots)$ 及 f' 属于 $\mathcal{K}(\lambda'\mu'\nu'\cdots)$, 则 f, f' 是正交的; 对 $\lambda \neq \lambda'$, 这是由于 $Af = \lambda f$ 及 $Af' = \lambda f'$; 对 $\mu \neq \mu'$, 这是由于 $Bf = \mu f$ 与 $Bf' = \mu f'$; $\cdots$. 从而, 整个 $\mathcal{K}(\lambda\mu\nu\cdots)$ 正交于整个 $\mathcal{K}(\lambda'\mu'\nu'\cdots)$.

因为 A 有一个纯离散谱, $\mathcal{L}_\lambda$ 张成整个 $\mathcal{R}_\infty$(作为一个闭线性流形). 因此, 一个 $f \neq 0$ 不可能与所有 $\mathcal{L}_\lambda$ 正交, 即至少对一个 $\mathcal{L}_\lambda$, f 在 $\mathcal{L}_\lambda$ 中的投影算子必须非零, 即 $E_\lambda f \neq 0$. 同样, 必定存在一个 μ 使得 $F_\mu f \neq 0$, 且此外, 有一个 ν 使得 $G_\nu f \neq 0$, 等等. 所以, 对每个 $f \neq 0$, 我们可以找到一个 λ 满足 $E_\lambda f \neq 0$, 从而一个 μ 满足 $F_\mu(E_\lambda f) \neq 0$, 然后一个 ν 满足 $G_\nu(F_\mu(E_\lambda f)) \neq 0$, 等等. 故最终有 $\cdots G_\nu F_\mu E_\lambda f \neq 0$, $E_\lambda F_\mu G_\nu \cdots f \neq 0$, $K(\lambda\mu\nu\cdots)f \neq 0$; 即 f 不正交于 $\mathcal{K}(\lambda\mu\nu\cdots)$. 因此, 正交于所有 $\mathcal{K}(\lambda\mu\nu\cdots)$ 的 f 等于 0. 所以, $\mathcal{K}(\lambda\mu\nu\cdots)$ 一起张成整个 $\mathcal{R}_\infty$ 作为一个闭线性流形.

兹设 $\varphi^{(1)}_{\lambda\mu\nu\cdots}, \varphi^{(2)}_{\lambda\mu\nu\cdots}, \cdots$ 是一个标准正交系, 它张成线性流形 $\mathcal{K}(\lambda\mu\nu\cdots)$ (这个序列可以终止, 也可以不终止, 这取决于 $\mathcal{K}(\lambda\mu\nu\cdots)$ 的维数是有限的还是无限的. 另一方面, 若 $\mathcal{K}(\lambda\mu\nu\cdots) = 0$, 则它包含 0 项). 每个 $\varphi^{(n)}_{\lambda\mu\nu\cdots}$ 属于一个 $\mathcal{K}(\lambda\mu\nu\cdots)$, 且因此是所有 $A, B, C, \cdots$ 的一个本征函数. 两个不同的这样的 $\varphi^{(n)}_{\lambda\mu\nu\cdots}$ 总是彼此正交的: 若它们有相同的 $\lambda, \mu, \nu, \cdots$ 指标系, 则根据其定义必定如此, 若它们有不同的 $\lambda, \mu, \nu, \cdots$ 指标系, 则它们属于不同的 $\mathcal{K}(\lambda\mu\nu\cdots)$. 所有 $\varphi^{(n)}_{\lambda\mu\nu\cdots}$ 的集合, 如同所有 $\mathcal{K}(\lambda\mu\nu\cdots)$ 一样, 张成同一个线性流形 $\mathcal{R}_\infty$. 因此 $\varphi^{(n)}_{\lambda\mu\nu\cdots}$ 构成一个完全标准正交系.

于是由公共本征函数 $A, B, C, \cdots$ 生成了一个完全标准正交系. 我们从现在起称之为 $\psi_1, \psi_2, \cdots$, 并写出对应的本征值方程为

$$A\psi_m = \lambda_m\psi_m, \quad B\psi_m = \mu_m\psi_m, \quad C\psi_m = \nu_m\psi_m, \quad \cdots.$$

兹取成对不同数字 $\kappa_1, \kappa_2, \kappa_3, \cdots$ 的任意集合, 构成一个有纯离散谱 $\kappa_1, \kappa_2, \cdots$ 及对应本征函数 $\psi_1, \psi_2, \cdots$ 的埃尔米特算子 R [110]. 即

$$R\left(\sum_{m=1}^{\infty} x_m\psi_m\right) = \sum_{m=1}^{\infty} x_m\kappa_m\psi_m.$$

兹设 $F(\kappa)$ 是一个定义在 $-\infty < \kappa < +\infty$ 中的函数, 满足 $F(\kappa_m) = \lambda_m (m = 1, 2, \cdots)$(在所有其他点 $\kappa, F(\kappa)$ 可以是任意的). 类似地, 设 $G(\kappa)$ 是使得 $G(\kappa_m) = \mu_m$ 的一个函数, $H(\kappa)$ 是使得 $H(\kappa_m) = \nu_m$ 的一个函数, 等等. 我们想要证明

$$A = F(R), \quad B = G(R), \quad C = H(R), \cdots.$$

为此, 我们必须证明, 若 R 有本征函数 $\psi_1, \psi_2, \cdots$ 的纯离散谱 $\kappa_1, \kappa_2, \cdots$, 则 $F(R)$ 有同样的本征函数 $\psi_1, \psi_2, \cdots$ 的纯离散谱 $F(\kappa_1), F(\kappa_2), \cdots$. 但因为它们也构成一个完全标准正交系, 故只需证明 $F(R)\psi_m = F(\kappa_m)\cdot\psi_m$ 即可.

设 $E(\lambda) = \sum_{\kappa_m \leqslant \lambda} P_{[\psi_m]}$(按照 2.8 节) 是属于 R 的单位分解. 则如我们所知, 用符号表示

$$R = \int \lambda dE(\lambda),$$

以及按定义有

$$F(R) = \int F(\lambda)\, dE(\lambda).$$

此外,

---

110 选择有界的 $\kappa_1, \kappa_2, \kappa_3, \cdots\left(\text{如 } \kappa_m = \dfrac{1}{m}\right)$, 使得 R 是连续的. 事实上, 由 R 的连续性, 即由 $\|Rf\| \leqslant C\cdot\|f\|$ 立即可以得到

$$\|R\psi_m\| = \|\kappa_m\psi_m\| = |\kappa_m| \leqslant C\cdot\|\psi_m\| = C, \quad |\kappa_m| < C.$$

反之, 由 $|\kappa_m| \leqslant C(m = 1, 2, \cdots)$ 可以得到

$$\|Rf\|^2 = \left\|R\left(\sum_{m=1}^{\infty} x_m\psi_m\right)\right\|^2 = \left\|\sum_{m=1}^{\infty} x_m\kappa_m\psi_m\right\|^2 = \sum_{m=1}^{\infty} |x_m|^2 |\kappa_m|^2,$$

$$\|f\|^2 = \left\|\sum_{m=1}^{\infty} x_m\psi_m\right\|^2 = \sum_{m=1}^{\infty} |x_m|^2.$$

因此, $\|Rf\|^2 \leqslant C^2\cdot\|f\|^2, \|Rf\| \leqslant C\cdot\|f\|$, 即 R 是连续的.

$$E(\lambda)\psi_m = \begin{cases} \psi_m, & \text{对}\kappa_m \leqslant \lambda, \\ 0, & \text{对}\kappa_m > \lambda. \end{cases}$$

由此得到, 对所有 g,

$$(F(R)\psi_m, g) = \int F(\lambda)\, d(E(\lambda)\psi_m, g) = F(\kappa_m)\cdot(\psi_m, g).$$

因此, $F(R)\psi_m = F(\kappa_m)\cdot\psi_m$ 确实成立.

这样一来, 如我们以前所断言的, 本问题便成为纯离散谱情形. 对于连续谱的情形, 我们不得不满足于注 109 中的文献, 并只讨论一种特殊情况.

设 $\mathcal{R}_\infty$ 是使得 $\iint |f(q_1,q_2)|^2\, dq_1 dq_2$ 有限的所有 $f(q_1,q_2)$ 的空间, 并设单位正方形 $0 \leqslant q_1, q_2 \leqslant 1$ 是其变量的定义域. 我们构成算子 $A = q_1\cdot, B = q_2\cdot$. 它们在这个 q_1, q_2 域是埃尔米特算子 (但对 $-\infty < q_1, q_2 < +\infty$ 不是!), 并且是可易的. 因此, 二者都必定是 R 的函数. 从而, 这个 R 与 A, B 可易, 由此可以得到 (虽然我们不在这里证明), R 有形式 $s(q_1,q_2)$ ($s(q_1,q_2)$ 是一个有界函数). 故 $R^n (n=0,1,2,\cdots)$ 等于 $(s(q_1,q_2))^n\cdots$, 且若 $F(\kappa)$ 是一个多项式, 则 $F(R)$ 等于 $F(s(q_1,q_2))\cdot$. 但这个公式不能推广到所有 $F(\kappa)$, 对此我们也不再详细讨论. 由 $F(R) = A, G(R) = B$ 可知 [111],

$$F(s(q_1,q_2)) = q_1, \quad G(s(q_1,q_2)) = q_2.$$

即互为倒数的映射 $s(q_1,q_2) = \kappa$ 与 $F(\kappa) = q_1, G(\kappa) = q_2$ 必定将正方形 $0 \leqslant q_1, q_2 \leqslant 1$ 唯一地映射为 κ 的线性数字集合——这与我们的几何直觉相左.

但基于以前提到的证明, 我们知道这是可能的 —— 且事实上, 所希望类型的映射可借助所谓的佩亚诺 (Peano) 曲线实现 [112]. 注 109 中给出的更严格的证明实际上说明, 这种情形确实形成了佩亚诺曲线或与之密切相关的构造.

2.11 迹

这里将定义算子的几个重要不变量.

在 $\mathcal{R}_n$ 中, 矩阵 $\{a_{\mu\nu}\}$ 的迹 $\sum_{\mu=1}^n a_{\mu\mu}$ 是一个不变量. 它是酉不变的, 即当我们

111 在勒贝格测度为 0 的一个 q_1, q_2 集合上可以出现例外.

112 例如, 见注 45 中的文献.

将 $\{a_{\mu\nu}\}$ 变换到另一个 (笛卡儿) 坐标系时, 迹不改变 [113]. 但若我们把矩阵 $\{a_{\mu\nu}\}$ 用对应的算子

$$A\{x_1,\cdots,x_n\}=\{y_1,\cdots,y_n\},\quad y_\mu=\sum_{\nu=1}^{n}a_{\mu\nu}x_\nu$$

替代, 则 $a_{\mu\nu}$ 借助 A 表达如下:

$$\varphi_1=\{1,0,\cdots,0\},$$

$$\varphi_2=\{0,1,\cdots,0\},$$

$$\vdots$$

$$\varphi_n=\{0,0,\cdots,1\},$$

它构成了一个完全标准正交系, 且显然 $a_{\mu\nu}=(A\varphi_\nu,\varphi_\mu)$ (见 2.5 节, 特别是注 60). 因此, 迹是 $\sum_{\mu=1}^{\infty}(A\varphi_\mu,\varphi_\mu)$, 且其酉不变性表示其值对每个完全标准正交系相同.

我们可以立即考虑这个概念在 $\mathcal{R}_\infty$ 中的类同者. 设 A 是一个线性算子. 取使得所有 $A\varphi_\mu$ 有定义的一个完全标准正交系 $\varphi_1,\varphi_2,\cdots$, (这肯定是可能的, 若 A 的定义域处处稠密 —— 由 2.2 节**定理 8**, 只要正交化其中一个稠密序列 $f_1,f_2,\cdots$ 即可) 记

$$\operatorname{Tr}A=\sum_{\mu=1}^{\infty}(A\varphi_\mu,\varphi_\mu)$$

---

113 $\{a_{\mu\nu}\}$ 指变换 (即实施变换的算子)

$$\eta_\mu=\sum_{\nu=1}^{n}a_{\mu\nu}\xi_\nu\quad(\mu=1,\cdots,n),$$

(见 2.7 节中的推导). 若我们用

$$\xi_\mu=\sum_{\nu=1}^{n}x_{\nu\mu}\mathfrak{x}_\nu,\quad \eta_\mu=\sum_{\nu=1}^{n}x_{\nu\mu}\mathfrak{y}_\nu\quad(\mu=1,\cdots,n)$$

作变换, 则我们得到

$$\mathfrak{y}_\nu=\sum_{\nu=1}^{n}\mathfrak{a}_{\mu\nu}\mathfrak{x}_\nu\quad(\mu=1,\cdots,n),$$

连同

$$\mathfrak{a}_{\mu\nu}=\sum_{\varrho,\sigma=1}^{n}a_{\varrho\sigma}\overline{x}_{\mu\varrho}x_{\nu\sigma}\quad(\mu,\nu=1,\cdots,n),$$

$\{\mathfrak{a}_{\mu\nu}\}$ 是变换矩阵. 显然

$$\sum_{\mu=1}^{n}\mathfrak{a}_{\mu\mu}=\sum_{\mu,\varrho,\sigma=1}^{n}a_{\varrho\sigma}\overline{x}_{\mu\varrho}x_{\mu\sigma}=\sum_{\varrho,\sigma=1}^{n}a_{\varrho\sigma}\left(\sum_{\mu=1}^{n}\overline{x}_{\mu\varrho}x_{\mu\sigma}\right)=\sum_{\varrho=1}^{n}a_{\varrho\varrho},$$

即迹是不变的.

这里, TrA 表示 A 的迹. 我们必须证明, 迹确实只依赖于 A(不依赖于 φ_μ!).

为此, 兹引入两个完全标准正交系 $\varphi_1, \varphi_2, \cdots$ 与 $\psi_1, \psi_2, \cdots$, 并记

$$\mathrm{Tr}(A;\varphi,\psi)=\sum_{\mu,\nu=1}^{\infty}(A\varphi_\mu,\psi_\nu)(\psi_\nu,\varphi_\mu)$$

由 2.2 节**定理 7**γ 可知, 它等于 $\sum_{\mu=1}^{\infty}(A\varphi_\mu,\varphi_\mu)$, 故左边只是貌似依赖于 ψ_ν. 此外,

$$\begin{aligned}\sum_{\mu,\nu=1}^{\infty}(A\varphi_\mu,\psi_\nu)(\psi_\nu,\varphi_\mu)&=\sum_{\mu,\nu=1}^{\infty}(\varphi_\mu,A^*\psi_\nu)(\psi_\nu,\varphi_\mu)\\&=\sum_{\mu,\nu=1}^{\infty}\overline{(A^*\psi_\nu,\varphi_\mu)(\varphi_\mu,\psi_\nu)},\end{aligned}$$

即, $\mathrm{Tr}\,(A;\varphi,\psi)=\overline{\mathrm{Tr}(A^*;\psi,\varphi)}$. 根据以上, 右边只是貌似依赖于 φ_μ, 左边也同样如此, 故它们对 φ_μ 与 ψ_ν 的依赖性只是表面上的. 因此, 迹只依赖于 A. 从而, 可以将 $\mathrm{Tr}\,(A;\varphi,\psi)$ 写成 $\mathrm{Tr}\,A$. 因为它等于 $\sum_{\mu,\nu=1}^{\infty}(A\varphi_\mu,\varphi_\mu)$, 这就得到了想要的不变性证明. 并且由最后一个方程可知, $\mathrm{Tr}A=\overline{\mathrm{Tr}A^*}$.

关系式

$$\mathrm{Tr}\,(aA)=a\mathrm{Tr}A,\quad \mathrm{Tr}\,(A\pm B)=\mathrm{Tr}A\pm\mathrm{Tr}B$$

显然成立. 此外

$$\mathrm{Tr}\,(AB)=\mathrm{Tr}\,(BA)$$

成立, 甚至对不可易的 A, B 也是如此. 这可以证明如下:

$$\begin{aligned}\mathrm{Tr}\,(AB)&=\sum_{\mu=1}^{\infty}(AB\varphi_\mu,\varphi_\mu)=\sum_{\mu=1}^{\infty}(B\varphi_\mu,A^*\varphi_\mu)\\&=\sum_{\mu,\nu=1}^{\infty}(B\varphi_\mu,\psi_\nu)(\psi_\nu,A^*\varphi_\mu)=\sum_{\mu,\nu=1}^{\infty}(B\varphi_\mu,\psi_\nu)(A\psi_\nu,\varphi_\mu),\end{aligned}$$

其中, $\varphi_1, \varphi_2, \cdots$ 与 $\psi_1, \psi_2, \cdots$ 可以是两个任意的完全标准正交系. 这个表达式的对称性通过同时交换 A, B 与 φ, ψ 明显可见. 由此可知对埃尔米特算子 A, B,

$$\begin{aligned}\mathrm{Tr}\,(AB)&=\overline{\mathrm{Tr}[(AB)^*]}=\overline{\mathrm{Tr}(B^*A^*)}\\&=\overline{\mathrm{Tr}(BA)}=\overline{\mathrm{Tr}\,(AB)},\end{aligned}$$

因此, $\mathrm{Tr}\,(AB)$ 是实数 (且 $\mathrm{Tr}A, \mathrm{Tr}B$ 当然也是实数).

若 $\mathcal{M}$ 是一个闭线性流形, E 是它的投影算子, 则 TrE 可确定如下: 设 $\psi_1, \cdots, \psi_k$ 是一个标准正交系, 它张成闭线性流形 $\mathcal{M}$, 而 $\chi_1, \cdots, \chi_l$ 张成闭线性流形 $\mathcal{R}_\infty-\mathcal{M}$

(当然 k 或 l 或二者必须是无穷的)—— 于是, $\psi_1, \cdots, \psi_k, \chi_1, \cdots, \chi_l$ 一起张成 $\mathcal{R}_\infty$; 即它们形成一个完全标准正交系 (2.2 节**定理 7**α). 所以

$$\begin{aligned}\mathrm{Tr}E &= \sum_{\mu=1}^{k} (E\psi_\mu, \psi_\mu) + \sum_{\mu=1}^{l} (E\chi_\mu, \chi_\mu) \\ &= \sum_{\mu=1}^{k} (\psi_\mu, \psi_\mu) + \sum_{\mu=1}^{l} (0, \chi_\mu) = \sum_{\mu=1}^{k} 1 = k,\end{aligned}$$

即 $\mathrm{Tr}E$ 是 $\mathcal{M}$ 的维数.

若 A 是定号的, 则所有 $(A\varphi_\mu, \varphi_\mu) \geqslant 0$, 因此 $\mathrm{Tr}A \geqslant 0$. 若在这种情况下 $\mathrm{Tr}A = 0$, 则所有 $(A\varphi_\mu, \varphi_\mu)$ 必须为零, 因此 $A\varphi_\mu = 0$ (2.5 节**定理 19**). 若 $\|\varphi\| = 1$, 则我们可以找到一个完全标准正交系 $\varphi_1, \varphi_2, \cdots$ 其中 $\varphi_1 = \varphi$ (事实上, 设 $f_1, f_2, \cdots$ 处处稠密. 则我们可以正交化 $\varphi, f_1, f_2, \cdots$—— 见 2.2 节**定理 7**的证明 —— 这表示我们确立了一个起始元是 φ 的完全标准正交系). 因此, $A\varphi = 0$. 若 f 是任意的, 则当 $f = 0$ 时, 显然有 $Af = 0$, 而对 $f \neq 0$, 记 $\varphi = \frac{1}{\|f\|} f$, 根据上面的讨论得到 $Af = 0$. 于是, $\mathrm{Tr}A = 0$ 导致 $A = O$. 因此, 结论是: 若 A 是定号的, 则 $\mathrm{Tr}A > 0$.

前面关于迹的简单扼要的讨论, 在数学处理上是不严格的. 例如, 我们考虑了级数 $\sum_{\mu,\nu=1}^{\infty} (A\varphi_\mu, \psi_\nu)(\psi_\nu, \varphi_\mu)$ 与 $\sum_{\mu=1}^{\infty} (A\varphi_\mu, \varphi_\mu)$, 但并未检验它们的收敛性, 且我们还把它们中的一个变换得到另一个. 简而言之, 一切都已做了, 但不知道这种做法在数学上是否正确. 事实上, 这种类型的疏忽在当前的理论物理学中比比皆是, 目前的处理实际上不会在量子力学的应用中产生灾难性的后果. 虽然如此, 必须理解, 到现在为止我们还是比较随意的.

正因为如此, 更重要的是指出, 在量子力学的基本统计结论中, 迹只应用于 AB 形式的算子, 这里 A, B 都是定号的 —— 且这个概念可以完全严格地确立. 因此在本节的余下部分, 我们将把关于迹的那些事实汇总在一起, 它们可以用绝对严格的数学来证明.

我们首先考虑 A^*A 的迹 (A 任意, A^*A 由 2.4 节可知是埃尔米特算子, 且因为 $(A^*Af, f) = (Af, Af) \geqslant 0$, 它是定号的). 于是

$$\mathrm{Tr}\,(A^*A) = \sum_{\mu=1}^{\infty} (A^*A\varphi_\mu, \varphi_\mu) = \sum_{\mu=1}^{\infty} (A\varphi_\mu, A\varphi_\mu) = \sum_{\mu=1}^{\infty} \|A\varphi_\mu\|^2 .$$

因为这个级数中的所有项都 $\geqslant 0$, 该级数或收敛, 或发散到 $+\infty$, 因此在任何情况下都是有定义的. 不依赖于前面的讨论, 我们要证明, 其和不依赖于 $\varphi_1, \varphi_2, \cdots$ 的选

择. 在这种情况下, 因为只出现各项 $\geqslant 0$ 的级数, 因此, 一切都有定义, 所有重新求和都是许可的.

设 $\varphi_1,\varphi_2,\cdots$ 与 $\psi_1,\psi_2,\cdots$ 是两个完全标准正交系. 我们定义

$$\Sigma\left(A;\varphi_\mu,\psi_\nu\right)=\sum_{\mu,\nu=1}^{\infty}\left|(A\varphi_\mu,\psi_\nu)\right|^2 .$$

由 2.2 节**定理 7**$\boldsymbol{\gamma}$, 这等于$\sum_{\mu=1}^{\infty}|A\varphi_\mu|^2$, 即 $\Sigma\left(A;\varphi_\mu,\psi_\nu\right)$ 显然只在表面上依赖于 ψ_ν. 此外 (认为 $A\varphi_\mu$ 与 $A^*\psi_\nu$ 有定义),

$$\begin{aligned}\Sigma\left(A;\varphi_\mu,\psi_\nu\right)&=\sum_{\mu,\nu=1}^{\infty}\left|(A\varphi_\mu,\psi_\nu)\right|^2=\sum_{\mu,\nu=1}^{\infty}\left|(\varphi_\mu,A^*\psi_\nu)\right|^2\\&=\sum_{\mu,\nu=1}^{\infty}\left|(A^*\psi_\nu,\varphi_\mu)\right|^2=\Sigma\left(A^*;\psi_\nu,\varphi_\mu\right).\end{aligned}$$

因此, 对 φ_μ 的依赖性也只是表面上的, 因为这是公式右边的情况. 因此, $\Sigma(A;\varphi_\mu,\psi_\nu)$ 一般说来只依赖于 A, 我们可以称见到的为 $\Sigma(A)$. 由以上的证明,

$$\Sigma(A)=\sum_{\mu=1}^{\infty}\|A\varphi_\mu\|^2=\sum_{\mu,\nu=1}^{\infty}\left|(A\varphi_\mu,\psi_\nu)\right|^2,$$

且 $\Sigma(A)=\Sigma(A^*)$. 因此, $\mathrm{Tr}(A^*A)$ 正确地被重新定义为 $\Sigma(A)$.

下面, 我们独立地证明 $\Sigma(A)$ 的若干性质, 它们也可从以前定义的 $\mathrm{Tr}A$ 的一般性质推导出来.

由定义可以一般地得到 $\Sigma(A)\geqslant 0$；且对 $\Sigma(A)=0$, 必须有所有 $A\varphi_\mu=0$, 由此如前一样得到 $A=O$. 也就是, 对 $A\neq O$, $\Sigma(A)>0$.

显然, $\Sigma(aA)=|a|^2\Sigma(A)$. 若 $A^*B=O$, 则

$$\begin{aligned}\|(A+B)\varphi_\mu\|^2-\|A\varphi_\mu\|^2-\|B\varphi_\mu\|^2&=(A\varphi_\mu,B\varphi_\mu)+(B\varphi_\mu,A\varphi_\mu)\\&=2\mathrm{Re}(A\varphi_\mu,B\varphi_\mu)\\&=2\mathrm{Re}(\varphi_\mu,A^*B\varphi_\mu)=0,\end{aligned}$$

因此, 求和 $\sum_{\mu=1}^{+\infty}$ 后得到,

$$\Sigma(A+B)=\Sigma(A)+\Sigma(B).$$

该关系在交换 A,B 时不变. 因此, 对 $B^*A=O$ 也成立. 此外, 我们可以在其中把 A,B 用 A^*,B^* 替换, 则 $AB^*=O$ 或 $BA^*=O$ 同样是充分的. 对埃尔米特算子 A(或 B), 我们由此可以写出 $AB=O$ 或 $BA=O$.

若 E 投影到闭线性流形 $\mathcal{M}$, 则对在确定 $\mathrm{Tr}E$ 中考虑的 $\psi_1,\cdots,\psi_k$, $\chi_1,\cdots,\chi_l$, 我们有

$$\begin{aligned}\Sigma(E) &= \sum_{\mu=1}^{k}\left\|E\psi_\mu\right\|^2+\sum_{\mu=1}^{l}\left\|Ex_\mu\right\|^2\\ &= \sum_{\mu=1}^{k}\left\|\psi_\mu\right\|^2+\sum_{\mu=1}^{l}\left\|0\right\|^2\\ &= \sum_{\mu=1}^{k}1+0=k.\end{aligned}$$

故 $\Sigma(E)$ 也是 $\mathcal{M}$ 的维数 (因为 $E^*E=EE^*=E$, 这正是我们期待的).

对两个定号 (埃尔米特) 算子 A,B, $\mathrm{Tr}(AB)$ 可约化为 Σ. 也就是, 存在同一类别的两个算子 A',B' 满足 $A'^2=A,B'^2=B$ [114]—— 记之为 $\sqrt{A},\sqrt{B}$. 我们得到以下形式上的关系:

$$\begin{aligned}\mathrm{Tr}(AB) &= \mathrm{Tr}\left(\sqrt{A}\sqrt{A}\sqrt{B}\cdot\sqrt{B}\right)=\mathrm{Tr}\left(\sqrt{B}\cdot\sqrt{A}\sqrt{A}\sqrt{B}\right)\\ &= \mathrm{Tr}\left((\sqrt{A}\sqrt{B})^*(\sqrt{A}\sqrt{B})\right)=\Sigma(\sqrt{A}\sqrt{B})\end{aligned}$$

这个 $\Sigma(\sqrt{A}\sqrt{B})$ 因为其自身的定义, 无须考虑与迹之间的关系, 于是便具有人们对 $\mathrm{Tr}(AB)$ 期待的所有性质, 即

114 精确的命题如下: 若 A 是超极大定号算子, 则存在且仅存在一个与之同类型的算子 A' 满足 $A'^2=A$. 我们证明其存在性. 设 $A=\int_{-\infty}^{+\infty}\lambda dE(\lambda)$ 是 A 的本征值表示. 因为 A 是定号的, 则 $E(\lambda)$ 对 $\lambda<0$ 是常数 (且由 $\overline{S}_1$, 它等于 0). 因为否则, 对适当的 $\lambda_1<\lambda_2<0$, $E(\lambda_2)-E(\lambda_1)\neq 0$. 因此, 可由 $(E(\lambda_2)-E(\lambda_1))f=f$ 选择一个 $f\neq 0$. 但如我们以前多次推导的, 由此可知,

$$E(\lambda)f=\begin{cases}f, & 对\lambda\geqslant\lambda_2,\\ 0, & 对\lambda\leqslant\lambda_1,\end{cases}.$$

因此

$$\begin{aligned}(Af,f) &= \int_{-\infty}^{+\infty}\lambda d(E(\lambda)f,f)=\int_{\lambda_1}^{\lambda_2}\lambda d(E(\lambda)f,f)\\ &\leqslant \int_{\lambda_1}^{\lambda_2}\lambda_2 d(E(\lambda)f,f)\\ &= \lambda_2((E(\lambda_2)-E(\lambda_1))f,f)=\lambda_2(f,f)<0.\end{aligned}$$

所以

$$A=\int_{-\infty}^{+\infty}\lambda dE(\lambda)=\int_{0}^{+\infty}\lambda dE(\lambda)=\int_{0}^{+\infty}\mu^2 dE(\mu^2),$$

且 $A'=\int_0^{+\infty}\mu^2 dE(\mu^2)$ 导出所需的结果. 注意到我们从定号性导出对 $\lambda<0$有$E(\lambda)=O$, 且因为定号性清楚地由之而来, 整个谱 $\geqslant 0$ 是定号性的特征.

$$\Sigma(\sqrt{A}\sqrt{B})=\Sigma(\sqrt{B}\sqrt{A}),$$

$$\Sigma(\sqrt{A}\sqrt{B+C})=\Sigma(\sqrt{A}\sqrt{B})+\Sigma\left(\sqrt{A}\sqrt{C}\right),$$

$$\Sigma(\sqrt{A+B}\sqrt{C})=\Sigma(\sqrt{A}\sqrt{C})+\Sigma(\sqrt{B}\sqrt{C}).$$

第一条性质由 $\Sigma(\sqrt{X}\sqrt{Y})$ 关于 X,Y 的对称性

$$\Sigma(XY)=\sum_{\mu,\nu=1}^{\infty}\left|(XY\varphi_\mu,\psi_\nu)\right|^2=\sum_{\mu,\nu=1}^{\infty}\left|(Y\varphi_\mu,X\psi_\nu)\right|^2$$

导出．因为第一条性质成立, 第二条性质可以由第三条性质导出. 因此, 我们只需要证明第三条性质, 即 $\Sigma(\sqrt{A}\sqrt{B})$ 在 A 中是可加的. 但若将 $\Sigma(\sqrt{A}\sqrt{B})$ 改写为

$$\Sigma(\sqrt{A}\sqrt{B})=\sum_{\mu=1}^{\infty}\left\|\sqrt{A}\sqrt{B}\varphi_\mu\right\|^2=\sum_{\mu=1}^{\infty}(\sqrt{A}\sqrt{B}\varphi_\mu,\sqrt{A}\sqrt{B}\varphi_\mu)$$

$$=\sum_{\mu=1}^{\infty}(\sqrt{A}\cdot\sqrt{A}\sqrt{B}\varphi_\mu,\sqrt{B}\varphi_\mu)=\sum_{\mu=1}^{\infty}(A\sqrt{B}\varphi_\mu,\sqrt{B}\varphi_\mu),$$

这一点立即可见. 用上述方法, 我们已经在想要的程度上, 为迹的概念建立了严格的数学基础.

此外, 由最后一个公式还可以得到以下结论：若 A,B 是定号的, 则 $AB=O$ 因 $\mathrm{Tr}\,(AB)=0$ 而得到. 因为后者表示 $\Sigma(\sqrt{A}\sqrt{B})=0$, 且因此, $\sqrt{A}\sqrt{B}=O$(见 102 页的讨论, 以及前面关于 Σ 给出的考虑). 因此 $AB=\sqrt{A}\cdot\sqrt{A}\sqrt{B}\cdot\sqrt{B}=O$.

对定号的埃尔米特算子 A, 对迹所作的计算即使在其原始形式上也是正确的. 事实上, 设 $\varphi_1,\varphi_2,\cdots$ 是一个完全标准正交系. 则 $\sum_{\mu=1}^{\infty}(A\varphi_\mu,\varphi_\mu)$(这个和应当定义了迹) 是全部非负项的和, 因此它或收敛或发散到 $+\infty$. 可能有两种情况：或者对于每个 $\varphi_1,\varphi_2,\cdots$ 的选择, 这个和是无穷的, 且因此迹的定义事实上不依赖于 $\varphi_1,\varphi_2,\cdots$ 并等于 $+\infty$, 或者, 这个和至少对 $\varphi_1,\varphi_2,\cdots$ 的一种选择, 如 $\overline{\varphi}_1,\overline{\varphi}_2,\cdots$ 是有限的, 于是, 由于

$$\left(\sum_{\mu=1}^{\infty}(A\overline{\varphi}_\mu,\overline{\varphi}_\mu)\right)^2=\sum_{\mu,\nu=1}^{\infty}(A\overline{\varphi}_\mu,\overline{\varphi}_\mu)(A\overline{\varphi}_\nu,\overline{\varphi}_\nu)$$

$$\geqslant\sum_{\mu,\nu=1}^{\infty}\left|(A\overline{\varphi}_\mu,\overline{\varphi}_\nu)\right|^2=\Sigma(A),$$

$\Sigma(A)$ 也是有限的, 例如, 等于某个 C^2. 若 $\varphi_1,\varphi_2,\cdots$ 是任意完全标准正交系, 则

$$\Sigma(A)=\sum_{\mu=1}^{\infty}\|A\psi_\mu\|^2=C^2,\quad\|A\psi_1\|^2\leqslant C^2,\quad\|A\psi_1\|\leqslant C.$$

因为每个满足 $\|\psi\|=1$ 的 ψ 都可以被选为这样一种系统的 ψ_1，由 $\|\psi\|=1$ 可知 $\|A\psi\|\leqslant C$，一般地有 $\|Af\|\leqslant C\cdot\|f\|$：对 $f=0$ 这是显然的，而对 $f\neq 0$，设 $\psi=\dfrac{1}{\|f\|}\cdot f$ 就足够了. 所以 A 满足 2.9 节中的条件 **Co**，因此它是一个连续算子. 实际上还有更多结果成立.

因为 $\Sigma(A)$ 的有限性，A 属于所谓的全连续算子类. 希尔伯特证明，这样一种算子的本征值问题在其原始形式是可解的，即存在满足 $A\psi_\mu=\lambda_\mu\psi_\mu$ 的完全标准正交系 $\psi_1,\psi_2,\cdots$ (且对 $\mu\to\infty,\lambda_\mu\to 0$)[115]. 因为算子的定号性，$\lambda_\mu=(A\psi_\mu,\psi_\mu)\geqslant 0$，而且

$$\sum_{\mu=1}^{\infty}\lambda_\mu^2=\sum_{\mu=1}^{\infty}\|A\psi_\mu\|^2=\Sigma(A)=C^2.$$

115 见注 64 中的文献. 一个直接的证明如下：

设

$$\lambda_0<\lambda_1<\cdots<\lambda_n:\begin{cases}\text{全部}\geqslant+\varepsilon\text{或}\leqslant-\varepsilon,\\ E(\lambda_0)\neq E(\lambda_1)\neq\cdots\neq E(\lambda_n),\end{cases}$$

则 $E(\lambda_\nu)-E(\lambda_{\nu-1})\neq 0$，因此可以选择 $\varphi_\nu\neq 0$ 及 $(E(\lambda_\nu)-E(\lambda_{\nu-1}))\varphi_\nu=\varphi_\nu$. 由此得到

$$E(\lambda)\varphi=\begin{cases}\varphi_\nu, & \text{对}\lambda\geqslant\lambda_\nu,\\ 0, & \text{对}\lambda\leqslant\lambda_{\nu-1},\end{cases}$$

且我们甚至可以使得 $\|\varphi_\nu\|=1$. 由以上有，$\mu\neq\nu\,(\varphi_\mu,\varphi_\nu)=0$. 因此 $\varphi_1,\cdots,\varphi_n$ 构成一个正交系，且我们可以把它扩张为一个完全系：$\varphi_1,\cdots,\varphi_n,\varphi_{n+1},\cdots$. 我们有

$$\begin{aligned}\|A\varphi_\nu\|^2=\int_{-\infty}^{+\infty}\lambda^2 d\|E(\lambda)\varphi_\nu\|^2&=\int_{\lambda_{\nu-1}}^{\lambda_\nu}\lambda^2 d\|E(\lambda)\varphi_\nu\|^2\\ &\geqslant\int_{\lambda_{\nu-1}}^{\lambda_\nu}\varepsilon^2 d\|E(\lambda)\varphi_\nu\|^2\\ &=\varepsilon^2\left(\|E(\lambda_\nu)\varphi_\nu\|^2-\|E(\lambda_{\nu-1})\varphi_\nu\|^2\right)\\ &=\varepsilon^2\|\varphi_\nu\|^2=\varepsilon^2\quad(\nu=1,\cdots,n),\end{aligned}$$

且因此

$$\sum_{\mu=1}^{\infty}\|A\varphi_\mu\|^2\begin{cases}\geqslant\sum_{\mu=1}^{n}\|A\varphi_\mu\|^2\geqslant n\varepsilon^2,\\ =\sum(A)=C^2,\end{cases}$$

即 $n\leqslant\dfrac{C^2}{\varepsilon^2}$. 于是对 $|\lambda|\geqslant\varepsilon$，$E(\lambda)$ 一般只能取 $\leqslant 2\cdot\dfrac{C^2}{\varepsilon^2}$ 个不同的值. 所以它只可能在有限个位置变化，剩余部分由定常区间补足. 也就是，对 $|\lambda|\geqslant\varepsilon$ 只有一个离散谱存在. 因为这对所有 $\varepsilon>0$ 成立，一般说来只出现纯离散谱.

若 $\varphi_1, \varphi_2, \cdots$ 是任意完全标准正交系, 则

$$\begin{aligned}\sum_{\mu=1}^{\infty}(A\varphi_\mu,\varphi_\mu) &= \sum_{\mu=1}^{\infty}\left(\sum_{\nu=1}^{\infty}(A\varphi_\mu,\psi_\nu)(\psi_\nu,\varphi_\mu)\right)\\ &= \sum_{\mu=1}^{\infty}\left(\sum_{\nu=1}^{\infty}(\varphi_\mu,A\psi_\nu)(\psi_\nu,\varphi_\mu)\right)\\ &= \sum_{\mu=1}^{\infty}\left(\sum_{\nu=1}^{\infty}\lambda_\nu(\varphi_\mu,\psi_\nu)(\psi_\nu,\varphi_\mu)\right) = \sum_{\mu=1}^{\infty}\left(\sum_{\nu=1}^{\infty}\lambda_\mu|(\varphi_\mu,\psi_\nu)|^2\right).\end{aligned}$$

因为所有的项都 $\geqslant 0$, 我们可以改变求和次序:

$$\begin{aligned}\sum_{\mu=1}^{\infty}(A\varphi_\mu,\varphi_\mu) = \sum_{\mu,\nu=1}^{\infty}\lambda_\nu|(\varphi_\mu,\psi_\nu)|^2 &= \sum_{\nu=1}^{\infty}\lambda_\nu\left(\sum_{\mu=1}^{\infty}|(\varphi_\mu,\psi_\nu)|^2\right)\\ &= \sum_{\nu=1}^{\infty}\lambda_\nu\|\psi_v\|^2 = \sum_{\nu=1}^{\infty}\lambda_\nu.\end{aligned}$$

因此, 在这种情况下, $\sum_{\mu=1}^{\infty}(A\varphi_\mu,\varphi_\mu)$ 又与 $\varphi_1, \varphi_2, \cdots$ 无关, 且实际上等于本征值之和. 由于这个和对 $\overline{\varphi}_1, \overline{\varphi}_2, \cdots$ 是有限的, 因此它总是有限的, 也就是, TrA 又是唯一的, 但这时它也是有限的. 因此, 迹的计算在两种情况下都是合理的.

下面, 我们再讨论关于 TrA 与 $\Sigma(A)$ 的一些估计. 对所有使得 $\Sigma(A)$ 有限的 A, $\|Af\| \leqslant \sqrt{\Sigma(A)}\cdot\|f\|$; 对所有 Tr$A$ 有限且定号的 (埃尔米特算子)A, $\|Af\| \leqslant \operatorname{Tr} A\cdot\|f\|$. 进一步设 A 定号且 Tr$A = 1$, 则对每个满足 $\|\varphi\| = 1$ 的合适的 φ, $\|A\varphi\|^2 \geqslant 1-\varepsilon$ 或 $(A\varphi,\varphi) \geqslant 1-\varepsilon$. 由于 $(A\varphi,\varphi) \leqslant \|A\varphi\|\cdot\|\varphi\| = \|A\varphi\|$ (用 $(1-\varepsilon)^2 \geqslant 1-2\varepsilon$ 替代 $1-\varepsilon$, 因此用 2ε 替代 ε), 只考虑第二种情况即可, 因为由之可导出第一种.

设 ψ 正交于 φ, $\|\psi\| = 1$, 则我们可以找到一个完全标准正交系 $\chi_1, \chi_2, \cdots$, 其中 $\chi_1 = \varphi, \chi_2 = \psi$. 因此,

$$\sum_{\mu=1}^{\infty}\|A\chi_\mu\|^2\begin{cases} = \Sigma(A) \leqslant (\operatorname{Tr} A)^2 = 1,\\ \geqslant \|A\varphi\|^2 + \|A\psi\|^2 \geqslant 1-2\varepsilon + \|A\psi\|^2,\end{cases}$$

$$\|A\psi\|^2 \leqslant 2\varepsilon, \quad \|A\psi\| \leqslant \sqrt{2\varepsilon}.$$

对正交于 φ 的任意 f 有 $\|Af\| \leqslant \sqrt{2\varepsilon}\,\|f\|$(这对 $f=0$ 是显然的, 否则 $\psi = \dfrac{1}{\|f\|}\cdot f$). 若还注意到 $(Af,g) = (f,Ag)$, 又若 f 或 g 正交于 φ, 则有 $|(Af,g)| \leqslant \sqrt{2\varepsilon}\cdot\|f\|\cdot\|g\|$.

设 f, g 是任意的, 并记

$$f = \alpha\varphi + f', \quad g = \beta\varphi + g',$$

其中, f', g' 正交于 φ, 且 $\alpha=(f,\varphi), \beta=(g,\varphi)$. 于是

$$(Af,g)=\alpha\overline{\beta}(A\varphi,\varphi)+\alpha(A\varphi,g')+\overline{\beta}\left(Af',\varphi\right)+\left(Af',g'\right).$$

因此, 若记 $(A\varphi,\varphi)=c$, 则

$$\left|(Af,g)-c\alpha\overline{\beta}\right|\leqslant|\alpha|\cdot|(A\varphi,g')|+|\beta|\cdot\left|(Af',\varphi)\right|+\left|(Af',g')\right|,$$

并按照以上的估计,

$$\begin{aligned}\left|(Af,g)-c\alpha\overline{\beta}\right|&\leqslant\sqrt{2\varepsilon}\left(|\alpha|\cdot\|g'\|+|\beta|\cdot\|f'\|+\|f'\|\cdot\|g'\|\right)\\&\leqslant\sqrt{2\varepsilon}\cdot\left(|\alpha|+\|f'\|\right)\left(|\beta|+\|g'\|\right)\\&\leqslant 2\sqrt{2\varepsilon}\cdot\sqrt{|\alpha|^2+\|f'\|^2}\sqrt{|\beta|^2+\|g'\|^2}\\&=2\sqrt{2\varepsilon}\cdot\|f\|\cdot\|g\|\end{aligned}$$

另一方面,

$$(Af,g)-c\alpha\overline{\beta}=(Af,g)-c(f,\varphi)(\varphi,g)=\left(\left(A-cP_{[\varphi]}\right)f,g\right).$$

于是一般说来, $\left|\left(\left(A-cP_{[\varphi]}\right)f,g\right)\right|\leqslant 2\sqrt{2\varepsilon}\cdot\|f\|\cdot\|g\|$. 因此, 如我们由 2.9 节所知, 也有

$$\left\|\left(A-cP_{[\varphi]}\right)f\right\|\leqslant 2\sqrt{2\varepsilon}\cdot\|f\|.$$

对 $f=\varphi$ 这意味着

$$\|A\varphi-c\varphi\|\leqslant 2\sqrt{2\varepsilon},$$

$$c=\|c\varphi\|\begin{cases}\leqslant\|A\varphi-c\varphi\|+\|A\varphi\|\leqslant 2\sqrt{2\varepsilon}+1,\\\geqslant-\|A\varphi-c\varphi\|+\|A\varphi\|\geqslant-2\sqrt{2\varepsilon}+(1-\varepsilon),\end{cases}$$

$$1-\left(\varepsilon+2\sqrt{2\varepsilon}\right)\leqslant c\leqslant 1+2\sqrt{2\varepsilon}\quad(c=(A\varphi,\varphi)\text{ 是实数并 }\geqslant 0).$$

所以

$$\begin{aligned}\left\|\left(A-P_{[\varphi]}\right)f\right\|&\leqslant\left\|\left(A-cP_{[\varphi]}f\right)\right\|+\left\|(c-1)P_{[\varphi]}f\right\|\\&\leqslant 2\sqrt{2\varepsilon}\cdot\|f\|+\left(\varepsilon+2\sqrt{2\varepsilon}\right)\left\|P_{[\varphi]}f\right\|\\&\leqslant(\varepsilon+4\sqrt{2\varepsilon})\cdot\|f\|\end{aligned}$$

因此, 当 $\varepsilon\to 0$ 时, A 一致地收敛到 $P_{[\varphi]}$.

最后, 在 $\mathcal{R}_\infty$ 的 F_Z与F_Ω 环境下考虑 $\mathrm{Tr}A$ 与 $\mathrm{Tr}B$(见 1.4 节与 2.3 节), 因为物理应用出现在这些情况中.

在 $F_Z\left(\sum_{\mu=1}^{\infty} x_\mu\right.$ 有限的所有 $x_1, x_2, \cdots$ 的集合$\left.\right)$, A 可以用一个矩阵 $\{a_{\mu\nu}\}$ 描述:

$$A\{x_1, x_2, \cdots\} = \{y_1, y_2, \cdots\}, \quad y_\mu = \sum_{\nu=1}^{\infty} a_{\mu\nu} x_\nu.$$

根据完全标准正交系

$$\varphi_1\{1, 0, 0, \cdots\}, \quad \varphi_2\{0, 1, 0, \cdots\}, \quad \cdots,$$

我们有 $A\varphi_\mu = \{a_{1\mu}, a_{2\mu}, \cdots\} = \sum_{\varrho=1}^{\infty} a_{\varrho\mu}\varphi_\varrho$, 因此 $(A\varphi_\mu, \varphi_\mu) = a_{\mu\mu}$ 及 $\|A\varphi_\mu\|^2 = \sum_{\varrho=1}^{\infty} \|a_{\varrho\mu}\|^2$. 从而立即有

$$\mathrm{Tr}A = \sum_{\mu=1}^{\infty} a_{\mu\mu}, \quad \Sigma(A) = \sum_{\mu,\nu=1}^{\infty} |a_{\mu\nu}|^2 .$$

在 F_Ω(使 $\int_\Omega |f(P)|^2 dv$ 有限的所有定义在 Ω 的 $f(P)$ 的集合) 中, 让我们只考虑积分算子

$$Af(P) = \int_\Omega a\left(P, P'\right) f(P)' dv',$$

其中, $a\left(P, P'\right)$ 是定义在 Ω 中的双变量函数, A 的核 (见 1.4 节). 设 $\varphi_1(P), \varphi_2(P), \cdots$ 是任意完全正交系, 则

$$\mathrm{Tr}A = \sum_{\mu=1}^{\infty} (A\varphi_\mu(P), \varphi_\mu(P)) = \sum_{\mu=1}^{\infty} \int_\Omega \left[\int_\Omega a(P, P') f(P') dv'\right] \overline{\varphi_\mu(P)} dv,$$

且因为一般说来 (2.2 节**定理 7β** 应用于 $g(P)$) 有

$$\sum_{\mu=1}^{\infty} \left(\int_\Omega \overline{g(P')}\, \overline{\varphi_\mu(P')} dv'\right) \varphi_\mu(P) = \overline{g(P)},$$

$$\sum_{\mu=1}^{\infty} \left(\int_\Omega g(P) \varphi_\mu(P') dv'\right) \overline{\varphi_\mu(P)} = g(P)$$

成立, 我们有

$$\mathrm{Tr}A = \int_\Omega a(P, P') dv.$$

此外

$$\Sigma(A) = \sum_{\mu=1}^{\infty} \int_\Omega \left|\int_\Omega a(P, P') \varphi_\mu(P') dv'\right|^2 dv,$$

且因此, 鉴于 2.2 节**定理 7**γ,

$$\sum_{\mu=1}^{\infty}\left|\int_{\Omega} g(P')\varphi_{\mu}(P')dv'\right|^2 = \sum_{\mu=1}^{\infty}\left|\int_{\Omega} \overline{g(P')}\ \overline{\varphi_{\mu}(P')}dv'\right|^2$$
$$= \int_{\Omega}\left|\overline{g(P')}\right|^2 dv' = \int_{\Omega}\left|g\left(P'\right)\right|^2 dv',$$

进而有

$$\Sigma(A) = \int_{\Omega}\int_{\Omega}\left|a\left(P,P'\right)\right|^2 dvdv'.$$

我们看到, $\mathrm{Tr}\, A, \Sigma(A)$ 帮助达到了曾在 1.4 节中借助数学上存疑的人为手段追求的目标: 在由 F_Z 向 F_Ω 的转变中, $\int_{\Omega}\cdots dv$ 替代了 $\sum_{\mu=1}^{\infty}\cdots$.

我们以此结束对埃尔米特算子的数学处理. 对数学感兴趣的读者可在与这些论题相关的文献中找到更多资料 [116].

116 除了在前面讨论中提到的论文, 最重要的文献是注 33 中提到的赫林格 (Hellinger) 与特普利茨 (Toeplitz) 的百科全书文章.

第 3 章　量子统计学

3.1　量子力学的统计观

现在回到被第 2 章的数学考虑打断的量子力学理论分析. 那时我们只讨论了量子力学如何使得一个特殊的物理量 —— 能量的所有可能值的确定成为可能. 这些值是能量算子的本征值 (即其谱的数字). 另一方面, 我们未曾提及其他物理量的值, 以及几个量值之间的因果关系或统计关系. 现在应当考虑对这个问题的理论陈述了. 我们将以波动力学描述方法为基础, 因为我们已经建立了两种理论的等价性.

在薛定谔的框架下, 关于系统状态可以说的一切东西, 显然必须由它的波函数 $\varphi(q_1,\cdots,q_k)$ 推导出来 (假定系统有 k 个自由度, 并应用 $q_1,\cdots,q_k$ 作为其构形坐标). 事实上, 这并不使我们局限于系统的定态 (量子轨道, 其中的 φ 是 H 的一个本征函数: $H\varphi=\lambda\varphi$, 见 1.3 节), 但也容许系统的所有其他状态; 即由薛定谔的时间依赖的微分方程 $H\varphi=-\frac{h}{2\pi i}\frac{\partial}{\partial t}\varphi$ (见 1.2 节) 来确定的波函数 φ 的变化. 对于在状态 φ 的系统, 该方程得到了哪些结论呢?

首先, 我们注意到 φ 通过

$$\int_{-\infty}^{+\infty}\cdots\int_{-\infty}^{+\infty}|\varphi(q_1,\cdots,q_k)|^2\,dq_1\cdots dq_k=1$$

而标准化 (1.3 节), 即, (用我们现在的术语) 作为积分

$$\int_{-\infty}^{+\infty}\cdots\int_{-\infty}^{+\infty}|f(q_1,\cdots,q_k)|^2\,dq_1\cdots dq_k$$

有限的所有函数 $f(q_1,\cdots,q_k)$ 组成的希尔伯特空间 $\mathcal{R}_\infty$ 中的一个点 (在 F_Ω 中), 通过 $\|\varphi\|=1$ 标准化. 换言之, φ 必定位于希尔伯特空间中一个单位球的表面上 [117]. 我们已经知道, φ 中的常数因子 (与 $q_1,\cdots,q_k$ 无关) 是没有物理意义的 (也就是可用 $a\varphi$ 替代 φ, a 是一个复数. 由于标准化条件 $\|\varphi\|=1$, 必定有 $|a|=1$). 此外应当指出, 尽管 φ 除了依赖于我们系统构形空间的坐标 $q_1,\cdots,q_k$, 也依赖于时间 t, 但鉴于希尔伯特空间只构建于 $q_1,\cdots,q_k$ 之上 (因为标准化只与它们相联系), 从而在构成希尔伯特空间时无须考虑对 t 的依赖性, 替代之, t 更适合被看作一个参数. 于

117 由几何相似性, 中心为 φ_0, 半径为 r 的圆是 ($\mathcal{R}_\infty$ 中) 满足 $\|f-\varphi_0\|\leqslant r$ 的点 f 的集合, 其内部是 $\|f-\varphi_0\|<r$ 的集合, 而其外围是 $\|f-\varphi_0\|=r$ 的集合. 对单位圆, $\varphi_0=0, r=1$.

是, 作为 $\mathcal{R}_\infty$ 中的一个点, φ 依赖于 t, 但另一方面, 不依赖于 $q_1,\cdots,q_k$: 事实上, 作为 $\mathcal{R}_\infty$ 中的一个点, 它代表了整个泛函的依赖性. 有鉴于此, 我们有时应当通过写成 φ_t 来指出 φ 依赖于参数 t(若把 φ 看作 $\mathcal{R}_\infty$ 中的一个点).

考虑状态 $\varphi=\varphi(q_1,\cdots,q_k)$. 可做的统计结论如下: 系统在构形空间中的点 $q_1,\cdots,q_k$ 的概率密度是 $|\varphi(q_1,\cdots,q_k)|^2$, 即在构形空间体积 V 中的概率是

$$\int_V\cdots\int|\varphi(q_1,\cdots,q_k)|^2\,dv$$

(由此可以看出量子力学统计特性的第一个及最简单的例子 [118]. 此外, 该论述与薛定谔电荷分布假设 (见 1.2 节) 之间的关系是明显的.) 进而, 若该系统的能量有算子 H, 且若该算子有本征值 $\lambda_1,\lambda_2,\cdots$ 及本征函数 $\varphi_1,\varphi_2,\cdots$, 则能量本征值 λ_n 在状态 φ 的概率等于

$$\left|\int\cdots\int\varphi(q_1,\cdots,q_k)\overline{\varphi_n(q_1,\cdots,q_k)}dq_1\cdots dq_k\right|^2$$

(见注 118 提到的论文). 现在, 我们打算把这两个陈述合在一起, 并置于一个统一形式中.

设 V 是 k 维立方体

$$q_1'<q_1\leqslant q_1'',q_2'<q_2\leqslant q_2'',\cdots,q_k'<q_k\leqslant q_k'',$$

将区间 $\{q_1',q_1''\},\{q_2',q_2''\},\cdots,\{q_k',q_k''\}$ 分别表示为 $I_1,I_2,\cdots,I_k$. $q_1,q_2,\cdots,q_k$ 分别有算子 $q_1\cdot,q_2\cdot,\cdots,q_k\cdot$. 属于那些算子的单位分解定义如下 (见 2.8 节): 属于 $q_j\cdot(j=1,\cdots,k)$ 的单位分解记为 $E_j(\lambda)$, 并定义

$$E_j(\lambda)f(q_1,\cdots,q_k)=\begin{cases}f(q_1,\cdots,q_k), & 对q_j\leqslant\lambda,\\ 0, & 对q_j>\lambda.\end{cases}$$

引入以下一般记法: 若 $F(\lambda)$ 是一个单位分解, I 是区间 $\{\lambda',\lambda''\}$, 则 $F(I)=F(\lambda'')-F(\lambda')$ (它对 $\lambda'\leqslant\lambda''$, $F(\lambda')\leqslant F(\lambda'')$ 是一个投影算子). 因此, 系统位于上述 V, 即 q_1 位于 $I_1,\cdots,q_k$ 位于 I_k 的概率是

$$\begin{aligned}&\int_{I_1}\cdots\int_{I_k}|\varphi(q_1,\cdots,q_k)|^2\,dq_1\cdots dq_k\\ =&\int\cdots\int|E_1(I_1)\cdots E_k(I_k)\varphi(q_1,\cdots,q_k)|^2\,dq_1\cdots dq_k=\|E_1(I_1)\cdots E_k(I_k)\|^2.\end{aligned}$$

(因为被积分式仅对取自 I_1 的 $q_1,\cdots$, 取自 I_k 的 q_k, 有

118 系统在状态 φ 的性态的第一个统计陈述源自玻恩, 并被狄拉克和若尔当较为细致地处理过. 见注 8 与注 2 中的文献.

$$E_1(I_1)\cdots E_k(I_k)\varphi(q_1,\cdots,q_k)=\varphi(q_1,\cdots,q_k),$$

否则为 0).

在第二种情况, 我们注意到这是能量位于 $\{\lambda',\lambda''\}$ 区间 I 中的概率. 属于 H 的 $E(\lambda)$ 的单位分解定义为 (见 2.8 节)$E(\lambda)=\sum\limits_{\lambda_n\leqslant\lambda}P_{[\varphi_n]}$. 因此

$$E(I)=E(\lambda'')-E(\lambda')=\sum_{\lambda'<\lambda_n\leqslant\lambda''}P_{[\varphi_n]}.$$

但因为只有 $\lambda_1,\lambda_2,\cdots$ 出现在能量值中, 这后一个概率为满足 $\lambda'<\lambda_n\leqslant\lambda''$ 的所有 λ_n 的概率之和, 因此,

$$\sum_{\lambda'<\lambda_n\leqslant\lambda''}P_{[\varphi_n]}\left|\int\cdots\int\varphi(q_1,\cdots,q_k)\overline{\varphi_n(q_1,\cdots,q_k)}dq_1\cdots dq_k\right|^2$$

$$=\sum_{\lambda'<\lambda_n\leqslant\lambda''}|(\varphi,\varphi_n)|^2$$

$$=\sum_{\lambda'<\lambda_n\leqslant\lambda''}(P_{[\varphi_n]}\varphi,\varphi)=\left(\left\{\sum_{\lambda'<\lambda_n\leqslant\lambda''}P_{[\varphi_n]}\right\}\varphi,\varphi\right)=(E(I)\varphi,\varphi)=\|E(I)\varphi\|^2.$$

在这两种情况下, 我们都得到以下形式的结果:

P. 在状态 φ, 诸算子 $R_1,\cdots,R_l$[119]分别在区间 $I_1,\cdots,I_l$ 中取值的概率是

$$\|E_1(I_1)\cdots E_l(I_l)\varphi\|^2,$$

其中, $E_1(\lambda),\cdots,E_l(\lambda)$ 分别是属于 $R_1,\cdots,R_l$ 的单位分解.

第一种情况对应于 $l=k,R_1=q_1\cdot,\cdots,R_k=q_k\cdot$, 而第二种对应于 $l=1,R_1=H$. 以下一般地, 我们设陈述 **P** 成立, 它实际上包含了迄今为止量子力学的所有已知的统计结论.

然而, 对 **P** 的有效性作限制是必要的. 因为问题中 $R_1,\cdots,R_l$ 的次序完全是任意的, 在结果中必定也是任意的, 即所有 $E_1(I_1),\cdots,E_l(I_l)$ 都必须是可易的, 或等同地, 所有 $E_1(\lambda),\cdots,E_l(\lambda)$ 都必须是可易的. 根据 2.10 节, 这意味着 $R_1,\cdots,R_l$ 是彼此可易的. 这个条件对 $q_1\cdot,\cdots,q_k\cdot$ 满足, 而对 $l=1$, $R=H$ 空泛地满足.

所以, 我们对所有可易的 $R_1,\cdots,R_l$ 视 **P** 为理所当然. 于是 $E_1(I_1),\cdots,E_l(I_l)$ 可易, 因此 $E_1(I_1)\cdots E_l(I_l)$ 是投影算子 (2.4 节**定理 14**), 且所述及的概率成为

$$P=\|E_1(I_1)\cdots E_l(I_l)\varphi\|^2=(E_1(I_1)\cdots E_l(I_l)\varphi,\varphi)$$

119 我们将在 4.1 节中更明确地阐述这种对应性, 它使得每个物理量对应于一个埃尔米特算子. 目前, 我们只知道 (根据 1.2 节) 算子 $q_1\cdot,\cdots,q_k\cdot$ 对应于坐标, 算子 $\frac{h}{2\pi i}\frac{\partial}{\partial q_1},\cdots,\frac{h}{2\pi i}\frac{\partial}{\partial q_k}$ 对应于动量, 而 “能量算子”H 对应于能量.

(2.4 节**定理 12**).

在继续深入之前, 我们必须验证 **P** 的几个性质, 它们对每一个合理的统计理论都是必需的.

(1) 命题的次序是无关紧要的.

(2) 空泛的命题可以随意插入而不会改变 **P**.

事实上, 这些是区间 I_j 为 $\{-\infty,+\infty\}$ 的那些, 它们可以确定到只差一个因子

$$E_j(I_j)=E_j(+\infty)-E_j(-\infty)=I-O=I.$$

(3) 概率的加法定理成立.

也就是, 若把一个区间 I_j 分成两个区间 I_j', I_j'', 则旧概率是两个新概率之和. 设 I_j, I_j', I_j'' 分别是 $\{\lambda',\lambda''\},\{\lambda',\lambda\},\{\lambda,\lambda''\}$, 则

$$E(\lambda'')-E(\lambda')=(E(\lambda)-E(\lambda'))+(E(\lambda'')-E(\lambda)),$$

即 $E(I_j)=E(I_j')+E(I_j'')$, 由 **P** 的上述表述的第二条 (在 $E_1(I_1)\cdots E_j(I_j)\cdots E_l(I_l)$ 中线性) 得到了概率的可加性.

(4) 对不合理的命题 (某个空的 I_j), $P=0$—— 因为对应的 $E_j(I_j)=O$. 对于真平凡命题 (所有 I_j 等于 $\{-\infty,+\infty\}$), $P=1$—— 因为所有 $E_j(I_j)=I, P=\|\varphi\|^2=1$. 根据 2.4 节**定理 13**, 恒有 $0\leqslant P\leqslant 1$.

最后, 我们注意到 **P** 包含这样一个结论, 一个量 R_j 只能取其本征值, 即取其谱中的数字, 因为若区间 $I_j=(\lambda',\lambda'')$ 位于谱以外, 则 $E_j(\lambda)$ 在其中是常数, 因此

$$E_j(I_j)=E_j(\lambda'')-E_j(\lambda')=O,$$

从而 $P=0$.

以下设 $l=1$ 并记 R_1 为 R. 设与 R 对应的物理量为 $\mathcal{R}$(见注 119). 设 $F(\lambda)$ 是任意函数. 然后计算 $F(\mathcal{R})$ 的期望值.

为此目的, 我们把区间 $\{-\infty,+\infty\}$ 分成一系列部分区间 $\{\lambda_n,\lambda_{n+1}\}, n=0,\pm1,\pm2,\cdots$. $\mathcal{R}$ 位于 $\{\lambda_n,\lambda_{n+1}\}$ 中的概率是

$$(\{E(\lambda_{n+1})-E(\lambda_n)\}\varphi,\varphi)=(E(\lambda_{n+1})\varphi,\varphi)-(E(\lambda_n)\varphi,\varphi),$$

若 λ_n' 是 $\{\lambda_n,\lambda_{n+1}\}$ 中适当的中间值, 则 $F(\mathcal{R})$ 的期望值是

$$\sum_{n=-\infty}^{+\infty}F\left(\lambda_n'\right)\{(E(\lambda_{n+1})\varphi,\varphi)-(E(\lambda_n)\varphi,\varphi)\}.$$

但若我们选择越来越细的分割 $\cdots,\lambda_{-2},\lambda_{-1},\lambda_0,\lambda_1,\lambda_2,\cdots$, 这个和收敛为斯蒂尔切斯积分

$$\int_{-\infty}^{+\infty}(F(\lambda)\,dE(\lambda)\varphi,\varphi),$$

它因此提供了所述期望值的一个描述. 按照 2.8 节算子函数的一般定义, 这个积分等于 $(F(R)\varphi,\varphi)$. 所以, 我们有以下结论:

$\mathbf{E_1}$. 设 $\mathcal{R}$ 是任意物理量, R 是它的算子 (见注 119), $F(\lambda)$ 是任意函数. $F(\mathcal{R})$ 在状态 φ 中的期望值为

$$\mathrm{Exp}\,(F(\mathcal{R});\varphi)=(F\,(\mathcal{R})\,\varphi,\varphi)\,.$$

特别地, 若我们设 $F(\lambda)=\lambda$, 则,

$\mathbf{E_2}$. 设 $\mathcal{R}$,R 如上述. 则 $\mathcal{R}$ 在状态 φ 中的期望值为

$$\mathrm{Exp}\,(\mathcal{R};\varphi)=(R\varphi,\varphi)\,.$$

以下将研究 $\mathbf{P},\mathbf{E_1},\mathbf{E_2}$ 之间的关系. 我们将由 $\mathbf{P}$ 导出 $\mathbf{E_1}$ 而由 $\mathbf{E_1}$ 导出 $\mathbf{E_2}$.

记对应于物理量 $F(\mathcal{R})$ 的算子为 S. 对所有状态 φ, 即对所有 $\|\varphi\|=1$ 的 φ, 由 $\mathbf{E_1},\mathbf{E_2}$ 的比较可知

$$(S\varphi,\varphi)=(F\,(\mathcal{R})\,\varphi,\varphi)\,.$$

所以, 一般地,

$$(Sf,f)=(F\,(R)\,f,f)\,.$$

对 $f=0$ 是显然的, 否则 $\varphi=\dfrac{1}{\|f\|}\cdot f$, 因此有

$$(Sf,g)=(F\,(R)\,f,g)\,.$$

若我们把 f 分别用 $\dfrac{f+g}{2}$ 与 $\dfrac{f-g}{2}$ 替代并把所得结果相减, 将得到实部的等式; 若用 if,g 替代 f,g, 将得到虚部的等式, 因此有 $S=F\,(R)$. 我们特别把这个重要的结果表述如下:

$\mathbf{F}$. 若量 $\mathcal{R}$ 有算子 R, 则量 $F(\mathcal{R})$ 必定有算子 $F\,(R)$.

根据 $\mathbf{F}$, 显然, 从 $\mathbf{E_2}$ 可导出 $\mathbf{E_1}$. 所以 (在 $\mathbf{F}$ 的前提下), $\mathbf{E_1}$与$\mathbf{E_2}$ 是等价的结论, 我们还要证明它们也等价于 $\mathbf{P}$. 因为 $\mathbf{E_1}$与$\mathbf{E_2}$ 可以由 $\mathbf{P}$ 导出, 我们只需要证明 $\mathbf{P}$ 可以由 $\mathbf{E_1}$, $\mathbf{E_2}$ 导出.

设 $R_1,\cdots,R_l$ 是分别属于 $\mathcal{R}_1,\cdots,\mathcal{R}_l$ 的可易算子. 则按照 2.10 节, 它们是一个埃尔米特算子 R 的函数:

$$R_1=F_1\,(R)\,,\cdots,R_l=F_l\,(R)\,.$$

我们可以假定 R 也属于一个量 $\mathcal{R}$. (我们因此假定属于每个量 $\mathcal{R}$ 有一个 (超极大) 埃尔米特算子 R, 且反之亦然. 见注 119 与 4.2 节) 然后由 $\mathbf{F}$,

$$\mathcal{R}_1=F_1\,(\mathcal{R})\,,\cdots,\mathcal{R}_l=F_l\,(\mathcal{R})\,.$$

现在设 $I_1,\cdots,I_l$ 是 $\mathbf{P}$ 中涉及的区间, 以及

$$G_j(\lambda)=\begin{cases}1, & \text{对}I_j\text{中的}\lambda\\ 0, & \text{其他}\end{cases}\quad (j=1,\cdots,l).$$

我们设

$$H(\lambda)=G_1(F_1(\lambda))\cdots G_l(F_l(\lambda))$$

并构成量

$$\mathcal{S}=H(\mathcal{R}).$$

若 $\mathcal{R}_j$ 位于 I_j 中, 即若 $F_j(\mathcal{R})$ 位于 I_j 中, 则 $G_j(F_j(\mathcal{R}))$ 等于 1, 否则它等于 0. 因此, 若所有 $\mathcal{R}_j$ 位于其 I_j 中 $(j=1,\cdots,l)$, 则 $\mathcal{S}=H(\mathcal{R})$ 等于 1, 否则等于 0. $\mathcal{S}$ 的期望值因此等于 $\mathcal{R}_1$ 在 I_1 中, $\cdots$, $\mathcal{R}_l$ 在 I_l 中的概率 P. 从而,

$$\begin{aligned}P=\operatorname{Exp}(\mathcal{S},\varphi)&=(H(R)\varphi,\varphi)\\&=(G_1(F_1(R))\cdots G_l(F_l(R))\varphi,\varphi)\\&=(G_1(R_1)\cdots G_l(R_l)\varphi,\varphi).\end{aligned}$$

又称属于 R_j 的单位分解为 $E_j(\lambda)$, 记 I_j 为区间 $\{\lambda_j',\lambda_j''\}$. 于是, 根据 2.8 节末的讨论, 并采用那里的记法,

$$G_j(\lambda)=e_{\lambda_j''}(\lambda)-e_{\lambda_j'}(\lambda),$$

$$G_j(\mathcal{R}_j)=e_{\lambda_j''}(R_j)-e_{\lambda_j'}(R_j)=E_j(\lambda_j'')-E_j(\lambda_j')=E_j(I_j),$$

我们有

$$P=(E_1(I_1)\cdots E_l(I_l)\varphi,\varphi).$$

然而这正好就是 **P**.

因为其形式的简单性, $\mathbf{E_2}$, **F** 特别适合被用作建立整个理论的基础. 我们看到, 由之可以导出可能的最一般概率论断 **P**.

但陈述 **P** 有两个突出的特点:

(1) **P** 是统计性的而不是因果性的, 即它并未告诉我们, 在状态 φ 有哪些 $\mathcal{R}_1,\cdots,\mathcal{R}_l$ 值, 而只是告诉我们, 它们取所有可能的值的概率.

(2) **P** 中的问题不能对任意 $\mathcal{R}_1,\cdots,\mathcal{R}_l$ 量给出答案, 而只能对其算子 $R_1,\cdots,R_l$ 彼此可易的那些量给出答案.

我们的下一个问题是讨论这两个事实的重要意义.

3.2 统 计 意 义

经典力学是一门因果律的学科, 即我们精确地知道经典系统在其中的状态——对之 k 个自由度需要 $2k$ 个参数: k 个空间坐标 $q_1,\cdots,q_k$ 及它们的 k 个关于时间

的导数 $\frac{\partial q_1}{\partial t}, \cdots, \frac{\partial q_k}{\partial t}$, 或替代导数的 k 个动量 $p_1, \cdots, p_k$, 然后我们可以唯一地给出每个物理量 (能量、力矩等) 的数值并有一定的精度. 尽管如此, 也存在处理经典力学问题的一种统计方法. 但它过去和现在都只是锦上添花而已. 那就是, 如果我们并不知道所有 $2k$ 个变量 $(q_1, \cdots, q_k, p_1, \cdots, p_k)$, 而只是其中的几个 (且有一些也许是近似地知道), 那么通过某种方式对未知变量取平均值, 我们至少可以对所有物理量做出统计推断. 同样, 对系统的过去或未来的状态; 如果我们知道在时间 $t = t_0$ 的 $q_1, \cdots, q_k, p_1, \cdots, p_k$, 那么借助经典运动方程, 我们可以 (因果地) 算出每个其他时刻的状态; 但如果我们只知道几个变量, 则我们必须对其余的做平均, 且我们只能对其他时间点的量做出统计论断 [120].

我们在量子力学中找到的统计论断有不同的特征. 这里, 对 k 个自由度, 状态由波函数 $\varphi(q_1, \cdots, q_k)$ 描述 —— 即由 $\mathcal{R}_\infty$ 中的一个点 φ 恰当地实现 ($\|\varphi\| = 1$, 故一个绝对值为 1 的数字因子是无关紧要的). 虽然我们相信, 有了特定的 φ, 我们就完全知道了状态, 但对涉及的物理量只能做出统计性的论断.

另一方面, 这个统计特性局限于陈述物理量的数值, 而过去及未来的状态 φ_t, 可以由 $\varphi_{t_0} = \varphi$ 因果性地计算 . 时间依赖薛定谔方程 (见 1.2 节) 使之成为可能; 因为

$$\varphi_{t_0} = \varphi, \quad \frac{h}{2\pi i}\frac{\partial}{\partial t}\varphi_t = -H\varphi_t$$

确定了 φ_t 的整条轨道. 这个微分方程的解也可以写成显式

$$\varphi_t = e^{\frac{-2\pi i}{h}(t-t_0)H}\varphi$$

($e^{\frac{-2\pi i}{h}(t-t_0)H}$ 是一个酉算子)[121]. (在这个公式里, 假设 H 与时间无关, 因为微分方

---

120 气体的动力学理论对这个要点提供了一个很好的展示. 1mol(32g) 氧气包含了 6×10^{23} 个氧分子, 且若我们注意到, 每个氧分子由两个氧原子组成 (忽略其内部结构, 把它们作为有三个自由度的质点处理), 这样的 1mol 便是一个 $2\cdot3\cdot6\times10^{23} = 36\times10^{23} = k$ 自由度的系统. 因此, 其性态可以根据 $2k$ 个变量的知识因果性地确定, 但气体理论只用两个变量: 压力与温度, 它们是这 $2k$ 个独立变量的某个复杂函数. 因此只能做统计 (概率) 观察. 这些在许多情况下是接近因果性的, 概率接近 0 或 1, 但这并未改变情况的基本特性.

121 若 $F_t(\lambda)$ 是时间依赖函数, $\frac{\partial}{\partial t}F_t(\lambda) = G_t(\lambda)$, 且 H 是埃尔米特算子, 则 $\frac{\partial}{\partial t}F_t(H) = G_t(H)$, 因为 $\frac{\partial}{\partial t}$ 系通过减、除与趋向极限得到. 对 $F_t(\lambda) = e^{\frac{-2\pi i}{h}(t-t_0)\lambda}$, 这给出

$$\frac{\partial}{\partial t}e^{\frac{-2\pi i}{h}(t-t_0)H} = \frac{-2\pi i}{h}H \cdot e^{\frac{-2\pi i}{h}(t-t_0)H},$$

应用于 φ, 可生成我们想要的微分方程.

因为 $|F_t(\lambda)| = 1, F_t(\lambda)\cdot\overline{F_t(\lambda)} = 1$, 我们有 $F_t(H)\cdot\{F_t(H)\}^* = 1$, 即我们的 $F_t(H) = e^{\frac{-2\pi i}{h}(t-t_0)H}$ 是酉算子. 因为它对 $t=t_0$ 显然为 1, $\varphi_{t_0} = \varphi$ 也得到满足.

程是一阶的, 甚至对时间依赖的 H, φ_t 的演化也是唯一地确定的 —— 只是在这种情况下, 不再有简单的公式解.)

如果我们想要遵循经典力学的模式来阐明 φ 与物理量数值之间联系的非因果性特征, 重要的是意识到: 在现实世界里, φ 并不精确地确定状态. 为了完全知道状态, 必须有附加数据. 也就是说, 除了 φ, 系统还有其他特征与坐标. 如果知道所有这些, 那么我们就可以精确及肯定地给出所有物理量的数值. 另一方面, 只应用 φ, 正如在经典力学中只知道 $q_1, \cdots, q_k, p_1, \cdots, p_k$ 中的一部分, 那就只可能有统计论断. 当然, 这个概念只是假想性的, 是一种尝试, 其价值依赖于能否找到对 φ 的附加坐标, 并借助之构造一个因果性理论, 它与实验符合, 并仅当 φ 给定 (以及对其他坐标作平均) 时, 重新给出量子力学的统计论断.

习惯上把这些假想的附加坐标称为 "隐参数" 或 "隐坐标", 因为它们必定在迄今为止的研究仅仅发现的 φ 之外起了某种隐藏的作用. 借助隐参数的解释, 已经 (在力学中) 把许多貌似统计性的关系还原到力学的因果性基础上. 这方面的一个典型例子是气体的动力学理论 (见注 120).

借助隐参数的这种类型的解释对量子力学是否可能, 是讨论得很多的一个问题. 认为这个问题早晚会得到肯定答案的观点, 是当前的主流. 如果这是正确的, 量子力学当前的形式将会是短命的, 因为它对状态的描述将会是本质上不完全的.

我们将在后面证明 (4.2 节), 当前理论若无根本性变化, 隐参数的引入肯定是不可能的. 当下, 我们只强调两点: ①与经典力学中的状态坐标 $q_1, \cdots, q_k, p_1, \cdots, p_k$ 相比, φ 有着完全不同的表现并起着完全不同的作用; ② φ 关于时间的依赖性是因果性的而不是统计性的: 如前所述, φ_{t_0} 唯一地确定了所有 φ_t.

直到量子力学结论的更精确分析使我们能客观地证明, 引入隐参数的可能性 (该问题已在上面提到处讨论过) 之前, 我们将放弃这种可能的解释. 因此, 我们将采取相反的观点. 也就是承认那些支配基本过程的自然规律 (即量子力学规律), 事实上具有统计特性. (在任何情况下, 宏观世界的因果关系, 都可以用许多同时进行的基本过程的整平效应来模拟, 即按照 "大数定律." 见注 120 末的评论与注 175.) 相应地, 我们意识到 $\mathbf{P}$(或者 $\mathbf{E}_2$) 是对基本过程的最深刻的揭示.

承认统计论断为自然规律的真实形式, 并放弃因果性原理的量子力学概念, 就是所谓的 "统计解释". 它出自 M. 玻恩[122], 且是当今仅有的持续可实施的量子力学解释 —— 我们关于基本过程经验的总和. 它是我们将在下面采用的解释 (直到我们能够对这种情况进行细致及根本性的讨论).

122 Z. Physik, **37** (1926). 全部后续发展 (见注 2) 基于这个概念.

3.3 同时可测量性和一般的可测量性

在 3.1 节末, 我们注意到第二种 "令人惊讶的情况", 它与以下事实相联系: **P** 所提供的信息不仅是量 $\mathcal{R}$ 取给定数值的概率, 还提供多个量 $\mathcal{R}_1, \cdots, \mathcal{R}_l$ 相互关系的概率. **P** 确定了某些量的概率, 这些量同时取某些给定值 (更精确地: 这些量位于某些区间 $I_1, \cdots, I_l$ 中, 前提是它们全部与同一个状态 φ 相关联). 但这些量都受到一个特定的限制: 它们的算子 $R_1, \cdots, R_l$ 必须成对可易. 另一方面, 在非成对可易的情形, **P** 不提供 $\mathcal{R}_1, \cdots, \mathcal{R}_l$ 间相互关系概率的信息. 在这种情况下, **P** 只能用于确定这些量中每一个自身分布的概率, 并未考虑其他量.

最明显的补救办法是, 设想这反映了 **P** 的不完备性, 且必定存在一个更一般的框架, 使得 **P** 只是其中的一种特殊情况. 因为, 即使量子力学只提供关于自然的统计信息, 至少我们期望它不仅描述个别量的统计特征, 而且也描述多个这样的量之间的关系.

但是, 与初看合理的这个概念相反, 我们将很快看到, **P** 的这种推广并无可能, 并且除了这个正式的理由 (该理论数学工具结构的固有特性), 重要的物理背景也提示了这种想法的局限性. 这种局限的必要性及其物理意义, 将提供我们对基本过程本质的重要洞察.

为了搞清楚这一点, 我们必须更精确地研究量 $\mathcal{R}$ 的测量过程 —— 对之 **P** 给出了一个 (概率) 陈述 —— 在量子力学上意味着什么.

首先看一个重要的实验, 这是康普顿 (Compton) 和西蒙 (Simons) 在量子力学的框架形成之前所做的 [123]. 在这个实验中, 光被电子散射, 对散射过程的定量控制, 使得散射光与散射电子随后被拦截, 其能量与动量被测量. 也就是, 这些接踵发生的光量子与电子以及观测者之间的碰撞 (因为观测者在碰撞以后测量运动轨道), 可以确定弹性碰撞定律是否满足. (我们只需要考虑弹性碰撞, 因为除了动能, 我们不相信能量可能被电子与光量子以任何其他形式吸收. 全部实验说明, 二者都有唯一确定的结构. 碰撞计算自然必须根据相对论进行 [123].) 这样的一种数学计算事实上是可能的, 因为碰撞前的轨道是已知的, 而碰撞后的轨道是可观测到的. 因此, 碰撞问题是完全确定的. 为了从力学上确定这个过程, 研究这四条轨道中的两条, 以及碰撞的 "中心线"(动量传递方向) 就足够了. 因此, 在任何情况下, 具有三条轨道的知识就已经够用, 第四条可用于校验. 该实验完全确认了碰撞的力学定律.

这个结果也可以表达如下, 假定我们认为碰撞定律成立, 碰撞前的轨道是已知的, 无论是光量子或电子碰撞后路径的测量都足以确定位置与碰撞中心线. 康普

123 Phys. Rev., **26**(1925). 又见一个完善的处理, W. Bothe, *Handbuch der Physik*, Vol. 23 (Quanta) Berlin, 1926, 第 3 章, 特别是 §73.

顿–西蒙实验说明, 这两种观测给出了同样的结果.

更一般而言, 实验表明, 用两种不同的方法 (通过捕获光量子与通过捕获电子) 测量同样的物理量 (即碰撞位置的任何坐标或中心线), 所得到的结果总是相同的.

这两次测量并不完全同时发生. 光量子与电子并不立即到达, 通过适当地安排测量仪器, 可以首先观察随便哪一个过程. 时间差通常是 $10^{-10} \sim 10^{-9}$ 秒. 我们称第一次测量为 M_1, 第二次测量为 M_2, $\mathcal{R}$ 是被测的量. 然后, 我们有以下情况: 虽然整个安排是这样的类型, 即在测量之前, 我们关于 $\mathcal{R}$, 即关于 M_1, M_2, 只能做一个统计论断 (见注 123 中的文献), 但是 M_1 与 M_2 之间的统计相关性非常强 (因果性的): M_1 的 $\mathcal{R}$ 值肯定等于 M_2 的 $\mathcal{R}$ 值. 因此在测量 M_1, M_2 之前, 两个结果是完全未定的; 完成了 M_1 以后 (但未进行 M_2), M_2 的结果已经因果及唯一地确定了.

我们可以把涉及的原则表达如下: 就其本质而言, 可以区分因果性或非因果性的三个层次. 第一, $\mathcal{R}$ 值可以是完全统计性的, 即对测量结果只能统计地预测; 且若第二次测量在第一次以后立即进行, 不考虑第一次得到的值, 这个测量值也会有一个偏差; 例如, 可能与第一次测量值的偏差相等 [124]. 第二, 可以想象, $\mathcal{R}$ 值在第一次测量中可能有偏差, 但紧接其后的测量被强制地给出与第一次相同的结果. 第三, $\mathcal{R}$ 可能在一开始就按因果关系确定了.

康普顿–西蒙实验表明, 在统计理论中, 只有第二种情形是可能的. 因此, 如果在开始时就发现, 在某个状态, $\mathcal{R}$ 的值不能肯定地被预测, 那么, 这个状态会通过 $\mathcal{R}$ 的测量 M (上例中为 M_1) 变换到另一种状态: 即变换到 $\mathcal{R}$ 的值唯一确定的那种状态. 此外, 系统所处的新状态, 不仅依赖于 M 的安排, 也依赖于测量 M 的结果 (不可能在原始状态根据因果律预测其行为), 因为 $\mathcal{R}$ 在新状态的值实际上必须等于 M 的这个结果.

兹设 $\mathcal{R}$ 是这样一个量, 其算子 R 有纯离散谱 $\lambda_1, \lambda_2, \cdots$ 并相应地有构成一个完全标准正交系的本征函数集 $\varphi_1, \varphi_2, \cdots$. 此外, 设每个本征值是简单的 (即单重的, 见 2.6 节, 即当 $\mu \neq \nu$ 时, $\lambda_\mu \neq \lambda_\nu$. 假设我们已测量 $\mathcal{R}$ 并找到值 λ^*. 那么测量后系统的状态是什么样的呢?

根据上面的讨论, 这个状态必定使得 $\mathcal{R}$ 的新的测量给出肯定的结果 λ^* (当然, 这次测量必须立即进行, 因为在 τ 秒之后, φ 将变为 $e^{\frac{-2\pi i}{h}\tau H}\varphi$. 见 3.2 节, H 是能量算子).

下面在没有对算子 R 作限制性假设的条件下, 我们将对 $\mathcal{R}$ 在状态 φ 的测量何时肯定给出 λ^* 值的问题做出更一般的回答.

设 $E(\lambda)$ 是对应于 R 的单位分解, I 是区间 $\{\lambda', \lambda''\}$. 我们的假设也可以这样表

124 基本过程的统计理论由玻尔、克莱默斯 (Kramers) 和斯莱特 (Slater) 在这些基本概念的基础上建立. 见 Z. Physik, **24** (1924), 以及注 123 中援引的文献. 康普顿–西蒙实验可以被看作是对这种观点的驳斥.

达: 若 I 中不包含 λ^*, 则 $\mathcal{R}$ 在 I 中的概率为 0, 而若 λ^* 属于 I, 即若 $\lambda' < \lambda^* \leqslant \lambda''$, 则该概率为 1.

由 **P**, 这表示 $\|E(I)\varphi\|^2 = 1$ 或 $\|E(I)\varphi\| = \|\varphi\|$ (因为 $\|\varphi\| = 1$). 因为 $E(I)$ 是一个投影算子, 且 $I - E(I)$ 也是 (**2.4 节定理 13**), 我们有

$$\|\varphi - E(I)\varphi\| = \|\varphi\|^2 - \|E(I)\varphi\|^2 = 0,$$

$$\varphi \quad E(I)\varphi = 0,$$

$$E(\lambda'')\varphi - E(\lambda')\varphi = E(I)\varphi = \varphi.$$

当 $\lambda' \to -\infty$ 时, $E(\lambda'')\varphi = \varphi$, 而当 $\lambda'' \to +\infty$ 时, $E(\lambda')\varphi = 0$ (见 2.7 节 $\mathbf{S}_1$). 因此,

$$E(\lambda)\varphi = \begin{cases} \varphi, & \text{对 } \lambda \geqslant \lambda^*, \\ 0, & \text{对 } \lambda < \lambda^*. \end{cases}$$

但由 2.8 节, 这说明 $R\varphi = \lambda^*\varphi$.

证明 $R\varphi = \lambda^*\varphi$ 的另一种方式基于 $\mathbf{E}_1$ (即 $\mathbf{E}_2$). $\mathcal{R}$ 取值 λ^* 必定表示 $(\mathcal{R} - \lambda^*)^2$ 的期望值是 0. 即, 从 $F(\lambda) = (\lambda - \lambda^*)^2$ 得到的算子 $F(R) = (R - \lambda^* I)^2$ 有期望值 0. 于是, 我们必定有

$$\begin{aligned}\left((R - \lambda^* I)^2 \varphi, \varphi\right) &= ((R - \lambda^* I)\varphi, (R - \lambda^* I)\varphi) = \|(R - \lambda^* I)\varphi\|^2 \\ &= \|R\varphi - \lambda^*\varphi\|^2 = 0,\end{aligned}$$

即 $R\varphi = \lambda^*\varphi$.

对我们原来考虑的特殊情况, 我们有 $R\varphi = \lambda^*\varphi$. 如我们在 2.6 节中讨论过的, 其推论是 λ^* 必定等于 λ_μ (因为 $\|\varphi\| = 1, \varphi \neq 0$) 及 $\varphi = a\varphi_\mu$. 由于 $\|\varphi\| = \|\varphi_\mu\| = 1$, $|a|$ 必定等于 1, 因此, a 可以被忽略而不会引起状态的改变. 故对某些 $\mu = 1, 2, \cdots, \lambda^* = \lambda_\mu, \varphi = \varphi_\mu$ (关于 λ^* 的结论也可以直接由 **P** 得到, 但不能得到关于 φ 的结论).

在以上关于 R 的假设下, $\mathcal{R}$ 的测量把每个状态 ψ 改变为状态 $\varphi_1, \varphi_2, \cdots$ 之一, 它们与 $\lambda_1, \lambda_2, \cdots$ 分别测量的结果有关. 从而, 这些改变的概率等于对 $\lambda_1, \lambda_2, \cdots$ 测量的概率, 因此可以根据 **P** 计算.

于是由 **P**, $\mathcal{R}$ 值在 I 中的概率是 $\|E(I)\psi\|^2$. 因此, 若我们注意到, 由 2.8 节, $E(I) = \sum_{\lambda_n \text{ 在 } I \text{ 中}} P_{[\varphi_n]}$, 则我们有

$$P = \|E(I)\psi\|^2 = (E(I)\psi, \psi) = \sum_{\lambda_n \text{ 在 } I \text{ 中}} (P_{[\varphi_n]}\psi, \psi) = \sum_{\lambda_n \text{ 在 } I \text{ 中}} |(\psi, \varphi_n)|^2.$$

因此, 应当会猜想关于 λ_n 的概率等于 $|(\psi, \varphi_n)|^2$. 若我们可以选择 I, 使 I 中包含的唯一 λ_m 恰好是 λ_n, 则这可以直接从以上公式得到. 否则 (即其他 λ_m 在 λ_n 近旁是

稠密的), 例如, 可以立论如下：设当 $\lambda=\lambda_n$ 时 $F(\lambda)=1$, 否则为 $F(\lambda)=0$. 于是, 想要的概率 P_n 是 $F(\mathcal{R})$ 的期望值, 因此, 根据 $\mathbf{E}_2$ (或 $\mathbf{E}_1$), 该期望值是 $(F(R)\psi,\psi)$. 现在，按照定义

$$(F(R)\psi,\psi)=\int_{-\infty}^{+\infty}F(\lambda)\,d(\|E(\lambda)\psi\|^2),$$

且若我们回想起斯蒂尔切斯积分的定义, 易见, 若 $E(\lambda)\psi$ 在 $\lambda=\lambda_n$ 关于 λ 连续, 上述积分等于 0, 并且一般地, (单调增的) λ-函数 $\|E(\lambda)\psi\|^2$ 的不连续性出现在 $\lambda=\lambda_n$ 处. 但这等于 $\|P_{\mathcal{M}}\psi\|^2$, 其中 $\mathcal{M}$ 是由 $R\psi=\lambda_n\psi$ 的所有解所张的闭线性流形 (见 2.8 节). 在本情况是 $\mathcal{M}=[\varphi_n]$, 因此

$$P_n=\|P_{[\varphi_n]}\psi\|^2=|(\psi,\varphi_n)|^2.$$

这样, 我们在关于算子 R 的上述假设下, 回答了"在量 $\mathcal{R}$ 的测量中发生了什么"的问题. 诚然, "如何发生" 到现在为止还未说明. 这个从 ψ 到状态 $\varphi_1,\varphi_2,\cdots$ 中之一的不连续转变 (与 ψ 无关, 因为 ψ 只出现在个别的概率 $P_n=|(\psi,\varphi_n)|^2, n=1,2,\cdots$ 中). 肯定不是时间依赖薛定谔方程所描述的类型. 后者总是导致 ψ 的连续变化, 其最终结果唯一地确定, 并且依赖于 ψ (见 3.2 节中的讨论). 稍后, 我们将努力填补这个缺口 (见第 4 章)[125].

以下我们仍假设 R 有纯离散谱, 但不再要求本征值是简单的. 于是我们又可以构成 $\varphi_1,\varphi_2,\cdots$ 与 $\lambda_1,\lambda_2,\cdots$, 但某个 λ_n 可能重复出现. 在 $\mathcal{R}$ 的一次测量后肯定会出现一种状态 φ 满足 $R\varphi=\lambda^*\varphi$ (λ^* 是测量结果). 其结果是 λ^* 等于 λ_n 中的一个, 但关于 φ 我们只有以下可说：设那些等于 λ^* 的 λ_n 是 $\lambda_{n_1},\lambda_{n_2},\cdots$ (其个数可有限亦可无穷). 于是

$$\varphi=\sum_{\nu}a_\nu\varphi_{n_\nu}$$

(若有无穷多个 n_ν, 则 $\sum_\nu|a_\nu|^2$ 必须是有限的). 若两个 φ 最多只相差一个数值因子, 即若二者的比值 $a_1:a_2:\cdots$ 相同, 两个 φ 可以看作同一个状态. 因此, 只要存在多于一个 n_ν, 即若本征值 λ^* 是多重的, 则测量后的状态 φ 并不由测量结果的知识唯一地确定.

我们如前精确地计算 λ^* 的概率 (由 $\mathbf{P}$ 及 $\mathbf{E}_1$ 或 $\mathbf{E}_2$), 即

$$P(\lambda^*)=\sum_{\lambda_n=\lambda^*}|(\psi,\varphi_n)|^2=\sum_{\nu}|(\psi,\varphi_{n_\nu})|^2.$$

若 R 没有纯离散谱, 情况是这样的：$Rf=\lambda f$ 的所有解 f 张成一个闭线性流形 $\mathcal{M}_\lambda$; 所有 $\mathcal{M}_\lambda$ 一起构成一个额外的 $\bar{\mathcal{M}}$, 纯离散谱不存在性的特征是 $\bar{\mathcal{M}}\neq\mathcal{R}_\infty$,

125 Jordan, Z. Physik, **40** (1924) 注意到这些跳跃与较旧的玻恩理论的 "量子跳跃" 有关.

即 $\bar{\mathcal{R}} = \mathcal{R}_\infty - \bar{\mathcal{M}} \neq \mathcal{O}$. (对此也对以下, 见 2.8 节) $\mathcal{M}_\lambda$ 最多只对一个 λ 的序列 $\neq \mathcal{O}$. 这些构成 R 的离散谱. 若我们在状态 ψ 测量 $\mathcal{R}$, 则测量结果为 λ^* 的概率是

$$P(\lambda^*) = \|P_{\mathcal{M}_{\lambda^*}}\psi\|^2 = (P_{\mathcal{M}_{\lambda^*}}\psi, \psi).$$

这个结果的证明最好用前面用过的思路, 基于 $\mathbf{E}_2$ (或 $\mathbf{E}_1$) 以及函数

$$F(\lambda) = \begin{cases} 1, & \text{对 } \lambda = \lambda^*, \\ 0, & \text{对 } \lambda \neq \lambda^*. \end{cases}$$

于是, $\mathcal{R}$ 取 R 的离散谱 $\varLambda$ 中某个值 λ^* 的概率是

$$P(\lambda^*) = \sum_{\lambda^* \text{在} \varLambda \text{中}} (P_{\mathcal{M}_{\lambda^*}}\psi, \psi) = (P_{\bar{\mathcal{M}}}\psi, \psi) = \|P_{\bar{\mathcal{M}}}\psi\|^2.$$

我们也可以借助函数

$$F(\lambda) = \begin{cases} 1, & \text{对取自 } \varLambda \text{ 的 } \lambda^*, \\ 0, & \text{其他.} \end{cases}$$

直接看出这一点.

然而, 若我们精确地测量 $\mathcal{R}$, 则此后必定出现满足 $R\varphi = \lambda^*\varphi$ 的状态 φ, 且因此, 测量结果必定属于 $\varLambda$ —— 得到一个精确测量结果的概率 (至多) 是 $\|P_{\bar{\mathcal{M}}}\psi\|^2$. 但这个数字并非总是 1, 且对 $\bar{\mathcal{R}}$ 中的 ψ 它事实上为 0; 因此, 精确测量并非总是可能的.

我们看到, 量 $\mathcal{R}$ 总是可以 (即对每个状态 ψ) 被精确地测量, 当且仅当它有一个纯离散谱. 若没有纯离散谱, 则它只能用有限精度测量, 即连续统 $-\infty < \lambda < +\infty$ 中的数字可以被分为区间

$$\cdots, I^{(-2)}, I^{(-1)}, I^{(0)}, I^{(1)}, I^{(2)}, \cdots$$

(设分割点是

$$\cdots, \lambda^{(-2)}, \lambda^{(-1)}, \lambda^{(0)}, \lambda^{(1)}, \lambda^{(2)}, \cdots : I^{(n)} = \left(\lambda^{(n+1)} - \lambda^{(n)}\right).$$

则最大区间长度, 即分割点之间的最大间隔 $\varepsilon = \mathrm{Max}\left(\lambda^{(n+1)} - \lambda^{(n)}\right)$, 便是测量精度). $\mathcal{R}$ 所在的区间可以用数学方法确定: 设 $F(\lambda)$ 是以下函数 (λ'_n 是 $I^{(n)}$ 的某个中间值, 它对每个 $n = 0, \pm1, \pm2, \cdots$ 是任意的, 但将被看作是固定的):

$$F(\lambda) = \lambda'_n, \quad \text{若 } \lambda \text{在 } I^{(n)} \text{ 中}.$$

则 $\mathcal{R}$ 的近似测量等价于 $F(\mathcal{R})$ 的精确测量. 现在

$$F(R) = \int_{-\infty}^{+\infty} F(\lambda)\,dE(\lambda) = \sum_{n=-\infty}^{+\infty} \int_{\lambda^{(n)}}^{\lambda^{(n+1)}} F(\lambda)\,dE(\lambda)$$
$$= \sum_{n=-\infty}^{+\infty} \lambda_n' \int_{\lambda^{(n)}}^{\lambda^{(n+1)}} dE(\lambda) = \sum_{n=-\infty}^{+\infty} \lambda_n' E\left(I^{(n)}\right).$$

方程 $F(R)f = \lambda_n' f$ 显然对属于 $E\left(I^{(n)}\right)$ 的闭线性流形的所有 f 成立, 即对包含那个闭线性流形的 $F(R)\mathcal{M}_{\lambda_n'}$ 成立. 所以 $P_{\mathcal{M}_{\lambda_n'}} \geqslant E\left(I^{(n)}\right)$, 因此

$$P_{\bar{\mathcal{M}}} \geqslant \sum_{n=-\infty}^{+\infty} P_{\mathcal{M}_{\lambda_n'}} \geqslant \sum_{n=-\infty}^{+\infty} E\left(I^{(n)}\right) = \sum_{n=-\infty}^{+\infty} \left(E\left(\lambda^{(n+1)}\right) - E\left(\lambda^{(n)}\right)\right) = I - O = I.$$

由此得到

$$\sum_{n=-\infty}^{+\infty} P_{\mathcal{M}_{\lambda_n'}} = P_{\bar{\mathcal{M}}} = I, \quad P_{\mathcal{M}_{\lambda_n'}} = E\left(I^{(n)}\right),$$

即 $F(R)$ 有一个由 λ_n' 组成的纯连续谱.

因此, $F(\mathcal{R})$ 精确可测量, 且其值等于 λ_n' 的概率, 即 $\mathcal{R}$ 的值在 $I^{(n)}$ 中的概率是

$$\|P_{\mathcal{M}_{\lambda_n'}}\psi\|^2 = \|E\left(I^{(n)}\right)\psi\|^2,$$

与 **P** 对 $\mathcal{R}$ 的结论一致.

此外, 这一结果也可以在物理上作出解释, 它表明该理论与普通直觉物理观点完全一致.

在经典力学 (无任何量子条件) 观测方法中, 我们在每个状态对每个量 $\mathcal{R}$ 给了一个完全确定的值. 但同时, 我们注意到, 作为人为观测不完善的后果 (指示器的读数或照相底板曝光黑点, 都只能以有限精度得到, 从而位置的确定也是如此), 每个可用的测量装置只在某个 (永远不会为零的) 误差范围内提供测量值. 通过尽可能对测量方法进行改进, 这一误差范围可以做到任意接近 0—— 但误差永远不会精确地为 0, 可以想象, 这种测量的不精确性在量子理论中, 对于量 $\mathcal{R}$ 的测量亦然, 人们按习惯方式去做事 (尤其是在量子力学发现之前), 它们并非量子化的; 这种期待被保持, 例如, 对于电子的笛卡儿坐标 (可以取 $-\infty$ 到 $+\infty$ 之间的每个值, 且其算子有连续谱). 另一方面, 对那些 (按我们的直觉) 可量子化的量, 反而是可以精确测量的, 因为可以设这些量只取离散值, 并以足够的精度观测, 确定那些 "量子化" 数值中的哪一个出现了就可以了. 这样的值便相对于有绝对精度的 "观测值". 例如, 如果我们知道一个氢原子的能量低于倒数第二个能级水平, 那么, 我们便得到绝对精确的结论: 该氢原子处于最低能量状态.

恰如矩阵理论分析已经证明的 (见 1.2 节与 2.6 节), 这种量子化与非量子化的区分对应于量 $\mathcal{R}$ 与算子 R 有无纯离散谱的区分. 对于前者, 且仅对于前者, 存在绝对精确测量的可能性; 对于后者, 我们发现可以观测到的仅仅是任意好 (但绝非绝对好) 的精确度 [126].

此外, 应当注意到, 引入 "非正常的" 本征函数, 即不属于希尔伯特空间的本征函数 (在前言与 1.3 节中提到过, 亦见 2.8 节, 尤其是注 84, 86), 也给出了处理实际问题的一种方法, 但不如我们的方法好. 该方法假设存在这样一些状态, 其中具有连续谱的量精确地取得某些值, 虽然这种情况永远不会发生. 尽管这样的理想化曾经多次被建议, 我们相信因为以上原因而必须予以摒弃, 更何况它在数学上也是站不住脚的.

对于单个量的测量过程, 上面的讨论提供了解决问题的新结论, 我们也可以把这些结果推广到同时测量几个量的问题.

首先, 设 $\mathcal{R}, \mathcal{S}$ 是两个量, 它们分别有算子 R, S. 现在设它们是同时可测量的. 由此会得到什么结果呢?

我们从假定精确的可测量性开始, 所以 R, S 都必须有纯离散谱: 分别记为 $\lambda_1, \lambda_2, \cdots$ 与 $\mu_1, \mu_2, \cdots$. 设与它们对应的本征函数的完全标准正交系是 $\varphi_1, \varphi_2, \cdots$ 与 $\psi_1, \psi_2, \cdots$.

为了讨论最简单的情况, 我们首先设其中一个算子, 如 R, 只有单重本征值, 即当 $m \neq n$ 时, $\lambda_m \neq \lambda_n$.

若我们同时测量 $\mathcal{R}, \mathcal{S}$, 则随后会出现一种状态, 在其中无论是 $\mathcal{R}$ 还是 $\mathcal{S}$ 都有一个以前测量的肯定的值, 记这些值为 $\lambda_{\bar{m}}, \mu_{\bar{n}}$. 于是, 存在的状态必须满足关系式 $R\psi = \lambda_{\bar{m}}\psi, S\psi = \mu_{\bar{n}}\psi$. 由第一个方程得到 $\psi = \varphi_{\bar{m}}$ (除了可以忽略的一个数字因子), 而由第二个方程, 若 $\mu_{n_1}, \mu_{n_2}, \cdots$ 都是等于 $\mu_{\bar{n}}$ 的 μ_n, 则 $\psi = \sum_\nu a_\nu \psi_{n_\nu}$. 若初始状态是 φ, 则 $\lambda_{\bar{m}}, \varphi_{\bar{m}}$ 有概率 $|(\varphi, \varphi_{\bar{m}})|^2$. 因此对 $\varphi = \varphi_m$, $\bar{m} = m$ 是肯定的, 从而我们可以说, 对每个 m, φ_m 都可以展开为有相等 μ_{n_ν} 的 $\sum_\nu a_\nu \psi_{n_\nu}$, 即 $S\varphi_m = \bar{\mu}\varphi_m (\bar{\mu} = \mu_{n_1} = \mu_{n_2} \cdots)$. 所以, 对于 $f = \varphi_m$, $RSf = SRf$ 成立 (二者都等于 $\lambda_m \bar{\mu} \cdot \varphi_m$). 因此, 这也对它们的线性组合成立, 且若 R, S 是连续的, 它们的极限点 (即所有 f) 也是, 因此 R, S 可易.

若 R, S 不是连续的, 则我们论证如下: 属于 R, S 的单位分解 $E(\lambda), F(\mu)$ 定

126 在所有这些情形, 我们都假设被观测系统的结构与测量装置 (即所有环境作用力场等) 都是精确已知的, 待求的只有状态 (即坐标的瞬时值). 若这些 (理想化的) 假设未能被证明是正确的, 则自然存在额外的不确定性来源.

我们对不精确测量的描述方式, 也有着一定的理想化. 我们假设这些测量可以绝对肯定地确定一个值是否在区间 $I = \{\lambda', \lambda''\}, \lambda' < \lambda''$ 中. 事实上, 边界 λ', λ'' 是模糊的, 即必需的区别只以一定的概率成立. 尽管如此, 看起来我们的描述方式, 至少迄今为止, 是数学上最方便的.

义为

$$E(\lambda)=\sum_{\lambda_m\leqslant\lambda}P_{[\varphi_m]},\quad F(\mu)=\sum_{\mu_n\leqslant\mu}P_{[\psi_n]}.$$

所以

$$E(\lambda)\varphi_m=\begin{cases}\varphi_m, & \text{对 } \lambda\geqslant\lambda_m,\\ 0, & \text{对 } \lambda<\lambda_m,\end{cases}$$

$$F(\mu)\varphi_m=\begin{cases}\varphi_m, & \text{对 } \mu\geqslant\bar{\mu},\\ 0, & \text{对 } \mu<\bar{\mu},\end{cases}$$

因此, 在任何情况下, 对所有 φ_m 都有 $E(\lambda)F(\mu)\varphi_m=F(\mu)E(\lambda)\varphi_m$. 如前一样, 由此得到 $E(\lambda),F(\mu)$ 的可易性, 故 (由 2.10 节) 也有 R,S 的可易性.

但由 2.10 节, 存在关于 R,S 有公共本征函数的完全正交系; 即可以认为 $\varphi_m=\psi_m$. 因为对 $m\neq n$ 有 $\lambda_m\neq\lambda_n$, 我们可以构造一个函数 $F(\lambda)$ 满足

$$F(\lambda)=\begin{cases}\mu_n, & \text{对 } \lambda=\lambda_n,\ n=1,2,\cdots,\\ \text{任意}, & \text{其他},\end{cases}$$

则 $S=F(R)$, 即 $\mathcal{S}=F(\mathcal{R})$. 也就是, $\mathcal{R},\mathcal{S}$ 不仅是同时可测量的, 而且由于 $\mathcal{S}$ 是 $\mathcal{R}$ 的一个函数, 即由 $\mathcal{R}$ 按因果律确定, 故 $\mathcal{R}$ 的每次测量也是 $\mathcal{S}$ 的一次测量 [127].

以下我们转向更一般的情况, 即对 R,S 本征值的多重性不做任何假设, 在这种情况下我们要用本质上不同的方法作研究.

首先考虑量 $\mathcal{R}+\mathcal{S}$. 对 $\mathcal{R},\mathcal{S}$ 的同时测量也是对 $\mathcal{R}+\mathcal{S}$ 的同时测量, 因为前者的结果相加给出了 $\mathcal{R}+\mathcal{S}$ 的值. 所以, $\mathcal{R}+\mathcal{S}$ 在每个状态 ψ 的期望值是 $\mathcal{R}$ 与 $\mathcal{S}$ 的期望值之和. 值得注意的是, 该结论与 $\mathcal{R},\mathcal{S}$ 是否统计独立无关, 或者它们之间是否存在 (与怎样存在) 相关性皆无关, 因为众所周知, 以下规则

$$\text{和的期望值} = \text{期望值之和}$$

一般地成立. 因此, 若 T 是 $\mathcal{R}+\mathcal{S}$ 的算子, 则这个期望值一方面是 $(T\psi,\psi)$, 另一方面又是

$$(R\psi,\psi)+(S\psi,\psi)=((R+S)\psi,\psi).$$

因此 $T=R+S$. 所以 $\mathcal{R}+\mathcal{S}$ 有算子 $R+S$[128]. 用同样的方法, 我们可以证明 $a\mathcal{R}+b\mathcal{S}$ $(a,b$ 是实数) 有算子 $aR+bS$ (这也可以由第一个公式得到, 若我们在函数 $F(\lambda)=a\lambda,G(\mu)=b\mu$ 中代入 $\mathcal{R},\mathcal{S}$ 与 R,S).

$\mathcal{R},\mathcal{S}$ 的同时测量也是

---

127 最后一个命题可以借助 **P** 验证. 属于 R 与 S 的单位分解可以根据 2.8 节构成.

128 我们证明了这个定理, 据之, 对可同时测量的 $\mathcal{R},\mathcal{S}$, $\mathcal{R}+\mathcal{S}$ 的算子是 R 与 S 的算子之和. 见 4.1 节末与 4.2 节所述.

$$\frac{\mathcal{R}+\mathcal{S}}{2},\left(\frac{\mathcal{R}+\mathcal{S}}{2}\right)^2,\frac{\mathcal{R}-\mathcal{S}}{2},\left(\frac{\mathcal{R}-\mathcal{S}}{2}\right)^2,\left(\frac{\mathcal{R}+\mathcal{S}}{2}\right)^2-\left(\frac{\mathcal{R}-\mathcal{S}}{2}\right)^2=\mathcal{R}\cdot\mathcal{S}$$

的测量. 这些量的算子 (如果我们也应用以下事实, 若 T 是 $\mathcal{T}$ 的算子, 则 $F(\mathcal{T})$ 有算子 $F(T)$, 从而 $\mathcal{T}^2$ 有算子 T^2) 是

$$\frac{R+S}{2},\left(\frac{R+S}{2}\right)^2=\frac{R^2+S^2+RS+SR}{4},$$
$$\frac{R-S}{2},\left(\frac{R-S}{2}\right)^2=\frac{R^2+S^2-RS-SR}{4},$$
$$\left(\frac{R+S}{2}\right)^2-\left(\frac{R-S}{2}\right)^2=\frac{RS+SR}{2}.$$

也就是: $\mathcal{R}\cdot\mathcal{S}$ 有算子 $\frac{1}{2}(RS+SR)$. 这也对所有 $F(\mathcal{R}),G(\mathcal{S})$ (它们也被测量) 成立, 因此 $F(\mathcal{R})$. $G(\mathcal{S})$ 有算子 $\frac{1}{2}(F(R)G(S)+G(S)F(R))$.

现在, 设 $E(\lambda),F(\mu)$ 是对应于 R,S 的单位分解. 进而, 设

$$F(\lambda)=\begin{cases}1, & 对\ \lambda\leqslant\bar{\lambda},\\ 0, & 对\ \lambda>\bar{\lambda},\end{cases}\qquad G(\mu)=\begin{cases}1, & 对\ \mu\leqslant\bar{\mu},\\ 0, & 以\ \mu>\bar{\mu}.\end{cases}$$

如我们所知, $F(R)=E(\bar{\lambda}),G(S)=F(\bar{\mu})$, 因此, $F(\mathcal{R})\cdot G(\mathcal{S})$ 有算子 $\frac{EF+FE}{2}$ (为了简洁起见, 我们把 $E(\bar{\lambda}),F(\bar{\mu})$ 用 E,F 替代). 由于 $F(\mathcal{R})$ 总是等于 0 或 1, 我们有 $F(\mathcal{R})^2=F(\mathcal{R})$, 且因此,

$$F(\mathcal{R})\cdot(F(\mathcal{R})\cdot G(\mathcal{S}))=F(\mathcal{R})\cdot G(\mathcal{S}).$$

现在我们应用乘法公式于 $F(\mathcal{R})$ 与 $F(\mathcal{R})\cdot G(\mathcal{S})$(二者都是同时可测量的). 于是, 对这个乘积的算子, 我们得到

$$\frac{E\dfrac{EF+FE}{2}+\dfrac{EF+FE}{2}E}{2}=\frac{E^2F+2EFE+FE^2}{4}=\frac{EF+FE+2EFE}{4}.$$

它必须等于 $\frac{1}{2}(EF+FE)$, 由之可得

$$EF+FE=2EFE.$$

左乘 E 得到

$$E^2F+EFE=2E^2FE,\quad EF+EFE=2EFE,\quad EF=EFE,$$

右乘 E 得到

$$EFE + FE^2 = 2EFE^2, \quad EFE + FE = 2EFE, \quad FE = EFE,$$

因此 $EF = FE$, 即所有 $E(\bar{\lambda}), F(\bar{\mu})$ 是可易的. 所以 R, S 又是可易的.

2.10 节中已经确定, 要求 R, S 可易的条件等价于要求存在一个埃尔米特算子 T, 使得 R 与 S 是它的函数: $R = F(T), S = G(T)$. 若该算子属于量 $\mathcal{T}$, 则 $\mathcal{R} = F(\mathcal{T})$, $\mathcal{S} = G(\mathcal{T})$. 然而, 对同时可测量性, 这个条件也是充分的, 因为对 $\mathcal{T}$ 的测量 (由于 T 有纯离散谱而绝对精确, 见 2.10 节) 也同时测量了其函数 $\mathcal{R}, \mathcal{S}$. 因此, R, S 的可易性是充分必要条件.

若给定多个 (但有限个) 变量 $\mathcal{R}, \mathcal{S}, \cdots$, 设它们的算子是 $R, S, \cdots$, 若又要求绝对精确的测量, 则有关同时可测量性的情况如下. 若所有量 $\mathcal{R}, \mathcal{S}, \cdots$ 都是同时可测量的, 则由它们构成的任何一对必定也是同时可测量的. 也就是, 所有算子 $R, S, \cdots$ 成对可易. 反之, 若所有 $R, S, \cdots$ 彼此可易, 则由 2.10 节, 存在一个可由之构成所有函数的算子 T: $R = F(T), S = G(T), \cdots$. 且因此, 关于对应的量 $\mathcal{T}$ 有: $\mathcal{R} = F(\mathcal{T})$, $\mathcal{S} = G(\mathcal{T}), \cdots$. 所以, $\mathcal{T}$ 的一个精确测量 ($\mathcal{T}$ 有纯离散谱, 见 2.10 节) 是 $\mathcal{R}, \mathcal{S}, \cdots$ 的同时测量. 即 $R, S, \cdots$ 的可易性对 $\mathcal{R}, \mathcal{S}, \cdots$ 的同时可测量性是充分必要的.

现在考虑这样的测量, 它不是绝对精确的, 而只有事先给定的 (任意好) 精度. 于是 $R, S, \cdots$ 无须有纯离散谱.

因为 $\mathcal{R}, \mathcal{S}, \cdots$ 的有限精度测量, 其实与 $F(\mathcal{R}), G(\mathcal{S}), \cdots$ 的绝对精确测量相同, 其中 $F(\lambda), G(\lambda), \cdots$ 是某些函数, 其构成方式在本节初描述过 (在关于有限精度单个测量的讨论中, 当然只有 $F(\lambda)$ 是给定的), 我们可以推断, 若所有 $F(\mathcal{R}), G(\mathcal{S}), \cdots$ 都是同时可测量的 (当然都有绝对精度), 则 $\mathcal{R}, \mathcal{S}, \cdots$ 肯定是同时可测量的. 但整个条件等价于 $F(R), G(S), \cdots$ 的可易性, 而这来自 $R, S, \cdots$ 的可易性. 因此, R, S 的可易性在任何情况下都是充分的.

反之, 若 $\mathcal{R}, \mathcal{S}, \cdots$ 被取为同时可测量的, 则我们如下进行. $\mathcal{R}$ 的一个充分精确的测量容许我们区分其值是 $> \bar{\lambda}$ 或 $\leqslant \bar{\lambda}$ (见我们在注 126 中讨论的 "有限精度" 的定义). 于是若 $F(\lambda)$ 定义为

$$F(\lambda) = \begin{cases} 1, & \text{对 } \lambda \leqslant \bar{\lambda}, \\ 0, & \text{对 } \lambda > \bar{\lambda}, \end{cases}$$

则 $F(\mathcal{R})$ 是以绝对精度可测量的. 对应地, 若

$$G(\mu) = \begin{cases} 1, & \text{对 } \mu \leqslant \bar{\mu}, \\ 0, & \text{对 } \mu > \bar{\mu}, \end{cases}$$

则 $G(\mathcal{S})$ 是以绝对精度可测量的, 此外, 二者都是同时可测量的. 因此, $F(R), G(S)$ 可易. 现在设 $E(\lambda), F(\mu)$ 是属于 R, S 的单位分解. 则 $F(R) = E(\bar{\lambda}), G(S) = F(\bar{\mu})$, 且因此 $E(\bar{\lambda}), F(\bar{\mu})$ 对所有 $\bar{\lambda}$ 可易. 所以, R, S 可易. 由于就算子 $R, S, \cdots$ 中的每对而言必须同样成立, 所有 $R, S, \cdots$ 都必须成对可易. 故这个条件也是必要的.

由此可见, 关于任意 (有限) 个数的量 $\mathcal{R}, \mathcal{S}, \cdots$ 的同时可测量性, 其特征条件是它们的算子 $R, S, \cdots$ 的可易性. 事实上, 不论是绝对精确测量或任意精确测量, 算子 $R, S, \cdots$ 的可易性都成立. 但在第一种情况下, 也要求算子具有离散谱 —— 这是绝对精确测量的特征.

总之, 我们得到了数学上的证明: **P** 在该理论 (即在任何包含 **P** 的理论) 中, 做出了一般可能的最广泛的结论. 这是因为它只要求算子 $R_1, \cdots, R_l$ 的可易性, 而没有这个条件, 对 $\mathcal{R}_1, \cdots, \mathcal{R}_l$ 同时测量的结果将无话可说, 因为对这些量的同时测量, 在那种情况下一般说来是不可能的.

3.4 不确定性关系

在以上几节中, 对于一个量或多个同时可测量的量的测量过程, 我们已获得了重要信息. 现在, 我们必须发展对非同时可测量诸星的测量过程, 如果我们对同样系统 (在同样状态 φ) 的统计数据有兴趣.

因此, 设两个非同时可测量的量为 $\mathcal{R}, \mathcal{S}$, 以及它们的 (不可易) 算子 R, S 已经给定. 尽管有这个假设, 仍可以存在这样的状态 φ, 使得在其中这两个量都有严格定义的值 (即无偏差)—— 即二者有公共的本征函数; 但不能由这些本征函数构成完全标准正交系, 因为它们的 R, S 不可易 (见 2.8 节中关于对应的单位分解 $E(\lambda), F(\lambda)$ 所做的构建; 若 $\varphi_1, \varphi_2, \cdots$ 是所提到的完全正交系, 则 $E(\lambda)$ 以及 $F(\lambda)$ 都是 $P_{[\varphi_\varrho]}$ 和式, 且由于 $P_{[\varphi_\varrho]}$ 可易, 它们也可易). 容易看出, 这表示: 由这些 φ 所张成的闭线性流形 $\mathcal{M}$ 必定小于 $\mathcal{R}_\infty$, 因为若它等于 $\mathcal{R}_\infty$, 则与 2.6 节开始时关于单个算子的处理完全一样, 可精确地构建想要找到的完全标准正交系.

对 $\mathcal{M}$ 中的诸状态, 我们的 $\mathcal{R}, \mathcal{S}$ 是同时可测量的. 为了说明这一点, 最方便的是陈述同时测量的一个模型. 由于 R, S 的公共本征函数张成 $\mathcal{M}$, 故存在标准正交系 $\varphi_1, \varphi_2, \cdots$ 张成 $\mathcal{M}$ (即在 $\mathcal{M}$ 中是完全的) (这也可以用前面在 2.6 节中描述的构建方法得到). 我们扩张 $\varphi_1, \varphi_2, \cdots$, 并通过添加一个张成 $\mathcal{R}_\infty - \mathcal{M}$ 的标准正交系 $\psi_1, \psi_2, \cdots$, 来构成一个完全标准正交系 $\varphi_1, \varphi_2, \cdots, \psi_1, \psi_2, \cdots$. 现在设 $\lambda_1, \lambda_2, \cdots, \mu_1, \mu_2, \cdots$ 是不同的数字, 并由下式:

$$T\left(\sum_n x_n \cdot \varphi_n + \sum_n y_n \cdot \psi_n\right) = \sum_n \lambda_n x_n \cdot \varphi_n + \sum_n \mu_n y_n \cdot \psi_n,$$

定义 $\mathcal{T}$, 这里 $\mathcal{T}$ 是对应的量.

$\mathcal{T}$ 的一个测量 (如我们由 2.3 节所知) 产生 $\varphi_1, \varphi_2, \cdots, \psi_1, \psi_2, \cdots$ 的状态之一. 若产生了一个 φ_n (通过观察到测量结果是 λ_n 而知道), 则我们也可知 $\mathcal{R}$ 与 $\mathcal{S}$ 的值, 因为按我们的假设, $\mathcal{R}, \mathcal{S}$ 在 φ_n 中有严格定义的值, 并且在紧随其后的 $\mathcal{R}$ 与 $\mathcal{S}$ 的一次测量中, 我们可以肯定地预测会找到这些对应的值. 另一方面, 若 ψ_n 是结果, 则我们对此一无所知 (ψ_n 不在 $\mathcal{M}$ 中, 因此 R, S 不在 ψ_n 中严格定义). 然而如我们所知, 找到 ψ_n 的概率是 $(P_{[\psi_n]}\varphi, \varphi)$, 而找到某个 $\psi_n\,(n = 1, 2, \cdots)$ 的概率是

$$\sum_n (P_{[\psi_n]}\varphi, \varphi) = (P_{\mathcal{R}_\infty - \mathcal{M}}\varphi, \varphi) = \|P_{\mathcal{R}_\infty - \mathcal{M}}\varphi\|^2 = \|\varphi - P_{\mathcal{M}}\varphi\|^2$$

若 φ 属于 $\mathcal{M}$, 即若 $\varphi = P_{\mathcal{M}}\varphi$, 则这个概率 $= 0$, 即 $\mathcal{R}, \mathcal{S}$ 肯定同时可测量 [129].

由于我们现在对非同时可测量的量感兴趣, 假定存在极端的情况 $\mathcal{M} = \mathcal{O}$; 即 $\mathcal{R}, \mathcal{S}$ 在任何状态都不是同时可测量的, 因为不存在对 R, S 公共的本征函数.

若 R, S 有单位分解 $E(\lambda), F(\lambda)$, 且系统处于状态 φ 中, 则由 3.1 节可知, R, S 的期望值为

$$\varrho = (R\varphi, \varphi), \quad \sigma = (S\varphi, \varphi),$$

及其偏差, 即 $(\mathcal{R} - \varrho)^2, (\mathcal{S} - \sigma)^2$ 的期望值为 (见 3.3 节中对绝对精确测量的讨论)

$$\varepsilon^2 = ((R - \varrho \cdot I)\varphi, \varphi) = \|(R - \varrho \cdot I)\varphi\|^2 = \|R\varphi - \varrho\varphi\|^2,$$

$$\eta^2 = ((S - \sigma \cdot I)\varphi, \varphi) = \|(S - \sigma \cdot I)\varphi\|^2 = \|S\sigma - \sigma\varphi\|^2.$$

通过一个熟知的变换 [130]化为

$$\varepsilon^2 = \|R\varphi\|^2 - (R\varphi, \varphi)^2, \quad \eta^2 = \|S\varphi\|^2 - (S\varphi, \varphi)^2.$$

由 $\|\varphi\| = 1$ 与施瓦茨不等式 (即 2.1 节**定理 1**) 可知, 上两式右边 $\geqslant 0$. 这里出现了一个问题: 由于 ε 或 η 不能两个都为零, 但 ε 可以任意小, η 亦如此 ($\mathcal{R}, \mathcal{S}$ 分别任意精确可测量, 也许甚至绝对精确可测量), ε, η 之间必须有某种关系以防止它们同时成为任意小, 这样的一种关系是什么形式的呢?

---

129 关于 "$\mathcal{M}$ 对 φ 的同时可测量性", 就非绝对精确可测量的 $\mathcal{R}, \mathcal{S}$ (连续谱) 而言的详细讨论留给读者完成. 这可以用与 3.3 节中相同的处理方式进行.

130 算子运算如下:

$$\begin{aligned}\varepsilon^2 &= \left((R - \varrho \cdot I)^2\varphi, \varphi\right) = (R^2\varphi, \varphi) - 2\varrho \cdot (R\varphi, \varphi) + \varrho^2 \\ &= \|R\varphi\|^2 - 2(R\varphi, \varphi)^2 + (R\varphi, \varphi)^2 = \|R\varphi\|^2 - (R\varphi, \varphi)^2,\end{aligned}$$

对 η^2 的运算也是如此.

海森伯发现了这种关系的存在性 [131]. 对于量子力学所产生的关于对大自然描述中的不确定性知识而言, 这种关系是十分重要的. 现称之为不确定性关系. 我们将首先从数学上推导这种类型的最重要关系, 然后再回到其基本意义及与实验的联系.

在矩阵理论中, 有可易性

$$PQ - QP = \frac{h}{2\pi i} I$$

的算子 P, Q 起重要作用. 例如, 它们被看作坐标及与之共轭的动量 (见 1.2 节), 或者更一般地, 在经典力学中正则共轭的任意两个量 (例如, 见注 2 中提到的论文). 现在研究任意两个满足

$$PQ - QP = a \cdot I$$

的埃尔米特算子 P, Q (由 $(PQ - QP)^* = QP - PQ$ 可得 $(a \cdot I)^* = \bar{a} \cdot I, \bar{a} = -a : a$ 是纯虚数. 这个算子方程不一定被理解为需要两边定义域的等同性: $PQ - QP$ 无须处处有意义). 于是对每个 φ 有

$$\begin{aligned} 2\mathrm{Im}\,(P\varphi, Q\varphi) &= -i\,[(P\varphi, Q\varphi) - (Q\varphi, P\varphi)] = -i\,[(QP\varphi, \varphi) - (PQ\varphi, \varphi)] \\ &= (i\,(PQ - QP)\varphi, \varphi) = ia \cdot \|\varphi\|^2. \end{aligned}$$

设 $a \neq 0$, 则我们有 (根据 2.1 节**定理 1**)

$$\|\varphi\|^2 = -\frac{2i}{a}\mathrm{Im}\,(P\varphi, Q\varphi) \leqslant \frac{2}{|a|}\,|(P\varphi, Q\varphi)| \leqslant \frac{2}{|a|}\|P\varphi\| \cdot \|Q\varphi\|,$$

且因此, 对 $\|\varphi\| = 1$,

$$\|P\varphi\| \cdot \|Q\varphi\| \geqslant \frac{|a|}{2}.$$

因为 $P - \varrho \cdot I, Q - \sigma \cdot I$ 满足同样的可易性关系, 由同样的理由我们有

$$\|P\varphi - \varrho \cdot \varphi\| \cdot \|Q\varphi - \sigma \cdot \varphi\| \geqslant \frac{|a|}{2},$$

且若引入平均值与方差:

$$\varrho = (P\varphi, \varphi), \quad \varepsilon^2 = \|P\varphi - \varrho \cdot \varphi\|^2,$$

$$\sigma = (Q\varphi, \varphi), \quad \eta^2 = \|Q\varphi - \sigma \cdot \varphi\|^2,$$

131 Z. Physik, **43** (1927). 这些考虑被 Bohr, Naturwess., **16**(1928) 扩展. 随后的数学讨论首先来自 Kennard, Z. Physik, **44** (1926), 并由罗伯逊 (Robertson) 给出现在的形式.

则这成为

U. $$\varepsilon\eta \geqslant \frac{|a|}{2}.$$

为使等号成立, 充分必要条件是在以上推导中出现的不等号恒为等号. 记 $P' = P - \varrho \cdot I, Q' = Q - \sigma \cdot I$, 我们有

$$-\frac{i\,|a|}{a}\mathrm{Im}\,(P'\varphi, Q'\varphi) = |(P'\varphi, Q'\varphi)| = \|P'\varphi\| \cdot \|Q'\varphi\|.$$

由 2.1 节**定理 1**, 第二个等式表示 $P'\varphi, Q'\varphi$ 只相差一个常数因子, 且因为 $\|P'\varphi\| \cdot \|Q'\varphi\| \geqslant \frac{|a|}{2} > 0$ 意味着 $P'\varphi \neq 0, Q'\varphi \neq 0$, 因此必定有 $P'\varphi = c \cdot Q'\varphi, c \neq 0$. 但第一个等式表示 $(P'\varphi, Q'\varphi) = c \cdot \|Q'\varphi\|^2$ 是纯虚数, 且事实上, 它的 i 系数与 $-\frac{i\,|a|}{a}$ (a 是实数!) 有相同的符号, 即与 a 的符号相反. 因此, $c = i\gamma, \gamma$ 为实数并对 $\frac{a}{i} \lessgtr 0$ 分别 $\lessgtr 0$. 所以

Eq. $$P'\varphi = i\gamma \cdot Q'\varphi, \quad \gamma \text{ 为实数并对 } ia \lessgtr 0 \text{ 分别 } \lessgtr 0.$$

ϱ, σ 的定义也要求 $(P'\varphi, \varphi) = 0, (Q'\varphi, \varphi) = 0$. 但因为由 **Eq** 有 $(P'\varphi, \varphi) = i\gamma\,(Q'\varphi, \varphi)$, 且该方程中左边是实数, 而右边是纯虚数, 故两边都必须为零, 所以想要的方程自动成立. 我们还需要确定 ε, η. 已有的关系是

$$\varepsilon : \eta = \|P'\varphi\| : \|Q'\varphi\| = |c| = |\gamma|, \quad \varepsilon\eta = \frac{|a|}{2},$$

故因为 ε, η 都是正数,

$$\varepsilon = \sqrt{\frac{|a|\,|\gamma|}{2}}, \quad \eta = \sqrt{\frac{|a|}{2\,|\gamma|}}.$$

对量子力学的 $a = \frac{h}{2\pi i}$ 情形, 我们由 **U** 得到

U′. $$\varepsilon \cdot \eta \geqslant \frac{h}{4\pi}.$$

我们也可以在以下情况讨论方程 **Eq**: P, Q 是薛定谔理论的算子, $P = \frac{h}{2\pi i}\frac{\partial}{\partial q}$, $Q = q$ (见 1.2 节, 我们考虑的是一个单自由度系统, 它有单一坐标 q). 于是方程 **Eq** 成为

$$\left(\frac{h}{2\pi i}\frac{\partial}{\partial q} - \varrho\right)\varphi = i\gamma \cdot (q - \sigma)\,\varphi,$$

且因为 $ia = \dfrac{h}{2\pi} > 0$, 故 $\gamma > 0$. 因此

$$\frac{\partial}{\partial q}\varphi = \left\{-\frac{2\pi}{h}\gamma q + \frac{2\pi}{h}\gamma\sigma + \frac{2\pi}{h}i\varrho\right\}\varphi,$$

它给出

$$\begin{aligned}\varphi &= \exp\left[\frac{2\pi}{h}\int^q \{-\gamma q + \gamma\sigma + i\varrho\}\, dq\right] \\ &= C\cdot\exp\left[\frac{2\pi}{h}\left\{-\frac{1}{2}\gamma q^2 + \gamma\sigma q + i\varrho q\right\}\right] \\ &= C'\cdot\exp\left[-\frac{\pi\gamma}{h}(q-\sigma)^2\right]\cdot\exp\left[\frac{2\pi}{h}i\varrho q\right].\end{aligned}$$

因为 $\gamma > 0$, $\|\varphi\|^2 = \int_{-\infty}^{+\infty} |\varphi(q)|^2\, dq$ 确实是有限的, 而 C' 由 $\|\varphi\| = 1$ 得到

$$\begin{aligned}\|\varphi\|^2 = \int_{-\infty}^{+\infty} |\varphi(q)|^2\, dq &= |C'|^2 \int_{-\infty}^{+\infty} \exp\left[-\frac{2\pi\gamma}{h}(q-\sigma)^2\right] dq \\ &= |C'|^2 \sqrt{\frac{h}{2\pi\gamma}} \int_{-\infty}^{+\infty} e^{-x^2}\, dx \\ &= |C'|^2 \sqrt{\frac{h}{2\pi\gamma}}\sqrt{\pi} = |C'|^2 \sqrt{\frac{h}{2\gamma}} = 1,\end{aligned}$$

所以

$$|C'| = \left(\frac{2\gamma}{h}\right)^{\frac{1}{4}}.$$

因此, 通过忽略物理上不重要的绝对值为 1 的因子 $C' = \left(\dfrac{2\gamma}{h}\right)^{\frac{1}{4}}$, 我们得到

$$\varphi = \varphi(q) = \left(\frac{2\gamma}{h}\right)^{\frac{1}{4}} \exp\left[-\frac{\pi\gamma}{h}(q-\sigma)^2 + \frac{2\pi\varrho}{h}iq\right],$$

ε, η 给定为

$$\varepsilon = \sqrt{\frac{\gamma h}{4\pi}}, \quad \eta = \sqrt{\frac{h}{4\pi\gamma}}.$$

除了条件 $\varepsilon\eta = \dfrac{h}{4\pi}$ 之外, 由于 γ 由 0 到 $+\infty$ 变化, 它们是任意的. 也就是, 每组满足 $\varepsilon\eta = \dfrac{h}{4\pi}$ 的四个量值 $\varrho, \sigma, \varepsilon, \eta$ 精确地通过一个 φ 实现. 这些 φ 首先由海森伯研究过, 并用之于量子力学情况的解释. 对经典力学关系 (其中 p, q 均无偏差) 而言,

由于它们代表了 (在量子力学中) 最高可能度的近似, 这些 φ 是特别适用的, 且这里 ε 与 η 可以毫无限制地规定. (见注 131 中的文献.)

由以上的考虑, 我们只理解了不确定性关系的一个方面, 即形式方面; 为了完全理解这些关系, 还必须从另一角度 —— 直接物理学经验的角度 —— 进行考虑. 为了使不确定性关系与直接经验 (而不是作为量子力学原始依据的许多事实) 有更容易理解与更简单的关系, 以上的纯形式推导不能很好地完成这项任务. 直觉的讨论变得更加必要, 因为人们可以立即得到这样的印象, 这里存在着与普通直觉观点的冲突: 如果没有进一步的探讨, 则从常识角度很难理解, 为什么一个物体的位置与速度 (即坐标与动量) 不能同时以任意高的精度测量 —— 尽管有十分精细的测量仪器也不行. 因此, 认为必须用最精细测量过程 (也许只能在理想测量的意义上执行) 的精准分析来作解释的看法, 是不正确的. 其实, 在有不确定性的场合, 波动光学、电动力学与基本原子过程熟知的定律, 给精准测量带来了很大的困难. 且事实上, 所提及的过程已用纯粹经典方法 (并非量子理论方法) 研究过, 这一点可能已被注意到. 这是主旨性的重要观点. 它说明尽管不确定性关系明显地充满矛盾, 却并不与经典经验相冲突 (即在量子现象还未要求实质性地纠正先前的思维方法的场合)—— 且经典经验是不依赖于量子力学正确性的仅有类型, 事实上, 这也是我们的普通直觉思维方式可以直接理解的仅有类型 [132].

兹证若 p, q 是两个正则共轭量, 而系统所在状态的 p 值能以精度 ε 给定 (即测量 p 时的误差范围为 ε), 则 q 的精度不超过 $\eta = \dfrac{h}{4\pi} : \varepsilon$. 换言之, 精度为 ε 的 p 的测量, 必定在 q 值中带来不确定性 $\eta = \dfrac{h}{4\pi} : \varepsilon$.

自然地, 在这些定性的考虑中, 我们不能期望以完善的精确性探索到每个细节. 这样, 替代证明 $\varepsilon\eta = \dfrac{h}{4\pi}$, 我们只需要证明, 对最精确的测量, 可能达到的精度只是 $\varepsilon\eta \sim h$ (即 $\varepsilon\eta$ 的量级等同于 h). 作为一个典型例子, 我们考虑粒子 T 的共轭对 —— 位置 (坐标)-动量 [133].

首先研究位置的确定. 当人们观测 T 时, 即当 T 被光线照射, 其反射光被眼睛吸收时, 我们看到 T. 因此, 当光源 S 向 T 发射光量子 L 时, 因为与 T 碰撞而将其直线路径 $\beta\beta_1$ 改变为 $\beta\beta_2$, 且在路径的终点被屏幕 (代表眼睛或照相底板) 吸收而湮灭 (图 3.4.1). 测量发生在确认 L 撞击屏幕 2 ($\beta\beta_2$ 的终点), 而不是屏幕 1(它的未偏斜路径 $\beta\beta_1$ 的终点) 之时. 为了能够提供碰撞位置 (即 T) , 也必须知道 β 与 β_2 的方向 (即碰撞前后 L 的方向): 通过插入窄缝系统 ss 与 s′s′ 可以得到这些方

132 这一情况的基本意义曾被玻尔强调指出过. 见注 131 中的文献. 事实上, 下面采取的论据在以下这点上并非完全经典: 光量子的存在将被假定, 即频率为 ν 的光绝不会以小于 $h\nu$ 的能量出现的事实.

133 以下讨论归功于海森伯和玻恩. 见注 131 中的文献.

向 (用这种方式, 我们其实并未实现 T 的坐标的测量, 而只是回答了以下问题: 该坐标是否有对应于方向 β 与 β_2 交点的某值. 然而这个值可以通过窄缝的适当安排而随意选择. 几次这种确定的叠加, 即应用额外的 s′s′ 窄缝, 等价于完全的坐标测量). 问题是: 这种位置测量的精度如何?

根据光学成像定律, 这种测量有原则上的局限. 事实上, 采用波长为 λ 的光, 小于 λ 的物体不可能清晰地成像, 或者因为散射如此广泛地降低, 以至于可以说得到了一个 (歪曲的) 图像. 当然我们并不要求一个保真的光学映像, 因为只有 L 的偏斜影响 T 的定位. 尽管如此, 窄缝 ss 与 s′s′ 不能比 λ 窄, 否则若无相当大的衍射, L 不可能通过. 于是会出现一束干涉线 —— 以至于无法从连接相继窄缝 ss 线与 s′s′ 线的方向导出关于光线 β 与 β_2 方向的任何进一步信息. 其结果是, 用这种 L 射线, 绝不能以高于 λ 的精度瞄准与击中目标.

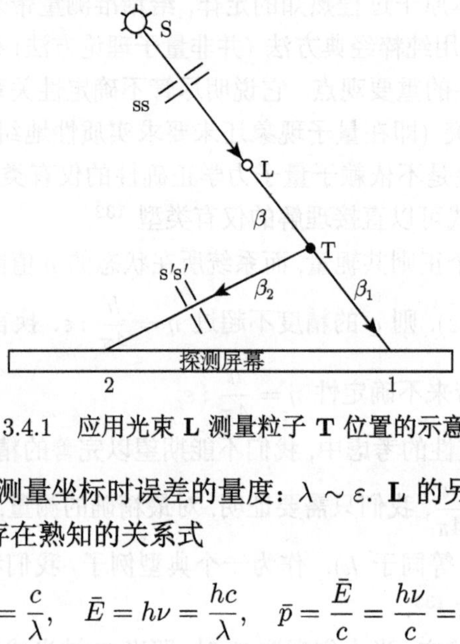

图 3.4.1　应用光束 **L** 测量粒子 **T** 位置的示意图

波长 λ 于是成为测量坐标时误差的量度: $\lambda \sim \varepsilon$. **L** 的另一些特征是: 频率 ν, 能量 $\bar{E}$ 与动量 $\bar{p}$, 且存在熟知的关系式

$$\nu = \frac{c}{\lambda}, \quad \bar{E} = h\nu = \frac{hc}{\lambda}, \quad \bar{p} = \frac{\bar{E}}{c} = \frac{h\nu}{c} = \frac{h}{\lambda}$$

(c 是光速)[134], 所以 $\bar{p} \sim \dfrac{h}{\varepsilon}$. 在 L 与 T (并不精确知道的) 的碰撞过程中有一个显然与 $\bar{p}$ 同量级的动量改变. 从而导致动量的不确定性 $\eta \sim \dfrac{h}{\varepsilon}$.

若未忽略一个细节, 则这将表示 $\varepsilon\eta \sim h$. 该碰撞过程并非真的如此不为人知. 实际上, 我们知道碰撞前后 L 的运动方向 (β 与 β_2), 且因此也知道其动量以及可以由此得到转变到 T 的动量. 因此, $\bar{p}$ 不是 η 的度量, 而光线 β 与 β_2 方向的可能的不确定性, 将提供这样的一个度量. 为能在小物体 T 的 "靶位" 及与之有关的方

134 例如, 见爱因斯坦的原始论文, Ann. Physik, **14** (1905); 或任何现代文献.

向不确定性之间建立更为精确的关系, 更加合适的是应用比窄缝 ss 更好的聚焦装置 —— 镜头. 为此, 必须考虑熟知的显微镜理论. 该理论有以下结论: 为了照亮一个有线性尺度 ε 的曲面元素 (即用 L 以精度 ε 击中 T), 波长 λ 与镜头光圈 φ 之间必定存在关系 $\dfrac{\lambda}{2\sin\frac{\varphi}{2}} \sim \varepsilon$ (图 3.4.2)[135].

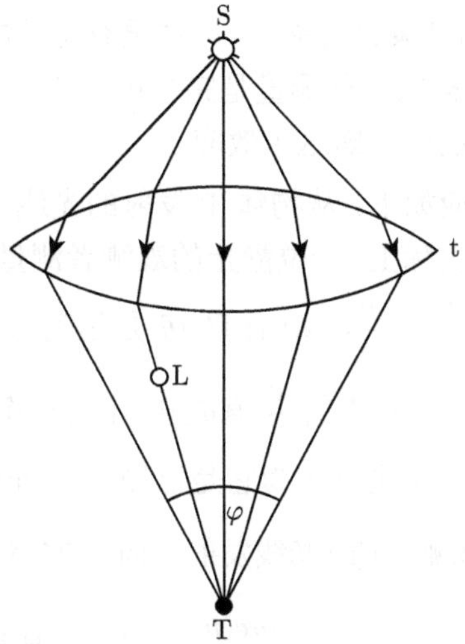

图 3.4.2 图 3.4.1 所示坐标测量装置的细化

因此, L 的动量的 tt 分量的不确定性, 依赖于它在 $-\dfrac{\varphi}{2}$ 与 $+\dfrac{\varphi}{2}$ 之间的方向, 但除此之外一无所知. 所以, 误差量为 $2\sin\dfrac{\varphi}{2}\bar{p} = \dfrac{\lambda}{\varepsilon}\dfrac{h}{\lambda} = \dfrac{h}{\varepsilon}$. 但这对 η 是正确的度量, 因此, 我们又得到 $\eta \sim \dfrac{h}{\varepsilon}$, 即 $\varepsilon\eta \sim h$.

这个例子很清楚地说明了不确定性原理的机制: 为了更精确地瞄准, 我们需要一个大眼睛 (较大的光圈 φ) 及很短波长的辐射, 即光量子有很不确定 (且大) 的动量, 它与被观测物体 T 在较大范围内发生不可预见的碰撞 (康普顿效应), 并因此造成了 T 的动量的分散.

让我们也考虑互补的测量过程: 速度 (动量) 的测量. 首先应当注意到, 测量 T 的速度的自然方法是测量它在两个不同时刻的位置, 如 0 与 t, 并把坐标的改变除以 t. 但在这种情况下, 时间区间 $[0, t]$ 中的速度必须是常数; 若速度变化, 则这个变

135 关于显微镜理论, 例如, 见 *Handbuch der Physik*, Berlin, 1927, vol. 18, 第二章 G. 在很精确的测量中, ε 及因此 λ 是很小的, 需应用 γ 射线或更短的波长. 普通镜头不能在这种情况下应用. 可用的仅有类型是其分子既不被 γ 射线散射, 又不被它移动位置的那些. 因为这种分子或粒子的存在性违背了已知的自然规律, 其应用只对理想化的实验有可能.

化是上述平均速度 (计算值) 与真实速度 (在 t 的瞬时值) 之间偏差的度量, 即测量的不确定性的度量. 对动量的测量有相同的结论成立. 现在, 若所得到的坐标测量有精度 ε, 这实际上并不影响平均动量的测量精度, 因为可以选择 t 为任意大. 然而, 它确实产生 $\frac{h}{\varepsilon}$ 量级的动量变化, 且因此, 确实产生与最终平均动量相联系的 $\eta \sim \frac{h}{\varepsilon}$ 量级的不确定性 (在其与上述平均动量的关系中). 从而这一步骤给出 $\varepsilon\eta \sim h$. 因此, 一种不同 (更想要) 的结果只可能 —— 如果有可能的话 —— 通过与位置测量无关的动量测量得到. 这样的一种测量是完全可能的, 且常常在天文学中应用. 它基于多普勒效应, 以下我们就考虑这个效应.

众所周知, 多普勒效应如下: 从物体 T 发射的光线以速度 v 运动, 发射频率为 ν_0 (在运动物体上测量), 实际上, 一位静止的观测者测量该光线会得到一个不同的频率 ν, 可用关系式 $\frac{\nu-\nu_0}{\nu_0} = \frac{v}{c}\cos\theta$ 计算 (θ 是运动方向与发射方向之间的角度. 该公式是非相对论的, 即它只对小的 $\frac{v}{c}$ 值成立; 不过这个局限性容易克服). 若 ν 被观察到, 而 ν_0 是已知的 —— 也许因为它是已知元素的一条特定谱线, 速度就可以确定. 更精确地, 速度在观测方向 (光线发射方向) 的分量 $v\cos\theta = \frac{c(\nu-\nu_0)}{\nu_0}$, 或等价地, 对应的动量分量 $p' = p\cos\theta = \frac{mc(v-v_0)}{v_0}$ (m 是物体 T 的质量). p' 的方差显然依赖于 ν 的方差 $\Delta\nu$, 因此 $\eta \sim \frac{mc\Delta\nu}{\nu_0} \sim \frac{mc\Delta\nu}{\nu}$. 当然, 当 T 发射频率为 ν 的光量子 (因此有动量 $\bar{p} = \frac{h\nu}{c}$) 时, T 的动量被改变, 但这个量的不确定性 $\frac{h\Delta\nu}{c}$ 与 $\frac{mc\Delta\nu}{\nu}$ 相比通常可以忽略 [136].

频率 ν 可用干涉方法测量, 但这种类型的测量, 只能对纯单色光列得到绝对准确的 ν 值. 这种光列有形式

$$a\sin\left(2\pi\left(\frac{q}{\lambda} - \nu t\right) + \alpha\right),$$

(这里 q 是坐标, t 是时间, a 是振幅, α 是相位, 这一表达式适用于电场或磁场强度的任意分量), 该公式在时间与空间上都可以向无穷拓展. 为了避免这个问题, 我们

136 $\frac{mc\Delta\nu}{\nu}$ 与 $\frac{h\Delta\nu}{c}$ 相比是大量, 表示 ν 与 $\frac{mc^2}{h}$ 相比是小量, 即 $\bar{E} = h\nu$ 与 mc^2 相比是小量. 这就是, 光量子 L 的能量与相对论静止能量 T 相比是小量 —— 这是对非相对论计算不可避免的一个假设.

首先因为 $\lambda=\dfrac{c}{\nu}$ 而把上述表达式写成

$$a\sin\left(2\pi\nu\left(\frac{q}{c}-t\right)+\alpha\right),$$

然后把它用 $F\left(\dfrac{q}{c}-t\right)$ 替换, 它只在一个有限区间上不为零. 若光源有这种形式, 则其傅里叶分析提供

$$F(x)=\int_0^\infty a_\nu\sin(2\pi\nu x+\alpha_\nu)\,d\nu,$$

并且干涉图形对所有满足 $a_\nu\neq 0$ 的频率 ν 显示. 事实上, 频率区间 $[\nu,\nu+d\nu]$ 有相对强度 $a_\nu^2 d\nu$. ν 的偏差, 即 $\Delta\nu$, 可由这种分布来计算.

如果我们的波列在 x 中有长度 τ, 即在 t 与 q 中的相应长度为 τ 与 $c\tau$, 则 ν 的偏差 $\sim\dfrac{1}{\tau}$ [137]. 位置的不确定性现在由这种测量方法导致, 因为 T 对个别光的

137 例如, 设 $F(x)$ 是频率为 ν_0 的有限单色波列, 由 0 延伸到 τ:

$$F(x)=\begin{cases}\alpha\sin 2\pi\nu_0 x, & \text{对 } 0\leqslant x\leqslant\tau,\\ 0, & \text{其他}.\end{cases}$$

(为了得到在结合部的连续性, $\sin 2\pi\nu_0 x$ 在那里必须为零, 即 $\nu_0=\dfrac{n}{2\tau}, n=1,2,3,\cdots$.) 于是, 基于已知的傅里叶积分的逆公式 (见注 87 中的文献), $a_\nu^2=b_\nu^2+c_\nu^2$ 以及

$$\left.\begin{matrix}b_\nu\\ c_\nu\end{matrix}\right\}=2\int_{-\infty}^{\infty}F(x)\begin{matrix}\cos\\ \sin\end{matrix}\,2\pi\nu x\cdot dx=2a\int_0^\tau\sin 2\pi\nu_0 x\begin{matrix}\cos\\ \sin\end{matrix}\,2\pi\nu x\cdot dx$$

$$=\pm a\int_0^\tau\left(\begin{matrix}\sin\\ \cos\end{matrix}\,\pi(\nu+\nu_0)x-\begin{matrix}\sin\\ \cos\end{matrix}\,\pi(\nu-\nu_0)x\right)dx$$

$$=-a\left[\frac{\begin{matrix}\cos\\ \sin\end{matrix}\,\pi(\nu+\nu_0)x}{\pi(\nu+\nu_0)}-\frac{\begin{matrix}\cos\\ \sin\end{matrix}\,\pi(\nu-\nu_0)x}{\pi(\nu-\nu_0)}\right]_0^\tau$$

$$=\begin{cases}-a\left[\dfrac{(-1)^n\cos\pi\nu\tau-1}{\pi(\nu+\nu_0)}-\dfrac{(-1)^n\cos\pi\nu\tau-1}{\pi(\nu-\nu_0)}\right]=\dfrac{-2a\nu_0\left(1-(-1)^n\cos\pi\nu\tau\right)}{\pi\left(\nu^2-\nu_0^2\right)},\\ -a\left[\dfrac{(-1)^n\sin\pi\nu\tau}{\pi(\nu+\nu_0)}-\dfrac{(-1)^n\sin\pi\nu\tau}{\pi(\nu-\nu_0)}\right]=\dfrac{2a\nu_0(-1)^n\sin\pi\nu\tau}{\pi\left(\nu^2-\nu_0^2\right)}.\end{cases}$$

因此

$$a_\nu=\frac{2a\nu_0\sqrt{2-2(-1)^n\cos\pi\nu\tau}}{\pi\left(\nu^2-\nu_0^2\right)}=\frac{4a\nu_0\left|\begin{matrix}\sin\\ \cos\end{matrix}\,\dfrac{1}{2}\pi\nu\tau\right|}{\pi\left(\nu^2-\nu_0^2\right)}=\frac{4a\nu_0\left|\sin\pi(\nu-\nu_0)\right|}{\pi\left(\nu^2-\nu_0^2\right)}.$$

如我们所见, $\nu=\nu_0$ 附近的频率影响最大, 而波列能量的最大部分落在 $\pi(\nu-\nu_0)\tau$ 有中等值的频率区间里. 因此, $\nu-\nu_0$ 的均方差 (或者 ν 的均方差, 这是同一回事) 有 $\dfrac{1}{\tau}$ 的量级. 表达式 $\dfrac{\int_0^\infty a_\nu^2(\nu-\nu_0)^2\mathrm{d}\nu}{\int_0^\infty a_\nu^2\mathrm{d}\nu}$ 的精确计算给出了相同的结果.

发射 (在观测方向) 经历一个回跳 $\frac{h\nu}{c}$, 即导致速度改变 $\frac{h\nu}{mc}$. 由于发射过程需要时间 τ, 我们对速度改变的时刻不能确定到比 τ 更精确. 从而造成位置的不确定性 $\varepsilon\sim\frac{h\nu}{mc}\tau$. 因此

$$\varepsilon\sim\frac{h\nu}{mc}\tau,\quad \eta\sim\frac{mc\Delta\nu}{\nu}=\frac{mc}{\nu}\frac{1}{\tau},\quad \varepsilon\eta\sim h.$$

故我们又得到 $\varepsilon\eta\sim h$.

如果 T 并非如同我们这里假设的那样是自照明的, 而是散射了其他光线 (即它是被照明的), 计算过程仍可以用类似的方式进行.

3.5　关于投影算子

如同在 3.1 节中那样, 考虑有 k 个自由度的物理系统 S, 其构形空间用 k 个坐标 $q_1,\cdots,q_k$ 描述 (见 1.2 节). 所有可以在系统 S 中形成的物理量 $\mathcal{R}$, 按经典力学的方式, 是 $q_1,\cdots,q_k$ 及其共轭动量 $p_1,\cdots,p_k$ 的函数: $\mathcal{R}=\mathcal{R}(q_1,\cdots,q_k,p_1,\cdots,p_k)$ (如哈密顿函数 $H(q_1,\cdots,q_k,p_1,\cdots,p_k)$). 另一方面, 在量子力学中, 我们已在 3.1 节中指出, 量 $\mathcal{R}$ 与超极大埃尔米特算子 R 一一对应; 特别是, $q_1,\cdots,q_k$ 对应于算子 $Q_1=q_1\cdot,\cdots,Q_k=q_k\cdot$, $p_1,\cdots,p_k$ 对应于算子 $P_1=\frac{h}{2\pi i}\frac{\partial}{\partial q_1},\cdots,P_k=\frac{h}{2\pi i}\frac{\partial}{\partial q_k}$. 在哈密顿函数的情况 (见 1.2 节) 已经注意到, 由于 Q_1,P_1 的不可易性, 一般不可能定义

$$R=\mathcal{R}(q_1,\cdots,q_k,p_1,\cdots,p_k).$$

尽管如此, 虽然不能对函数 $\mathcal{R}(q_1,\cdots,q_k,p_1,\cdots,p_k)$ 与算子 R 之间的关系给出最终及完全的规则, 我们还是可以陈述 3.1 节与 3.3 节中的特殊规则.

L. 若算子 R,S 对应于同时可观测的量 $\mathcal{R},\mathcal{S}$, 则算子 $aR+bS$ (a,b 是实数) 对应于量 $a\mathcal{R}+b\mathcal{S}$.

F. 若算子 R 对应于量 $\mathcal{R}$, 则算子 $F(R)$ 对应于量 $F(\mathcal{R})$, 这里 $F(\lambda)$ 是任意实函数.

L, **F** 还容许某些推广如下.

F*. 若算子 $R,S,\cdots$ 对应于同时可测量的 $\mathcal{R},\mathcal{S},\cdots$ (它们因此是可易的; 我们假定其个数有限), 则算子 $F(R,S,\cdots)$ 对应于量 $F(\mathcal{R},\mathcal{S},\cdots)$.

证明的方法是, 我们将假设 $F(\lambda,\mu,\cdots)$ 是 $\lambda,\mu,\cdots$ 的实多项式, 使得 $F(R,S,\cdots)$ 的含义清楚 ($R,S,\cdots$ 是可易的), 虽然 **F*** 也可以对任意 $F(\lambda,\mu,\cdots)$ 定义 (关于一般的 $F(R,S,\cdots)$ 的定义, 见注 94 中的文献). 由于每个多项式均通过重复三种运算 $a\lambda,\lambda+\mu,\lambda\mu$ 得到, 考虑这些便足够了, 又因 $\lambda\mu=\frac{1}{4}\left[(\lambda+\mu)^2-(\lambda-\mu)^2\right]$, 即

等于

$$\frac{1}{4}\cdot(\lambda+\mu)^2+\left(-\frac{1}{4}\right)\cdot(\lambda+(-1)\cdot\mu)^2,$$

我们可以把上述三种运算用 $a\lambda, \lambda+\mu, \mu^2$ 替代. 但头两种可归于 **L**, 最后一种可归于 **F**, 故 **F***得证.

另一方面, 在量子力学中甚至可以把 **L** 扩展到 $\mathcal{R},\mathcal{S}$ 非同时可测量的情况. 稍后我们将在 (4.1 节) 讨论这个问题. 目前将局限于以下观察: 对非同时可测量的 $\mathcal{R}$, $\mathcal{S}$, 甚至 $a\mathcal{R}+b\mathcal{S}$ 的意义都还不清楚.

除了物理量 $\mathcal{R}$, 还存在另一类作为物理学重要对象的概念范畴 —— 即系统 S 的状态的性质. 一些这样的性质是: 某个量 $\mathcal{R}$ 取值 λ、$\mathcal{R}$ 的值是正数、两个同时可观测的量 $\mathcal{R},\mathcal{S}$ 分别等于 λ,μ, 这些量的平方和 >1, 等等. 我们用 $\mathcal{R},\mathcal{S},\cdots$ 表示量, 它们的性质记为 $\mathcal{E},\mathcal{F},\cdots$. 如前面所讨论的, 超极大算子 R,S 对应于量. 那么什么对应于性质呢?

我们可以对每个性质 $\mathcal{E}$ 指定一个量, 其定义为: 每个分辨 $\mathcal{E}$ 是否存在的测量, 都被看作该量的一个测量, 例如, 若 $\mathcal{E}$ 被证实存在, 其值为 1, 而在相反的情况下为 0. 属于性质 $\mathcal{E}$ 的这个量, 也记为 $\mathcal{E}$.

这种量只取值 0 与 1, 反之, 只能取这两个值的每个量 $\mathcal{R}$ 对应于一个性质 $\mathcal{E}$, 它显然是: "$\mathcal{R}$ 的值 $\neq 0$." 因此, 对应于性质 $\mathcal{E}$ 的量用这种性态表征.

$\mathcal{E}$ 只取 0,1 这一点也可以表述如下: 把 $\mathcal{E}$ 代入多项式 $F(\lambda)=\lambda-\lambda^2$ 中使它恒为零. 若 $\mathcal{E}$ 有算子 E, 则 $F(\mathcal{E})$ 有算子 $F(E)=E-E^2$, 即条件是 $E-E^2=0$ 或 $E=E^2$. 换句话说, $\mathcal{E}$ 的算子 E 是投影算子.

因此, 投影算子 E 对应于性质 $\mathcal{E}$ (通过我们刚才定义的对应于量 $\mathcal{E}$ 的中介). 若我们与投影算子 E 一起, 引入属于它们的闭线性流形 $\mathcal{M}$ $(E=P_{\mathcal{M}})$, 则该闭线性流形 $\mathcal{M}$ 同样对应于性质 $\mathcal{E}$.

下面细致研究对应的 $\mathcal{E},E,\mathcal{M}$ 之间的关系.

若我们拟在状态 φ 确定一个性质 $\mathcal{E}$ 是否被证实, 则我们必须对量 $\mathcal{E}$ 进行测量, 并判定它的值是否为 1 或 0 (这些过程按定义是等同的). 因此, 前者的概率, 即 $\mathcal{E}$ 被证实的概率, 等于 $\mathcal{E}$ 的期望值, 即

$$(E\varphi,\varphi)=\|E\varphi\|^2=\|P_{\mathcal{M}}\varphi\|^2,$$

而后者, 即 $\mathcal{E}$ 未被证实的概率, 等于 $1-\mathcal{E}$ 的期望值, 即

$$((I-E)\varphi,\varphi)=\|(I-E)\varphi\|^2=\|\varphi-P_{\mathcal{M}}\varphi\|^2$$

(当然, 其和等于 (φ,φ), 即等于 1). 所以, $\mathcal{E}$ 肯定存在或肯定不存在, 这取决于第二个还是第一个概率等于零, 即取决于 $P_{\mathcal{M}}\varphi=\varphi$ 或 $P_{\mathcal{M}}\varphi=0$. 换言之, 取决于 φ 属于 $\mathcal{M}$ 或正交于 $\mathcal{M}$; 即取决于 φ 属于 $\mathcal{M}$ 或属于 $\mathcal{R}_\infty-\mathcal{M}$.

因此, $\mathcal{M}$ 可以被定义为肯定有性质 $\mathcal{E}$ 的所有 φ 的集合 (这样的 φ 其实只在位于曲面 $\|\varphi\|=1$ 的 $\mathcal{M}$ 的子集中. $\mathcal{M}$ 本身系通过把这些 φ 与正的常数相乘及添加零得到的).

若我们称与 $\mathcal{E}$ 相反的性质 ($\mathcal{E}$ 的否定) 为 "非 $\mathcal{E}$", 则由此立即可知, 若 $E,\mathcal{M}$ 属于 $\mathcal{E}$, 则 $I-E,\mathcal{R}_\infty-\mathcal{M}$ 属于 "非 $\mathcal{E}$".

如同量一样, 对性质也有同时可测量性 (或更确切地说是可判定性) 问题. 很清楚, 当且仅当对应的量 $\mathcal{E},\mathcal{F}$ 是同时可测量的 (是否以任意高精度或绝对精度不重要, 因为它们只能取值 0,1), 即当且仅当 E,F 可易时, $\mathcal{E},\mathcal{F}$ 是同时可判定的. 这对多个性质 $\mathcal{E},\mathcal{F},\mathcal{G},\cdots$ 同样成立.

由同时可判定性质 $\mathcal{E},\mathcal{F}$, 我们可以构成附加性质 "$\mathcal{E}$ 与 $\mathcal{F}$" 及 "$\mathcal{E}$ 或 $\mathcal{F}$". 若那些对应于 $\mathcal{E}$ 的量与对应于 $\mathcal{F}$ 的量均为 1, 则对应于 "$\mathcal{E}$ 与 $\mathcal{F}$" 的量为 1, 若两个量 (或其一) 为零, 则它为零. 因此, 它是这些量的乘积. 由 **F***, 该算子是 $\mathcal{E}$ 的算子与 $\mathcal{F}$ 的算子的乘积, 即 EF. 根据 2.4 节**定理 14**, 对应的闭线性流形 $\mathcal{P}$ 是 $\mathcal{M},\mathcal{N}$ 的公共部分.

另一方面, "$\mathcal{E}$ 或 $\mathcal{F}$" 可以写成

"非 ((非 $\mathcal{E}$) 与 (非 $\mathcal{F}$))",

因此其算子是

$$I-(I-E)(I-F)=E+F-EF,$$

(鉴于其起源, 这自然也是一个投影算子). 因为 $F-EF$ 是一个投影算子, 属于 $E+F-EF$ 的线性流形是 $\mathcal{M}+(\mathcal{N}-\mathcal{P})$ (2.4 节**定理 14**). 它是 $\{\mathcal{M},\mathcal{N}\}$ 的一个子集并且显然包含 $\mathcal{M}$, 且根据对称性, 也包含 $\mathcal{N}$, 因此也包含 $\{\mathcal{M},\mathcal{N}\}$ 全体, 故它为 $\{\mathcal{M},\mathcal{N}\}$. 又因为它是闭的, 从而为 $[\mathcal{M},\mathcal{N}]$.

若 $\mathcal{E}$ 是一个恒存在 (即空) 的性质, 则对应的量恒为 1, 即 $E=I$, $\mathcal{M}=\mathcal{R}_\infty$. 另一方面, 若 $\mathcal{E}$ 恒不存在 (即不可能), 则对应的量恒为零, 即 $E=O$, $\mathcal{M}=\mathcal{O}$. 若两个性质 $\mathcal{E},\mathcal{F}$ 是不相容的, 则它们至少必须是同时可判定的, 以及 "除 $\mathcal{F}$ 之外还有 $\mathcal{E}$" 必定是不可能的, 即 E,F 可易: $EF=O$. 但因为 $EF=O$ 意味着可易性 (2.4 节**定理 14**) , 这本身就是一个特征. 若预先假设 E,F 为可易的, 则 $EF=O$ 只表示 $\mathcal{M}$ 与 $\mathcal{N}$ 的公共子集只由 $\mathcal{O}$ 组成. 然而, E,F 的可易性并不只源于此. 事实上, $EF=O$ 等价于全部 $\mathcal{M}$ 与全部 $\mathcal{N}$ 正交 (2.4 节**定理 14**).

若 $\mathcal{R}$ 是有算子 R 的一个量, 单位分解 $E(\lambda)$ 属于 R, 则性质 "$\mathcal{R}$ 在区间 $I=\{\lambda',\mu'\}$ 中" ($\lambda'\leqslant\mu'$) 的算子是 $E(\mu')-E(\lambda')$. 为说明该结论正确, 只需注意到上述命题的概率是 $(E(\mu')-E(\lambda'))\varphi,\varphi)$ (见 3.1 节中的 **P**). 换句话说, 属于所述性质

的量是 $\mathcal{E}=F(\mathcal{R})$, 其中

$$F(\lambda)=\begin{cases}1, & 对\ \lambda'<\lambda\leqslant\mu',\\ 0, & 其他,\end{cases}$$

并且, $F(R)=E(\mu')-E(\lambda')$ (见 2.8 节或 3.1 节). 我们在 3.1 节中也称这个算子为 $E(I)$.

综上所述, 关于性质 $\mathcal{E}$, 其投影算子 E 与这些投影算子的闭线性流形 $\mathcal{M}$ 之间的关系, 我们得到了以下信息:

α) 在状态 φ, 性质 $\mathcal{E}$ 出现与不出现的概率分别是

$$(E\varphi,\varphi)=\|E\varphi\|^2=\|P_{\mathcal{M}}\varphi\|^2,$$

以及

$$((I-E)\varphi,\varphi)=\|(I-E)\varphi\|^2=\|\varphi-P_{\mathcal{M}}\varphi\|^2.$$

β) 仅对 $\mathcal{M}$ 与 $\mathcal{R}_\infty-\mathcal{M}$ 的状态 φ, $\mathcal{E}$ 分别肯定存在或肯定不存在.

γ) 对于多个性质 $\mathcal{E},\mathcal{F},\cdots$ 的同时可判定性, 算子 $E,F,\cdots$ 的可易性是其特征.

δ) 若 $E,\mathcal{M}$ 属于 $\mathcal{E}$, 则 $(I-E),\mathcal{R}_\infty-\mathcal{M}$ 属于 "非 $\mathcal{E}$".

ϵ) 若 $E,\mathcal{M}$ 属于 $\mathcal{E}$ 且 $F,\mathcal{N}$ 属于 $\mathcal{F}$, 又 $\mathcal{E},\mathcal{F}$ 可以同时判定, 则 EF 与 $\mathcal{M},\mathcal{N}$ 的公共部分属于 "$\mathcal{E}$ 与 $\mathcal{F}$", 及 $E+F-EF,\{\mathcal{M},\mathcal{N}\}$ (它等于 $[\mathcal{M},\mathcal{N}]$) 属于 " $\mathcal{E}$ 或 $\mathcal{F}$".

η) 若 $E=I$ (即若 $\mathcal{M}=\mathcal{R}_\infty$), 则 $\mathcal{E}$ 恒成立; 若 $E=O$ (即若 $\mathcal{M}=\mathcal{O}$), 则 $\mathcal{E}$ 恒不成立.

θ) 若 $EF=O$ (即若所有 $\mathcal{M}$ 正交于所有 $\mathcal{N}$), 则 $\mathcal{E},\mathcal{F}$ 不相容.

ζ) 设 $\mathcal{R}$ 是一个量, R 是它的算子, I 是一个区间. 又设 $E(\lambda)$ 是属于 R 的单位分解, $I=\{\lambda',\mu'\}(\lambda'\leqslant\mu')$, $E(I)=E(\mu')-E(\lambda')$ (见 3.1 节), 则算子 $E(I)$ 属于性质 "$\mathcal{R}$ 位于 I 中."

由 $\boldsymbol{\alpha}\sim\boldsymbol{\zeta}$ 我们可以推导出以前的概率结论 $\mathbf{P},\mathbf{E}_1,\mathbf{E}_2$, 以及 3.3 节关于同时可测量性的结论. 很显然, 后者等价于 **γ**; 从 **α**,**ϵ**,**ζ** 可推出 $\mathbf{P}$, 而由 $\mathbf{P}$ 又可得到 $\mathbf{E}_1,\mathbf{E}_2$.

易见物理系统的性质与投影算子之间的关系, 使得对之进行某种类型的逻辑运算成为可能. 然而与普通逻辑概念相比, 这一系统是被 "同时可判定性" 这个概念拓展的, 而该概念是量子力学的特征.

此外, 基于投影算子的命题的运算, 较基于 (超极大) 埃尔米特算子总体的量的运算为优, 因为"同时可判定性" 概念代表了"同时可测量性" 概念的精细化. 例如, 为了能够同时判定以下诸问题: " $\mathcal{R}$ 在 I 中吗? " 与 " $\mathcal{S}$ 在 J 中吗? " ($\mathcal{R},\mathcal{S}$ 分别有算子 R 与 S, 且它们分别有单位分解 $E(\lambda)$ 与 $F(\mu)$, $I=\{\lambda',\lambda''\}$, $J=\{\mu',\mu''\}$),

由 $\boldsymbol{\gamma}, \boldsymbol{\zeta}$ 只要求算子 $E(I) = E(\lambda'') - E(\lambda')$ 与 $F(J) = F(\mu'') - F(\mu')$ 可易. 然而对 $\mathcal{R}, \mathcal{S}$ 的同时可测量性, 所有 $E(\lambda)$ 与所有 $F(\mu)$ 都必须可易.

3.6 辐射理论

我们再次得到了 1.2 节中导出的统计结论, 且它们有了实质性的推广及系统性的分类, 但只有一个例外. 我们还缺乏从量子系统的一种定态到另一种定态的转移概率的海森伯表达式, 而这在量子力学的发展中起了重要的作用 (见 1.2 节中的评论). 按照狄拉克的方法 [138], 以下将说明这些转移概率如何可以从量子力学的普通统计论断, 即从刚刚发展的理论推导得到. 这是十分重要的, 因为这样的推导将会使我们更深入地洞察定态转变机制, 以及爱因斯坦–玻尔能量–频率条件. 以此为基础的狄拉克辐射理论, 也许是量子力学学科中最优雅的成就.

设 S 是一个系统 (例如, 一个量子化的原子), 其能量对应于哈密顿算子 H_0. 我们用单一符号 ξ 记描述构形空间 S 的坐标 (例如, 若 S 由 l 个粒子组成, 则有 $3l$ 个笛卡儿坐标,

$$x_1 = q_1, y_1 = q_2,\ z_1 = q_3, \cdots, x_l = q_{3l-2}, y_l = q_{3l-1}, z_l = q_{3l},$$

—— ξ 代表全部这些坐标); 进而, 为简单起见, 设 H_0 有纯离散谱: 本征值为 $w_1, w_2, \cdots$, 本征函数为 $\varphi_1(\xi), \varphi_2(\xi), \cdots$ (可能有几个 w_m 相同). S 的一个任意状态, 即一个波函数 $\varphi(\xi)$ 的演化, 遵循时间依赖的薛定谔方程 (见 3.2 节)

$$\frac{h}{2\pi i}\frac{\partial}{\partial t}\varphi_t(\xi) = -H_0\varphi_t(\xi).$$

故若 $t = t_0$, 有

$$\varphi_t(\xi) = \varphi(\xi) = \sum_{k=1}^{\infty} a_k\varphi_k(\xi),$$

则在任意时刻,

$$\varphi_t(\xi) = \sum_{k=1}^{\infty} a_k e^{-\frac{2\pi i}{h}w_k(t-t_0)}\varphi_k(\xi).$$

特征状态 $\varphi(\xi) = \varphi_k(\xi)$ 因此演化为 $e^{-\frac{2\pi i}{h}w_k(t-t_0)}\varphi_k(\xi)$, 即转变为其自身 (因为因子 $e^{-\frac{2\pi i}{h}w_k(t-t_0)}$ 是非实质性的), 从而 $\varphi_k(\xi)$ 是定态. 这样, 我们发现, 一般没有从一个状态到另一个状态的转变. 尽管如此, 为什么我们仍然提到这样的转变呢? 答

138 Proc. Roy. Soc., **114** (1927). 又见以下书中的表述, Weyl, *Gruppentheorie und Quantenmechanik*, 2nd. ed.. p.91 ff. Leipzig, 1931.

案是简单的. 我们忽略了引起这些转变的中介 —— 辐射. 基于原始玻尔理论, 定态量子轨道的破裂只在发出辐射时发生 (见注 5 中的文献), 但若这被忽略 (如在刚才给出的情景设置中), 则很有可能导致绝对与永久的稳定性. 因此, 我们必须扩展被研究的系统, 使之包括可能由 S 发出的辐射, 即一般地, 我们必须包括在任何情况下可能与 S 相互作用的所有辐射. 记 L 为由辐射形成的系统 (即经典理论的电磁场扣除由电子与核子电荷产生的静电场), 于是, S + L 是我们必须要研究的对象.

为此, 我们必须先完成以下诸项.

(1) 构建对 L 的量子力学描述, 即实现 L 的构形空间的描述.

(2) 构建 S + L 的能量算子. 该问题可以分为三部分:

α) 研究与 L 的存在无关的 S 的能量, 即 S 未受扰动时的能量, 用算子 H_0 来描述;

β) 研究与 S 的存在无关的 L 的能量, 即 L 未受扰动的能量, 用算子 H_1 描述;

γ) 研究与 S 及 L 相互作用相伴随的能量, 用算子 H_i 描述.

显然, 这里有与量子力学基本原理是否一致的问题, 这些问题必须首先用经典方式回答. 这样得到的结果, 然后可以翻译成算子形式 (见 1.2 节). 因此, 我们 (首先) 采用关于辐射本性的纯经典观点: 将辐射视为 (在辐射的电磁场理论的意义上) 电磁场的振荡状态 [139].

为了避免不必要的复杂性 (辐射在无限空间中的损失等), 我们设想把 S 与 L 包容在体积为 $\mathscr{V}$ 的一个非常大的腔 $\mathcal{H}$ 中, 这个腔有完美的反射壁. 众所周知, $\mathcal{H}$ 中电磁场的状态由电磁场强度 $\boldsymbol{E} = \{E_x, E_y, E_z\}$, $\boldsymbol{H} = \{H_x, H_y, H_z\}$ 描述. 所有量 $E_x, \cdots, H_z$ 都是 $\mathcal{H}$ 中点的笛卡儿坐标 x, y, z 与时间 t 的函数. 应当指出, 今后我们将常常考虑实空间向量 $\boldsymbol{a} = \{a_x, a_y, a_z\}, \boldsymbol{b} = \{b_x, b_y, b_z\}$, 等等 (如 $\boldsymbol{E}, \boldsymbol{H}$). 对这些向量应用内积或纯量积的概念

$$[\boldsymbol{a}, \boldsymbol{b}] = a_x b_x + a_y b_y + a_z b_z,$$

这不会与 $\mathcal{R}_\infty$ 中的内积 (φ, ψ) 混淆. 用 Δ 记微分算子 $\dfrac{\partial^2}{\partial x^2} + \dfrac{\partial^2}{\partial y^2} + \dfrac{\partial^2}{\partial z^2}$, 以及用 div, grad, curl 记熟知的向量运算. 在真空空间 $\mathcal{H}$ 中, 向量 $\boldsymbol{E}, \boldsymbol{H}$ 满足麦克斯韦方程:

$$\operatorname{div}\boldsymbol{H} = 0, \quad \operatorname{curl}\boldsymbol{E} + \frac{1}{c}\frac{\partial}{\partial t}\boldsymbol{H} = \boldsymbol{0},$$

$$\operatorname{div}\boldsymbol{E} = 0, \quad \operatorname{curl}\boldsymbol{H} - \frac{1}{c}\frac{\partial}{\partial t}\boldsymbol{E} = \boldsymbol{0}.$$

$\boldsymbol{H} = \operatorname{curl}\boldsymbol{A}$ 满足第一行的第一个方程, 其中, $\boldsymbol{A} = \{A_x, A_y, A_z\}$ 是所谓的向量

139 对此感兴趣的读者可在任何电动力学教科书中找到辐射的电磁理论处理, 例如, 见 Abraham und Becker, *Theorie der Elektrizität*, Berlin, 1930. 阅读这些也是为了以下麦克斯韦理论框架的发展.

势, 其分量也依赖于 x, y, z, t. 第一行的第二个方程可由 $\boldsymbol{E} = -\frac{1}{c}\frac{\partial}{\partial t}\boldsymbol{A}$ 变换, 故第二行的方程化为

$$\mathbf{A}.\qquad \operatorname{div}\boldsymbol{A} = 0, \quad \Delta\boldsymbol{A} - \frac{1}{c^2}\frac{\partial^2}{\partial t^2}\boldsymbol{A} = \mathbf{0}$$

(向量势通常以稍微不同的方式引入, 以改善在空间与时间中的对称性. 当前对 $\boldsymbol{A}$ 的设置提供了麦克斯韦方程的一般解 —— 这里特别应当注意到, 第二行的第一个方程其实只是给出了 $\frac{\partial}{\partial t}\operatorname{div}\boldsymbol{A} = 0$, 即 $\operatorname{div}\boldsymbol{A} = f(x, y, z)$ —— 见于麦克斯韦理论的大多数处理中, 因此, 这里将不在任何程度上拓展. 见注 139 中的文献). $\mathbf{A}$ 提供了我们以下讨论的起点. $\mathcal{H}$ 的壁的反射性 (由假设) 反映在以下条件中: $\boldsymbol{A}$ 必须垂直于在 $\mathcal{H}$ 的边界上的壁. 熟知的找到所有这样的 $\boldsymbol{A}$ 的方法是: 由于 t 在问题中无处显式出现, 最一般的 $\boldsymbol{A}$ 是所有这样的解的线性组合, 它们是依赖于 $\{x, y, z\}$ 的向量, 与一个依赖于时间 t 的纯量之乘积:

$$\boldsymbol{A} = \boldsymbol{A}(x, y, z, t) = \bar{\boldsymbol{A}}(x, y, z) \cdot \tilde{q}(t).$$

因此 $\mathbf{A}$ 给出

$$\mathbf{A_1}.\qquad \operatorname{div}\bar{\boldsymbol{A}} = 0, \quad \Delta\bar{\boldsymbol{A}} = \eta\bar{\boldsymbol{A}}, \quad \bar{\boldsymbol{A}}\text{ 在 }\mathcal{H}\text{ 的边界垂直于壁.}$$

$$\mathbf{A_2}.\qquad \frac{\partial^2}{\partial t^2}\tilde{q}(t) = c^2\eta\tilde{q}(t).$$

因为 $\mathbf{A_1}$, η 不依赖于 t. 又因为 $\mathbf{A_2}$, η 不依赖于 x, y, z, 因此, η 是常数.

所以, $\mathbf{A_1}$ 导致一个本征值问题, 其中 η 是本征值参数, $\bar{A}$ 是一般的本征函数. 这个问题的理论是完全已知的, 故这里我们只给出结果 [140]: $\mathbf{A_1}$ 有纯离散谱, 且所有本征值 $\eta_1, \eta_2, \cdots$ (设对应的 $\bar{\boldsymbol{A}}$ 为 $\bar{\boldsymbol{A}}_1, \bar{\boldsymbol{A}}_2, \cdots$) 为负数, 且当 $n \to +\infty$ 时, $\eta_n \to -\infty$. 我们可以把完全系 $\boldsymbol{A}_1, \boldsymbol{A}_2, \cdots$ 通过

$$\iiint_{\mathcal{H}} [\bar{\boldsymbol{A}}_m, \bar{\boldsymbol{A}}_n]dxdydz = \begin{cases} 4\pi c^2, & \text{对 } m = n, \\ 0, & \text{对 } m \neq n \end{cases}$$

标准化 (我们选择 $4\pi c^2$ 而不是通常的 1, 因为后面将证明, 这略微更有实用性). 记 $\eta_n = -\frac{4\pi^2\varrho_n^2}{c^2} < 0$ ($\varrho_n > 0$, 对 $n \to +\infty$ 有 $\varrho_n \to +\infty$), 则 $\mathbf{A_2}$ 给出:

$$\tilde{q}_n(t) = \gamma\cos 2\pi\varrho_n(t - \tau) \quad (\gamma, \tau \text{ 任意}).$$

140 见 R. Courant und D. Hilbert, *Methoden der mathematischen Physik I*, p. 358-363, Berlin, 1924.

因此, 一般解 $\boldsymbol{A}$ 可以展开为

$$\boldsymbol{A}=\boldsymbol{A}(x,y,z,t)=\sum_{n=1}^{\infty}\bar{\boldsymbol{A}}_n(x,y,z)\cdot\tilde{q}_n(t)=\sum_{n=1}^{\infty}\bar{\boldsymbol{A}}_n(x,y,z)\cdot\gamma_n\cos 2\pi\varrho_n(t-\tau_n),$$

其中, $\gamma_1,\gamma_2,\cdots,\tau_1,\tau_2,\cdots$ 为任意实数. 任意场

$$\boldsymbol{A}=\sum_{n=1}^{\infty}\bar{\boldsymbol{A}}_n(x,y,z)\cdot\tilde{q}_n(t)$$

(现在不假设 $\boldsymbol{A}$ 是 $\mathbf{A}$ 的解, 即 $\tilde{q}_n(t)$ 是任意的) 的能量是

$$\begin{aligned}E&=\frac{1}{8\pi}\iiint\limits_{\mathcal{H}}([\boldsymbol{E},\boldsymbol{E}]+[\boldsymbol{H},\boldsymbol{H}])dxdydz\\&=\frac{1}{8\pi}\iiint\limits_{\mathcal{H}}\left(\frac{1}{c^2}\left[\frac{\partial}{\partial t}\boldsymbol{A},\frac{\partial}{\partial t}\boldsymbol{A}\right]+[\mathrm{curl}\boldsymbol{A},\mathrm{curl}\boldsymbol{A}]\right)dxdydz\\&=\frac{1}{8\pi}\sum_{m,n=1}^{\infty}\iiint\limits_{\mathcal{H}}\left(\frac{1}{c^2}\frac{\partial}{\partial t}\tilde{q}_m(t)\frac{\partial}{\partial t}\tilde{q}_n(t)[\bar{\boldsymbol{A}}_m,\bar{\boldsymbol{A}}_n]\right.\\&\qquad\left.+\tilde{q}_m(t)\tilde{q}_n(t)\left[\mathrm{curl}\bar{\boldsymbol{A}}_m,\mathrm{curl}\bar{\boldsymbol{A}}_n\right]\right)dxdydz.\end{aligned}$$

分部积分后得到 [141]

$$\begin{aligned}\iiint\limits_{\mathcal{H}}\left[\mathrm{curl}\bar{\boldsymbol{A}}_m,\mathrm{curl}\bar{\boldsymbol{A}}_n\right]dxdydz&=\iiint\limits_{\mathcal{H}}\left[\mathrm{curl}\mathrm{curl}\bar{\boldsymbol{A}}_m,\bar{\boldsymbol{A}}_n\right]dxdydz\\&=\iiint\limits_{\mathcal{H}}\left[-\Delta\bar{\boldsymbol{A}}_m+\mathrm{grad}\,\mathrm{div}\bar{\boldsymbol{A}}_m,\boldsymbol{A}_n\right]dxdydz\\&=\frac{4\pi^2\varrho_m^2}{c^2}\iiint\limits_{\mathcal{H}}\left[\bar{\boldsymbol{A}}_m,\bar{\boldsymbol{A}}_n\right]dxdydz,\end{aligned}$$

因此,

$$E=\frac{1}{8\pi}\sum_{m,n=1}^{\infty}\left(\frac{1}{c^2}\frac{\partial}{\partial t}\tilde{q}_m(t)\frac{\partial}{\partial t}\tilde{q}_n(t)+\frac{4\pi^2\varrho_m^2}{c^2}\tilde{q}_m(t)\tilde{q}_n(t)\right)\cdot\iiint\limits_{\mathcal{H}}\left[\bar{\boldsymbol{A}}_m,\bar{\boldsymbol{A}}_n\right]dxdydz$$

---

141 我们有

$$\iiint\limits_{\mathcal{H}}[\boldsymbol{a},\mathrm{curl}\boldsymbol{b}]dxdydz=\iiint\limits_{\mathcal{H}}[\mathrm{curl}\boldsymbol{a},\boldsymbol{b}]dxdydz,$$

因为

$$[\boldsymbol{a},\mathrm{curl}\boldsymbol{b}]-[\mathrm{curl}\boldsymbol{a},\boldsymbol{b}]=\mathrm{grad}\,[\boldsymbol{a}\times\boldsymbol{b}]$$

这里 $\boldsymbol{a}\times\boldsymbol{b}$ 是 $\boldsymbol{a},\boldsymbol{b}$ 的所谓外积或向量积, 若 $\boldsymbol{a}\times\boldsymbol{b}$ 的法向分量在 $\mathcal{H}$ 的边界上为零, 则得到以上结果. 而因为 $\boldsymbol{a}\times\boldsymbol{b}$ 垂直于 $\boldsymbol{a}$ 及垂直于 $\boldsymbol{b}$, 故若 $\boldsymbol{a}$ 或 $\boldsymbol{b}$ 垂直于边界 $\mathcal{H}$, 这肯定如此. 但我们有 $\boldsymbol{a}=\mathrm{curl}\boldsymbol{A}_m,\boldsymbol{b}=\boldsymbol{A}_n$, 于是前者确实出现了.

$$= \frac{1}{2} \sum_{m=1}^{\infty} \left[\left(\frac{\partial}{\partial t} \tilde{q}_m(t) \right)^2 + 4\pi^2 \varrho_m^2 (\tilde{q}_m(t))^2 \right].$$

但我们可以把 $\tilde{q}_1, \tilde{q}_1, \cdots$ 看作描述场的瞬态的坐标, 即 L 的构形空间的坐标. 共轭矩 $\tilde{p}_n$(在经典力学意义上) 由以下公式得到:

$$E = \frac{1}{2} \sum_{n=1}^{\infty} \left(\left(\frac{\partial}{\partial t} \tilde{q}_n \right)^2 + 4\pi^2 \varrho_n^2 \tilde{q}_n^2 \right).$$

这给出 (见 1.2 节)

$$\tilde{p}_n = \frac{\partial}{\partial \left(\frac{\partial}{\partial t} \tilde{q}_n(t) \right)} E = \frac{\partial}{\partial t} \tilde{q}_n, \quad E = \frac{1}{2} \sum_{n=1}^{\infty} \left(\tilde{p}_n^2 + 4\pi^2 \varrho_n^2 \tilde{q}_n^2 \right),$$

并提供了运动的经典力学方程

$$\begin{aligned} \frac{\partial}{\partial t} \tilde{q}_n &= \frac{\partial E}{\partial \tilde{p}_n} \\ &= \tilde{p}_n, \\ \frac{\partial}{\partial t} \tilde{p}_n &= -\frac{\partial E}{\partial \tilde{q}_n} \\ &= -4\pi^2 \varrho_n^2 \tilde{q}_n, \end{aligned}$$

也就是

$$\frac{\partial^2}{\partial t^2} \tilde{q}_n + 4\pi^2 \varrho_n^2 \tilde{q}_n = 0,$$

这正是由麦克斯韦方程导致的 $\mathbf{A_2}$. 因此以下金斯 (Jeans) 定理成立:

辐射场 L 可以用坐标 $\tilde{q}_1, \tilde{q}_1, \cdots$ 纯经典地描述, 这些坐标通过

$$\boldsymbol{A} = \boldsymbol{A}(x, y, z) = \sum_{n=1}^{\infty} \tilde{q}_n \bar{\boldsymbol{A}}_n(x, y, z),$$

并借助能量 (哈密顿函数)

$$E = \frac{1}{2} \sum_{n=1}^{\infty} \left(\tilde{p}_n^2 + 4\pi^2 \varrho_n^2 \tilde{q}_n^2 \right)$$

与描述场的瞬态向量势 $\boldsymbol{A}$ 相联系.

一个单位质量的质点 (坐标为 $\tilde{q}$) 被约束在有势场 $C\tilde{q}^2$ 的一条直线上运动, $C = 2\pi^2\varrho^2$, 质点的能量为 $\frac{1}{2}\left[\left(\frac{\partial}{\partial t}\tilde{q}\right)^2 + 4\pi^2\varrho_n^2\tilde{q}^2\right]$, 又由于 $\tilde{p} = \frac{\partial}{\partial t}\tilde{q}$, 能量也可以写成 $\frac{1}{2}\left(\tilde{p}^2 + 4\pi^2\varrho_n^2\tilde{q}^2\right)$. 因此, 这个质点的运动方程是

$$\frac{\partial^2}{\partial t^2}\tilde{q}+4\pi^2\varrho_n^2\tilde{q}=0,$$

其解为 $\tilde{q}(t)=\gamma\cos 2\pi\varrho(t-\tau)$ (γ,τ 任意). 因为其运动形式, 这样一个力学系统被称为 "频率为 ϱ 的线性振子". 于是, L 可以看作一系列线性振子的组合, 其频率是由 $\mathcal{H}$ 的几何所确定的固有频率: $\varrho_1,\varrho_2,\cdots$.

这种电磁场的 "力学" 描述是重要的, 因为它可以立即在以量子力学为标准的意义上得到解释. L 的构形空间用 $\tilde{q}_1,\tilde{q}_2,\cdots$ 描述, 在 E 的表达式中, $\tilde{p}_n,\tilde{q}_n$ 分别用 $\frac{h}{2\pi i}\frac{\partial}{\partial\tilde{q}_n}$ 和 $\tilde{q}_n$· 替代. 我们称这些为算子 $\tilde{P}_n$ 与 $\tilde{Q}_n$. 于是 143 页上的问题 (1) 与 (2) **β** 得到回答, 尤其是

$$H_1=\frac{1}{2}\sum_{n=1}^{\infty}\left(\tilde{P}_n^2+4\pi^2\varrho_n^2\tilde{Q}_n^2\right)$$

是在 (2) **β** 意义上寻找的算子. (2) **α** 前已解出, 因为我们假设 H_0 是已知的. 于是只剩下 (2) **γ**, 但我们将看到这不会引起额外的困难.

由经典电动力学, S 与 L 的相互作用是这样计算的: 设 S 由 l 个粒子组成 (也许是质子与电子), 电荷与质量分别是 $e_1,M_1,\cdots,e_l,M_l$, 笛卡儿坐标是 $x_1=q_1,y_1=q_2,z_1=q_3,\cdots,x_l=q_{3l-2},y_l=q_{3l-1},z_l=q_{3l}$ (这些在前面记为 ξ), 设对应的动量为 $p_1^x,p_1^y,p_1^z,\cdots,p_l^x,p_l^y,p_l^z$. 相互作用的能量是 (以足够好的近似)[142]

$$\sum_{\nu=1}^{l}\frac{e_\nu}{cM_\nu}\left(p_\nu^x A_x\left(x_\nu,y_\nu,z_\nu\right)+p_\nu^y A_y\left(x_\nu,y_\nu,z_\nu\right)+p_\nu^z A_z\left(x_\nu,y_\nu,z_\nu\right)\right)$$

若把 $p_\nu^x,p_\nu^y,p_\nu^z,x_\nu,y_\nu,z_\nu\,(\nu=1,\cdots,l)$ 用算子 (我们把它们记为 $P_\nu^x,P_\nu^y,P_\nu^z,Q_\nu^x,Q_\nu^y,Q_\nu^z$)

$$\frac{h}{2\pi i}\frac{\partial}{\partial x_\nu},\frac{h}{2\pi i}\frac{\partial}{\partial y_\nu},\frac{h}{2\pi i}\frac{\partial}{\partial z_\nu},x_\nu,y_\nu,z_\nu$$

替代, 则得到量子力学中的对应算子. 我们现在只需采用

$$\boldsymbol{A}\left(x,y,z\right)=\sum_{n=1}^{\infty}\tilde{q}_n\bar{\boldsymbol{A}}_n(x,y,z),$$

来得到想要的 H_i:

$$\begin{aligned}H_i=\sum_{n=1}^{\infty}\sum_{\nu=1}^{l}\frac{e_\nu}{cM_\nu}\tilde{Q}_n\big\{&P_\nu^x\bar{A}_{n,x}\left(Q_\nu^x,Q_\nu^y,Q_\nu^z\right)\\&+P_\nu^y\bar{A}_{n,y}\left(Q_\nu^x,Q_\nu^y,Q_\nu^z\right)+P_\nu^z\bar{A}_{n,z}\left(Q_\nu^x,Q_\nu^y,Q_\nu^z\right)\big\}.\end{aligned}$$

142 例如, 见注 138 中的文献.

这里应注意, 我们用算子 $P_\nu^x\bar{A}_{n,x}(Q_\nu^x,Q_\nu^y,Q_\nu^z)$ 替代乘积 $p_\nu^x\bar{A}_{n,x}(x_\nu,y_\nu,z_\nu)$ 时, 诸因子的次序是任意的, 我们也完全可以用相反的次序替代之, 也许 (为了得到埃尔米特特性) 用对称组合的形式:

$$\frac{1}{2}\left(P_\nu^x\bar{A}_{n,x}(Q_\nu^x,Q_\nu^y,Q_\nu^z)+\bar{A}_{n,x}(Q_\nu^x,Q_\nu^y,Q_\nu^z)P_\nu^x\right).$$

幸运的是, 所有这些排序在这里都一样, 因为 [143]

$$\begin{aligned}&\left[P_\nu^x\bar{A}_{n,x}(Q_\nu^x,Q_\nu^y,Q_\nu^z)+\cdots\right]-\left[\bar{A}_{n,x}(Q_\nu^x,Q_\nu^y,Q_\nu^z)P_\nu^x+\cdots\right]\\&=\left[P_\nu^x\bar{A}_{n,x}(Q_\nu^x,Q_\nu^y,Q_\nu^z)-\bar{A}_{n,x}(Q_\nu^x,Q_\nu^y,Q_\nu^z)P_\nu^x\right]+\cdots\\&=\frac{h}{2\pi i}\frac{\partial}{\partial x}\bar{A}_{n,x}(Q_\nu^x,Q_\nu^y,Q_\nu^z)+\cdots=\frac{h}{2\pi i}\operatorname{div}\bar{A}_n(Q_\nu^x,Q_\nu^y,Q_\nu^z)=0,\end{aligned}$$

这样, 系统 S + L 的总能量, 即其算子

$$H=H_0+H_1+H_i,$$

现在完全确定了. 在进一步考虑 H 之前, 请注意: S + L 的构形空间用坐标 ξ (即 $q_1,\cdots,q_{3l}$, 或者也可以是 $x_1,y_1,z_1,\cdots,x_l,y_l,z_l$) 与 $\tilde{q}_1,\tilde{q}_2,\cdots$ 描述. 因此, 波函数依赖于这些量. 但是, 容许无限多个自由度系统或有无限多个变量的波函数在形式上是不方便的且有疑问的. 我们的工作总是基于有限个坐标. 因此, 我们开始只考虑 $\tilde{q}_1,\tilde{q}_2,\cdots$ 的前 N 个, $\tilde{q}_1,\cdots,\tilde{q}_N$ (即把 $\bar{A}$ 局限于 $\bar{A}_1,\cdots,\bar{A}_N$), 只有得到基于有限性的完全结果以后, 我们才进行到极限 $N\to\infty$ 的转变. 于是,

$$\begin{aligned}H=H_0&+\frac{1}{2}\sum_{n=1}^{N}\left(\tilde{P}_n^2+4\pi^2\varrho_n^2\tilde{Q}_n^2\right)+\sum_{n=1}^{N}\sum_{\nu=1}^{l}\frac{e_\nu}{c\,M_\nu}\tilde{Q}_n\Big\{P_\nu^x\bar{A}_{n,x}(Q_\nu^x,Q_\nu^y,Q_\nu^z)\\&+P_\nu^y\bar{A}_{n,y}(Q_\nu^x,Q_\nu^y,Q_\nu^z)+P_\nu^z\bar{A}_{n,z}(Q_\nu^x,Q_\nu^y,Q_\nu^z)\Big\}.\end{aligned}$$

替代 $\tilde{P}_n,\tilde{Q}_n$, 引入 (非埃尔米特) 算子 $\tilde{R}_n$ 及其共轭算子 $\tilde{R}_n^*$ 是方便的:

$$\tilde{R}_n=\frac{1}{\sqrt{2h\varrho_n}}\left(2\pi\varrho_n\tilde{Q}_n+i\tilde{P}_n\right),\quad \tilde{R}_n^*=\frac{1}{\sqrt{2h\varrho_n}}\left(2\pi\varrho_n\tilde{Q}_n-i\tilde{P}_n\right).$$

143 因为 P_ν^x 与 Q_ν^y,Q_ν^z 可易 —— 虽然不与 Q_ν^x 可易 —— 我们必须建立以下关系 (忽略多余的指标, 并用 F 替代 A):

$$PF(Q)-F(Q)P=\frac{h}{2\pi i}F'(Q),\quad 若\ P=\frac{h}{2\pi i}\frac{\partial}{\partial q},Q=q\cdot,$$

以便进行下面的运算. 这个关系在矩阵理论中特别重要, 最方便的是通过直接计算验证.

于是 $\tilde{Q}_n = \dfrac{1}{2\pi}\sqrt{\dfrac{h}{2\varrho_n}}\left(\tilde{R}_n + \tilde{R}_n^*\right)$, 且因为 $\tilde{P}_n\tilde{Q}_n - \tilde{Q}_n\tilde{P}_n = \dfrac{h}{2\pi i}I$,

$$\tilde{R}_n\tilde{R}_n^* = \frac{1}{2h\varrho_n}\left(\tilde{P}_n^2 + 4\pi^2\varrho_n^2\tilde{Q}_n^2\right) + \frac{1}{2}\cdot I,$$

$$\tilde{R}_n^*\tilde{R}_n = \frac{1}{2h\varrho_n}\left(\tilde{P}_n^2 + 4\pi^2\varrho_n^2\tilde{Q}_n^2\right) - \frac{1}{2}\cdot I,$$

因此, 特别有 $\tilde{R}_n\tilde{R}_n^* - \tilde{R}_n^*\tilde{R}_n = I$, 并且能量算子成为

$$H = H_0 + \sum_{n=1}^{N} h\varrho_n\cdot\tilde{R}_n^*\tilde{R}_n + \sum_{n=1}^{\infty}\sum_{\nu=1}^{l}\frac{e_\nu}{2\pi c m_\nu}\sqrt{\frac{h}{2\varrho_\nu}}\left(\tilde{R}_n + \tilde{R}_n^*\right)$$
$$\times\left\{P_\nu^x\bar{A}_{n,x}\left(Q_\nu^x, Q_\nu^y, Q_\nu^z\right) + P_\nu^y\bar{A}_{n,y}\left(Q_\nu^x, Q_\nu^y, Q_\nu^z\right) + P_\nu^z\bar{A}_{n,z}\left(Q_\nu^x, Q_\nu^y, Q_\nu^z\right)\right\} + C,$$

其中 $C = \dfrac{1}{2}\sum_{n=1}^{N} h\varrho_n\cdot I$ (常数). 由于在能量表达式中增加一个常数项是无意义的, 我们可以忽略 C. 更加想要这样做还因为当 $N\to+\infty$ 时 C 成为无穷大, 因此将导致理论上的不完善.

埃尔米特算子 $\tilde{R}_n^*\tilde{R}_n$ 是超极大的, 事实上它有一个由数字 $0, 1, 2, \cdots$ 组成的纯离散谱. 对应的本征函数记为 $\psi_0^n(\tilde{q}_n), \psi_1^n(\tilde{q}_n), \psi_2^n(\tilde{q}_n), \cdots$.

(若我们用 $\dfrac{1}{2\pi}\sqrt{\dfrac{h}{2\varrho_n}}q$ 替代 $\tilde{q}_n$, 则

$$\frac{1}{\sqrt{2h\varrho_n}}2\pi\varrho_n\tilde{q}_n = 2\pi\sqrt{\frac{\varrho_n}{2h}}\tilde{q}_n \quad 及 \quad \frac{1}{\sqrt{2h\varrho_n}}\frac{h}{2\pi i}\frac{\partial}{\partial\tilde{q}_n} = \frac{1}{2\pi}\sqrt{\frac{h}{2\varrho_n}}\frac{1}{i}\frac{\partial}{\partial q_n}$$

分别成为 $\dfrac{1}{\sqrt{2}}q$ 与 $\dfrac{1}{\sqrt{2}}\dfrac{1}{i}\dfrac{\partial}{\partial q_n}$, 因此

$$\tilde{R}_n = \frac{1}{\sqrt{2}}\left(q + \frac{\partial}{\partial q}\right), \quad \tilde{R}_n^* = \frac{1}{\sqrt{2}}\left(q - \frac{\partial}{\partial q}\right),$$

$$\tilde{R}_n\tilde{R}_n^* = -\frac{1}{2}\frac{\partial^2}{\partial q^2} + \frac{1}{2}q^2 + \frac{1}{2},$$

$$\tilde{R}_n^*\tilde{R}_n = -\frac{1}{2}\frac{\partial^2}{\partial q^2} + \frac{1}{2}q^2 - \frac{1}{2}.$$

这些算子的本征值理论可以在许多著作中找到, 例如 Courant-Hilbert. 261 页公式 (42),(43) 及相关的题材, 亦见 76 页公式 (60),(61); 或 Weyl, Gruppentheorie und Quantenmechanik. 74 页及以后).

因为 $\psi_1(\xi), \psi_2(\xi), \cdots$ 在 ξ-空间构成一个完全正交系, $\psi_0^n(\tilde{q}_n), \psi_1^n(\tilde{q}_n), \cdots$ 在 $\tilde{q}$-空间构成一个完全正交系,

$$\varPhi_{km_1\cdots m_N}(\xi, \tilde{q}_1, \cdots, \tilde{q}_N) = \psi_k(\xi)\cdot\psi_{m_1}^1(\tilde{q}_1)\cdots\psi_{m_N}^N(\tilde{q}_N),$$

$(k = 1, 2, \cdots; m_1, \cdots, m_N = 0, 1, 2, \cdots)$ 在 $\xi, \tilde{q}_1, \cdots, \tilde{q}_N$ 空间, 即状态空间, 构成一个完全正交系. 于是我们可以把每个波函数 $\varphi = \varphi(\xi, \tilde{q}_1, \cdots, \tilde{q}_N)$ 展开为

$$\begin{aligned}\varphi(\xi, \tilde{q}_1, \cdots, \tilde{q}_N) &= \sum_{k=1}^{\infty}\sum_{m_1=0}^{\infty}\cdots\sum_{m_N=0}^{\infty} a_{km_1\cdots m_N}\varPhi_{km_1\cdots m_N}(\xi, \tilde{q}_1, \cdots, \tilde{q}_N)\\ &= \sum_{k=1}^{\infty}\sum_{m_1=0}^{\infty}\cdots\sum_{m_N=0}^{\infty} a_{km_1\cdots m_N}\psi_k(\xi)\cdot\psi_{m_1}^1(\tilde{q}_1)\cdots\psi_{m_N}^N(\tilde{q}_N).\end{aligned}$$

用 $N+1$ 个指标 $k, m_1, \cdots, m_N$ 还是用 1 个指标来描述完全正交系与展开系数, 是无关紧要的. 事实上, 2.1 节的考虑证实了这个结论. 波函数 φ 的希尔伯特空间也可以被看作一个 $(N+1$ 重) 序列 $a_{km_1\cdots m_N}$ $\left(\sum_{k=1}^{\infty}\sum_{m_1=0}^{\infty}\cdots\sum_{m_N=0}^{\infty}|a_{km_1\cdots m_N}|^2\right.$ 有限).

按照这种对希尔伯特空间概念的阐释, 如何描述算子 H 的作用呢? 为了回答这个问题, 首先计算 $H\varPhi_{km_1\cdots m_N}$. 因为 H_0 只作用于 ξ, 而 $\psi_k(\xi)$ 是 H_0 的本征值为 w_k 的本征函数, 且因 $R_n^*R_n$ 只作用于 q_n, 而 $\psi_{m_n}^n(\bar{q}_n)$ 是 $R_n^*R_n$ 的本征值为 m_n 的本征函数, 于是

$$\begin{aligned}&H\varPhi_{km_1\cdots m_N}\\ &= \left(w_k + \sum_{n=1}^{N} h\varrho_n m_n\right)\varPhi_{km_1\cdots m_N} + \sum_{n=1}^{N}\sum_{\nu=1}^{l}\frac{e_\nu}{2\pi c M_\nu}\sqrt{\frac{h}{2\varrho_n}}\\ &\times\left[P_\nu^x\bar{A}_{n,x}(Q_\nu^x, Q_\nu^y, Q_\nu^z) + P_\nu^y\bar{A}_{n,y}(Q_\nu^x, Q_\nu^y, Q_\nu^z) + P_\nu^z\bar{A}_{n,z}(Q_\nu^x, Q_\nu^y, Q_\nu^z)\right]\\ &\times\psi_k(\xi)\psi_{m_1}^1(\tilde{q}_1)\cdots\left(\tilde{R}_n + \tilde{R}_n^*\right)\psi_{m_n}^n(\tilde{q}_n)\cdots\psi_{m_N}^N(\tilde{q}_N).\end{aligned}$$

因为所有算子 A (如同在表达式 $[\cdots]$ 中的那些) 只影响变量 ξ, 我们可以应用展开式

$$A\psi_k(\xi) = \sum_{j=1}^{\infty}(A\psi_k, \psi_j)\cdot\psi_j(\xi) = \sum_{j=1}^{\infty}A_{kj}\cdot\psi_j(\xi),$$

其中 $A_{kj} = (A\psi_k, \psi_j)$ 是定号的. 进而, 上面提到的处理中说明了,

$$\tilde{R}_n\psi_m^n(q_n) = \sqrt{m}\psi_{m-1}^n(q_n), \quad \tilde{R}_n^*\psi_m^n(q_n) = \sqrt{m+1}\psi_{m+1}^n(q_n)$$

(对 $m=0$, 不考虑其中无意义的 ψ_{-1}^{n}, 故第一个方程的右边为零). 所以

$$H\Phi_{km_1\cdots m_N}=\left(w_k+\sum_{n=1}^{N}h\varrho_n\cdot m_n\right)\Phi_{km_1\cdots m_N}+\sum_{j=1}^{\infty}\sum_{n=1}^{N}\sqrt{\frac{h}{2\varrho_n}}$$

$$\times\left(\sum_{\nu=1}^{l}\frac{e_\nu}{2\pi c\,M_\nu}\left(P_\nu^x\bar{A}_{n,x}\left(Q_\nu^x,Q_\nu^y,Q_\nu^z\right)+\cdots\right)_{kj}\right)$$

$$\times\left(\sqrt{m_n+1}\Phi_{km_1\cdots m_{n+1}\cdots m_N}+\sqrt{m_n}\Phi_{km_1\cdots m_n-1\cdots m_N}\right)$$

现在, 我们可以把 H 作为 $a_{km_1\cdots m_N}$ 算子描述. 记

$$H\sum_{km_1\cdots m_N}a_{km_1\cdots m_N}\Phi_{km_1\cdots m_N}=\sum_{km_1\cdots m_N}a'_{km_1\cdots m_N}\Phi_{km_1\cdots m_N},$$

则

$$Ha_{km_1\cdots m_N}=a'_{km_1\cdots m_N}=\left(w_k+\sum_{n=1}^{N}h\varrho_n m_n\right)a_{km_1\cdots m_N}$$

$$+\sum_{j=1}^{\infty}\sum_{n=1}^{N}\sqrt{\frac{h}{2\varrho_n}}\left(\sum_{\nu=1}^{l}\frac{e_\nu}{2\pi cM_\nu}\left(P_\nu^x\bar{A}_{n,x}\left(Q_\nu^x,Q_\nu^y,Q_\nu^z\right)+\cdots\right)_{kj}\right)$$

$$\times\left(\sqrt{m_n+1}a_{km_1\cdots m_{n+1}\cdots m_N}+\sqrt{m_n}a_{km_1\cdots m_{n-1}\cdots m_N}\right)$$

对 H 的讨论现已足够深入而使我们得以进行 $N\to\infty$ 极限的转变. 因为 $a_{km_1\cdots m_N}$ 的指标系统在过程中的改变, 出现了一个全新的 H 算子. 我们必须引入具有无限多个指数 $m_1m_2\cdots$ 的分量 $a_{km_1m_2\cdots}$. 但即使没有其他原因, 只是为了保证出现在 H 中的求和式 $\sum_{n=1}^{\infty}h\varrho_n\cdot m_n$ 的有限性, 也必须局限于这样的 $m_1m_2\cdots$ 序列, 其中仅包含有限多个不同于 0 的数字. 从现在开始, 将只应用 $\sum_{k=1}^{\infty}\sum_{m_1=0}^{\infty}\sum_{m_2=0}^{\infty}\cdots|a_{km_1\cdots m_N}|^2$ 有限的所有序列 $a_{km_1\cdots m_N}$ 构成的希尔伯特空间, 其中指数 $km_1m_2\cdots$ 取值如下: $k=1,2,\cdots,m_1,m_2\cdots=0,1,2,\cdots$, 仅有限 (但任意) 多个数字 $m_n\neq 0$[144]. 于是 H 的最终形式是

$$Ha_{km_1m_2\cdots}=a'_{km_1m_2\cdots}=\left(w_k+\sum_{n=1}^{\infty}h\varrho_n\cdot m_n\right)\cdot a_{km_1m_2\cdots}$$

144 所有这些指标系统 $k,m_1,m_2,\cdots$ 的全体其实形成了一个序列这一点, 可以最简单地说明如下. 令 $\pi_1,\pi_2,\pi_3,\cdots$ 是质数序列 $2,3,5,\cdots$. 乘积 $\pi_1^{k-1}\cdot\pi_2^{m_1}\cdot\pi_3^{m_2}\cdot\cdots$ 在现实中是有限的, 因为所有 $m_n=0$, 只有有限数目的例外, 且 (除了这些例外情况) $\pi_{n+1}^{m_n}=1$. 于是当 $k,m_1,m_2,\cdots$ 取值于整个指数系统时, $\pi_1^{k-1}\cdot\pi_2^{m_1}\cdot\pi_3^{m_2}\cdot\cdots\cdot$ 取值于所有数字 $1,2,3,\cdots$, 并假定每个数字取值一次. 因此, 我们可以用 $\pi_1^{k-1}\cdot\pi_2^{m_1}\cdot\pi_3^{m_2}\cdot\cdots\cdot$ 对 $a_{km_1m_2\cdots}$ 得到一个简单的运行指数值.

$$+\sum_{j=1}^{\infty}\sum_{n=1}^{\infty} W_{kj}^{n}\left(\sqrt{m_n+1}a_{km_1\cdots m_{n+1}\cdots}+\sqrt{m_n}a_{km_1\cdots m_{n-1}\cdots}\right),$$

其中 W_{kj}^n 定义为

$$W_{kj}^{n}=\sqrt{\frac{h}{2\varrho_n}}\sum_{\nu=1}^{l}\frac{e_\nu}{2\pi c M_\nu}\left(P_\nu^x \bar{A}_{n,\nu}\left(Q_\nu^x,Q_\nu^y,Q_\nu^z\right)+\cdots\right)_{kj}.$$

在由这个结果做出任何我们有兴趣的物理上的结论之前, 我们不要忘记, 这是基于电动力学辐射理论基础得到的. 我们现在要确定, 我们进行的标准量子力学变换是否足以引起辐射对波动模型的偏离 —— 因为其离散粒子本性 (注意, 可以相当合理地期望, 为了实现这一点, 必须直接从光的粒子模型出发, 而不是像我们这里所做的从量子化的电磁场出发).

在我们关于 H 的表达式中立即可见, 其中包含了像粒子性的光量子这样的东西. 假定我们忽略产生某种摄动的第二项, 则正如我们后面可见, 该项造成了系统 S 从一种 “定态” 跃向另一种的量子跳跃 (后者其实是我们真正感兴趣的现象, 但与物质系统 S 本身的属性相比, 却不是那么引人注目的. 我们将要看到, 这些属性来自 H 的第一项). 删除第二项以后, 我们得到

$$Ha_{km_1m_2\cdots}=\left(w_k+\sum_{n=1}^{\infty}h\varrho_n\cdot m_n\right)a_{km_1m_2\cdots}.$$

能量的这个表达式可以说明如下：它是系统 S 的能量 w_k 加上一个量 $h\varrho_n m_n(n=1,2,\cdots)$. 从而, 有理由把数字 $m_n=0,1,2,\cdots$ 看作分别具有能量 $h\varrho_n$ 的粒子. 但根据爱因斯坦的理论, $h\varrho_n$ 恰好是对频率为 ϱ_n 的光量子必须指定的能量 (见注 134). 从而, H_1 的结构证实了以下观点, 存在于 $\mathcal{H}$ 中的电磁场 (减去静电部分), 即 L, 事实上由频率为 $\varrho_1,\varrho_2,\cdots$ 与能量为 $h\varrho_1,h\varrho_2,\cdots$ 的光量子组成. 此外, 这种粒子的数量由指标 $m_1,m_2,\cdots(=0,1,2,\cdots)$ 确定. 注意到 $\varrho_1,\varrho_2,\cdots$ 是腔 $\mathcal{H}$ 的本征频率, 这就有力地说明了除 $\varrho_1,\varrho_2,\cdots$ 之外没有其他频率出现的事实. 事实上, 向量势

$$\bar{\boldsymbol{A}}_n(x,y,z)\cdot\gamma\cos 2\pi\varrho_n(t-\tau)$$

表示了 $\mathcal{H}$ 中仅有的可能的定态电磁振荡.

然而, 上述这些猜测与解释都只有探索性的价值, 对我们问题的完全满意的最终答案, 只有当我们从对辐射 L 的光量子模型出发, 导出能量表达式 H 后才能得到. 我们先做辐射经典理论处理的原因是, 在现代量子力学之前的光量子假设并未提供光量子与物质能量相互作用的表达式 (经典电动力学在这方面的重新解释从

未成功). 然而现在, 通过比较系数, 如果我们 (应用对相互作用能量的一般表达式的推导得到) 的结果与 H 的形式相符, 即可以确定这个相互作用项.

问题 1 基于光量子假设的 L 的状态空间是什么? 单个光量子 (在空间 $\mathcal{H}$ 中) 可以用某些坐标表征, 我们将用符号 u 表示其总体 [145]. 其定态可能有波函数 $\psi_1(u), \psi_2(u), \cdots$ (它们构成一个标准正交系) 及能量 $E_1, E_2, \cdots$. 它们对应于频率为 $\varrho_1, \varrho_2, \cdots$ 的本征电磁振荡 $\bar{\boldsymbol{A}}_1, \bar{\boldsymbol{A}}_2, \cdots$ (在爱因斯坦概念 $E_n = h\varrho_n$ 的意义上, 我们将给出证明). 在这一点上, 注意以下事实: 在电磁场的讨论中, 我们标准化了光的能量, 使其极小值为零, 它对应于指标 $m_1 = m_2 = \cdots = 0$. 事实上, 我们认识到不存在性是光的一种可能状态, 这一点的确得到了证实. 在现实中, 光量子被发射

---

145 作为光量子的坐标, 我们可能想要利用, 例如, 其动量 p_x, p_y, p_z, 以及描述其极化状态的坐标 π. 动量确定光量子的方向, 即其方向余弦 $\alpha_x, \alpha_y, \alpha_z$ $(\alpha_x^2 + \alpha_y^2 + \alpha_z^2 = 1)$、频率 ν、波长 λ 与能量; 因为根据爱因斯坦所述, 动量向量的值为 $\dfrac{h\nu}{c}$ (见注 134). 因此

$$p_x = \frac{h\nu}{c}\alpha_x, \quad p_y = \frac{h\nu}{c}\alpha_y, \quad p_z = \frac{h\nu}{c}\alpha_z,$$

即

$$\nu = \frac{c}{h}\sqrt{p_x^2 + p_y^2 + p_z^2}, \quad \lambda = \frac{c}{\nu}, \quad \text{能量} = h\nu,$$

$$\alpha_x = \frac{cp_x}{h\nu}, \quad \alpha_y = \frac{cp_y}{h\nu}, \quad \alpha_z = \frac{cp_z}{h\nu}.$$

令人困惑的是, 这里观测到的本征振荡 $\bar{\boldsymbol{A}}_n(x,y,z) \cdot \gamma \cos 2\pi\varrho_n(t-\tau)$ 是驻波, 因为在腔 $\mathcal{H}$ 中, 由于壁的反射性, 完全不可能有其他形式的波 —— 于是, $\bar{\boldsymbol{A}}_n$ 不能与唯一的 "射线方向" $\alpha_x, \alpha_y, \alpha_z$ 相联系. 我们立即可以看到, 与 $\alpha_x, \alpha_y, \alpha_z$ 一起, 至少还有相反的方向 $-\alpha_x, -\alpha_y, -\alpha_z$ 存在, 对动量有相同的成立. 其结果是, 我们必须应用 $\mathcal{H}$ 中 p_x, p_y, p_z, π 以外的坐标.

对本问题的一些近来的处理中, 用以下技术性手段消除了这个麻烦: 设 $\mathcal{H}$ 为平行六面体

$$-A < x < A, \quad -B < y < B, \quad -C < z < C,$$

其边界面 $x = \pm A, y = \pm B, z = \pm C$ 不被处理为反射壁. 而是把 $x = +A$ 恒等于 $x = -A$, $y = +B$ 恒等于 $y = -B$, $z = +C$ 恒等于 $z = -C$, 也就是, 撞击壁 $x = A$ 于 A, y, z 的射线, 在 $-A, y, z$ 恢复其在同样方向的进程 (回到 $\mathcal{H}$ 中), 好像什么也没有发生过一样, 等等. [例如, 见 L. Landau and R. Peierls, Z. Physik, **62** (1930) 的处理]. 我们也可以说, 空间对 x, y, z 是周期性的, 周期分别为 $2A, 2B, 2C$.

分析处理仍然相同, 但边界条件现在是

$$\boldsymbol{A}(A,y,z) = \boldsymbol{A}(-A,y,z), \quad \boldsymbol{A}(x,B,z) = \boldsymbol{A}(x,-B,z), \quad \boldsymbol{A}(x,y,C) = \boldsymbol{A}(x,y,-C),$$

(取代在边界 $\dfrac{\partial}{\partial n}\boldsymbol{A} = \boldsymbol{0}$ 上的条件), 展开后的 "基本解" 是

$$\begin{matrix}\cos\\ \sin\end{matrix}\ [2\pi\nu(t - c(\alpha_x x + \alpha_y y + \alpha_z z))]$$

(替代 $\bar{\boldsymbol{A}}_n(x,y,z) \cdot \varrho(t)$). 容易确定

$$\nu = \varrho_n, \quad \alpha_x = \alpha_{n,x}, \quad \alpha_y = \alpha_{n,y}, \quad \alpha_z = \alpha_{n,z} \quad (n = 1, 2, \cdots)$$

属于本征解, 该理论的进一步发展与本书中给出的相符.

与被吸收, 即光产生与消失. 但这样的一种概念对量子力学是完全生疏的: 每个粒子都贡献坐标于系统的状态空间, 从而十分密切地进入整个系统的正式描述中, 因此显得实际上是不能破坏的. 光消失以后, 我们必须赋予粒子一种潜在的存在, 使它的坐标仍然属于构形空间. 因此, 能量为 $E_n=0$ 的所有状态 $\psi_n(u)$ 必须对应于光量子的不存在性. 我们用 $\psi_0(u)\,(E_0=0)$ 表示这种状态, 而用 $\psi_1(u),\psi_2(u),\cdots$ 表示存在的光量子. 从而 $\psi_0(u),\psi_1(u),\psi_2(u),\cdots$ 构成了一个完全正交系.

现在考虑 L, 即所有光量子的系统. L 由 (无穷多个) 光量子组成, 计入了不能被表示的光量子与不存在的光量子. 但因为运作 L 中的无穷多个组成部分不甚方便, 我们首先考虑只有 S 个光量子的情况 $(S=1,2,\cdots)$, 并最后转变到极限情况 $S\to\infty$[146]. 我们用数字 $1,\cdots,S$ 表示这些光量子, 并称它们的坐标为 $u_1,\cdots,u_S$. 因此, L 的构形空间用 $u_1,\cdots,u_S$ 描述, 而 S+L 的构形空间用 $\xi,u_1,\cdots,u_S$ 描述. 于是关于 S+L 的最一般的波函数是 $f(\xi,u_1,\cdots,u_S)$, 而 $\varphi_k(\xi)\cdot\psi_{n_1}(u_1)\cdots\psi_{n_S}(u_S),k=1,2,\cdots;n_1,\cdots,n_S=0,1,2,\cdots$ 构成了一个完全标准正交系.

光量子的基本性质是完全等同的, 即没有一种方法可以区分具有相同坐标 u 的两个光量子. 或者换句话说, 光量子 m 与 n 有对应的 u 坐标值 u' 与 u'' 的状态, 与 $u_m=u'',u_n=u'$ 的状态是无法分辨的. 但这是经典力学而不是量子力学的描述方法, 因为我们给出 u 值, 而不是波函数 $\varphi(u)$. 用量子力学的表达方式, 这表示属于波函数 $f(\xi,u_1,\cdots,u_m,\cdots,u_n,\cdots,u_S)$ 的状态与属于波函数 $f(\xi,u_1,\cdots,u_n,\cdots,u_m,\cdots,u_S)$ 的状态是无法分辨的. 也就是, 每一个物理量 $\mathcal{R}$ 在它们之中都有相同的期望值 (因此, 由于这也对 $F(\mathcal{R})$ 成立, 每个物理量也有相同的统计值 —— 见 3.1 节中对 $\mathbf{E}_1$ 与 $\mathbf{E}_2$ 的讨论). 若记置换 u_m,u_n 的函数运算为 O_{mn} (O_{mn} 既是埃尔米特算子, 又是酉算子, 因为立即可以看出 $O_{mn}^2=I$), 而这表示 $\mathcal{R}$ 关于 f 与 $O_{mn}f$ 有相同的期望值, 即

$$(Rf,f)=(RO_{mn}f,O_{mn}f)=(O_{mn}RO_{mn}f,f).$$

因此

$$R=O_{mn}RO_{mn},\quad \text{或等价地 } O_{mn}R=RO_{mn}.$$

这表示在本情况, 只有这样的算子 R 是容许的, 它与所有 $O_{mn}(m,n=1,\cdots,S,m\neq n)$ 可易, 即 (考虑到 O_{mn} 的定义) 所有坐标 $u_1,\cdots,u_S$ 对称地进入其中.

若波函数 f 关于所有变量 $u_1,\cdots,u_S$ 对称, 即 $O_{mn}f=f(m,n=1,\cdots,S,m\neq n)$ 成立, 则该波函数被这种算子变换为同样类型的另一个波函数: $O_{mn}Rf=$

146 这一到极限 $S\to\infty$ 的转变与电磁理论中所作的极限转变 $N\to\infty$ 有所不同. 因为, 若我们把 $M_1,M_2,\cdots$ 看作光量子的数目, 则 N 是不相干光量子 (即频率与方向 —— 组成动量 —— 及极化不同的光量子; 见注 143) 的数目, 而 S 是光量子总数的极限.

$RO_{mn}f = Rf$. 这些 f 构成一个闭线性流形, 所有 f 的希尔伯特空间 $\mathcal{R}_\infty^{(S)}$ 中的一个希尔伯特子空间 $\bar{\mathcal{R}}_\infty^{(S)}$, 且 R 映射 $\bar{\mathcal{R}}_\infty^{(S)}$ 的元素到同一空间, 即它们可以被看作希尔伯特空间 $\bar{\mathcal{R}}_\infty^{(S)}$ 中的算子. 因此, 就量子力学的目的而言, $\bar{\mathcal{R}}_\infty^{(S)}$ 与原来考虑的 $\mathcal{R}_\infty^{(S)}$ 同样可用, 用 L 的对称性观点看光量子的交换, 出现的问题是, 是否可以不限制于对称的波函数, 即 $\mathcal{R}_\infty^{(S)}$ 是否应当用 $\bar{\mathcal{R}}_\infty^{(S)}$ 替代. 我们将这样做, 而其结果, 即与电磁学中推导的 H 的表达式完全相符, 将最终证明我们的决定是合理的 [147].

$\varphi_k(\xi)\cdot\psi_{n_1}(u_1)\cdots\psi_{n_S}(u_S)$ 构成 $\mathcal{R}_\infty^{(S)}$ 中的一个完全标准正交系, 我们现在要借助它在 $\bar{\mathcal{R}}_\infty^{(S)}$ 中也构成一个. 设 $m_0, m_1, \cdots$ 是任意数 $=0,1,2,\cdots$, 满足 $m_0+m_1+\cdots=S$ (由此, 其中不同于零的仅有限个). 我们用 $[m_0, m_1, \cdots]$ 记所有指标系统 $n_1\cdots n_S$ 的总体, 其中 0 出现 m_0 次, 1 出现 m_1 次, $\cdots$. 于是正好有 $m_0!\,m_1!\cdots$ 个不同的系统. 我们记

$$\varPhi_{m_0m_1\cdots}(u_1,\cdots,u_S) = \sum_{[m_0,m_1,\cdots] \text{ 中的 } n_1\cdots n_S} \psi_{n_1}(u_1)\cdots\psi_{n_S}(u_S)$$

因为 $\varPhi_{m_0m_1\cdots}$ 是 $m_0!\,m_1!\cdots$ 个成对正交的值为 1 的被求和项的和, 其平方是 $m_0!\,m_1!\cdots$ 个单位项的和, 其值为 $\sqrt{m_0!\,m_1!\cdots}$. 两个不同的 $\varPhi_{m_0m_1\cdots}$ 有成对正交的被求和项, 因此是正交的. 函数

$$\psi_{m_0m_1\cdots}(u_1,\cdots,u_S) = \frac{1}{\sqrt{m_0!\,m_1!\cdots}}\varPhi_{m_0m_1\cdots}(u_1,\cdots,u_S)$$

也构成一个标准正交系. 一个在 $u_1,\cdots,u_S$ 中对称的 $f(\xi,u_1,\cdots,u_S)$ 与所有 $\varphi_k(\xi)\,\varPhi_{m_0m_1\cdots}(u_1,\cdots,u_S)$ 函数的和有相同的内积, 从而若它与那些函数分别都正交, 即正交于 $\varphi_k(\xi)\,\psi_{m_0m_1\cdots}(u_1,\cdots,u_S)$, 则它正交于每一个这样的和. 也就是, 若它正交于所有 $\varphi_k(\xi)\,\psi_{m_0m_1\cdots}(u_1,\cdots,u_S)$, 它也正交于所有 $\varphi_k(\xi)\cdot\psi_{n_1}(u_1)\cdots\psi_{n_S}(u_S)$, 且因此它是 0. 所以, $\varphi_k(\xi)\,\psi_{m_0m_1\cdots}(u_1,\cdots,u_S)$(它本身属于 $\bar{\mathcal{R}}_\infty^{(S)}$) 构成 $\bar{\mathcal{R}}_\infty^{(S)}$ 中的一个完全标准正交系.

现在考虑 S + L 的能量的三个分量. 首先, 存在 S 的能量 [(2)α, 见 3.6 节 143 页, 以下类似], 它关于 S 的算子定义为 $H_0\varphi_k(\xi) = w_k\varphi_k(\xi)$, 因此, 关于 S + L 的算子定义为

$$H_0\varphi_k(\xi)\,\psi_{m_0m_1\cdots}(u_1,\cdots,u_S) = w_k\varphi_k(\xi)\,\psi_{m_0m_1\cdots}(u_1,\cdots,u_S).$$

其次 [(2)β], 每个光量子 l' 有能量 $H_{l'}\psi_n(u) = w_k\psi_n(u)$. 因此, S + L 中的第 m 个光量子 $(m=1,\cdots,S)$ 有能量

$$H_{l_m}\varphi_k(\xi)\cdot\psi_{n_1}(u_1)\cdots\psi_{n_m}(u_m)\cdots\psi_{n_S}(u_S)$$

147 若我们不考虑对量子力学的后果, 引入 $\bar{\mathcal{R}}_\infty^{(S)}$ 替代 $\mathcal{R}_\infty^{(S)}$, 等价于应用所谓玻色–爱因斯坦统计学来替代通常的统计学. 见注 138 中所引狄拉克的论文.

$$= E_{n_m}\varphi_k(\xi)\cdot\psi_{n_1}(u_1)\cdots\psi_{n_m}(u_m)\cdots\psi_{n_S}(u_S),$$

由之可构成 $H_l = H_{l_1} + \cdots + H_{l_S}$. 最后 [(2)γ], 设光量子 l' 与 S 的相互作用能量可用迄今为止尚未精确知道的一个算子 V 描述, 我们通过它的以下矩阵元素来识别:

$$V_{l'}\varphi_k(\xi)\psi_n(u) = \sum_{j=1}^{\infty}\sum_{p=0}^{\infty} V_{kn|jp}\varphi_j(\xi)\psi_p(u).$$

于是, 在 S + L 中, 对于第 m 个光量子有

$$\begin{aligned}
&V_{l_m}\varphi_k(\xi)\cdot\psi_{n_1}(u_1)\cdots\psi_{n_m}(u_m)\cdots\psi_{n_S}(u_S)\\
&=\sum_{j=1}^{\infty}\sum_{p=0}^{\infty} V_{kn_m|jp}\varphi_j(\xi)\cdot\psi_{n_1}(u_1)\cdots\psi_{n_m}(u_m)\cdots\psi_{n_S}(u_S)\\
&=\sum_{j=1}^{\infty}\sum_{p_1\cdots p_m\cdots p_S=0}^{\infty}\delta(n_1-p_1)\cdots V_{kn_m|jp_m}\cdots\delta(n_S-p_S)\\
&\quad\times\varphi_j(\xi)\cdot\psi_{p_1}(u_1)\cdots\psi_{p_m}(u_m)\cdots\psi_{p_S}(u_S)
\end{aligned}$$

($\delta(n)$ 对 $n=0$ 为 1, 对 $n\neq 0$ 为 0), 且必定构成 $H_i = V_{l_1} + \cdots + V_{l_S}$.

全部在一起, 我们现在有

$$\begin{aligned}
&H\varphi_k(\xi)\cdot\psi_{n_1}(u_1)\cdots\psi_{n_S}(u_S)\\
&=(w_k + E_{n_1} + \cdots + E_{n_s})\varphi_k(\xi)\cdot\psi_{n_1}(u_1)\cdots\psi_{n_S}(u_S)\\
&+\sum_{j=1}^{\infty}\sum_{p_1\cdots p_m\cdots p_S=0}^{\infty}\sum_{m=1}^{S}\delta(n_1-p_1)\cdots V_{kn_m|jp_m}\cdots\delta(n_S-p_S)\\
&\times\varphi_j(\xi)\cdot\psi_{p_1}(u_1)\cdots\psi_{p_m}(u_m)\cdots\psi_{p_S}(u_S).
\end{aligned}$$

通过一个简单的变换, 这成为

$$\begin{aligned}
&H\varphi_k(\xi)\Phi_{m_0m_1\cdots}(u_1,\cdots,u_S)\\
&=\left(w_k + \sum_{n=0}^{\infty} m_n E_n\right)\varphi_k(\xi)\Phi_{m_0m_1\cdots}(u_1,\cdots,u_S)\\
&+\sum_{j=1}^{\infty}\sum_{n,p=0}^{\infty} m_n V_{kn|jp}\varphi_j(\xi)\Phi_{m_0m_1\cdots m_{n-1}\cdots m_{p+1}\cdots}(u_1,\cdots,u_S),
\end{aligned}$$

其中, 在 $n=p$ 情况, 下标 $m_0m_1\cdots m_{n-1}\cdots m_{p+1}\cdots$ 被 $m_0m_1\cdots m_n\cdots$ 替代. 当用标准正交系表达时, 这个结果成为

$$H\varphi_k(\xi)\psi_{m_0m_1\cdots}(u_1,\cdots,u_S)$$

$$= \left(w_k + \sum_{n=0}^{\infty} m_n E_n\right) \varphi_k(\xi) \varphi_{m_0 m_1 \cdots}(u_1, \cdots, u_S)$$
$$+ \sum_{j=1}^{\infty} \sum_{n,p=0}^{\infty} \sqrt{m_n(m_p + 1 - \delta(n-p))} V_{kn|jp} \varphi_j(\xi) \psi_{m_0 m_1 \cdots m_{n-1} \cdots m_{p+1} \cdots}(u_1, \cdots, u_S).$$

$\bar{\mathcal{R}}_{\infty}^{(\mathrm{S})}$ 的一般 $f(\xi, u_1, \cdots, u_S)$ 可以用这些标准正交函数展开为

$$f(\xi, u_1, \cdots, u_S) = \sum_{k=1}^{\infty} \sum_{\substack{m_0 m_1 \cdots = 0 \\ (m_1 + m_2 + \cdots = S)}}^{\infty} a_{k m_0 m_1 \cdots} \varphi_k(\xi) \psi_{m_0 m_1 \cdots}(u_1, \cdots, u_S).$$

因此, $\bar{\mathcal{R}}_{\infty}^{(\mathrm{S})}$ 也可以被看作序列 $a_{k m_0 m_1 \cdots}$ 的希尔伯特空间, $k = 1, 2, \cdots; m_0 m_1 \cdots = 0, 1, 2, \cdots; m_1 + m_2 + \cdots = S$; 且 $\sum_{k m_0 m_1 \cdots} |a_{k m_0 m_1 \cdots}|^2$ 有限. 这里

$$H a_{k m_0 m_1 \cdots} = a'_{k m_0 m_1 \cdots},$$

详细写出为

$$H \sum_{k=1}^{\infty} \sum_{\substack{m_0 m_1 \cdots = 0 \\ (m_1 + m_2 + \cdots = S)}}^{\infty} a_{k m_0 m_1 \cdots} \varphi_k(\xi) \psi_{m_0 m_1 \cdots}(u_1, \cdots, u_S)$$
$$= \sum_{k=1}^{\infty} \sum_{\substack{m_0 m_1 \cdots = 0 \\ (m_1 + m_2 + \cdots = S)}}^{\infty} a'_{k m_0 m_1 \cdots} \varphi_k(\xi) \psi_{m_0 m_1 \cdots}(u_1, \cdots, u_S),$$

其中, 现有的结果给出

$$H a_{k m_0 m_1 \cdots} = a'_{k m_0 m_1 \cdots}$$
$$= \left(w_k + \sum_{n=0}^{\infty} m_n E_n\right) a_{k m_0 m_1 \cdots}$$
$$+ \sum_{j=1}^{\infty} \sum_{n,p=0}^{\infty} \sqrt{m_n(m_p + 1 - \delta(n-p))} \overline{V_{kn|jp}} a_{j m_0 m_1 \cdots m_{n-1} \cdots m_{p+1} \cdots}.$$

(与 $\varphi_k(\xi) \psi_{m_0 m_1 \cdots}(u_1, \cdots, u_S)$ 公式相比较, 下标 k, j 与 n, p 交换了它们所起的作用; 考虑到 V 的埃尔米特性质, 替代 $V_{jp|kn}$, 我们应用 $\overline{V_{kn|jp}}$).

现在, 我们进而准备到极限 $S \to \infty$ 的转变. 由于应用了 $m_0 = S - m_1 - m_2 - \cdots$, m_0 被 $m_1, m_2, \cdots$ 所确定, 我们可以用 $m_1, m_2, \cdots$ 来替代 $m_0, m_1, \cdots$. 这样, 指标的范围是:

$$k = 1, 2, \cdots; \quad m_1, m_2, \cdots = 0, 1, 2, \cdots; \quad m_1 + m_2 + \cdots \leqslant S.$$

如果认为 $E_0 = 0$, 并引入记号 $SV_{k0|j0} = V_{k|j}, \sqrt{S}V_{k0|jn} = V_{k|jn}, \sqrt{S}V_{kn|j0} = \bar{V}_{j|kn}$ ($V_{kn|jp}$ 是埃尔米特算子), 则

$$
\begin{aligned}
Ha_{km_1,m_2} = a'_{km_1m_2\cdots} = &\left(w_k + \sum_{n=1}^{\infty} m_n E_n\right) a_{km_1m_2\cdots}\\
&+ \sum_{j=1}^{\infty} V_{k|j} a_{jm_1m_2\cdots}\\
&+ \sum_{j=1}^{\infty}\sum_{n=1}^{\infty} \sqrt{m_n}\sqrt{\frac{S-m_1-m_2-\cdots+1}{S}} V_{j|kn} a_{jm_1m_2\cdots m_{n-1}\cdots}\\
&+ \sum_{j=1}^{\infty}\sum_{n=1}^{\infty} \sqrt{m_n+1}\sqrt{\frac{S-m_1-m_2-\cdots}{S}} \bar{V}_{k|jn} a_{jm_1m_2\cdots m_{n+1}\cdots}\\
&+ \sum_{j=1}^{\infty}\sum_{n,p=1}^{\infty} \sqrt{m_n(m_p+1)} \bar{V}_{kn|jp} a_{jm_1m_2\cdots m_{n-1}\cdots m_{p+1}\cdots}.
\end{aligned}
$$

现在设 $S \to +\infty$. $a_{km_1m_2\cdots}$ 仍在所有序列 $km_1m_2\cdots$, $k = 1, 2, \cdots; m_1, m_2, \cdots = 0, 1, 2, \cdots$ 上定义, 只有有限 (但任意) 个 $m_n \neq 0$ (见注 144). 对于 H, 我们得到极限

$$
\begin{aligned}
Ha_{km_1m_2\cdots} &= a'_{km_1m_2\cdots}\\
&= \left(w_k + \sum_{n=1}^{\infty} M_n E_n\right) a_{km_1m_2\cdots} + \sum_{j=1}^{\infty} V_{k|j} a_{jm_1m_2\cdots}\\
&\quad + \sum_{j=1}^{\infty}\sum_{n=1}^{\infty}\left(V_{j|kn}\sqrt{m_n+1}\, a_{jm_1m_2\cdots m_{n+1}\cdots} + \bar{V}_{j|kn}\sqrt{M}_n a_{jm_1m_2\cdots m_{n-1}\cdots}\right)\\
&\quad + \sum_{j=1}^{\infty} \bar{V}_{kn|jp} \sum_{n,p=1}^{\infty} \sqrt{m_n(m_p+1)}\, a_{jm_1m_2\cdots m_{n-1}\cdots m_{p+1}\cdots}
\end{aligned}
$$

它与辐射的电磁理论中导出方程的相似性是明显的; 为使两个关系等同 (比较 3.6 节, 142 页), 我们只需设

$$
E_n = h_{\varrho_n}, \quad V_{k|j} = 0, \quad V_{k|jn} = W_{jk}^n = \bar{W}_{kj}^n, \quad V_{kn|jp} = 0.
$$

于是, 如果我们注意到以下法则, 即可知光量子概念与经典电磁学概念被证明是等同的.

(1) 经典电磁学概念按照一般量子力学格式重写;

(2) 每个光量子的能量由爱因斯坦规则 $E_n = h_{\varrho_n}$ 确定;

(3) 光量子与物质相互作用的能量被适当地定义 (见以上对 V 的表达式).

这样, 量子理论早期形式的最困难悖论之一, 光的二重性 (一方面是电磁波, 另一方面是离散光量子) 得到了完美的解决 [148]. 可以肯定的是, 很难找到对刚才计算的相互作用能量 V 的直接与清晰的说明. 以下情况甚至会引起更大的困难: 不为零的个别矩阵元素 $V_{kn|jp}$ (有 $n \neq 0, p = 0$ 或 $n = 0, p \neq 0$ 的那些) 依赖于所有可能的 S 个光量子 (与 $\dfrac{1}{\sqrt{S}}$ 成正比), 然而最后必须实施 $S \to +\infty$. 尽管如此, 我们可以接受这样的解释, 每个模型描述的只是一种近似, 只有算子 H 的表达式提供了理论的精确内容.

现在, 回到我们当前的任务: 确定转移概率. 在时间依赖的薛定谔理论的意义上, $a_{km_1m_2\cdots} = a_{km_1m_2\cdots}(t)$ 的变化由以下方程确定:

$$\frac{h}{2\pi i}\frac{\partial}{\partial t}a_{km_1m_2\cdots} = -Ha_{km_1m_2\cdots} = -\left(w_k + \sum_{n=1}^{\infty} h\varrho_n \cdot m_n\right)a_{km_1m_2\cdots}$$
$$-\sum_{j=1}^{\infty}\sum_{n=1}^{\infty} W_{kj}^n \cdot \left(\sqrt{m_n+1}a_{jm_1m_2\cdots m_{n+1}\cdots} + \sqrt{m_n}a_{jm_1m_2\cdots m_{n-1}\cdots}\right).$$

由于 $a_{km_1m_2\cdots}$ 的主要变化是由这个表达式中的第一项引起的, 代入

$$a_{km_1m_2\cdots}(t) = e^{-\frac{2\pi i}{h}\left(w_k+\sum_{n=1}^{\infty} h\varrho_n \cdot m_n\right)t} \cdot b_{km_1m_2\cdots}(t)$$

来分离它是合适的. 于是

$$\frac{\partial}{\partial t}b_{km_1m_2\cdots}(t) = -\frac{2\pi i}{h}\sum_{j=1}^{\infty}\sum_{n=1}^{\infty} W_{kj}^n \cdot \left(e^{-\frac{2\pi i}{h}(w_j-w_k-h\varrho_n)t}\sqrt{m_n+1}\cdot b_{jm_1m_2\cdots m_{n+1}\cdots}\right.$$
$$\left.-e^{-\frac{2\pi i}{h}(w_j-w_k-h\varrho_n)t}\sqrt{m_n}b_{jm_1m_2\cdots m_{n-1}\cdots}\right).$$

$a_{km_1m_2\cdots}$ 与 $b_{km_1m_2\cdots}$ 的物理意义可以从它们的来源看出: 对有限的 $\bar{m}_0+\bar{m}_1+\bar{m}_2\cdots = S, \varphi_{\bar{k}}(\xi)\psi_{\bar{m}_0\bar{m}_1\cdots}(u_1,\cdots,u_S)$ 是这样的状态, 其中 S 在第 k 条量子轨道, 且有对应于 $\psi_0,\psi_1,\psi_2,\cdots$ 的光量子 $\bar{m}_0,\bar{m}_1,\bar{m}_2,\cdots$—— 即 $\bar{m}_0$ 在"不存在"的状态, 而 $\bar{m}_1,\bar{m}_2,,\cdots$ 所在的状态属于对应的特征振荡 $\bar{\boldsymbol{A}}_1,\bar{\boldsymbol{A}}_2,\cdots$. 属于这个波函数

148 读者可以在现代文献中找到关于如何想象这种"二重性", 以及如何考虑其自相矛盾性的进一步讨论. 例如, 见注 6 中所列著作.

人们经常说, 量子力学涉及同样的二重性, 因为离散粒子 (电子、质子) 也用波函数描述, 并显示典型的波的特性, 例如, 被光栅衍射. [见以下实验: Davison-Germer, Phys. Rev., **30** (1927); Prox. Mat. Acad. Sci. U.S.A., **14** (1928); 又见 C. F. Thompson, Proc. Roy. Soc., **117** (1928), 以及 Rupp, Ann. Physik, **85** (1928)]. 但与之相对比, 应当注意的是, 量子力学由基本现象的单一统一理论导出了两种"本性". 早期量子理论的悖论基于以下情况: 人们必须从两种相互矛盾的理论 (辐射的麦克斯韦–赫兹理论, 爱因斯坦的光量子理论) 交替地得出对经验的解释.

的 $a_{km_1m_2\cdots}$ 便是

$$a_{km_1m_2\cdots}=\delta(k-\bar{k})\cdot\delta(m_1-\bar{m}_1)\cdot\delta(m_2-\bar{m}_2)\cdots$$

(仅有限个因子 $\neq 1$, 因为 $m_n=\bar{m}_n=0$ 仅有限个例外.) 这对 $S\to\infty$ 当然也成立. 因此, 对 S + L 的一个任意状态 $a_{km_1m_2\cdots}$ 的构形空间 (如果是测量得到的, 见 3.3 节对非退化纯离散谱的评论) 有概率

$$\left|\sum_{km_1m_2\cdots}a_{km_1m_2\cdots}\delta(k-\bar{k})\cdot\delta(m_1-\bar{m}_1)\cdot\delta(m_2-\bar{m}_2)\cdots\right|^2$$
$$=\left|a_{\bar{k}\bar{m}_1\bar{m}_2\cdots}\right|^2=\left|b_{\bar{k}\bar{m}_1\bar{m}_2\cdots}\right|^2.$$

特别地, S 在第 $\bar{k}$ 阶量子轨道被找到的概率是 $\theta_{\bar{k}}=\sum_{\bar{m}_1\bar{m}_2\cdots}\left|b_{\bar{k}\bar{m}_1\bar{m}_2\cdots}\right|^2$.

设开始时 $(t=0)$ 原子在第 $\bar{k}$ 状态, 并用 $\bar{m}_1\bar{m}_2\cdots$ 分别表示对应于一开始就存在的状态 $\bar{A}_1,\bar{A}_2,\cdots$ 的光量子, 即

$$b_{km_1m_2\cdots}(0)=a_{km_1m_2\cdots}(0)=\delta\left(k-\bar{k}\right)\cdot\delta\left(m_1-\bar{m}_1\right)\cdot\delta\left(m_2-\bar{m}_2\right)\cdots.$$

在上述微分方程的意义上, 作为一阶近似 (即对如此短的时间 t, 可以认为右边是常数), 只有那些 $\dfrac{\partial}{\partial t}b_{km_1m_2\cdots}$ 不同于零, 对之 $m_1m_2\cdots m_{n+1}\cdots$ 或 $m_1m_2\cdots m_{n-1}\cdots$ 与 $\bar{m}_1\bar{m}_2\cdots$ 即所有 $k\bar{m}_1\bar{m}_2,\cdots,\bar{m}_n\pm 1,\cdots$ 吻合. 如果在这种情况下作积分, 我们得到

$$b_{k\bar{m}_1\bar{m}_2\cdots\bar{m}_{n+1}}(t)=W^n_{k\bar{k}}\frac{1-e^{-\frac{2\pi i}{h}(w_{\bar{k}}-w_k-h\varrho_n)t}}{w_{\bar{k}}-w_k-h\varrho_n}\sqrt{\bar{m}_n+1},$$

$$b_{k\bar{m}_1\bar{m}_2\cdots\bar{m}_{n-1}}(t)=W^n_{k\bar{k}}\frac{1-e^{-\frac{2\pi i}{h}(w_{\bar{k}}-w_k-h\varrho_n)t}}{w_{\bar{k}}-w_k-h\varrho_n}\sqrt{\bar{m}_n}.$$

所有其他 $b_{km_1m_2\cdots}$ 在这个近似中都等于零. (除了 $b_{\bar{k}\bar{m}_1\bar{m}_2\cdots}$, 它在这个直到 t^2 的近似中等于初始值 1. 然而结论 $\dfrac{\partial}{\partial t}b_{\bar{k}\bar{m}_1\bar{m}_2\cdots}=0$ 在这种情况下存疑, 因为微分方程的右边包含无穷多个 $b_{\bar{k}\bar{m}_1\bar{m}_2\cdots\bar{m}_{n\pm 1}\cdots}$ 项, 它们在我们的近似中不为零. 所以我们不能因为每个这样的被加项很小 (对于小的 t) 而得到其和也很小的结论. 事实上, 下一阶近似的计算将表明, $\dfrac{\partial}{\partial t}b_{\bar{k}\bar{m}_1\bar{m}_2\cdots}$ 对 1 的偏差正比于 t 而不是 t^2 [149]. 然而因为

$$\sum_{km_1m_2\cdots}\left|b_{km_1m_2\cdots}\right|^2=\sum_{km_1m_2\cdots}\left|a_{km_1m_2\cdots}\right|^2=1,$$

149 该微分方程的精确解由 Weisskopf and Wigner, Z. Physik, **63** (1930) 给出, 从而证实了这些陈述.

$$\left|b_{\bar{k}\bar{m}_1\bar{m}_2\cdots}\right|^2 = 1 - \sum_{km_1m_2\cdots\neq\bar{k}\bar{m}_1\bar{m}_2\cdots} \left|b_{km_1m_2\cdots}\right|^2,$$

事实上不需要直接确定这个 $b_{\bar{k}\bar{m}_1\bar{m}_2\cdots}$.)

上述结果的定性意义是明显与清楚的：当分母 $w_{\bar{k}} - w_k - h\varrho_n$ 变小时, 即光频率 ϱ_n 更接近 "玻尔频率" $(w_{\bar{k}} - w_k)/h$ 时, 作为光量子 $\bar{\boldsymbol{A}}_n$ (频率为 ϱ_n) 的辐射的 $b_{k\bar{m}_1\bar{m}_2\cdots\bar{m}_{n+1}\cdots}$ 变大了[150]; 同样, 作为吸收的 $b_{k\bar{m}_1\bar{m}_2\cdots\bar{m}_{n-1}\cdots}$, 当光频率 ϱ_n 更接近 "玻尔频率" $(w_{\bar{k}} - w_k)/h$ 时变小了. 然后我们看到, 如果时间 t 很短且 ϱ_n 十分稠密 (对大的腔 $\mathcal{H}$ 正是如此), 玻尔频率关系并不精确成立 (当然, 不是所有频率都位于 ϱ_n 近旁), 只是该频率关系成立的概率甚大而已. 此外, $W^n_{k\bar{k}}$ 会增加影响这一过程出现的频率. 我们将用转移概率识别它们.

由我们的 $b_{k\bar{m}_1\bar{m}_2\cdots\bar{m}_{n\pm1}\cdots}$ 公式[151] (对充分小的 t 值) 可推出

$$\left|b_{k\bar{m}_1\bar{m}_2\cdots\bar{m}_{n+1}\cdots}(t)\right|^2 = \frac{2}{h^2}\left(\bar{m}_n+1\right)\left|W^n_{k\bar{k}}\right|^2 \frac{1-\cos 2\pi\left(\varrho_n - \dfrac{w_{\bar{k}}-w_k}{h}\right)t}{\left(\varrho_n - \dfrac{w_{\bar{k}}-w_k}{h}\right)^2},$$

$$\left|b_{k\bar{m}_1\bar{m}_2\cdots\bar{m}_{n-1}\cdots}(t)\right|^2 = \frac{2}{h^2}\bar{m}_n\left|W^n_{k\bar{k}}\right|^2 \frac{1-\cos 2\pi\left(\varrho_n - \dfrac{w_k-w_{\bar{k}}}{h}\right)t}{\left(\varrho_n - \dfrac{w_k-w_{\bar{k}}}{h}\right)^2},$$

$$\left|b_{km_1m_2\cdots}(t)\right|^2 = 0, \quad 对\ km_1m_2\cdots \neq \bar{k}\bar{m}_1\bar{m}_2\cdots\ 或\ \neq k\bar{m}_1\bar{m}_2\cdots\bar{m}_{n\pm1}\cdots.$$

由此, 对 $\theta_k(t), k\neq\bar{k}$ 我们有

$$\theta_k(t) = \sum_{n=1}^{\infty}\frac{2}{h^2}\left(\bar{m}_n+1\right)\left|W^n_{k\bar{k}}\right|^2 \frac{1-\cos 2\pi\left(\varrho_n - \dfrac{w_{\bar{k}}-w_k}{h}\right)t}{\left(\varrho_n - \dfrac{w_{\bar{k}}-w_k}{h}\right)^2}$$
$$+\sum_{n=1}^{\infty}\frac{2}{h^2}\bar{m}_n\left|W^n_{k\bar{k}}\right|^2 \frac{1-\cos 2\pi\left(\varrho_n - \dfrac{w_k-w_{\bar{k}}}{h}\right)t}{\left(\varrho_n - \dfrac{w_k-w_{\bar{k}}}{h}\right)^2}.$$

---

150 众所周知, 玻尔于 1913 年陈述了基本原则 (见注 5 中所引的文献): 由能量为 $W^{(1)}$ 的定态向能量为 $W^{(2)}$ 的定态转变时, 原子发出频率为 $\left(W^{(1)} - W^{(2)}\right)/h, W^{(1)} > W^{(2)}$ 的辐射. 在我们的情况, 这对应于 $(w_{\bar{k}} - w_k)/h$.

151 我们有

$$\left|e^{ix}-1\right|^2 = \left(e^{ix}-1\right)\left(\overline{e^{ix}-1}\right) = \left(e^{ix}-1\right)\left(e^{-ix}-1\right)$$
$$= 2 - \left(e^{ix}+e^{-ix}\right) = 2 - 2\cos x = 2\left(1-\cos x\right).$$

(第一项 $\sum_{n=1}^{\infty}$ 关系到发射, 第二项 $\sum_{n=1}^{\infty}$ 关系到吸收.) 为了以封闭形式给出这些 θ_k, 必须对假设做简化：一方面, 我们设闭包 $\mathcal{H}$ 的体积很大 (即其体积 $\mathscr{V} \to \infty$); 另一方面, 我们在 $\mathcal{H}$ 内统计地考虑本征振荡 $\bar{A}_n$. 为此目的, 在上述每个求和式中, 我们组合所有在 ϱ 与 $\varrho + d\varrho$ 之间属于 ϱ_n 的项 (对 $W_{k\bar{k}}^n$ 我们代入其值, 并假设 $d\varrho \ll \varrho$):

$$\frac{1}{4\pi^2 c^2 h\varrho}\left[\sum_{\substack{n \\ \varrho \leqslant \varrho_n < \varrho + d\varrho}} \left|\sum_{\nu=1}^{l} \frac{e_\nu}{M_\nu}\left(P_\nu^x \bar{A}_{n,x}\left(Q_\nu^x, Q_\nu^y, Q_\nu^z,\right) + \cdots\right)\right|_{k\bar{k}}^2 (\bar{m}_n + 1)\right]$$

$$\times \frac{1 - \cos 2\pi t\left(\varrho - \dfrac{w_{\bar{k}} - w_k}{h}\right)}{\left(\varrho - \dfrac{w_{\bar{k}} - w_k}{h}\right)^2},$$

然后重复这一步骤, 但用 $\bar{m}_n$ 替代 $\bar{m}_n + 1$, 以及用 $\dfrac{w_k - w_{\bar{k}}}{h}$ 替代 $\dfrac{w_{\bar{k}} - w_k}{h}$. 然后计算方括号 $[\cdots]$ 中表达式的值.

描述 $m_1 m_2 \cdots$ 的通常方法并非详细计算它们的值, 而只是罗列其强度, 即在 ϱ 到 $\varrho + d\varrho$ 这个频段中包含的单位体积辐射能 $I(\varrho)\, d\varrho$ 而已. 这意味着

$$\sum_{\substack{n \\ \varrho \leqslant \varrho_n < \varrho + d\varrho}} h\varrho_n \cdot \bar{m}_n \approx h\varrho \sum_{\substack{n \\ \varrho \leqslant \varrho_n < \varrho + d\varrho}} \bar{m}_n = \mathscr{V} \cdot I(\varrho)\, d\varrho,$$

即

$$\sum_{\substack{n \\ \varrho \leqslant \varrho_n < \varrho + d\varrho}} \bar{m}_n = \frac{\mathscr{V} \cdot I(\varrho)\, d\varrho}{h\varrho}.$$

根据韦尔 (Weyl) 的一个一般地成立的渐近公式 (见注 140 中的文献), 在区间 $\varrho \leqslant \varrho_n < \varrho + d\varrho$ 中 ϱ_n 的数目是 $\dfrac{8\pi \mathscr{V} \varrho^2}{c^2} d\varrho$, 因此

$$\sum_{\substack{n \\ \varrho \leqslant \varrho_n < \varrho + d\varrho}} (\bar{m}_n + 1) \approx \frac{\mathscr{V}\left(I(\varrho) + \dfrac{8\pi h \varrho^3}{c^3}\right)}{h\varrho} d\varrho.$$

若 $\left|\sum_{\nu=1}^{l} \dfrac{e_\nu}{M_\nu}\left(P_\nu^x \bar{A}_{n,x}\left(Q_\nu^x, Q_\nu^y, Q_\nu^z\right) + \cdots\right)_{k\bar{k}}\right|^2$ 在区间 $\varrho \leqslant \varrho_n < \varrho + d\varrho$ 中 (关于一个我们将称为 $W_{k\bar{k}}(\varrho)$ 的平均值) 出现 (足够快) 的波动, 则上述的 $[\cdots]$ 成为

$$W_{k\bar{k}}(\varrho)\frac{\mathscr{V}\left(I(\varrho) + \dfrac{8\pi h \varrho^3}{c^3}\right)}{h\varrho} d\varrho \quad 及 \quad W_{k\bar{k}}(\varrho)\frac{\mathscr{V} \cdot I(\varrho)\, d\varrho}{h\varrho}.$$

若我们又记 $\frac{w_{\bar{k}}-w_k}{h}$ 为 $\nu_{\bar{k}k}$, $\frac{w_k-w_{\bar{k}}}{h}$ 为 $\nu_{k\bar{k}}$, 则这个和式成为

$$\theta_k(t)=\frac{\mathscr{V}}{4\pi^2c^2h^2}\int_0^\infty\left\{\left(I(\varrho)+\frac{8\pi h\varrho^3}{c^3}\right)\frac{1-\cos 2\pi(\varrho-\nu_{\bar{k}k})t}{(\varrho-\nu_{\bar{k}k})^2}\right.$$
$$\left.+I(\varrho)\frac{1-\cos 2\pi(\varrho-\nu_{k\bar{k}})t}{(\varrho-\nu_{k\bar{k}})^2}\right\}\frac{W_{k\bar{k}}(\varrho)}{\varrho^2}d\varrho.$$

对小的 t, 除了在分母 $(\varrho-\nu_{\bar{k}k})^2$, $(\varrho-\nu_{k\bar{k}})^2$ 为小值的积分域的那些部分, 该积分显然有 t^2 的量级 (因为 $1-\cos 2\pi ct$ 是如此). 这里可能出现与 t^2 相比是大量的贡献, 若情况如此, 这些贡献提供了 θ_k 的渐近估值. 我们将说明情况确实如此, 因为我们得到的贡献是 t 量级的.

因为 $\nu_{\bar{k}k}=-\nu_{k\bar{k}}=\frac{(\omega_{\bar{k}}-\omega_k)}{h}$, 对 $w_{\bar{k}}>w_k$, 只有第一项的分母可能成为小量, 而对 $w_{\bar{k}}<w_k$, 只有第二项的分母可能成为小量 —— 于是对 $w_{\bar{k}}$ 大于或小于 w_k, 只有第一项或第二项是主导的, 其余项将被摒弃. 此外, 因为远离 $\nu_{\bar{k}k}$ 与 $\nu_{k\bar{k}}$ 的 ϱ 对积分只做出 t^2 量级的贡献, 我们可以把存留的被积式中的一些因子用它们在主导 ϱ 值所取的值替代. 于是我们得到

$$\theta_k(t)=\frac{\mathscr{V}IW_{k\bar{k}}(\bar{\nu}_{k\bar{k}})}{4\pi^2c^2h^2\bar{\nu}_{k\bar{k}}^2}\int_0^\infty\frac{1-\cos 2\pi(\varrho-\bar{\nu}_{k\bar{k}})t}{(\varrho-\bar{\nu}_{k\bar{k}})^2}d\varrho,$$

这里使用了简写 $\bar{\nu}_{k\bar{k}}=\frac{|w_{\bar{k}}-w_k|}{h}$, 且其中

$$I=\begin{cases}I(\bar{\nu}_{k\bar{k}})+\frac{8\pi h}{c^3}\bar{\nu}_{k\bar{k}}^3, & \text{对 } W_{\bar{k}k}>W_{k\bar{k}}: \text{辐射情形},\\ I(\bar{\nu}_{k\bar{k}}), & \text{对 } W_{\bar{k}k}<W_{k\bar{k}}: \text{吸收情形}.\end{cases}$$

因为这又仅仅导致了 t^2 贡献, 我们可以把 $\int_0^{+\infty}$ 用 $\int_{-\infty}^{+\infty}$ 替代, 并引入新变量 $x=2\pi(\varrho-\bar{\nu}_{k\bar{k}})t$. 于是 [152]

$$\int_{-\infty}^{+\infty}\frac{1-\cos 2\pi(\varrho-\bar{\nu}_{k\bar{k}})t}{(\varrho-\bar{\nu}_{k\bar{k}})^2}d\varrho=2\pi t\int_{-\infty}^{+\infty}\frac{1-\cos x}{x^2}dx=2\pi^2 t,$$

故最终有

$$\theta_k(t)=\frac{\mathscr{V}IW_{k\bar{k}}(\bar{\nu}_{k\bar{k}})}{2c^2h^2\bar{\nu}_{k\bar{k}}^2}t.$$

152 这里我们应用 (见库朗–希尔伯特, 49 页)

$$\int_{-\infty}^{+\infty}\frac{1-\cos x}{x^2}dx=2\int_0^{+\infty}\frac{1-\cos x}{x^2}dx=\int_0^{+\infty}\frac{1-\cos 2y}{y^2}dy=2\int_0^{+\infty}\frac{\sin^2 y}{y^2}dy=\pi.$$

这也确定了 $\theta_{k(t)}$ 是 t 的量级.

为了计算 $W_{k\bar{k}}(\bar{\nu}_{k\bar{k}})$ 的值, 我们必须对

$$\left|\sum_{\nu=1}^{l}\frac{e_\nu}{M_\nu}\left(P_\nu^x\bar{\boldsymbol{A}}_{n,x}\left(Q_\nu^x,Q_\nu^y,Q_\nu^z\right)+\cdots\right)_{k\bar{k}}\right|^2$$

找到一个不含 $\bar{\boldsymbol{A}}_n$ 的表达式. 这可以通过把 $\bar{\boldsymbol{A}}_n$ (考虑其快速涨落波动) 用一个不规则定向的定长向量替代得到 —— 因为它在空间中的定常性, 即它对 Q_ν^x,Q_ν^y,Q_ν^z 的独立性, 它等于多个向量乘以单位矩阵 I—— 而它的定常长度 γ_n 可由标准化条件

$$\iiint_{\mathcal{H}}\left[\bar{\boldsymbol{A}}_n,\bar{\boldsymbol{A}}_n\right]dxdydz=4\pi c^2$$

确定. 因此

$$\mathscr{V}\gamma_n^2=4\pi c^2,\text{ 即 }\gamma_n^2=\frac{4\pi c^2}{\mathscr{V}}.$$

平均看来, $[\bar{\boldsymbol{A}}_n,\bar{\boldsymbol{A}}_n]=\bar{\boldsymbol{A}}_{n,x}^2+\bar{\boldsymbol{A}}_{n,y}^2+\bar{\boldsymbol{A}}_{n,z}^2=\gamma_n^2$ 的 1/3 贡献于 x 分量 $\bar{\boldsymbol{A}}_{n,x}^2$. 从而 $\frac{1}{3}\gamma_n^2=\frac{4\pi c^2}{3\mathscr{V}}$, 对 $\bar{\boldsymbol{A}}_{n,y}^2$ 与 $\bar{\boldsymbol{A}}_{n,z}^2$ 的情况类似. 所以我们有

$$\begin{aligned}W_{k\bar{k}}(\varrho)&=\underset{\varrho\leqslant\varrho_n<\varrho+d\varrho}{\text{平均值}}\left|\sum_{\nu=1}^{l}\frac{e_\nu}{M_\nu}\left(P_\nu^x\bar{\boldsymbol{A}}_{n,x}\left(Q_\nu^x,Q_\nu^y,Q_\nu^z\right)+\cdots\right)_{k\bar{k}}\right|^2\\&\approx\frac{4\pi c^2}{3\mathscr{V}}\left(\left|\left(\sum_{\nu=1}^{l}\frac{e_\nu}{M_\nu}P_\nu^x\right)_{k\bar{k}}\right|^2+\cdots\right)\end{aligned}$$

因为系统 S 单独的能量 H_0 等于动能与势能之和, 因此, 它有形式

$$H_0=\sum_{\nu=1}^{l}\frac{1}{2M_\nu}\left(\left(P_\nu^x\right)^2+\left(P_\nu^x\right)^2+\left(P_\nu^x\right)^2\right)+V\left(Q_1^x,Q_1^y,Q_1^z,\cdots,Q_l^x,Q_l^y,Q_l^z\right)$$

由此可得 [153]

$$H_0Q_\nu^x-Q_\nu^xH_0=\frac{h}{2\pi i}\frac{1}{M_\nu}P_\nu^x;$$

153 除了 Q_ν^x,P_ν^x 与所有 $Q_\mu^x,Q_\mu^y,Q_\mu^z,P_\mu^x,P_\mu^y,P_\mu^z$ 均可易. 事实上,

$$P_\nu^xQ_\nu^x-Q_\nu^xP_\nu^x=\frac{h}{2\pi i}I.$$

因此

$$H_0Q_\nu^x-Q_\nu^xH_0=\frac{1}{2M_\nu}\left(P_\nu^x\right)^2Q_\nu^x-Q_\nu^x\frac{1}{2M_\nu}\left(P_\nu^x\right)^2=\frac{h}{2\pi i}\frac{1}{M_\nu}P_\nu^x$$

见注 143.

且因为 H_0 是对角阵, 其对角元素是 $w_1, w_2, \cdots$(也就是说: $(H_0)_{kj} = w_k\delta_{kj}$), 由此可得矩阵元素为

$$\begin{aligned}(P_\nu^x)_{k\bar{k}} &= \frac{2\pi i M_\nu}{h}\left(H_0 Q_\nu^x - Q_\nu^x H_0\right)_{k\bar{k}} \\ &= \frac{2\pi i M_\nu}{h}\left(w_k - w_{\bar{k}}\right)(Q_\nu^x)_{k\bar{k}} \\ &= \pm i \cdot 2\pi M_\nu \bar{\nu}_{k\bar{k}}\,(Q_\nu^x)_{k\bar{k}}\,.\end{aligned}$$

因此

$$W_{k\bar{k}}(\varrho) = \frac{16\pi^3 c^2}{3V h^2}\bar{\nu}_{k\bar{k}}^2\left(\left|\left(\sum_{\nu=1}^{l} e_\nu Q_\nu^x\right)_{k\bar{k}}\right|^2 + \cdots\right).$$

代入 $\theta_k(t)$ 的公式中得到

$$\theta_k(t) = I\frac{8\pi^3}{3h^2}\left(\left|\left(\sum_{\nu=1}^{l} e_\nu Q_\nu^x\right)_{k\bar{k}}\right|^2 + \cdots\right)t.$$

记 $W_{k\bar{k}} = \left|\left(\sum_{\nu=1}^{l} e_\nu Q_\nu^x\right)_{k\bar{k}}\right|^2 + \cdots$, 这一结果显然可以诠释如下：处于第 k 个状态的原子 S 经历以下转变 (量子跳跃)：

(1) 到较高状态 $\bar{k}\,(w_{\bar{k}} > w_k)$ 的转变 $k \to \bar{k}$, 每秒 $\frac{8\pi^3}{3h^2}W_{k\bar{k}}I\left(\frac{W_{\bar{k}} - W_k}{h}\right)$ 次, 即正比于与玻尔频率 $(w_{\bar{k}} - w_k)/h$ 对应的辐射场强.

(2) 到较低状态 $\bar{k}\,(w_{\bar{k}} < w_k)$ 的转变 $\bar{k} \to k$, 每秒 $\frac{8\pi^3}{3h^2}W_{k\bar{k}}I\left(\frac{W_k - W_{\bar{k}}}{h}\right)$ 次, 即正比于与玻尔频率 $(w_k - w_{\bar{k}})/h$ 对应的辐射场强.

(3) 也有到较低状态 $\bar{k}\,(w_{\bar{k}} < w_k)$ 的转变 $\bar{k} \to k$, 每秒 $\frac{64\pi^4}{3hc^3}W_{k\bar{k}}\left(\frac{W_k - W_{\bar{k}}}{h}\right)^3$ 次, 即与存在的辐射场完全无关.

以上的过程 (1) 关系到对辐射场的吸收; (2) 关系到辐射场造成的发射; 而 (3) 关系到原子在到达其最低定态 (极小 w_k) 的完全稳定性前一直进行的自发辐射.

这三种转变机制 (1)~(3) 早在量子力学发现之前就被爱因斯坦从热力学角度找到了[154], 只是 "转移概率"$W_{k\bar{k}}$ 未知. 上面得到的值

$$W_{k\bar{k}} = \left|\left(\sum_{\nu=1}^{l} e_\nu Q_\nu^x\right)_{k\bar{k}}\right|^2 + \left|\left(\sum_{\nu=1}^{l} e_\nu Q_\nu^y\right)_{k\bar{k}}\right|^2 + \left|\left(\sum_{\nu=1}^{l} e_\nu Q_\nu^z\right)_{k\bar{k}}\right|^2,$$

如我们已经提到过的, 包含在海森伯贡献的第一解释中. 我们现在又一次从一般理论 (狄拉克方法) 得到了它.

154 Physik. Z., **18** (1917).

第 4 章　理论的演绎发展

4.1　统计理论基础

我们在第 3 章里成功地把量子力学的所有结论简化为统计公式 (那里称为 $\mathbf{E_2}$),

$\bar{\mathbf{E}}$.
$$\operatorname{Exp}(\mathcal{R},\varphi)=(R\varphi,\varphi)$$

(这里 $\operatorname{Exp}(\mathcal{R},\varphi)$ 是量 $\mathcal{R}$ 在状态 φ 的期望值, R 是属于 φ 的算子). 在以下的讨论中我们将看到, 这个公式是如何由很少定性假设推导出来的, 同时, 我们将检验在第 3 章中发展的整个量子力学结构. 但在此之前, 有必要做一些进一步的考虑.

在状态 φ, 量 $\mathcal{R}$ 有期望值 $\varrho=(\mathcal{R}\varphi,\varphi)$, 其方差 ε^2 为 $(\mathcal{R}-\varrho)^2$ 的期望值; 即 $\varepsilon^2=\left((R-\varrho\cdot I)^2\varphi,\varphi\right)=\|R\varphi\|^2-(R\varphi,\varphi)^2$ (见注 130; 所有这些都借助 $\bar{\mathbf{E}}$ 计算), 它一般 >0(仅对 $R\varphi=\varrho\varphi$ 才 $=0$, 见 3.3 节). 因此, 如我们多次重复过的, 甚至当 φ 是一种单一状态时, 也存在 $\mathcal{R}$ 的一个统计分布. 即使我们不知道哪一种状态真正出现, 例如, 当多种状态 $\varphi_1,\varphi_2,\cdots$ 分别以概率 $w_1,w_2,\cdots$, (全部非负, 总和为 1) 存在时, 这种统计考虑也提供了一个新的视角. 于是, 在一般成立的概率计算规则的意义上, 量 $\mathcal{R}$ 的期望值是 $\varrho'=\sum_n w_n\cdot(R\varphi_n,\varphi_n)$.

一般而言, 现在 $(R\varphi,\varphi)=\operatorname{Tr}\left(P_{[\varphi]}\cdot R\right)$. 事实上, 若选一个完全正交集 ψ_1, $\psi_2,\cdots$, 使得 $\psi_1=\varphi$ (且因此 $\psi_2,\psi_3,\cdots$ 正交于 φ), 则

$$P_{[\varphi]}\psi_n=\begin{cases}\varphi, & \text{对 } n=1,\\ 0, & \text{其他},\end{cases}$$

且因此,

$$\begin{aligned}\operatorname{Tr}\left(P_{[\varphi]}\cdot R\right)&=\sum_{m,n}\left(P_{[\varphi]}\psi_n,\psi_m\right)\left(R\psi_m,\psi_n\right)\\&=\sum_m(\varphi,\psi_m)\left(R\psi_m,\varphi\right)=(R\varphi,\varphi),\end{aligned}$$

从而, $\varrho'=\operatorname{Tr}\left(\left\{\sum_n w_nP_{[\varphi_n]}\right\}\cdot R\right)$. 由于所有 $P_{[\varphi_n]}$ 的定号性及 $w_n\geqslant 0$, 算子

$$U=\sum_n w_nP_{[\varphi_n]}$$

是定号的, 因为 $\operatorname{Tr}P_{[\varphi_n]}=1$, 其迹等于 $\sum_n w_n=1$. 就其统计性质而言, 它提供了

上述混合状态的完善表征:

$$\varrho' = \mathrm{Tr}\,(UR)\,.$$

除了个别状态本身, 我们也应当考虑这种混合状态. 但我们首先转向更一般的研究.

让我们先忘记全部量子力学而只记住以下事项: 假定系统 S [155]给定, 对实验者而言, 这表现在列举其中所有可以有效地测量的量值及其相互间的函数关系. 对每个量, 我们包括如何测量及其数值如何由测量装置的指示器位置读出或计算的说明. 若 $\mathcal{R}$ 是一个量, $f(x)$ 是任意函数, 则量 $f(\mathcal{R})$ 定义如下: 为了测量 $f(\mathcal{R})$, 我们测量 $\mathcal{R}$ 并找到值 a (对 $\mathcal{R}$), 于是 $f(\mathcal{R})$ 有值 $f(a)$. 如我们所见, 所有量 $f(\mathcal{R})$ ($\mathcal{R}$ 固定, $f(x)$ 是一个任意函数) 都与 $\mathcal{R}$ 同时测量. 一般说来, 我们称两个 (或多个) 量 $\mathcal{R},\mathcal{S}$ 同时可测量, 若有一种安排能在同一系统中同时测量二者 —— 除了它们的对应数值需根据读数以不同的方式计算 (在经典力学中, 众所周知, 所有量都是同时可测量的, 但在量子力学中并非如此, 如我们在 3.3 节中所看到的). 对给定的两个量 $\mathcal{R},\mathcal{S}$ 及二变量函数 $f(x,y)$, 我们也可以定义量 $f(\mathcal{R},\mathcal{S})$. 这个量的测量与 $\mathcal{R},\mathcal{S}$的测量同时进行, 若对 $\mathcal{R},\mathcal{S}$ 找到值 a,b, 则 $f(\mathcal{R},\mathcal{S})$ 的值是 $f(a,b)$. 但应当意识到, 若 $\mathcal{R},\mathcal{S}$ 不是同时可测量的, 则试图构成 $f(\mathcal{R},\mathcal{S})$ 是完全没有意义的: 不可能做出对应的测量安排.

然而, 对与单一对象 S 相联系的物理量的研究, 并非仅有的可做的事情 —— 尤其是如果对几个量的同时可测量性存疑的话. 在这种情况下, 也可以构造由许多系统 $\mathrm{S}_1,\cdots,\mathrm{S}_N$ (即 S 的 N 个样本, N 是大数) 组成的统计总体 [156]. 在这样的一个总体 $[\mathrm{S}_1,\cdots,\mathrm{S}_N]$ 中, 我们测量的不是一个量 $\mathcal{R}$ 的 "值", 而是值的分布: 即对每个区间 $a' < a < a''$ (a',a'' 给定, $a' \leqslant a''$), 我们寻找 $\mathcal{R}$ 的值在该区间中的 $\mathrm{S}_1,\cdots,\mathrm{S}_N$

---

155 强调这样的一个系统与在某个状态的一个系统之间的概念性差别是重要的. 以下是一个系统的例子: 一个氢原子, 即其间有已知作用力的一个电子与一个质子. 它用以下数据描述: 构形空间是 6 维的: 坐标 $q_1,\cdots,q_6$; 动量 $p_1,\cdots,p_6$; 哈密顿函数是

$$H(q_1,\cdots,q_6,p_1,\cdots,p_6) = \frac{p_1^2+p_2^2+p_3^2}{2M_e} + \frac{p_4^2+p_5^2+p_6^2}{2M_p} + \frac{e^2}{\sqrt{(q_1-q_4)^2+(q_2-q_5)^2+(q_3-q_6)^2}}.$$

一种状态由进一步的数据确定. 在经典力学中, 通过对坐标与动量 $q_1,\cdots,q_6,p_1,\cdots,p_6$ 指定数值 $q_1^0,\cdots,q_6^0,p_1^0,\cdots,p_6^0$; 而在量子力学中, 通过指定初始波函数 $\varphi(q_1,\cdots,q_6)$. 从来不需要比这更多的信息: 若系统与状态都是已知的, 则该理论将给出明确的方向, 通过计算来回答所有问题.

156 一般说来, 这样的总体 (有时也称为集体) 对确立概率论为一种频率理论是必须的. 它们由冯 · 米泽斯 (R. von Mises) 引入, 他发现了它们对概率论的意义, 并在此基础上建立了完整的理论 (例如见他的书, *Wahrscheinlichkeit, Statistik und ihre Wahrheit*, Berlin, 1928).

各系统的数量, 把这个数量除以 N 便得到概率函数 $w(a',a'')=w(a'')-w(a')$ [157]. 观测这样的总体的实质性优点在于:

(1) 即使量 $\mathcal{R}$ 的测量会在很大程度上改变被测量系统 S(在量子力学中, 这也许真的如此, 在 3.4 节中我们看到, 在关于基本过程的物理学中, 这是必须的, 因为测量对被观测系统的干扰与系统或其被观测部分的量级相同), 如果 N 足够大, 在总体 $[\mathrm{S}_1,\cdots,\mathrm{S}_N]$ 中对 $\mathcal{R}$ 的概率分布的统计确定对于该总体造成的变化就可以任意小.

(2) 即使单一系统 S 中的两个 (或多个) 量 $\mathcal{R},\mathcal{S}$ 并非同时可测量的, 只要 N 足够大, 就可以用任意高的精度得到 $\mathcal{R},\mathcal{S}$ 在给定总体 $[\mathrm{S}_1,\cdots,\mathrm{S}_N]$ 中的概率分布.

事实上, 就一个 N 个元素的总体而言, 无须取所有 N 个元素 $\mathrm{S}_1,\cdots,\mathrm{S}_N$, 而只需取 ($\leqslant N$) 个元素的任何部分系统, 例如, $[\mathrm{S}_1,\cdots,\mathrm{S}_M]$ 就足以对量 $\mathcal{R}$ 的值的分布作统计检验 —— 前提是 M,N 都很大, 且 M 与 N 相比很小 [158]. 于是只有总体的 $\dfrac{M}{N}$ 部分受到测量引起变化的影响. 若选择 $\dfrac{M}{N}$ 足够小, 这种影响便是任意小的 —— 如 (1) 所述, 即使 M 很大, 只要 N 足够大, 这也是可能的. 为了同时测量两个 (或多个) 量 $\mathcal{R},\mathcal{S}$, 我们需要以下类型的两个子总体, 例如, $[\mathrm{S}_1,\cdots,\mathrm{S}_M]$ 与 $[\mathrm{S}_{M+1},\cdots,\mathrm{S}_{2M}]\,(2M\leqslant N)$, 第一个用于得到 $\mathcal{R}$ 的统计数据, 第二个用于得到 $\mathcal{S}$ 的. 因此, 两次测量并不相互干扰, 尽管它们在同样的总体 $[\mathrm{S}_1,\cdots,\mathrm{S}_N]$ 中进行, 而且若 $\dfrac{2M}{N}$ 足够小, 则它们所造成的该总体的变化只局限于任意小的部分中 —— 如 (2) 所述, 即使 M 很大, 这对足够大的 N 也是可能的.

我们看到, 统计总体的引入, 即概率方法的引入, 其原因在于测量会影响单个系统, 也是因为也许几个量并非同时可测量的. 一个一般的理论必须考虑这些情形, 因为人们总是担心它们在基本过程中会出现 [159], 鉴于对这种情况的详尽讨论的清楚说明 (见 3.4 节), 现在, 它们的现实性已成为肯定的. 统计总体的应用消除了这些困难, 又使一个客观的描述 (它与偶然性无关, 以及 —— 在给定状态 —— 测量并非同时可测量的两个量中的哪一个无关) 成为可能.

---

157 $w(a')$ 是 $a\leqslant a'$ 的概率, 即 a 属于区间 $\{-\infty,a']$ 的概率. 这个 $w(a)$ 或我们将称之为 $w_{\mathcal{R}}(a)$, 以强调它对 $\mathcal{R}$ 的依赖性, 很容易看出它有以下性质: 当 $a\to-\infty$ 时, $w_{\mathcal{R}}(a)\to 0$; 当 $a\to+\infty$ 时, $w_{\mathcal{R}}(a)\to 1$. 对 $a\geqslant a_0$: 当 $a\to a_0$ 时, $w_{\mathcal{R}}(a)\to w_{\mathcal{R}}(a_0)$; 当 $a'\leqslant a''$ 时, $w_{\mathcal{R}}(a')\leqslant w_{\mathcal{R}}(a'')$. (在量子力学中, 若 $E(\lambda)$ 是属于 R 的单位分解, 则 $w_{\mathcal{R}}(a)=\|E(a)\varphi\|^2=(E(a)\varphi,\varphi)$.)

若 $w_{\mathcal{R}}(a)$ 是可微的, 则可以引入普通的 "概率密度" $\dfrac{d}{da}w_{\mathcal{R}}(a)$; 若它在 $a=a_0$ 不是连续的, 则它在单一点 $a=a_0$ 有 "离散概率" $w_{\mathcal{R}}(a_0)-w_{\mathcal{R}}(a_0-0)$. 但在所有其他条件下有意义的一般概念是 $w_{\mathcal{R}}(a)$; 见注 156 中的文献.

158 这来自所谓的大数定律, 即伯努利定理.

159 于是, 例如, 应用的试验电荷不能小于电子电荷这一点, 被看作定义电场的一个基本困难.

对这样的总体, 下面的事实是不足为奇的, 物理量 $\mathcal{R}$ 没有一个严格的值, 即其分布函数并不由一个单独的值 a_0 组成 [160], 而可能由几个值或值的区间组成, 且存在一个正的方差 [160]. 对这种行为, 最容易想到的至少有两个不同的理由:

I. 总体的个别系统 $S_1, \cdots, S_N$ 可能处于不同的状态, 使得总体 $[S_1, \cdots, S_N]$ 由这些状态的相对频率来塑造. 由于缺乏信息, 在这种情形, 对物理量得不到严格确定的值: 我们不知道在哪个状态作测量, 因此不能预测结果.

II. 所有个别系统 $S_1, \cdots, S_N$ 均处于同一状态, 但自然规律不是因果律. 于是偏差的原因并非缺乏信息, 而是自然规律本身, 自然规律无视 "充分原因原理".

情况 **I** 是熟知的, 而情形 **II** 是新的而且是重要的. 为了保险起见, 我们对其可能性首先持怀疑态度, 但我们将找到一个客观的准则, 使我们得以决定是否认可这种想法. 一眼看来, 这完全是不可想象的及毫无意义的, 但我们相信这种反对意见不能成立, 且为了解决某些困难 (如在量子力学中), 除了 **II** 以外别无良策. 因此我们转而讨论 **II** 在概念上造成的困难.

人们可能基于大自然完全不会违背 "充分原因原理" 即因果性而反对 (II), 因为这只是一个等同性定义. 即以下命题为真: 两个等同的对象 S_1, S_2 —— 即系统 S 处于同一状态的两个样本 —— 在所有可以想象的等同环境下等同, 因为这只是同义反复而已. 若 S_1, S_2 对等同的相互作用有不同的反应 (例如, 若它们在相同量 $\mathcal{R}$ 的测量中给出不同的值), 那么我们不会称它们是等同的. 因此, 在作为关于量 $\mathcal{R}$ 偏差的总体 $[S_1, \cdots, S_N]$ 中, 个别系统 $S_1, \cdots, S_N$(按照定义) 不可能都在相同的状态 (对量子力学的应用是: 因为人们在处于相同状态 φ—— 不是与 $\mathcal{R}$ 关联的算子 R 的本征状态 [161]—— 的几个系统中, 测量同一个量 $\mathcal{R}$ 得到不同的值, 则这些系统不

160 严格的值 a_0 对应于以下概率函数 $w_{\mathcal{R}}(a)$:

$$w_{\mathcal{R}}(a) = \begin{cases} 1, & a \geqslant a_0, \\ 0, & a < a_0, \end{cases}$$

在且仅在这种情况下, 均方差 ε^2 为零. 均值 ϱ 与均方差 ε^2 的一般计算如下 (斯蒂尔切斯积分):

$$\begin{aligned} \varrho &= \int_{-\infty}^{+\infty} a dw_{\mathcal{R}}(a), \\ \varepsilon^2 &= \int_{-\infty}^{+\infty} (a-\varrho)^2 dw_{\mathcal{R}}(a) \\ &= \int_{-\infty}^{+\infty} a^2 dw_{\mathcal{R}}(a) - 2\varrho \int_{-\infty}^{+\infty} a dw_{\mathcal{R}}(a) + \varrho^2 \\ &= \int_{-\infty}^{+\infty} a^2 dw_{\mathcal{R}}(a) - \varrho^2 \\ &= \int_{-\infty}^{+\infty} a^2 dw_{\mathcal{R}}(a) - \left(\int_{-\infty}^{+\infty} a dw_{\mathcal{R}}(a)\right)^2. \end{aligned}$$

(见 3.4 节及注 130).

161 这是在几个系统中独立测量的情形: 对同一系统的相继测量总会给出相同的值 (见 3.3 节).

可能彼此相等; 即由波函数提供的状态描述可能是不完全的. 因此, 必定存在其他变量, 如 3.2 节中提到的 "隐参数". 我们将很快看到将出现什么样的困难). 因此, 在一个大的统计总体中, 只要发现任何物理量 $\mathcal{R}$ 有偏差, 就必定存在把它分解为几个不同组成部分的可能性 (根据其对应元素的不同状态). 这一步骤因以下观测而显得更有可能: 得到这种解的简单方法看来是存在的, 因为我们可以依靠 $\mathcal{R}$ 在总体中所具有的不同的值. 在相对于所有可能的量 $\mathcal{R}, \mathcal{S}, \mathcal{T}$ 做出区分与分解以后, 会得到真正的同质总体. 在该过程结束以后, 这些量将在任何子总体中没有进一步的偏差.

然而, 后面的几句话中包含的结论并不正确, 因为我们并未考虑测量改变了被测量系统这个事实. 若我们对所有对象测量 $\mathcal{R}$(为简单起见我们假设它只有两个值 a_1, a_2), 也许在 $\mathrm{S}'_1, \cdots, \mathrm{S}'_{N_1}$ 上得到 a_1, 而在 $\mathrm{S}''_1, \cdots, \mathrm{S}''_{N-N_1}$ 上得到 a_2, 则无论在 $[\mathrm{S}'_1, \cdots, \mathrm{S}'_{N_1}]$ 中还是在 $[\mathrm{S}''_1, \cdots, \mathrm{S}''_{N-N_1}]$ 中均无偏差 ($\mathcal{R}$ 总是分别取值 a_1 或 a_2). 然而这一步骤不仅仅是把 $[\mathrm{S}_1, \cdots, \mathrm{S}_N]$ 分解为所述的两个部分, 因为个别系统可能因测量 $\mathcal{R}$ 而变化. 由 (1) 我们确实有一种方法来确定 $\mathcal{R}$ 值的分布, 使得 $[\mathrm{S}_1, \cdots, \mathrm{S}_N]$ 只有微小变化 (我们只在 $[\mathrm{S}_1, \cdots, \mathrm{S}_M]$ 中测量, M 很大, 但 $\dfrac{M}{N}$ 很小). 然而这一步骤并不导致想要的分解, 因为对 $\mathrm{S}_1, \cdots, \mathrm{S}_N$ 中的大多数 (即 $\mathrm{S}_{M+1}, \cdots, \mathrm{S}_N$), 完全不能确定 $\mathcal{R}$ 在其中的每个值.

现在我们说明, 前面给出的方法不能产生完全同质的总体. 用第二个物理量 $\mathcal{S}$(假设它也只可能有两个值 b_1, b_2) 分解 $[\mathrm{S}'_1, \cdots, \mathrm{S}'_{N_1}]$ 为子集

$$[\mathrm{S}'_1, \cdots, \mathrm{S}'_{N_1}] = \left[\mathrm{S}'^{\circ}_1, \cdots, \mathrm{S}'^{\circ}_{N_{1,1}}\right] + \left[\mathrm{S}'^{\circ\circ}_1, \cdots, \mathrm{S}'^{\circ\circ}_{N_{1,2}}\right], \quad N_{1,1} + N_{1,2} = N_1,$$

类似地分解 $[\mathrm{S}''_1, \cdots, \mathrm{S}''_{N_2}]$,

$$[\mathrm{S}''_1, \cdots, \mathrm{S}''_{N_2}] = \left[\mathrm{S}''^{\circ}_1, \cdots, \mathrm{S}''^{\circ}_{N_{2,1}}\right] + \left[\mathrm{S}''^{\circ\circ}_1, \cdots, \mathrm{S}''^{\circ\circ}_{N_{2,2}}\right], \quad N_{2,1} + N_{2,2} = N_2,$$

(这里 $\circ$ 指 $\mathcal{S}$ 的测量总是生成 b_1, $\circ\circ$ 指总是生成 b_2.) 量 $\mathcal{S}$ 在以下四个总体中均无偏差:

$$\left[\mathrm{S}'^{\circ}_1, \cdots, \mathrm{S}'^{\circ}_{N_{1,1}}\right], \left[\mathrm{S}'^{\circ\circ}_1, \cdots, \mathrm{S}'^{\circ\circ}_{N_{1,2}}\right], \left[\mathrm{S}''^{\circ}_1, \cdots, \mathrm{S}''^{\circ}_{N_{2,1}}\right], \left[\mathrm{S}''^{\circ\circ}_1, \cdots, \mathrm{S}''^{\circ\circ}_{N_{2,2}}\right]$$

(测量值分别恒为 b_1, b_2, b_1, b_2). 但虽然头两个总体是 $[\mathrm{S}'_1, \cdots, \mathrm{S}'_{N_1}]$ 的一部分, 后两个是 $[\mathrm{S}''_1, \cdots, \mathrm{S}''_{N_2}]$ 的一部分, 在其中 $\mathcal{R}$ 无偏差, $\mathcal{R}$ 却可以在其中的每一个有偏差, 因为 $\mathcal{S}$ 的测量改变了组成它们的个别系统. 也就是, 我们其实是在原地踏步: 每一步都破坏了前一步的结果 [162], 且逐次测量的进一步重复并不可能在这团乱麻中理

162 人们应当考虑, 用并非同时可测量 (因为不可确定性关系) 的笛卡儿坐标量 q 与 p (动量) 替代 $\mathcal{R}, \mathcal{S}$. 若 q 在一个总体中有一个很小的偏差, 则精度 (即均方差) 为 ε 的 q 的测量导致 q 的均方差至少为 $\dfrac{h}{4\pi\varepsilon}$ (见 3.4 节): 一切都被破坏了.

出头绪. 在原子中我们处于物理世界的边缘, 其中每一次测量都是对被测量对象的同一量级的干扰, 且因此从根本上影响了它. 显然, 这些困难根植于不确定性.

因此, 没有一种方法总是能够进一步分解有偏差的总体 (不改变其元素), 或进入那些想象的不再有偏差的同质总体中 —— 我们习惯地假设这样的总体由完全等同、完全被因果律确定的单个粒子组成. 尽管如此, 我们可以试图保持这样的设想: 每个有偏差的总体都可以被分解为两个 (或多个) 彼此不同且与总体不同的部分, 而无须改变其元素. 也就是, 把分解的两个总体叠加在一起, 可以还原为原始总体. 我们看到, 把因果律诠释为相等性定义的试图, 导致一个能够而且必须回答的实际问题, 可以想象它会被负面地回答. 该问题是: 真的有可能把带偏差的量 $\mathcal{R}$ 表示的每个总体 $[\mathrm{S}_1,\cdots,\mathrm{S}_N]$, 用两个 (或多个) 彼此不同并与之不同的总体叠加而成吗? (多于两个, 例如 $n=3,4,\cdots$ 可以被简化为两个, 如果我们考虑第一个和其他 $n-1$ 个的叠加.)

若 $[\mathrm{S}_1,\cdots,\mathrm{S}_N]$ 是 $[\mathrm{S}'_1,\cdots,\mathrm{S}'_P]$ 与 $\left[\mathrm{S}''_1,\cdots,\mathrm{S}''_Q\right]$ 的混合 (和) 总体, 则每个量 $\mathcal{R}$ 的概率函数 $w_{\mathcal{R}}(a)$(见注 157), 可以借助两个子总体的概率函数 $w'_{\mathcal{R}}(a)$ 及 $w''_{\mathcal{R}}(a)$ 表达为

$$\mathbf{M_1}. \qquad w_{\mathcal{R}}(a)=\alpha w'_{\mathcal{R}}(a)+\beta w_{\mathcal{R}}{}''(a),\quad \alpha>0,\beta>0,\alpha+\beta=1.$$

其中$\alpha=\dfrac{P}{N},\beta=\dfrac{Q}{N}\,(N=P+Q)$ 与 $\mathcal{R}$ 无关. 这在根本上是一个纯数学问题: 若在一个概率函数为 $w_{\mathcal{R}}(a)$ 的总体中存在一个带有偏差的量 $\mathcal{R}$(这是 $w_{\mathcal{R}}(a)$ 的一个性质, 如在注 160 中给出), 是否存在两个分别有概率函数 $w'_{\mathcal{R}}(a)$ 与 $w''_{\mathcal{R}}(a)$ 的其他总体, 使得 $\mathbf{M_1}$ 对所有 $\mathcal{R}$ 成立? 这个问题也可以用一种稍微不同的方式表达, 是否可以不用量 $\mathcal{R}$ 的概率函数 $w_{\mathcal{R}}(a)$ 来表征总体, 而用其期望值

$$\mathrm{Exp}(\mathcal{R})=\int_{-\infty}^{+\infty}a\,dw_{\mathcal{R}}(a)$$

来表征呢? 于是, 我们的问题是: 若一个总体是无偏差的, 是否在该总体中对每个 $\mathcal{R}$ 都有

$$\mathrm{Exp}\left([\mathcal{R}-\mathrm{Exp}(\mathcal{R})]^2\right)=\mathrm{Exp}\left(\mathcal{R}^2\right)-[\mathrm{Exp}(\mathcal{R})]^2$$

等于零 (见注 160)? 即

$$\mathbf{Dis_1}. \qquad \mathrm{Exp}\left(\mathcal{R}^2\right)=[\mathrm{Exp}(\mathcal{R})]^2.$$

如果并非如此, 是否总可以找到另外两个子总体 (有期望值 $\mathrm{Exp}'(\mathcal{R}),\mathrm{Exp}''(\mathcal{R})$, $\mathrm{Exp}(\mathcal{R})\neq\mathrm{Exp}'(\mathcal{R})\neq\mathrm{Exp}''(\mathcal{R})$, 使得

$$\mathbf{M_2}. \qquad \mathrm{Exp}(\mathcal{R})=\alpha\mathrm{Exp}'(\mathcal{R})+\beta\mathrm{Exp}''(\mathcal{R}),\quad \alpha>0,\beta>0,\alpha+\beta=1$$

总是成立(α,β 不依赖于 $\mathcal{R}$)? (应当注意到, 对单一量 $\mathcal{R}$, 数字 $\mathrm{Exp}(\mathcal{R})$ 不能替代函数 $w_{\mathcal{R}}(a)$; 另一方面, 关于所有 $\mathrm{Exp}(\mathcal{R})$ 的知识等价于关于所有 $w_{\mathcal{R}}(a)$ 的知识. 事

实上, 若 $f_a(x)$ 定义为

$$f_a(x)=\begin{cases}1, & x\leqslant a,\\ 0, & x>a,\end{cases}$$

则 $w_{\mathcal{R}}(a)=\mathrm{Exp}(f_a(\mathcal{R}))$.)

为了在数学上处理这个问题, 更可取的是不考虑总体 $[\mathrm{S}_1,\cdots,\mathrm{S}_N]$ 本身, 而考虑对应的期望值 $\mathrm{Exp}(\mathcal{R})$. 每个总体属于一个在 S 中关于所有物理量 $\mathcal{R}$ 有定义的函数, 该函数取实数值, 反之, 在所有统计性质方面, 该函数完全地特征化了总体 (见前文中关于 $\mathrm{Exp}(\mathcal{R})$ 与 $w_{\mathcal{R}}(a)$ 之间关系的讨论). 当然, 尚须发现 $\mathcal{R}$ 的函数必须具有的性质, 倘若它成为适当总体的 $\mathrm{Exp}(\mathcal{R})$. 但一旦做了这件事, 我们就可以定义:

α) 如果一个 $\mathcal{R}$ 的函数是 $\mathrm{Exp}(\mathcal{R})$, 则此函数称为无偏差的, 若它满足条件 $\mathbf{Dis_1}$.

β) 如果一个 $\mathcal{R}$ 的函数是 $\mathrm{Exp}(\mathcal{R})$, 则此函数称为同质的或纯的, 若对该函数而言, $\mathbf{M_2}$ 意味着

$$\mathrm{Exp}(\mathcal{R})\equiv\mathrm{Exp}'(\mathcal{R})\equiv\mathrm{Exp}''(\mathcal{R}).$$

下面的结论在概念上是合理的：每个无偏差的 $\mathrm{Exp}(\mathcal{R})$ 函数必定是纯的. 我们即将给出这个结论的证明. 但现在我们感兴趣的是其反问题：是否每个纯的 $\mathrm{Exp}(\mathcal{R})$ 函数都是无偏差的?

显然, 每个 $\mathrm{Exp}(\mathcal{R})$ 函数必定有以下性质:

A. 若量 $\mathcal{R}$ 恒等于 1(即若 “测量指南” 是无须测量, 因为 $\mathcal{R}$ 总是有值 1), 则 $\mathrm{Exp}(\mathcal{R})=1$.

B. 对每个 $\mathcal{R}$ 与每个实数 a, $\mathrm{Exp}(a\mathcal{R})=a\mathrm{Exp}(\mathcal{R})$[163].

C. 若量 $\mathcal{R}$ 的本性是非负的, 例如, 若它是另一个量 $\mathcal{S}$ 的平方 [163], 则也有 $\mathrm{Exp}(\mathcal{R})\geqslant 0$.

D. 若量 $\mathcal{R},\mathcal{S},\cdots$ 是同时可测量的, 则

$$\mathrm{Exp}(\mathcal{R}+\mathcal{S}+\cdots)=\mathrm{Exp}(\mathcal{R})+\mathrm{Exp}(\mathcal{S})+\cdots^{163}.$$

(若 $\mathcal{R},\mathcal{S},\cdots$ 并非同时可测量的, 则如前所述, $\mathcal{R}+\mathcal{S}+\cdots$ 无定义.)

所有这些都可以从被考虑量的定义 (即它们的测量指南) 及期望值的定义 (足够大统计总体中所有测量结果的算术平均值) 直接得到. 关于 **D** 应当注意到, 其正确性依赖于以下关于概率的定理：和的期望值总是各个被求和项的期望值之和, 与

163 $a\mathcal{R},\mathcal{S}^2,\mathcal{R}+\mathcal{S}+\cdots$ 表示我们可以在函数 $f(x)=ax, f(x)=x^2$ 及 $f(x,y,\cdots)=x+y+\cdots$ 中, 在上面给出的定义的意义上, 分别代入 $\mathcal{R}$ 或 $\mathcal{S}$, 或 $\mathcal{R},\mathcal{S},\cdots$.

各项之间是否存在概率的相互依赖性无关 (与之成对比的是乘积的概率). 自然这只适用于同时可测量的 $\mathcal{R},\mathcal{S},\cdots$, 否则 $\mathcal{R}+\mathcal{S}+\cdots$ 是无意义的.

但量子力学的算法还包含了在刚才讨论范围以外的另一种运算: 即不一定是同时可观测的两个任意量的相加. 这一运算依赖于以下事实, 两个埃尔米特算子 R,S 之和 $R+S$ 也是埃尔米特算子, 甚至若 R,S 并非可易时也是如此. 但是, 例如乘积 RS 仅当有可易性时才是埃尔米特算子 (见 2.5 节). 在每个状态 φ, 期望值有可加性: $(R\varphi,\varphi)+(S\varphi,\varphi)=((R+S)\varphi,\varphi)$ (见 3.1 节 $\mathbf{E}_2$). 对多个被加项, 这个性质同样成立. 现在把这一事实用于我们的一般设置中 (在此尚未对量子力学具体化).

E. 若 $\mathcal{R},\mathcal{S},\cdots$ 是任意量, 则存在相加量 $\mathcal{R}+\mathcal{S}+\cdots$ (与 $\operatorname{Exp}(\mathcal{R})$ 函数的选择无关), 使得

$$\operatorname{Exp}(\mathcal{R}+\mathcal{S}+\cdots)=\operatorname{Exp}(\mathcal{R})+\operatorname{Exp}(\mathcal{S})+\cdots$$

成立.

若 $\mathcal{R},\mathcal{S}$ 是同时可测量的, 则根据 **D**, 这必定是普通的和. 但一般说来, 这个和只被 **E** 用隐含方式表征, 且未提供由关于 $\mathcal{R},\mathcal{S}$ 的测量指南构建关于 $\mathcal{R}+\mathcal{S}$ 的测量指南的指令[164].

此外必须指出, 我们将不仅容许代表期望值的 $\operatorname{Exp}(\mathcal{R})$ 函数, 而且也容许对应于相对值的函数 —— 即我们将放弃标准化条件 **A**. 若 $\operatorname{Exp}(1)$(根据 **C**, 它 $\geqslant 0$) 有限且 $\neq 0$, 这是不重要的, 因为对 $\dfrac{\operatorname{Exp}(\mathcal{R})}{\operatorname{Exp}(1)}$, 一切都与前相同. 但 $\operatorname{Exp}(1)=\infty$ 完全不同, 为了解决相应的困难, 我们需要采取这种扩张, 而这最好用一个简单的例子来说明. 事实是, 在一些情况下, 用相对概率替代真实概率进行运算更佳 —— 尤其是无穷总相对概率 ($\operatorname{Exp}(1)$ 对应于总概率) 的情况. 以下是这样的一个例子, 设被观测系统是在一维线上运动的粒子, 并设其统计分布是这样的类型: 它在无限区间中处处有等概率. 于是在这条线上的每个有限区间中有零概率, 但在所有位置有等

164 例如, 在一个势场 $V(x,y,z)$ 中运动的电子的海森伯理论能量算子

$$H_0=\frac{(p^x)^2+(p^y)^2+(p^z)^2}{2M}+V(Q^x,Q^y,Q^z)$$

(如见 3.6 节), 是以下两个可易算子之和:

$$R=\frac{(p^x)^2+(p^y)^2+(p^z)^2}{2M},\quad S=V(Q^x,Q^y,Q^z).$$

属于 R 的量 $\mathcal{R}$ 的测量是动量的测量, 而属于 S 的量 $\mathcal{S}$ 的测量是坐标的测量, 我们测量属于 $H_0=R+S$ 的量 $\mathcal{R}+\mathcal{S}$ 时所用的方法完全不同. 例如, 通过测量该 (跳跃) 电子所发射的谱线的频率, 因为这些谱线确定了 (根据玻尔频率关系) 能量水平, 即 $\mathcal{R}+\mathcal{S}$ 值. 尽管如此, 在任何情况下,

$$\operatorname{Exp}(\mathcal{R}+\mathcal{S})=\operatorname{Exp}(\mathcal{R})+\operatorname{Exp}(\mathcal{S}).$$

概率不是用这样的方式表达的, 而是用以下事实, 在两个区间中的概率之比等于区间的长度之比. 因为 $\frac{0}{0}$ 无意义, 这只有当我们把长度作为其相对概率时才能表达. 总相对概率当然将是 ∞.

考虑到这些, 我们得到以下形式的条件 ($\mathbf{A}'$ 对应于 $\mathbf{C}, \mathbf{B}'$ 对应于 $\mathbf{B}, \mathbf{D}, \mathbf{E}$).

$\mathbf{A}'$. 若量 $\mathcal{R}$ 按其本性是非负的, 例如它是另一个量 $\mathcal{S}$ 的平方, 则 $\mathrm{Exp}\,(\mathcal{R}) \geqslant 0$.

$\mathbf{B}'$. 若量 $\mathcal{R}, \mathcal{S}, \cdots$ 是任意量, $a, b, \cdots$ 是实数, 则 $\mathrm{Exp}\,(a\mathcal{R} + b\mathcal{S} + \cdots) = a\mathrm{Exp}\,(\mathcal{R}) + b\mathrm{Exp}\,(\mathcal{S}) + \cdots$.

我们强调指出:

(1) 因为我们考虑的是相对概率值, 函数 $\mathrm{Exp}\,(\mathcal{R})$ 与 $c\mathrm{Exp}\,(\mathcal{R})$ ($c > 0$ 为常数) 本质上并未不同.

(2) $\mathrm{Exp}\,(\mathcal{R}) \equiv 0$(对所有 $\mathcal{R}$) 未提供任何信息, 因此不予考虑.

(3) 绝对的, 即正确地标准化的期望值, 当 $\mathrm{Exp}\,(1) = 1$ 时存在. 由 $\mathbf{A}', \mathrm{Exp}\,(1)$ 在任何情况下 $\geqslant 0$, 且若它有限并 $\neq 0$, 则 (1) 加上 $c = \frac{1}{\mathrm{Exp}\,(1)}$ 导致正确的标准化. 对 $\mathrm{Exp}\,(1) = 0$, 我们将说明, 这种情况导致 (2) 而被排除; 然而对 $\mathrm{Exp}\,(1) = \infty$, 存在实质上非标准 (即相对) 的统计数据.

必须仍然回到我们的定义 α, β. 由 (1), $\mathbf{M_2}$ 可以用以下较简单的条件替代.

$\mathbf{M_3}$. $$\mathrm{Exp}\,(\mathcal{R}) \equiv \mathrm{Exp}'\,(\mathcal{R}) + \mathrm{Exp}''\,(\mathcal{R})$$

对于 $\mathbf{Dis}_1$ 应该注意到, 那里的计算预设了 $\mathrm{Exp}\,(1) = 1$. 对于 $\mathrm{Exp}\,(1) = \infty$, 完全不能定义无偏差特性, 因为它表示 $\mathrm{Exp}\left((\mathcal{R} - \varrho)^2\right) = 0$, 其中 ϱ 是 $\mathcal{R}$ 的绝对期望值, 即 $\frac{\mathrm{Exp}\,(\mathcal{R})}{\mathrm{Exp}\,(1)}$, 在这种情况下是 $\frac{\infty}{\infty}$, 从而是无意义的 [165] . 因此 α, β 重述如下:

α') $\mathcal{R}$ 的一个函数 $\mathrm{Exp}\,(\mathcal{R})$ 称为无偏差的, 若 $\mathrm{Exp}\,(1) \neq 0$ 且有限, 我们可以根据 (1) 认为 $\mathrm{Exp}\,(1) = 1$. 于是 $\mathbf{Dis_1}$ 是其特征.

β') $\mathcal{R}$ 的一个函数 $\mathrm{Exp}\,(\mathcal{R})$ 称为同质的或纯的, 若对之 $\mathbf{M_3}$ 导致

$$\mathrm{Exp}'\,(\mathcal{R}) = c'\mathrm{Exp}\,(\mathcal{R}), \quad \mathrm{Exp}''\,(\mathcal{R}) = c''\mathrm{Exp}\,(\mathcal{R})$$

(c', c'' 是常数, 自然 $c' + c'' = 1$, 且因为 $\mathbf{A}'$ 及 (1), (2), 又有 $c' > 0, c'' > 0$).

因为 $\mathbf{A}', \mathbf{B}'$ 与 α', β', 一旦知道 S 中的物理量及它们之间存在的函数关系, 我们就能对因果性问题做出决定. 这将在以下各节中对量子力学的关系进行.

作为本节的结论, 需要添加两条注记.

第一条涉及 $\mathrm{Exp}\,(1) = 0$ 的情形. 由 $\mathbf{B}'$ 可知, $\mathrm{Exp}\,(c) = 0$. 因此, 若量 $\mathcal{R}$ 总是 $\geqslant c'$ 但 $\leqslant c''$, 则由 $\mathbf{A}', \mathrm{Exp}\,(c'' - \mathcal{R}) \geqslant 0, \mathrm{Exp}(\mathcal{R} - c') \geqslant 0$, 且从而由 $\mathbf{B}'$, $\mathrm{Exp}\,(c') \leqslant$

165 然而对无偏差总体, 没有理由不引入正确的期望值.

$\mathrm{Exp}(\mathcal{R}) \leqslant \mathrm{Exp}(c'')$, 即 $\mathrm{Exp}(\mathcal{R}) = 0$. 现在设 $\mathcal{R}$ 任意, $f_1(x), f_2(x), \cdots$ 是一个满足

$$f_1(x) + f_2(x) + \cdots = 1$$

的有界函数序列 (例如, $f_1(x) = \dfrac{\sin x}{x}, f_n(x) = \dfrac{\sin nx}{nx} - \dfrac{\sin(n-1)x}{(n-1)x}, n = 2, 3, \cdots$). 于是, 当 $n = 1, 2, \cdots$ 时, $\mathrm{Exp}(f_n(\mathcal{R}))=0$, 且因此 (由 $\mathbf{B}'$), 也有 $\mathrm{Exp}(\mathcal{R}) = 0$. 所以, 根据前面所述命题, $\mathrm{Exp}(1) = 0$ 被 (2) 所排除.

第二, 值得注意, 根据 $\mathbf{Dis_1}, \mathrm{Exp}(\mathcal{R}^2) = [\mathrm{Exp}(\mathcal{R})]^2$ 对无偏差系统是特征性的, 虽然在这种情况下

Dis₂. $$\mathrm{Exp}(f(\mathcal{R})) = f(\mathrm{Exp}(\mathcal{R}))$$

必须对每个函数 $f(x)$ 成立, 因为 $\mathrm{Exp}(\mathcal{R})$ 简单地就是 $\mathcal{R}$ 的值, 而 $\mathrm{Exp}(f(\mathcal{R}))$ 是 $f(\mathcal{R})$ 的值. $\mathbf{Dis_1}$ 是 $\mathbf{Dis_2}$ 的一种特殊情况: $f(x) = x^2$, 但这怎么就足够了呢? 答案如下, 若 $\mathbf{Dis_2}$ 对 $f(x) = x^2$ 成立, 则它对所有 $f(x)$ 成立. 人们甚至可以用 x 的任何其他连续凸函数 $\left(\text{即该函数对所有 } x \neq y \text{ 有 } f\left(\dfrac{x+y}{2}\right) < \dfrac{f(x)+f(y)}{2}\right)$ 来替代 x^2. 我们不拟在此进入证明.

4.2 统计公式的证明

我们已经知道, 对应于量子力学系统的每一个量, 都有一个唯一的超极大埃尔米特算子 (例如见 3.5 节中的讨论), 为方便起见, 假设这种关系是一一对应的, 即实际上每个超极大算子对应于一个物理量 (在 3.3 节中有时应用了这个假设). 基于这些假设的有效性, 以下规则成立 (见 3.5 节中的 $\mathbf{F}, \mathbf{L}$, 以及 4.1 节末的讨论.).

I. 若量 $\mathcal{R}$ 有算子 R, 则量 $f(\mathcal{R})$ 有算子 $f(R)$.

II. 若量 $\mathcal{R}, \mathcal{S}, \cdots$ 有算子 $R, S, \cdots$, 则量 $\mathcal{R} + \mathcal{S} + \cdots$ 有算子 $R + S + \cdots$ (未假设 $\mathcal{R}, \mathcal{S}, \cdots$ 的同时可测量性, 见上面关于这一点的讨论.)

$\mathbf{A}', \mathbf{B}', \alpha', \beta'$ 与 $\mathbf{I}, \mathbf{II}$, 提供了我们的分析的数学基础.

设 $\varphi_1, \varphi_2, \cdots$ 是一个完全标准正交系基. 替代算子 R, 我们考虑有这个基的矩阵 $a_{\mu\nu} = (R\varphi_\mu, \varphi_\nu)$. 兹用矩阵元素

$$e_{\mu\nu}^{(n)} = \begin{cases} 1, & \text{对 } \mu = \nu = n, \\ 0, & \text{其他}, \end{cases}$$

$$f_{\mu\nu}^{(mn)} = \begin{cases} 1, & \text{对 } \mu = m, \nu = n, \\ 1, & \text{对 } \mu = n, \nu = m, \\ 0, & \text{其他}, \end{cases}$$

$$g_{\mu\nu}^{(mn)}=\begin{cases} i, & 对\ \mu=m,\nu=n,\\ -i, & 对\ \mu=n,\nu=m,\\ 0, & 其他. \end{cases}$$

定义以下埃尔米特算子:

$$U^{(n)}=P_{[\varphi_n]},$$

$$V^{(mn)}=P_{\left[\frac{\varphi_m+\varphi_n}{\sqrt{2}}\right]}-P_{\left[\frac{\varphi_m-\varphi_n}{\sqrt{2}}\right]},$$

$$W^{(mn)}=P_{\left[\frac{\varphi_m+i\varphi_n}{\sqrt{2}}\right]}-P_{\left[\frac{\varphi_m-i\varphi_n}{\sqrt{2}}\right]}.$$

记对应的量为 $\mathcal{U}^{(n)},\mathcal{V}^{(mn)},\mathcal{W}^{(mn)}$. 显然 (因为 $a_{nm}=\bar{a}_{mn}$)

$$a_{\mu\nu}=\sum_n a_{nn}e_{\mu\nu}^{(n)}+\sum_{\substack{m,n\\m<n}}\operatorname{Re}(a_{mn})\,f_{\mu\nu}^{(mn)}+\sum_{\substack{m,n\\m<n}}\operatorname{Im}(a_{mn})\,g_{\mu\nu}^{(mn)},$$

因此,

$$\mathcal{R}=\sum_n a_{nn}\mathcal{U}^{(n)}+\sum_{\substack{m,n\\m<n}}\operatorname{Re}(a_{mn})\,\mathcal{V}^{(mn)}+\sum_{\substack{m,n\\m<n}}\operatorname{Im}(a_{mn})\,\mathcal{W}^{(mn)},$$

且由于 **II** 与 **B′**,

$$\operatorname{Exp}(\mathcal{R})=\sum_n a_{nn}\operatorname{Exp}\left(\mathcal{U}^{(n)}\right)+\sum_{\substack{m,n\\m<n}}\operatorname{Re}(a_{mn})\operatorname{Exp}\left(\mathcal{V}^{(mn)}\right)+\sum_{\substack{m,n\\m<n}}\operatorname{Im}(a_{mn})\operatorname{Exp}\left(\mathcal{W}^{(mn)}\right).$$

因此, 若取

$$\mu_{nn}=\operatorname{Exp}\left(\mathcal{U}^{(n)}\right),$$

$$\left.\begin{aligned}\mu_{mn}&=\frac{1}{2}\operatorname{Exp}\left(\mathcal{V}^{(mn)}\right)+\frac{i}{2}\operatorname{Exp}\left(\mathcal{W}^{(mn)}\right)\\ \mu_{nm}&=\frac{1}{2}\operatorname{Exp}\left(\mathcal{V}^{(mn)}\right)-\frac{i}{2}\operatorname{Exp}\left(\mathcal{W}^{(mn)}\right)\end{aligned}\right\}m<n,$$

我们得到

$$\operatorname{Exp}(\mathcal{R})=\sum_{m,n}\mu_{nm}a_{mn}.$$

由于 $\mu_{nm}=\bar{\mu}_{mn}$, 我们可以用 $(U\varphi_m,\varphi_n)=\mu_{mn}$ 定义埃尔米特算子 U [166], 且以上方程的右边化为 $\mathrm{Tr}\,(UR)$(见 2.11 节). 因此, 我们得到公式

Tr. $$\mathrm{Exp}\,(\mathcal{R})=\mathrm{Tr}\,(UR).$$

U 是与 R 无关的一个埃尔米特算子 [167], 因此被总体本身确定.

考虑到 **II**, **Tr** 对 U 的每一个选择满足 $\mathbf{B}'$, 只需确定 $\mathbf{A}'$ 对 U 加了什么样的限制.

若 $\|\varphi\|=1$, 但除此之外是任意的, 则对属于 P_φ 的量 $\mathcal{R}$, 因为 $P_\varphi^2=P_\varphi$ 与 **I** 有 $\mathcal{R}^2=\mathcal{R}$. 因此, 根据 $\mathbf{A}'$, $\mathrm{Exp}\,(\mathcal{R})\geqslant 0$. 所以 $\mathrm{Tr}\left(UP_{[\varphi]}\right)=(U\varphi,\varphi)\geqslant 0$. 若 f 是任意的, 则对 $f\neq 0$, φ 可以写成 $\dfrac{1}{\|f\|}f$, 故 $(U\varphi,\varphi)=\dfrac{1}{\|f\|^2}(Uf,f)$. 从而 $(Uf,f)\geqslant 0$; 对 $f=0$ 这自动成立. 所以 U 是定号的, 但由 $\mathbf{A}'$ 推出的 U 的定号性, 对 $\mathbf{A}'$ 的成立也是充分的.

事实上, $\mathbf{A}'$ 只指出了每个 $\mathrm{Exp}\left(\mathcal{S}^2\right)\geqslant 0$, 并无其他. 因为, 若 $\mathcal{R}$ 只能取非负值, 则对 $f(x)=|x|$ 有 $f(\mathcal{R})=\mathcal{R}$. 且由于 $(g(x))^2=f(x)$, 等同于 $g(x)=\sqrt{|x|}$, 故 $(g(\mathcal{R}))^2=f(\mathcal{R})$, $\mathcal{R}=\mathcal{S}^2$ 及 $\mathcal{S}=g(\mathcal{R})$ [168]. 于是, 我们只需证明: 若 S 是 $\mathcal{S}$ 的算

---

166 这就是,

$$U\varphi_m=\sum_n\mu_{mn}\varphi_n,$$

这里 $\sum_n|\mu_{mn}|^2$ 的有限性当然是必需的. 这可以用以下方式确立: 若 $\sum_n|x_n|^2=1$, 则 $R=P_{[\varphi]}$ 对 $\varphi=\sum_n x_n\varphi_n$ 有矩阵 $\bar{x}_\mu x_\nu$, 且其 $\mathcal{R}$ 有期望值 $\sum_{m,n}\mu_{nm}\bar{x}_m x_n$. 因为 $P_{[\varphi]}=P_{[\varphi]}^2$, $I-P_{[\varphi]}=\left(I-P_{[\varphi]}\right)^2$, 该期望值 $\geqslant 0$ 且 $\leqslant \mathrm{Exp}\,(1)$, 因此, 至少标准化的 $\mathrm{Exp}\,(\mathcal{R})\geqslant 0$ 及 $\leqslant 1$. 若 $x_{n+1}=x_{n+2}=\cdots=0$, 这表示 N 维埃尔米特形式 $\sum_{m,n}\mu_{nm}\bar{x}_m x_n$ 对 $\sum_n|x_n|^2=1$ 的值 $\geqslant 0$ 但 $\leqslant 1$, 即矩阵 $\mu_{\varrho\sigma}\,(\varrho,\sigma=1,\cdots,N)$ 的本征值 $\geqslant 0$ 但 $\leqslant 1$. 因此, 向量 $y_m=\sum_{n=1}^N\mu_{nm}x_n$ 的长度恒 $\leqslant$ 向量 x_m 的长度. 对

$$x_m=\begin{cases}1, & m=\bar{m},\\ 0, & \text{其他},\end{cases}$$

有 $y_m=\mu_{m\bar{m}}$, 且因此

$$\sum_{m=1}^N|x_m|^2\geqslant\sum_{m=1}^N|y_m|^2,\quad 1\geqslant\sum_{m=1}^N|\mu_{m\bar{m}}|^2.$$

因为这对每个 N 成立, $\sum_n|\mu_{\bar{m}n}|^2\leqslant 1$.

167 仅当所有 $\varphi_1,\varphi_2,\cdots$ 属于 R 的定义域时, 整个论证才是严格的. 现在对每个 R 我们可以找到这样一个完全标准正交系 $\varphi_1,\varphi_2,\cdots$ (见 2.11 节), 但若 R 并非处处有意义, 则该系统依赖于 R. 事实上, 对每个完全标准正交系 $\varphi_1,\varphi_2,\cdots$, 有一个 U 依赖于该系统, 使得 $\mathrm{Exp}\,(\mathcal{R})=\mathrm{Tr}\,(UR)$ 只需要对 $\varphi_1,\varphi_2,\cdots$ 属于其定义域的那些 R 成立.

然而, 所有这些 U 彼此相等. 因为若 U',U'' 是其中的两个, 若 R 处处有意义, 则上述公式对二者都成立, 对这种情况 $\mathrm{Tr}\,(U'R)=\mathrm{Tr}\,(U''R)$. 因此对 $R=P_{[\varphi]}$ 有 $(U'\varphi,\varphi)=(U''\varphi,\varphi)$, $((U'-U''\varphi),\varphi)=0$. 因为这对所有满足 $\|\varphi\|=1$ 的 φ 成立, 且因此对希尔伯特空间的元素 $U'-U''=O$ 成立, 故 $U'=U''$.

168 我们不能直接代入 $\mathcal{S}=\sqrt{\mathcal{R}}$, 即 $\mathcal{S}=h(\mathcal{R})$, $h(x)=\sqrt{x}$, 因为我们只考虑对所有实数 x 定义的实值函数, 而 $\sqrt{x}$ 并非如此, 当 x 为负数时它是虚数.

子, 则 $\mathrm{Tr}\left(US^2\right) \geqslant 0$. 现在 S^2 是定号的, 故

$$(S^2 f, f) = (Sf, Sf) \geqslant 0,$$

因此, 若我们在 U, S^2 的位置写出 A, B, 本问题简化为证明以下定理: 若 A, B 是定号埃尔米特算子, 则 $\mathrm{Tr}\,(AB) \geqslant 0$. 但这个结论已在 2.11 节中, 通过应用关于定号算子的一般定理证明过了 (见注 114) [169] .

从而, 我们完全确定了函数的期望值: $\mathrm{Exp}\,(\mathcal{R})$; 它们对应于定号埃尔米特算子 U, **Tr** 给出了其间的关联. 我们称 U 为将要考虑的总体的统计算子.

现在容易讨论 4.1 节中的 (1), (2), (3). 以下是结果:

(1) 从相对概率与期望值的角度来看, U 与 cU 彼此之间并无实质性不同 (c 是任意正常数).

(2) $U = 0$ 并未提供任何信息, 因此不予考虑.

(3) 绝对 (即正确地标准化的) 概率与期望值当 $\mathrm{Tr}U = 1$ 时可得到. 一旦 $\mathrm{Tr}U$ 是有限的, 我们就可以按照 (1) 通过乘以 $\dfrac{c}{\mathrm{Tr}U}$ 把 U 标准化 (由于 U 的定号性, $\mathrm{Tr}U \geqslant 0$, 但实际上, $\mathrm{Tr}U > 0$, 正如 4.1 节末在一般情况下所示, 因为由 $\mathrm{Tr}U = 0$ 可推出 $U = 0$; 对我们的情形, 这也来自 2.11 节; 这是被 (2) 排除的情形). 只对无穷的 $\mathrm{Tr}U$, 相对概率与期望值成为实质性的.

最后, 我们必须研究 4.1 节的 α, β. 即识别 U 中无偏差与同质的总体.

首先考虑无偏差的总体. 我们以前假定 U 是正确地标准化的 (见 4.1 节), 于是恒有 $\mathrm{Exp}\,(\mathcal{R}^2) = [\mathrm{Exp}\,(\mathcal{R})]^2$; 即 $\mathrm{Tr}\left(UR^2\right) = [\mathrm{Tr}\,(UR)]^2$. 对 $R = P_{[\varphi]}$ 有 $R^2 = R = P_{[\varphi]}$, $\mathrm{Tr}\left(UP_{[\varphi]}\right) = (U\varphi, \varphi)$, 因此 $(U\varphi, \varphi) = (U\varphi, \varphi)^2$, 即 $(U\varphi, \varphi) = 0$ 或 1. 若 $\|\varphi'\| = \|\varphi''\| = 1$, 则我们可以连续地变化 φ, 使它开始于 φ', 终止于 φ'', 并始终保

---

169 也可能给出简单的直接证明. 令 $\varphi_1, \varphi_2, \cdots$ 是完全正交系, $a_{\mu\nu} = (A\varphi_\mu, \varphi_\nu)$, $b_{\mu\nu} = (B\varphi_\mu, \varphi_\nu)$, $\mathrm{Tr}\,(AB) = \sum_{\mu,\nu} a_{\mu\nu} b_{\nu\mu}$. 若 $\sum_{\mu,\nu=1}^{N} a_{\mu\nu} b_{\nu\mu} \geqslant 0$, 则迹 $\mathrm{Tr}\,(AB) \geqslant 0$. 若 $f = \sum_{\mu=1}^{N} x_\mu \varphi_\mu$, 则

$$(Af, f) = \sum_{\mu,\nu=1}^{N} a_{\mu\nu} x_\mu \bar{x}_\nu \geqslant 0, \quad (Bf, f) = \sum_{\mu,\nu=1}^{N} b_{\mu\nu} x_\mu \bar{x}_\nu \geqslant 0$$

且因此有限矩阵 $a_{\mu\nu}, b_{\mu\nu}$ $(\mu, \nu = 1, \cdots, N)$ 也是定号的. 现在, $\sum_{\mu,\nu=1}^{N} a_{\mu\nu} b_{\nu\mu}$ 的定号性与值在 N 维空间中都是正交不变的; 因为 $b_{\mu\nu}$ 是埃尔米特矩阵, 它可以 (在 N 维空间中) 通过一个正交变换化为对角阵. 因此我们可以从一开始就认为它是一个对角阵, 即, 对 $\mu \neq \nu$ 有 $b_{\mu\nu} = 0$. 于是

$$\sum_{\mu,\nu=1}^{N} a_{\mu\nu} b_{\nu\mu} = \sum_{\mu=1}^{N} a_{\mu\mu} b_{\mu\mu}$$

$\left(\text{取 } x_\nu = \begin{cases} 1, & \nu = \mu \\ 0, & \nu \neq \mu \end{cases}\right)$, 而这意味着以上的和确实 $\geqslant 0$.

持 $\|\varphi\| = 1$ [170]. 显然 $(U\varphi, \varphi)$ 也连续变化, 且因为它只能取值 0 或 1, 故它是常数. 因此 $(U\varphi', \varphi') = (U\varphi'', \varphi'')$. 所以 ,$(U\varphi, \varphi)$ 或总是 $= 0$, 或总是 $= 1$, 由此我们分别得到 $U = O$ 或 $U = I$. 但 $U = O$ 被 (2) 排除, 而 $U = I$ 不能被标准化: $\mathrm{Tr}I =$ 空间的维数 $= \infty$. 且 (我们也可以直接看出), $U = I$ 并非是无偏差的. 所以, 不存在无偏差的总体.

现在考虑同质 (或纯的) 情况. 由 **β** 与 **Tr** 可知, 如果从

$$U = V + W$$

(这里 V, W 像 U 一样是定号的埃尔米特算子) 可推出 $V = c'U$ 与 $W = c''U$, 则 U 是同质的 [171]. 兹证这个性质当且仅当 $U = P_{[\varphi]}\,(\|\varphi\| = 1)$ 时成立.

首先, 设 U 有上述性质. 因为 $U \neq 0$, 存在满足 $Uf_0 \neq 0$ 的 f_0; 因此 $f_0 \neq 0$, 且 $(Uf_0, f_0) > 0$(见 2.5 节**定理 19**). 我们构成两个埃尔米特算子 V 与 W:

$$Vf = \frac{(f, Uf_0)}{(Uf_0, f_0)} \cdot Uf_0, \quad Wf = Uf - \frac{(f, Uf_0)}{(Uf_0, f_0)} \cdot Uf_0.$$

于是

$$(Vf, f) = \frac{|(f, Uf_0)|^2}{(Uf_0, f_0)} \geqslant 0, \quad (Wf, f) = \frac{(Uf, f)\,(Uf_0, f_0) - |(f, Uf_0)|^2}{(Uf_0, f_0)} \geqslant 0$$

(见 2.5 节**定理 19**), 即 V, W 是定号的, 且此外显然有 $U = V + W$. 因此 $V = c'U$ 且因为 $Vf_0 = Uf_0 \neq 0$ 而有 $c' = 1$, 即 $U = V$. 若我们现在取 $\varphi = \dfrac{1}{\|Uf_0\|} \cdot Uf_0$ (它包含了 $\|\varphi\| = 1$), 且 $c = \dfrac{\|Uf_0\|^2}{(Uf_0, f_0)}$ (它包含了 $c > 0$), 则我们得到 $Uf = Vf = c\,(f, \varphi)\,\varphi = cP_{[\varphi]}f$, 由 (1) 给出 $U = cP_{[\varphi]}$, U 实质上就是 $P_{[\varphi]}$.

反之, 假设 $U = cP_{[\varphi]}$ (满足 $\|\varphi\| = 1$). 若 $U = V + W$, 且 V, W 定号, 则由 $Uf = 0$ 有

$$0 \leqslant (Vf, f) \leqslant (Vf, f) + (Wf, f) = (Uf, f) = 0,$$

170 这对 $\varphi' = \varphi''$ 是明显的. 故让我们假定 $\varphi' \neq \varphi''$, φ', φ'' 的 “标准正交化” 导致一个 $\varphi_\perp$, 它正交于 φ', 并使得 φ'' 可以展开为 $\varphi', \varphi_\perp$ 的一个线性组合:

$$\varphi'' = a\varphi' + b\varphi_\perp, \quad \|\varphi''\|^2 = |a|^2 + |b|^2 = 1.$$

记 $|a| = \cos\theta, |b| = \sin\theta$, 则 $a = e^{i\alpha}\cos\theta, b = e^{i\beta}\sin\theta$, 且若我们定义

$$a^{(x)} = e^{ix\alpha}\cos(x\theta), \quad b^{(x)} = e^{ix\beta}\sin(x\theta), \quad \varphi^{(x)} = a^{(x)}\varphi' + b^{(x)}\varphi_\perp,$$

则我们有 $\left|a^{(x)}\right|^2 + \left|b^{(x)}\right|^2 = 1$, $\|\varphi^{(x)}\| = 1$, 并看到, $\varphi^{(x)}$ 从 $\varphi'(x = 0)$ 至 $\varphi''(x = 1)$ 连续变化.

171 事实上, 因为 (2), 我们应当要求 $W \neq O, V \neq O$. 而 $V = O$ 或 $W = O$ 的情况分别包括在 $c' = 0, c'' = 1$ 或 $c' = 1, c'' = 0$ 中.

从而 $(Vf,f)=0$, 因此 $Vf=0$ (见前面). 但 $Uf=P_{[\varphi]}f=0$ 出自并意味着 $(f,\varphi)=0$, 而如我们刚才看到的, 这也意味着 $Vf=0$. 因此, 对每个 g 有 $(f,Vg)=(Vf,f)=0$. 即正交于 φ 的一切也正交于 Vg, 从而 $Vg=c_g\cdot\varphi$ (这里 c_g 是依赖于 g 的一个数). 但对这个一般事实我们只用到 $g=\varphi$ 的情况, 即 $V\varphi=c'\varphi$. 每个 f 都有形式 $(f,\varphi)\cdot\varphi+f_\perp$, 其中 $f_\perp$ 正交于 φ. 因此

$$Vf=(f,\varphi)\cdot V\varphi+Vf_\perp=(f,\varphi)\cdot c'\varphi=c'P_{[\varphi]}f=c'Uf.$$

所以 $V=c'U, W=U-V=(1-c')U$, 证毕.

故同质总体对应于 $U=P_{[\varphi]},\|\varphi\|=1$ 情况, 而且对于这个总体, **Tr** 实际上成为 3.1 节的公式 $\mathbf{E_2}$.

$\mathbf{E_2}$. $$\mathrm{Exp}\,(\mathcal{R})=\mathrm{Tr}\left(P_{[\varphi]}R\right)=(R\varphi,\varphi).$$

值得注意的是 $\mathrm{Exp}\,(1)=\mathrm{Tr}\left(\mathrm{P}_{[\varphi]}\mathrm{R}\right)=1$ (因为 $P_{[\varphi]}$ 属于一维空间 $[\varphi]$, 或者由 $\mathbf{E_2}$), 即 U 的当前形式正确地标准化了. 最后, 我们探究 $P_{[\varphi]}$ 与 $P_{[\psi]}$ 何时有相同的统计数据, 即 $P_{[\varphi]}=cP_{[\psi]}$ 的情况 (c 是一个正常数; 见 (1)). 由 $\mathrm{Tr}\left(P_{[\varphi]}\right)=\mathrm{Tr}\left(P_{[\psi]}\right)=1$, 我们有 $c=1$, 从而 $P_{[\varphi]}=P_{[\psi]}$. 故空间 $[\varphi]$ 与 $[\psi]$ 等同, 且因此 $\varphi=a\psi$. 由 $\|\varphi\|=\|\psi\|=1$ 可知, 对常数 a 有 $|a|=1$. 这也显然是充分的.

综合以上结果, 我们可以说: 没有一个总体是无偏差的. 存在着对应于 $U=P_{[\varphi]}$ 及 $\|\varphi\|=1$ 的同质总体, 且仅此而已. 对这些 U, **Tr** 转化为 $\mathbf{E_2}$, 标准化是正确的, 且当 φ 被 $a\varphi$ 替代 (a 是常数, 且 $|a|=1$) 时, U 无变化, 但在 φ 的每一个其他变化中, U 有实质性的变化 (见 (1)). 同质总体因此对应于先前已说明其特征的量子力学的那些状态: 满足 $\|\varphi\|=1$ 的希尔伯特空间中的 φ, 其中绝对值为 1 的常数因子是不重要的 (见 2.2 节), 且可由 $\mathbf{E_2}$ 给出统计结论 [172] .

我们由纯粹的定性条件 $\mathbf{A}',\mathbf{B}',\alpha',\beta',\mathbf{I},\mathbf{II}$ 导出了所有这些结果.

从而, 在我们条件定义的限制范围内, 决定已经作出, 而这又与因果律相违背; 因为所有总体, 即使同质的总体, 都有偏差.

还需要讨论 3.2 节提到的 "隐参数" 问题, 即以波函数 φ 表征的同质总体的偏差 (即由 $\mathbf{E_2}$), 是否因为这些不是真实状态, 而只是几种状态的混合, 而为了描述真实状态, 除了波函数 φ, 还需要补充数据 (这些会是 "隐参数"), 且所有这些数据一起将以因果律确定所有一切, 即将导致无偏差的总体. 同质总体 ($U=P_{[\varphi]},\|\varphi\|=1$) 的统计数据将来自关于组成它的所有真实状态的平均; 即对涉及那些状态的 "隐参数" 的值进行平均. 但由于下面两个理由, 这是不可能的: 首先, 这样一来, 所提到

172 最后两节中给出的导致同质总体的推导, 由作者在 Gott. Nachr., 1927 中给出. 同质总体的存在性及其与一般总体之间的关系由 H. Weyl. Z. Phys, **46** (1927) 和作者 (在以上文献中) 独立地发现. 更一般总体的一种特殊情况 (也就是对两个相互耦合的系统, 见 4.2 节中的讨论) 曾由 J. Landau, Z. Physik, **45** (1927) 给出.

的同质总体便可以表示为两个不同总体的混合 [173]，而这与其定义相违背. 第二, 因为必须对应于 “真实” 状态 (即仅由在其自身 “真实” 状态的系统所组成的状态) 的无偏差总体并不存在. 应当注意到, 我们无须进一步深入到 “隐参数” 的机制, 因为我们现在已经知道, 量子力学中已经确立的结果绝不可能借助它们重新推导出来. 事实上, 我们甚至可以肯定, 如果在波函数之外还有其他变量 (即 “隐参数”) 存在, 同样的物理量也不可能以同样的函数关系存在 (也就是使 **I**, **II** 成立).

再则, 认为除了已经在量子力学中用算子表示的物理量之外, 尚存在其他未被发现的物理量亦无帮助, 因为这样一来, 量子力学中认定的关系 (即 **I**, **II**) 会对我们上面讨论过的已知物理量失效. 因此, 这并不像许多人所认为的那样, 是一个对量子力学重新解释的问题 —— 除了对基本过程的统计描述之外, 任何其他描述若能成立, 则量子力学的当前系统必定在客观上是错误的.

以下情况也值得叙述: 一眼看来, 不确定性关系与相对论的基本公设有一定的相似性. 相对论中指出, 原则上不可能以优于 $\frac{r}{c}$(c 是光速) 的时间区间精度, 同时确定相距 r 的两点处发生的两个事件; 而不确定性关系预言, 原则上不可能以优于体积为 $\left(\frac{h}{4\pi}\right)^3$ 的域的精度, 给出物质点在相空间中的位置 [174]. 尽管如此, 二者之间有一个根本差别. 相对论否定客观、精确地同时测量对象的可能性, 但通过引入伽利略参考框架, 设置一个坐标系统于世界, 便有可能构造一个同时性定义, 它合理地符合我们对这个论题的通常概念. 之所以未对远距离同时性这个定义指定一个客观意义, 只是因为这样的坐标系统可以用无穷多种不同的方式选择, 于是就可以得到无穷多种不同的远距离同时性定义, 它们都同样好用. 也就是, 在这种情况下, 不可测量性依赖于无穷多个可能的理论定义的存在性. 在量子力学中完全不同, 其中一般说来不可能用波函数 φ 通过相空间中的点来描述一个系统, 即使引入新的 (假想的, 未观测到的) 坐标 ——“隐参数” 亦无帮助, 因为这会导致无偏差总体. 也就是说, 不仅测量是不可能的, 任何合理的理论定义也是不可能的, 即对任何定义,

173 若 “隐参数”—— 其全体将记为 π —— 只取离散值 $\pi_1, \pi_2, \cdots, \pi_n (n > 1)$, 我们将得到两个总体, 它们的叠加是原来的总体, 假设其中一个包含 $\pi = \pi_1$ 的各个系统, 而另一个包含 $\pi \neq \pi_1$ 的各个系统. 若 π 在值域 Π 连续变化, 设 Π' 是 Π 的子域, 则第一个子总体将包含其 π 来自 Π' 的各个系统, 而另一个包含其 π 不属于 Π' 的那些系统.

174 相空间是一个 6 维空间, 其 6 个坐标是质点的三个笛卡儿坐标 q_1, q_2, q_3, 以及三个对应的动量 p_1, p_2, p_3. 根据 3.4 节, 对相关的偏差 $\varepsilon_1, \varepsilon_2, \varepsilon_3, \eta_1, \eta_2, \eta_3$, 我们有

$$\varepsilon_1\eta_1 \geqslant \frac{h}{4\pi}, \quad \varepsilon_2\eta_2 \geqslant \frac{h}{4\pi}, \quad \varepsilon_3\eta_3 \geqslant \frac{h}{4\pi},$$

即

$$\varepsilon_1\varepsilon_2\varepsilon_3\eta_1\eta_2\eta_3 \geqslant \left(\frac{h}{4\pi}\right)^3,$$

这设置了经典力学相空间中位置可确定精度的通用极限.

都既不能用实验证明, 也不能用实验否认. 这样, 不可测量性原理在一种情况下是因为存在可以定义相关概念的无限多种方式, 它们都不直接与经验 (或一般地, 该理论的基本假设) 冲突 —— 而在另一种情况下, 这种定义方式完全不存在.

综上所述, 可以对因果律在现代物理中的地位说明如下: 在宏观上, 没有一个实验支持它, 也不可能设计一个, 因为一般而言, 世界 (即对肉眼可见的物体) 的貌似因果顺序, 肯定除了 "大数定律" 以外并无其他原因, 而它与控制基本过程的自然规律是否具有因果性完全无关[175]. 宏观等同物体展示出等同行为这一点, 与因果性没有什么关系: 这些物体实际上彼此完全不相等, 因为确定其原子位置状态的坐标几乎从来不会精确地相同, 只是宏观观测方法对这些坐标 (它们在这里是 "隐参数") 做了平均. —— 但这些坐标的数量十分巨大 (对一克物质约为 10^{25}), 因而按照熟知的概率计算定律, 上述平均过程使所有偏差大大减少 (自然, 这仅在典型情况下成立; 在适当的特殊情况下, 如布朗运动、不稳定状态等, 这种貌似的宏观因果性并不成立). 因果性问题只能在原子, 在基本过程本身中求证, 而在我们知识的现阶段, 一切都与之相左. 目前仅有的, 在一定程度上整理和总结了我们在这方面经验的正式理论, 即量子力学, 与因果性有强烈的逻辑上的矛盾. 当然, 说因果性已被彻底排除是过于夸张了: 量子力学在其现在的形式, 仍有几个严重的缺陷, 它甚至可能是虚假的, 虽然后一种可能性很小, 因为它在一般问题的定性说明方面, 以及在特殊问题的定量计算方面, 都已经初露端倪. 尽管量子力学与实验符合甚佳, 且它为我们在世界的定性方面开启了新的视野, 人们永远不能说它已被经验所证明, 只能说它是已知的最佳经验总结. 然而, 尽管有这些警示, 我们仍然可以说, 现已全无理由在无论何处谈论自然界中的因果性 —— 因为没有实验指示它的存在, 对宏观世界在原则上不适用, 而与基本过程相联系的与经验相容的唯一已知理论 —— 量子力学, 与之相左.

不要忘记, 这里所说的是全人类多年累积下来的思维方式, 而不是一种逻辑必要性 (不然不可能构建统计理论), 任何不具偏见进入这个领域的人士, 没有理由非得对之遵循沿用. 在这样的情况下, 难道为了一个并无多少依据的想法而牺牲一个合理的物理理论是值得的吗?

4.3 由实验得到的结论

4.2 节告诉我们, 与我们的定性基本假设相容的最一般统计总体, 按照 **Tr** 用一个定号算子 U 表征. 那些我们称为 "同质" 的特殊总体, 以 $U = P_{[\varphi]}$ ($\|\varphi\| = 1$) 表征, 且由于这些是系统 S 的真实状态 (即不能作进一步的分解), 我们也称它们为状态 (特别地, $U = P_{[\varphi]}$ 是状态 φ).

175 见薛定谔对此的十分透彻的讨论: Naturwiss, **17** (1929), p. 37.

若 U 有纯离散谱, 例如有本征值 $w_1, w_2, \cdots$ 及本征函数为 $\varphi_1, \varphi_2, \cdots$(它们构成一个完全标准正交系), 则 (见 2.8 节)

$$U = \sum_n w_n P_{[\varphi]}.$$

因为 U 的定号性, 所有 $w_n \geqslant 0$ (事实上 $U\varphi_n = w_n\varphi_n$, 故 $(U\varphi_n, \varphi_n) = w_n$, 且因此 $(U\varphi_n, \varphi_n) \geqslant 0$), 并且 $\sum_n w_n = \sum_n (U\varphi_n, \varphi_n) = \mathrm{Tr}U$ (也见 4.1 节的开始处), 即若 U 被正确地标准化, 则 $\sum_n w_n = 1$. 由 4.1 节开始处的注记, U 可以被诠释为分别有相对权重 $w_1, w_2, \cdots$ 的诸状态 $\varphi_1, \varphi_2, \cdots$ 的叠加, 且若 U 被正确地标准化, 这些相对权重也就成为绝对权重.

但一个正确地被标准化的 U(即 $\mathrm{Tr}U = 1$) 是完全连续的 (由 2.11 节, 尤其见注 115), 且因此有纯离散谱. 若 $\mathrm{Tr}U$ 有限, 该结论同样为真 (无限的 Tr 可以被看作一种极限情况, 不在这里深入探讨). 因此, 在真正有兴趣的情况, 被观测到的总体都可以表示为状态的叠加, 实际上我们已选择这些状态是成对正交的. 我们称一般的总体为混合总体 (与本身是状态的同质总体相对照).

若 U 的所有本征值都是简单的 (即若 $w_1, w_2, \cdots$ 彼此均不相同), 则如我们所知, 除了一个绝对值为 1 的常数因子, $\varphi_1, \varphi_2, \cdots$ 是唯一地确定的. 于是对应的状态 (以及 $P_{[\varphi_1]}$, $P_{[\varphi_2]}$, $\cdots$) 是唯一地确定的. 类似地, 除了在序列中的排列, 权重 $w_1, w_2, \cdots$ 是唯一地确定的. 因此, 在这种情况, 我们特别可以说, 混合总体 U 是由那些 (成对正交的) 状态构成的. 但若 U 有多重本征值 (“退化性”), 情况将大不相同. 如何精确选择 $\varphi_1, \varphi_2, \cdots$ 在第 2.8 节中讨论过. 这种选择可以有无穷多种实质上全然不同的方式 (虽然 $w_1, w_2, \cdots$ 仍然是唯一地确定的). 我们必须在 $w_1, w_2, \cdots$ 中选出彼此不同的那些, 每个与不同的权重 $w', w'', \cdots$ 相关联, 以便构成闭线性流形 $\mathcal{M}_{w'}, \mathcal{M}_{w''}, \cdots$, (于是 $\mathcal{M}_{w'}$ 包含 $Uf = w'f$ 的所有解). 然后如下进行: 从每个 $\mathcal{M}_{w'}\mathcal{M}_{w''}, \cdots$ 分别选择张成该流形的任意标准正交系, $\chi_1', \chi_2', \cdots; \chi_1'', \chi_2'', \cdots; \cdots$. 这些 $\chi_1', \chi_2', \cdots; \chi_1'', \chi_2'', \cdots; \cdots$ 就是 $\varphi_1, \varphi_2, \cdots$, 而对应的本征值 $w_1', w_2', \cdots; w_1'', w_2'', \cdots$ 就是 $w_1, w_2, \cdots$. 当 $\mathcal{M}_w$ 的维数大于 1(即 w 退化) 时, 对应的 $\chi_1, \chi_2, \cdots$ 便不再确定到只相差一个绝对值为 1 的常数因子 (例如 χ_1 可以是 $\mathcal{M}_w$ 的任意标准化元素); 即各个状态本身也是多值的.

这一现象也可以表述如下: 若状态 $\chi_1, \chi_2, \cdots$ 是成对正交的 (即 $\chi_1, \chi_2, \cdots$ 形成一个标准正交系, 它可以是有限的或无穷的), 且若我们把它们如此混合, 使每一个都有相同的权重 (即相对权重为 $1:1:\cdots$), 则导致的混合总体仅依赖于被 $\chi_1, \chi_2, \cdots$ 所张成的闭线性流形. 事实上,

$$U = P_{[\chi_1]} + P_{[\chi_2]} + \cdots = P_{\mathcal{M}}.$$

若 $\chi_1, \chi_2, \cdots$ 的数目是有限的, 如 s 个: $\chi_1, \cdots, \chi_s$, 则 U 也可以被认为是 $\mathcal{M}$ 的所有正交元素, 即 $\mathcal{M}$ 的所有状态的混合物. 这些状态是

$$\chi = x_1\chi_1 + \cdots + x_s\chi_s, \quad |x_1|^2 + \cdots + |x_s|^2 = 1.$$

实际上, 若我们取 $x_1 = u_1 + iv_1, \cdots, x_s = u_s + iv_s$, 则

$$|x_1|^2 + \cdots + |x_s|^2 = u_1^2 + v_1^2 + \cdots + u_s^2 + v_s^2 = 1$$

描述了 $2s$ 维空间中单位球的 $2s-1$ 维表面 K, 且对

$$U' = \iint_K \cdots \iint P_{[\chi]} d\Omega, \quad d\Omega \text{ 记微分表面元素},$$

我们有

$$\begin{aligned}(U'f, g) &= \iint_K \cdots \iint \left(P_{[\chi]}f, g\right) d\Omega = \iint_K \cdots \iint (f, x)\overline{(g, x)} d\Omega \\ &= \iint_K \cdots \iint \left(f, \sum_{\mu=1}^{s} (u_\mu + iv_\mu)\chi_\mu\right)\overline{\left(g, \sum_{\nu=1}^{s} (u_\nu + iv_\nu)\chi_\nu\right)} d\Omega \\ &= \iint_K \cdots \iint \sum_{\mu,\nu=1}^{s} (f, \chi_\mu)\overline{(g, \chi_\nu)} (u_\mu - iv_\mu)(u_\nu + iv_\nu) d\Omega \\ &= \sum_{\mu,\nu=1}^{s} (f, \chi_\mu)\overline{(g, \chi_\nu)} \cdot \iint_K \cdots \iint \left[(u_\mu u_\nu + v_\mu v_\nu) + i(u_\mu v_\nu - u_\nu v_\mu)\right] d\Omega.\end{aligned}$$

当 $\mu \neq \nu$ 时, 由对称性, 所有 $u_\mu v_\nu, u_\nu v_\mu$ 的积分以及所有 $u_\mu u_\nu, v_\mu v_\nu$ 的积分均为 0 [176], 而当 $\mu = \nu$ 时, 所有这些积分都 $= \dfrac{C}{2s}(C > 0)$[176], 因此

$$\begin{aligned}(U'f, g) &= \frac{C}{s}\sum_{\mu=1}^{s} (f, \chi_\mu)\overline{(g, \chi_\nu)} \\ &= \frac{C}{s}\sum_{\mu=1}^{s} \left(P_{[\chi_\mu]}f, g\right) = \left(\left\{\frac{C}{s}\sum_{\mu=1}^{s} P_{[\chi_\mu]}\right\} f, g\right).\end{aligned}$$

故结论为

$$U' = \frac{C}{s}\sum_{\mu=1}^{s} P_{[\chi_\mu]} = \frac{C}{s} \cdot U.$$

即 U' 与 U 在实质上并无不同.

---

176 $u_\mu \to -u_\mu$ 及 $v_\nu \to -v_\nu$(或 $u_\nu \to -u_\nu$ 及 $v_\mu \to -v_\mu$) 是 K 的一种对称运算, 其中前一个被积分式改变其符号, 故积分值等于零. 另一方面, $u_\mu \leftrightarrow v_\mu$ 及 $v_\mu \leftrightarrow u_\mu$ 是 K 的另一种对称运算, 其中后一个积分值对换, 故积分值相等, 且从而等于它们的和

$$\iint_K \cdots \iint \left(u_1^2 + v_1^2 + \cdots + u_s^2 + v_s^2\right) d\Omega = \iint_K \cdots \iint d\Omega = K \text{ 的表面积}$$

的 $\dfrac{1}{2s}$ 倍, 我们称之为 C . [第一行 “及 $v_\nu \to -v_\nu$” 系译者添加.]

这些结果对量子力学统计学本性的意义十分重大, 因此我们将再次重复:

(1) 若一个混合总体由彼此正交且权重完全相等的诸状态组成, 则不再能确定原来是哪些状态. 或等价地, 我们可以用不同的 (彼此正交的) 分量以完全相同的比例重新混合而产生完全相同的混合总体.

(2) 若状态的数目是有限的, 这样得到的混合总体等同于作为这些分量的线性组合的所有状态的混合总体.

这种类型的最简单例子如下: 若我们以 1:1 的比例混合 φ, ψ(正交的), 则我们得到与以 1:1 的比例混合 $\frac{\varphi+\psi}{\sqrt{2}}, \frac{\varphi-\psi}{\sqrt{2}}$ 或者甚至所有 $x\varphi+y\psi\left(|x|^2+|y|^2=1\right)$ 的混合相同的结果. 若我们混合两个非正交的 φ, ψ(比例可能不是 1:1), 则我们仍然不能确定最终混合总体的组成, 因为该混合总体肯定也可以通过混合各个正交状态而得到.

我们将推迟对混合总体本性的进一步研究, 直到 5.2 节的热力学讨论及其后.

4.2 节中的公式 **Tr** 陈述了混合总体中的量 $\mathcal{R}$ 即算子 R 的期望值如何用统计算子 U 来计算: 它就是 $\mathrm{Tr}\,(UR)$. R 的值 a 在区间 $a' < a \leqslant a''$(a', a'' 给定, $a' \leqslant a''$) 中的概率, 可在 3.1 节或 3.5 节中找到: 若量 $F\,(\mathcal{R})$ 用函数

$$F\,(x)=\begin{cases}1, & \text{对 } a'<x\leqslant a'',\\ 0, & \text{其他}\end{cases}$$

构成, 则其期望值是提到过的概率. 现在, $F\,(\mathcal{R})$ 有 (由 4.2 节的 **I**) 算子 $F\,(R)$, 且若 $E\,(\lambda)$ 是属于 R 的单位分解, 则如我们已不止一次地计算过, $F\,(R)=E\,(a'')-E\,(a')$, 而待求的概率是 $w\,(a', a'')=\mathrm{Tr}U(E(a'')-E(a'))$. 所以, 描述 $\mathcal{R}$ 的统计数字的概率函数是 $w\,(a)=\mathrm{Tr}UE\,(a)$ (见 4.1 节注 175; 对状态, 即 $U=P_{[\varphi]}$, 我们又有 $w\,(a)=\mathrm{Tr}P_{[\varphi]}E\,(a)=(E\,(a)\,\varphi, \varphi)$). 若 U 并未正确地标准化, 这些概率自然只是相对的.

对量 $\mathcal{R}$ 与算子 R 何时在有统计算子 U 的混合总体中肯定取值 λ^* 的问题, 可以借助 $w\,(a)$ 直接回答: 当 $a<\lambda^*$ 时, 我们必须要求 $w\,(a)=0$, 而当 $a \geqslant \lambda^*$ 时, 我们必须要求 $w\,(a)=1$. 或者, 若 U 并未正确地标准化, $w\,(a)=\mathrm{Exp}\,(1)=\mathrm{Tr}U$. 也就是, 当 $a<\lambda^*$ 时, 有 $\mathrm{Tr}UE\,(a)=0$, 当 $a\geqslant\lambda^*$ 时, 有 $\mathrm{Tr}U\,(I-E\,(a))=0$ [177]. 现在, 对定号算子 A, B, 方程 $\mathrm{Tr}\,(AB)=0$ 导致 $AB=O$ (见 2.11 节), 且因此

$$UE\,(a)=\begin{cases}U, & \text{对 } a\geqslant\lambda^*,\\ O, & \text{对 } a<\lambda^*,\end{cases}$$

177 若 $\mathrm{Tr}U$ 是无穷的, 通过相减得到的后面一些公式可能显得是有疑问的. 但它们也可以这样确立: $\mathcal{R}$ 有值 λ^* 表示 $w\,(a', a'')=0$, 即对 $a''<\lambda^*$ 或 $a'\geqslant\lambda^*$ 有 $\mathrm{Tr}U\,(E\,(a''))-E\,(a'))=0$. 因为这个迹恒 $\geqslant 0$, 且因为它对于 a'' 单调增, 以及对于 a' 单调减, 考虑对 $a''<\lambda^*$ 的 $\lim\limits_{a''\to-\infty}$ 及对 $a'\geqslant\lambda^*$ 的 $\lim\limits_{a'\to+\infty}$ 就足够了. 也就是对 $a'\geqslant\lambda^*, \mathrm{Tr}U(1-E(a'))=0$, 以及对 $a''<\lambda^*$, $\mathrm{Tr}UE\,(a'')$.

或者等价地, 分别有 $E(a)U=0$ 或 $E(a)U=U$, 因为鉴于乘积的埃尔米特性质, 各因子必须互易. 也就是, 对 $f=Ug$,

$$E(a)f=\begin{cases} f, & \text{对 } a\geqslant\lambda^*, \\ 0, & \text{对 } a<\lambda^*, \end{cases}$$

且由 2.8 节中的讨论, 这表示 $Rf=\lambda^* f$, 即 $RUg=\lambda^* Ug$ 关于 g 是等同的. 所以有最终条件 $RU=\lambda^* U$. 或者, 若记由 $Rh=\lambda^* h$ 的所有解 h 构成的闭线性流形为 $\mathcal{M}$, 则 Uf 恒在 $\mathcal{M}$ 中.

同样的结果也可以由偏差的消失, 即 (可能是相对的) 期望值 $(\mathcal{R}-\lambda^*)^2$ 的消失而得到.

在 3.3 节中, 我们回答了以下问题 (记 $\mathcal{R},\mathcal{S},\cdots$ 为物理量, $R,S,\cdots$ 为对应的算子).

(1) 何时 $\mathcal{R}$ 绝对精确地可测量? 答案: 无论何时若 R 仅有离散谱.

(2) 何时 $\mathcal{R},\mathcal{S}$ 绝对精确地同时可测量? 答案: 无论何时若 R,S 仅有离散谱且互易.

(3) 何时多个量 $\mathcal{R},\mathcal{S},\cdots$ 绝对精确地同时可测量? 答案: 无论何时若 $R,S,\cdots$ 仅有离散谱且全部互易.

(4) 何时多个量 $\mathcal{R},\mathcal{S},\cdots$ 任意精确地同时可测量? 答案: 无论何时若 $R,S,\cdots$ 全部互易.

在最后一种情况下, 我们应用了由康普顿-西蒙实验提取的以下原则.

M. 若在系统 S 中相继测量物理量 $\mathcal{R}$ 两次, 则我们每次都得到同样的值. 即使 $\mathcal{R}$ 在 S 的原始状态有非零偏差, 即使 $\mathcal{R}$ 的测量可能改变 S 的状态, 情况也是如此.

我们在 3.3 节中详细讨论了 **M** 的物理意义. 用来回答 (1)~(4) 所作的进一步假设是: 3.3 节关于状态的统计公式 $\mathbf{E_2}$; 3.3 节的假设 **F**, 据之若 $\mathcal{R}$ 有算子 R, 则 $F(\mathcal{R})$ 有算子 $F(R)$; 若 (同时可测量) 的量 $\mathcal{R},\mathcal{S}$ 分别有算子 R,S, 则 $\mathcal{R}+\mathcal{S}$ 有算子 $R+S$ 的假设.

由于这三个假设又可为我们所用 (第一个来自 4.2 节的公式 **Tr**, 另外两个对应于 4.2 节的 **I, II**), 且 **M** 也必须被假设为正确的 —— 因为我们认为它对量子力学的概念结构是不可或缺的 ——3.3 节中对 (1)~(4) 给出的证明在这里也成立. 因此给出的答案又是正确的.

在 3.5 节中, 我们研究了那些只取两个值 0, 1 的物理量. 这些量与性质 $\mathcal{E}$ 有唯一的对应关系. 须知若 $\mathcal{E}$ 给定, 则那些量可以这样定义: 它被测量以便判别性质 $\mathcal{E}$ 是否存在, 相应的值为 1 或 0. 反之, 若量给定, 则 $\mathcal{E}$ 是这样的性质: 所涉及的量取值 1(即不是 0). 由 3.5 节中的 **F**(即 4.2 节中的 **I**) 可知对应的算子 E 是且总

是投影算子. 因此, $\mathcal{E}$ 存在的概率等于上面定义的量的期望值. 在 3.5 节中只对状态 (即对 $U = P_{[\varphi]}, \|\varphi\| = 1$ 类型的案例) 进行了计算, 但我们可以由 **Tr** 一般地确定它：它就是 $\mathrm{Tr}\,(UE)$ (这是相对的值, 绝对的值仅当 U 被正确地标准化时, 即当 $\mathrm{Tr}U = 1$ 时得到).

由于我们规定了 (1)~(4) 成立, 由 (1)~(4) 导出的结论, 即 3.5 节中的 $\alpha \sim \zeta$ 同样成立. 当然, 应当注意, 在前一种情况 α 只给出了对状态的信息, 但我们这里把它扩展到全部混合总体：

α') 在有统计算子 U 的混合总体中, 性质 $\mathcal{E}$ 以相对概率

$$\mathrm{Tr}\,(UE) \quad 与 \quad \mathrm{Tr}\,(U\,(I-E))$$

决定存在与否 (这是相对概率！仅当 U 被正确地标准化, 即当 $\mathrm{Tr}U = 1$ 时, 这才是绝对概率).

若研究多个量 $\mathcal{R}_1, \cdots, \mathcal{R}_l$, 且它们分别对应于算子 $R_1, \cdots, R_l$, 这些算子分别有单位分解 $E_1\,(\lambda), \cdots, E_l\,(\lambda)$; 此外, 若给定 l 个区间

$$I_1 : \lambda_1' < \lambda \leqslant \lambda_1'',$$

$$\vdots$$

$$I_l : \lambda_l' < \lambda \leqslant \lambda_l'',$$

又若

$$E_1\,(I_1) = E_1\,(\lambda_1'') - E_1\,(\lambda_1'),$$

$$\vdots$$

$$E_l\,(I_l) = E_l\,(\lambda_l'') - E_l\,(\lambda_l');$$

则投影算子 $E_1\,(I_1), \cdots, E_l\,(I_l)$ 分别属于 (见 ζ) 性质

“$\mathcal{R}_1$ 在 I_1 中”,

“$\mathcal{R}_2$ 在 I_2 中”,

$\vdots$

“$\mathcal{R}_l$ 在 I_l 中”.

于是 $E_1\,(I_1), E_2\,(I_2), \cdots, E_l\,(I_l)$ 的互易性表征了这些是否同时可决定 (见 γ), 以及对它们的投影算子 $E = E_1\,(I_1)\,E_2\,(I_2)\cdots E_l\,(I_l)$ 是否同时有效 (见 ε). 因此, 复合事件的概率是 $\mathrm{Tr}\,(UE)$ (见 α').

现在反过来研究：假设我们不知道系统 S 的状态，但我们对 S 做了一些测量并知道其结果. 实际情况总是如此，因为只有从测量结果才能对系统的状态有所了解. 状态只是一种理论上的构形：只有测量结果才是实在的，物理学的任务是探索过去与未来测量结果之间的联系. 无可否认，这总是通过引入辅助概念"状态"来实现的，但物理理论必须告诉我们：一方面，如何由过去的测量推断现在的状态；另一方面，如何从现在的状态得到未来测量的结果. 迄今为止，我们只处理了后一个问题，现在必须应对前一个问题.

即使以前的测量不足以唯一地确定现在的状态，在一定条件下，我们仍可能从那些特殊的状态以何种概率出现的测量作出推断. 于是，恰当的问题是这样的：对给定的某些测量结果，寻找一个混合总体，其统计规律与我们关于系统 S 所期待的一样，关于系统 S 我们只知道，对它已经进行过测量，并得到所述的结果. 当然，实际上必须更精确地说明：关于 S "我们只知道这一点，而不是更多" 是什么意思，以及怎样才能导致一组统计数据.

在任何情况下，与统计学的联系必定如下：若对多个系统 $S'_1, \cdots, S'_M$(S 的仿样)，这些测量给出上述的结果，则在它的所有统计性质方面，这个总体 $[S'_1, \cdots, S'_M]$ 与其测量结果相吻合. 测量结果对所有 $S'_1, \cdots, S'_M$ 相同这一点，可以认为起因于 **M**，原先给定了一个大的总体 $[S_1, \cdots, S_N]$，对其进行了测量，然后把那些出现想要结果的元素收集到一个新的总体中 —— 这就是 $[S'_1, \cdots, S'_M]$. 当然，一切都依赖于 $[S_1, \cdots, S_N]$ 是如何选择的. 这个初始总体给出系统 S 的个别状态的所谓先验概率. 所有这些在一般概率理论中都是熟知的：为了由状态的测量结果得出结论，即从效果找到原因，为了能够计算后验概率，我们必须知道先验概率. 一般说来，这些可以用许多不同的方式选择，于是，我们的问题不能被唯一地解出. 然而，我们将看到，在量子力学提出的特殊条件下，初始总体 $[S_1, \cdots, S_N]$ 的某些确定 (即先验概率的确定) 是特别令人满意的.

若我们掌握的测量结果足以完全确定 S 的状态，则结果会大不一样. 每个问题的答案必定是唯一的. 我们将很快看到，这是什么样的情形.

最后再说几句：替代说 (关于 S 的) 多个测量结果是已知的，我们也可以说 S 关于某个性质 $\mathcal{E}$ 被检视，并确定了其存在性. 由 α ~ ζ 我们知道它们是如何相互联系的. 例如，若 (同时) 测量结果是有效的，量 $\mathcal{R}_1, \cdots, \mathcal{R}_l$ 分别位于区间 $I_1, \cdots, I_l$ 中，则 (取前面用过的记号) 属于命题 (或性质)$\mathcal{E}$ 的投影算子是 $E = E_1(I_1)E_2(I_2)\cdots E_l(I_l)$.

关于 S 的信息总是来源于某个性质 $\mathcal{E}$ 的出现，形式上用其伴随投影算子 E 的存在来表征. 现在研究等价于总体 $[S'_1, \cdots, S'_M]$ 的统计算子 U，以及一般初始总体 $[S_1, \cdots, S_N]$ 的统计算子 U_0. E, U 与 U_0 之间的数学关系是什么样的呢？

因为 **M**, $\mathcal{E}$ 肯定在 $[S'_1, \cdots, S'_M]$ 中出现，即对应于 $\mathcal{E}$ 的量有值 1. 如同我们在

本节初看到的, 这意味着 $EU=U$; 即 Uf 恒在 $\mathcal{M}$ 中, 这里 $\mathcal{M}$ 是满足 $Ef=f$ 的所有 f 的集合, 即属于 E 的闭线性流形.

替代 $EU=U$, 我们也可以写出 $UE=U$ 或 $U(I-E)=O$, 即对所有 $g=(I-E)f$, 亦即对属于 $I-E$ 的闭线性流形的所有 g, 亦即对 $\mathcal{R}-\mathcal{M}$ 的所有 g, 有 $Ug=0$. 因此, 对 $\mathcal{R}-\mathcal{M}$ 中的所有 $f, Uf=0$. 而对 $\mathcal{M}$ 中的 f, Uf 也位于 $\mathcal{M}$ 中. 这样, 关于 U 没有更多可说的了.

当且仅当 $\mathcal{M}$ 为零维或一维时, 这确定了 U(实质上, 即除了一个常数因子). 事实上, 对 $\mathcal{M}=[0]$ 我们有 $U=O$, 而由 4.2 节 (1) (174 页), 这是不可能的; 对 $\mathcal{M}=[\varphi]\,(\varphi\neq 0$, 因此我们可以假设 $\|\varphi\|$ 为 1) 有 $U\varphi=c\varphi$, 因此对 $\mathcal{M}$ 的所有 f(因为这些都等于 $a\varphi$) 有 $Uf=cf$. 从而, 一般地, $Uf=UEf=cEf$, 而这给出 $U=cE=cP_{[\varphi]}$, 因为 $c>0$ (由于 U 是定号的且 $\neq O$), 实质上有 $U=E=P_{[\varphi]}$. 对 $\dim(\mathcal{M})\geqslant 2$, 我们可以从 $\mathcal{M}$ 中选择两组标准正交系 φ,ψ, 于是 $P_{[\varphi]},P_{[\psi]}$ 是满足我们条件的两个实质上不同的 U, 因此 $E=O$ 是不可能的, 对 $E=P_{[\varphi]}\,(\|\varphi\|=1)$ 有 $U=E=P_{[\varphi]}$, 否则 U 是多值的.

$E=O$ 与找到哪怕任何一个 U 是不相容的这个事实, 对可能具有这样一种性质 $\mathcal{E}$ 的 S 是十分糟糕的. 然而, 这个事实被 $\boldsymbol{\eta}$ 排除了: 这样一个 $\mathcal{E}$ 根本不可能存在, 其概率永远为 0. 一维的 $\mathcal{M}$, 即 $E=P_{[\varphi]}\,(\|\varphi\|=1)$, 唯一地确定了 U 并固定了状态 φ. 因此, 这种类型的测量, 若结果是肯定的, 就完全确定了 S 的状态, 且事实上确认了它就是 φ [178]. 所有其他测量都是不完全的, 不能确定一个唯一的状态.

在一般情况下, 我们如此进行: 把对应于性质 $\mathcal{E}$ 的量也称为 $\mathcal{E}$, 然后用下面的方法得到 U: 在 U_0 的整个总体 $([\mathrm{S}_1,\cdots,\mathrm{S}_N])$ 上测量, 收集所有测量结果为 1 的元素, 形成总体 $U([\mathrm{S}_1',\cdots,\mathrm{S}_M'])$. $\mathcal{E}$ 的测量可能以多种不同的方式受到影响, 例如, 另一个量 $\mathcal{R}$ 被测量, $\mathcal{E}$ 是 $\mathcal{R}$ 的一个已知函数: $\mathcal{E}=F(\mathcal{R})$. 更具体地, 设 $\varphi_1,\varphi_2,\cdots$ 是张成 $\mathcal{M}$ 的一个完全正交系, 又设 $\psi_1,\psi_2,\cdots$ 对应地张成 $\mathcal{R}-\mathcal{M}$, 则 $\varphi_1,\varphi_2,\cdots,\psi_1,\psi_2,\cdots$ 张成 $\mathcal{M}+(\mathcal{R}-\mathcal{M})=\mathcal{R}$, 即它是完全的. 设 $\lambda_1,\lambda_2,\cdots,\mu_1,\mu_2,\cdots$ 是离散实数, 且用

$$R\left(\sum_n x_n\varphi_n+\sum_n y_n\psi_n\right)=\sum_n \lambda_n x_n\varphi_n+\sum_n \mu_n y_n\psi_n$$

来定义算子 R. 则 R 显然有纯离散谱 $\lambda_1,\lambda_2,\cdots,\mu_1,\mu_2,\cdots$ 及对应的本征函数

178 这就是, 若 $\mathcal{E}$ 出现, 则状态为 φ. 若它不出现, 则 "非 $\mathcal{E}$" 出现: $I-E=I-P_{[\varphi]}$ 及 $\mathcal{R}-\mathcal{M}=\mathcal{R}-\varphi$ 替代了 $E=P_{[\varphi]}$ 与 $\mathcal{M}=[\varphi]$. 这并不唯一地确定 U (E 其实对应于问题: "这种状态是 φ 吗?"). 对于每个过程唯一地确定状态的测量, 是对量 $\mathcal{R}$ 的测量, $\mathcal{R}$ 的算子 R 有一个简单本征值构成的纯离散谱, 见 3.3 节. 测量以后, 状态 $\varphi_1,\varphi_2,\cdots$ 之一 (R 的本征函数) 出现, 即 S 的状态在测量以后一般会改变. 类似地, $\mathcal{E}$ 的测量也会改变状态, 因为对正的结果, $U=P_{[\varphi]}$, 而对负的结果, $U\left(I-P_{[\varphi]}\right)=U, UP_{[\varphi]}=O$ (即 $U\varphi=0$), 然而以前二者都不一定如此. 因此, 这个状态的量子力学 "确定", 如同预期的那样改变了状态.

$\varphi_1, \varphi_2, \cdots, \psi_1, \psi_2, \cdots$, 且所有本征值都是简单的. 若 $F(x)$ 是任意函数, 满足

$$F(\lambda_n) = 1 \left(\text{对所有 } \lambda_n\right), \quad F(\mu_m) = 0 \left(\text{对所有 } \mu_m\right),$$

则 $F(R)$ 对 $\varphi_1, \varphi_2, \cdots$ 有本征值 1, 且因此也对 $\mathcal{M}$ 的每个 f, 而 $F(R)$ 对 $\psi_1, \psi_2, \cdots$ 有本征值 0, 且因此也对 $\mathcal{R} - \mathcal{M}$ 的每个 f. 所以 $E = F(R)$, 若 R 属于 $\mathcal{R}$, 则 $\mathcal{E} = F(\mathcal{R})$. 对 $\mathcal{E}$ 的测量因此可以被诠释为对 $\mathcal{R}$ 的测量.

在这种情况下, 我们可以计算 U_0, U 是如何相互联系的. 根据 $\mathcal{R}$ 的测量, 每个系统处于状态 $\varphi_1, \varphi_2, \cdots, \psi_1, \psi_2, \cdots$ 之一, 具体哪一个依赖于找到 $\lambda_1, \lambda_2, \cdots, \mu_1, \mu_2, \cdots$ 中的哪一个值. 对应的概率是

$$\operatorname{Tr}\left(U_0 P_{[\varphi_1]}\right) = (U_0\varphi_1, \varphi_1), \quad \operatorname{Tr}\left(U_0 P_{[\varphi_2]}\right) = (U_0\varphi_2, \varphi_2), \quad \cdots,$$

$$\operatorname{Tr}\left(U_0 P_{[\psi_1]}\right) = (U_0\psi_1, \psi_1), \quad \operatorname{Tr}\left(U_0 P_{[\psi_2]}\right) = (U_0\psi_2, \psi_2), \quad \cdots,$$

(见 3.3 节的考虑, 我们已经确定了它是成立的). 那就是, 总体 U_0 的这些部分转化到总体 $P_{[\varphi_1]}, P_{[\varphi_2]}, \cdots, P_{[\psi_1]}, P_{[\psi_2]}, \cdots$ 中. 因为 $\mathcal{E} = I$ 对应于 $\mathcal{R} = \lambda_1, \lambda_2, \cdots$, 总体 U 通过综合第一组而建立. 所以,

$$U = \sum_n (U_0\varphi_n, \varphi_n) P_{[\varphi_n]}.$$

现在, 每个 $P_{[\varphi_n]}$ 与 R 互易 [179], 且因此它也必然与 U 互易. 即若 U 不与在上面描述的方式出现的每个 R 互易, 则某些测量过程 (即依赖于对应的 $\mathcal{R}$ 的那些), 在 U 产生时从 U_0 中被消除. 于是, 我们关于 U 的信息, 多于它由 $\mathcal{E}$ 的测量产生的信息. 但由于 U 正好表示了我们知识的这种状态, 我们试图遵循以下条件: 若存在一个关于它无须把任何 $\mathcal{E}$ 的测量过程排除的 U, 则我们就使用这样的 U. 因此, 我们要研究是否存在这样的 U, 以及看看它是什么样的.

如同我们看到的, U 必须与以上描述的方式产生的所有 R 互易. 由此可知, $RU\varphi_n = UR\varphi_n = U(\lambda_n\varphi_n) = \lambda_n U\varphi_n$; 即 $U\varphi_n$ 是 R 的一个本征函数, 其本征值为 λ_n : 因此 $U\varphi_n = a_n\varphi_n$, 特别有 $U\varphi_1 = a_1\varphi_1$. 若给定 $\mathcal{M}$ 的满足 $\|\varphi\| = 1$ 的任意 φ, 则我们可以如此选择 $\varphi_1, \varphi_2, \cdots, \psi_1, \psi_2, \cdots$, 使得 $\varphi_1 = \varphi$, 且因此每个这样的 φ 是 U 的一个本征函数. 所有这些 φ 必定属于同样的本征值; 事实上, 若 φ, ψ 属于不同

179 因为, 例如

$$RP_{[\varphi_n]}f = R((f, \varphi_n) \cdot \varphi_n) = (f, \varphi_n) \cdot R\varphi_n = \lambda_n (f, \varphi_n) \cdot \varphi_n,$$

$$P_{[\varphi_n]}Rf = (Rf, \varphi_n) \cdot \varphi_n = (f, R\varphi_n) \cdot \varphi_n = \lambda_n (f, \varphi_n) \cdot \varphi_n.$$

的本征值, 则它们必定是正交的. 又注意到 $\frac{\varphi+\psi}{\sqrt{2}}$ 也是本征函数, 且由于

$$\left(\frac{\varphi+\psi}{\sqrt{2}},\varphi\right)=\frac{(\varphi,\varphi)}{\sqrt{2}}=\frac{1}{\sqrt{2}},\quad \left(\frac{\varphi+\psi}{\sqrt{2}},\psi\right)=\frac{(\psi,\psi)}{\sqrt{2}}=\frac{1}{\sqrt{2}},$$

它既不正交于 φ 也不正交于 ψ, 从而其本征值与 φ 及 ψ 的相同, 但这是不可能的, 因为它们属于不同的本征值. 所以, 对带有常数 a 的 $U\varphi=a\varphi$ 的限制 $\|\varphi\|=1$, 显然可以忽略. 故对 $\mathcal{M}$ 的所有 $f, Uf=af$. 因此对所有 g 总有 $UEg=aEg$, 故可得 $UE=aE$. 但 $U=UE$, 故 $U=aE$. U,E 都是定号的且 $\neq O$. 因此 $a>0$, 从而可取 $U=E$ 而不会实质性地改变它.

反之, 若恰当地选择 U_0, 则对每个 R, 即对每一组 $\varphi_1,\varphi_2,\cdots,\psi_1,\psi_2,\cdots$, 这个 U 满足了我们的要求. 对 $U_0=I$,

$$\sum_n (U_0\varphi_n,\varphi_n)\,P_{[\varphi_n]}=\sum_n (\varphi_n,\varphi_n)\,P_{[\varphi_n]}=\sum_n P_{[\varphi_n]}=P_{\mathcal{M}}=E=U.$$

因此 $E=U$ 已在上面概述的纲要的意义上确立. 又若我们假定 U_0 是通用的, 即它不依赖于 E 与 R, 则它可以被确定. 于是 $U_0=I$ 产生想要的且只是想要的结果. 它是

$$\begin{aligned}(U\varphi_m,\varphi_m)&=(E\varphi_m,\varphi_m)=(\varphi_m,\varphi_m)=1,\\ (U\varphi_m,\varphi_m)&=\sum_n (U_0\varphi_n,\varphi_n)\left(P_{[\varphi_n]}\varphi_m,\varphi_m\right)\\ &=\sum_n (U_0\varphi_n,\varphi_n)\left|(\varphi_n,\varphi_m)\right|^2=(U_0\varphi_m,\varphi_m)\,.\end{aligned}$$

因此 $(U\varphi_m,\varphi_m)=1$. 因为 $\mathcal{M}$ 的每个满足 $\|\varphi\|=1$ 的 φ 都可以被当作 φ_1, 我们有 $(U_0\varphi,\varphi)=1$, 且由此得到, 对 $\mathcal{M}$ 的所有 f 有 $(U_0f,f)=(f,f)$. 因为 $\mathcal{M}$ 是任意的, 这对所有 f 一般地成立, 且因此 $U_0=I$.

考虑不一定需要同时可决定的两个性质 $\mathcal{E},\mathcal{F}$. 系统 S 中的性质 $\mathcal{E}$ 恰好被发现并保持, 且在紧随其后的一个观测中, 系统被发现具有性质 $\mathcal{F}$, 这一事件的概率是多大? 按照上述, 这个概率是 $\operatorname{Tr}(EF)=\sum(EF)$ (E,F 是 $\mathcal{E},\mathcal{F}$ 的算子; 表达式的左边因为 $U=E$ 而出现, 右边则因为 $E^2=E,F^2=F$, 由 2.11 节). 此外, 这些概率是相对的, 故 $\mathcal{E}$ 应当被认为是固定的, 而 $\mathcal{F}$ 是变化的; 若 $\operatorname{Tr}(E)=\sum(E)=\dim\mathcal{M}$ 是有限的, 我们可以通过除以 $\dim\mathcal{M}$ 来实现标准化.

替代性质 $\mathcal{E},\mathcal{F}$, 我们也可以考虑物理量: 设 $\mathcal{R}_1,\cdots,\mathcal{R}_j$ 与 $\mathcal{S}_1,\cdots,\mathcal{S}_l$ 为同时可测量的量的两个分离的集合 (但把它们放在一起不一定形成这样的集合); 它们对应的算子分别是 $R_1,\cdots,R_j,S_1,\cdots,S_l$; 其单位分解是

$$E_1(\lambda),\cdots,E_j(\lambda),F_1(\lambda),\cdots,F_l(\lambda).$$

取对应的区间为

$$I_1 : \lambda_1' < \lambda \leqslant \lambda_1''$$

$$\vdots$$

$$I_j : \lambda_j' < \lambda \leqslant \lambda_j''$$

$$J_1 : \mu_1' < \lambda \leqslant \mu_1''$$

$$\vdots$$

$$J_l : \mu_l' < \lambda \leqslant \mu_l'',$$

并取

$$E_1 (I_1) = E_1 (\lambda_1'') - E_1 (\lambda_1')$$

$$\vdots$$

$$E_j (I_j) = E_j (\lambda_j'') - E_j (\lambda_j')$$

$$F_1 (J_1) = F_1 (\mu_1'') - F_1 (\mu_1')$$

$$\vdots$$

$$F_l (J_l) = F_l (\mu_l'') - F_l (\mu_l').$$

假定在 S 上测量 $\mathcal{R}_1, \cdots, \mathcal{R}_j$, 其值分别在 $I_1, \cdots, I_j$ 中. 问题是: 在紧随其后的一次测量中, $\mathcal{S}_1, \cdots, \mathcal{S}_l$ 的值分别在区间 $J_1, \cdots, J_l$ 中的概率是多大? 显然, 我们必须取 $E = E_1 (I_1) \cdots E_j (I_j)$ 及 $F = F_1 (J_1) \cdots F_l (J_l)$, 则待求的概率是 (见 ϵ, ζ)

$$\operatorname{Tr} (E_1 (I_1) \cdots E_j (I_j) \cdot F_1 (J_1) \cdots F_l (J_l)) = \sum (E_1 (I_1) \cdots E_j (I_j) \cdot F_1 (J_1) \cdots F_l (J_l)).$$

最后, 让我们再次说明一般初始总体 $U_0 = I$ 的意义. 我们在测量 $\mathcal{R}$ 时把它分解为两部分得到了 U. 如果我们未作分解, 即如果我们在其所有元素上测量了 $\mathcal{R}$, 并把它们全部放在一起形成一个总体, 则我们又将得到 $U_0 = I$. 这容易直接计算, 或者可以通过选择 $E = I$ 来证明. 于是 $\mu_1, \mu_2, \cdots$ 与 $\psi_1, \psi_2, \cdots$ 不出现, 而 $\lambda_1, \lambda_2, \cdots$ 与 $\varphi_1, \varphi_2, \cdots$ 形成了一个完全系. 因此, 虽然 $\mathcal{R}$ 的测量在一定条件下改变了个别元素, 所有这些变化必定彼此精确地补偿, 因为整个总体并未改变. 此外, 这个性质对 $U_0 = I$ 是特征性的. 因为若对所有完全标准正交系 $\varphi_1, \varphi_2, \cdots$ 有

$$\sum_{n=1}^{\infty} (U_0 \varphi_n, \varphi_n) P_{[\varphi_n]},$$

则 U_0 与 $P_{[\varphi_1]}$ 可易, 因为 U_0 与每个 $P_{[\varphi_n]}$ 均可易. 那就是 U_0 与每个 $P_{[\varphi]}, \|\varphi\| = I$ 均可易. 因此

$$U_0\varphi = U_0P_{[\varphi]}\varphi = P_{[\varphi]}U_0\varphi = (U_0\varphi, \varphi) \cdot \varphi,$$

即 φ 是 U_0 的一个本征函数. 由此可得 $U_0 = I$, 恰如前面由对应关系得到了 $U = E$ (用 $\mathcal{M}, E$ 替代了 $\mathcal{R}, I$).

因此, 在 $U_0 = I$ 中, 所有可能状态都位于最高可能程度的平衡, 没有一个测量过程可以改变它. 对每个完全标准正交系 $\varphi_1, \varphi_2, \cdots$,

$$U_0 = I = \sum_{n=1}^{\infty} P_{[\varphi_n]}.$$

即所有状态 $\varphi_1, \varphi_2, \cdots$ 是 $1:1:\cdots$ 的叠加. 由此可知, $U_0 = I$ 在早期的量子理论中对应于普通热力学假设: "所有简单量子轨道的先验概率相等". 该假设也将在第 5 章的热力学考虑中起重要作用.

第 5 章　一 般 考 虑

5.1　测量与可逆性

若在具有统计算子 U 的混合总体中测量其算子为 R 的量 $\mathcal{R}$, 对于混合总体, 将会发生什么? 这个算子必须被看作在总体的每个元素中测量 $\mathcal{R}$, 并收集经过如此处理的元素在一起而形成一个新的总体. 我们将回答这个问题, 力求给出清楚明白的答案.

首先, 设 R 有纯离散简单谱, $\varphi_1,\varphi_2,\cdots$ 是本征函数的完全标准正交系, $\lambda_1,\lambda_2,\cdots$ 是对应的本征值 (假设全部彼此不同). 测量后事物的状态如下: 在原始总体的一部分 $(U\varphi_n,\varphi_n)$ 中, $\mathcal{R}$ 取值 $\lambda_n(n=1,2,\cdots)$. 然后, 这个部分形成一个总体 (子总体), 其中 $\mathcal{R}$ 肯定取值 λ_n (由 4.3 节 **M**); 因此, 它在状态 φ_n 有 (正确地标准化的) 统计算子 $P_{[\varphi_n]}$. 收集了这些子总体以后, 我们得到一个混合总体, 其统计算子为

$$U'=\sum_{n=1}^{\infty}(U\varphi_n,\varphi_n)\,P_{[\varphi_n]}.$$

其次, 我们放弃 R 的纯离散谱是简单的这个假设, 即容许 λ_n 有重复的可能性. 于是 $\mathcal{R}$ 的测量过程并非唯一地定义的 (例如, 4.3 节中的 $\mathcal{E}$ 是同样的情况). 其实, 设 $\mu_1,\mu_2,\cdots$ 是不同的实数, S 是对应于 $\varphi_1,\varphi_2,\cdots$ 与 $\mu_1,\mu_2,\cdots$ 的算子. 设 $\mathcal{S}$ 是对应的量. 若 $F(x)$ 是满足

$$F(\mu_n)=\lambda_n\quad(n=1,2,\cdots)$$

的函数, 则 $F(S)=R$, 且因此 $F(\mathcal{S})=\mathcal{R}$. 从而 $\mathcal{S}$ 的测量也可以被看作 $\mathcal{R}$ 的测量. 现在, 把 U 改变为上面给出的 U', 且 U' 与 (完全任意的)$\mu_1,\mu_2,\cdots$ 无关, 但与 $\varphi_1,\varphi_2,\cdots$ 有关. 然而, 由于 R 的本征值的多重性, $\varphi_1,\varphi_2,\cdots$ 不是唯一地确定的. 在 4.2 节中, 我们指出了 (根据 2.8 节) 关于 $\varphi_1,\varphi_2,\cdots$ 知道些什么: 设 $\lambda',\lambda'',\cdots$ 是本征值 $\lambda_1,\lambda_2,\cdots$ 所取的不同的值, 并设 $\mathcal{M}_{\lambda'},\mathcal{M}_{\lambda''},\cdots$ 分别是满足 $Rf=\lambda'f,Rf=\lambda''f,\cdots$ 的 f 的集合. 最后, 设 $\chi_1',\chi_2',\cdots;\ \chi_1'',\chi_2'',\cdots;\ \cdots$, 分别是张成 $\mathcal{M}_{\lambda'},\mathcal{M}_{\lambda''},\cdots$ 的任意标准正交系, 则 $\chi_1',\chi_2',\cdots,\chi_1'',\chi_2'',\cdots$ 是最一般的 $\varphi_1,\varphi_2,\cdots$ 系. 从而 U' 取决于 $\mathcal{S}$ 的选择, 即取决于当前的测量安排, 可以是形式为

$$U'=\sum_n(U\chi_n',\chi_n')\,P_{[\chi_n']}+\sum_n(U\chi_n'',\chi_n'')\,P_{[\chi_n'']}$$

的任意表达式. 然而这种构形只在特殊情况下是不含糊的.

我们来确定这种特殊情况. 每一项都必须是不含糊的, 也就是, 对每个本征值 λ, 若 $\mathcal{M}_\lambda$ 是满足 $Rf=\lambda f$ 的 f 的集合, 则对张成流形 $\mathcal{M}_\lambda$ 的每个选定的标准正交系 $\chi_1,\chi_2,\cdots$, 和式 $\sum_n (U\chi_n,\chi_n)P_{[\chi_n]}$ 必定有相同的值. 若称这个和为 V, 则重复 4.3 节中的观察 (那里的 $U_0, U, \mathcal{M}$ 现在需替代为 $U, V, \mathcal{M}_\lambda$) 表明, 我们必须有 $V=c_\lambda P_{\mathcal{M}}$ (c_λ 是一个正的常数), 且这等价于对 $\mathcal{M}_\lambda$ 中的所有 f, $(Uf,f)=c_\lambda(f,f)$ 成立. 由于对所有 g, f 与 $P_{\mathcal{M}_\lambda}g$ 相同, 我们要求以下诸式成立:

$$(UP_{\mathcal{M}_\lambda}g, P_{\mathcal{M}_\lambda}g)=c_\lambda(P_{\mathcal{M}_\lambda}g, P_{\mathcal{M}_\lambda}g),\quad \text{对所有 } g,$$

即

$$(P_{\mathcal{M}_\lambda}UP_{\mathcal{M}_\lambda}g,g)=c_\lambda(P_{\mathcal{M}_\lambda}g,g),\quad \text{对所有 } g,$$

即

$$P_{\mathcal{M}_\lambda}\,UP_{\mathcal{M}_\lambda}=c_\lambda P_{\mathcal{M}_\lambda},\quad \text{对 } R \text{ 的所有本征值 } \lambda.$$

本条件显然对 U 作出了严格的限制, 若它未满足, 则对 $\mathcal{R}$ 的不同测量安排确实可能把 U 变换为一个不同的统计算子 U'. (尽管如此, 在 5.4 节中, 我们将在热力学基础上对 $\mathcal{R}$ 的一般测量结果给出一些陈述.)

最后, 设 R 无纯离散谱. 于是, 由 3.3 节 (或由 4.3 节准则 **I**), R 并非绝对精确可测量的, 而有限精度的 $\mathcal{R}$ 测量 (如我们在述及情况中所讨论的) 等价于有纯离散谱的量的测量.

与不连续、非因果性及瞬时作用的实验与测量相对照, 时间依赖薛定谔微分方程给出了物质系统受干涉的另一种类型. 当总能量已知时, 该方程描述了系统如何随着时间的发展而连续地及因果性地改变. 关于状态 φ, 这些方程是

T₁. $$\frac{\partial}{\partial t}\varphi_t=-\frac{2\pi i}{h}H\varphi_t,$$

其中, H 是能量算子.

对状态 φ_t 的统计算子 $U_t=P_{[\varphi_t]}$, 这意味着

$$\begin{aligned}\left(\frac{\partial}{\partial t}U_t\right)f&=\frac{\partial}{\partial t}(U_tf)\\&=\frac{\partial}{\partial t}((f,\varphi_t)\cdot\varphi_t)\\&=\left(f,\frac{\partial}{\partial t}\varphi_t\right)\cdot\varphi_t+(f,\varphi_t)\cdot\frac{\partial}{\partial t}\varphi_t\\&=-\left(f,\frac{2\pi i}{h}H\varphi_t\right)\cdot\varphi_t-(f,\varphi_t)\cdot\frac{2\pi i}{h}H\varphi_t\\&=\frac{2\pi i}{h}((Hf,\varphi_t)\cdot\varphi_t-(f,\varphi_t)\cdot H\varphi_t)\\&=\frac{2\pi i}{h}(U_tH-HU_t)f,\end{aligned}$$

即

T₂. $$\frac{\partial}{\partial t}U_t = \frac{2\pi i}{h}\left(U_t H - H U_t\right)$$

但若 U_t 不是指单个状态, 而是指多种状态: $P_{\left[\varphi_t^{(1)}\right]}, P_{\left[\varphi_t^{(2)}\right]}, \cdots$ 连同对应权重 $w_1, w_2, \cdots$ 的混合, 则 U_t 的变动必须反映每个个别项 $P_{\left[\varphi_t^{(1)}\right]}, P_{\left[\varphi_t^{(2)}\right]}, \cdots$ 的变动. 通过把 $\mathbf{T_2}$ 对应的样本加权相加, 我们发现 $\mathbf{T_2}$ 也属于这样的混合总体. 因为所有 U 都可看作这样的混合总体, 或其极限情形 (例如, 每个带有限 $\mathrm{Tr}U$ 的 U 就是这样的混合总体), 我们可以断言 $\mathbf{T_2}$ 一般地成立.

此外, 在 $\mathbf{T_2}$ 中, 算子 H 也可能依赖于 t, 正如在薛定谔方程 $\mathbf{T_1}$ 中可能依赖于 t 一样. 若 H 不依赖于 t, 我们可以得到显式解: 对 $\mathbf{T_1}$, 如我们已经知道,

$\mathbf{T_1'}$. $$\varphi_t = e^{-\frac{2\pi i}{h}t\cdot H}\varphi_0,$$

以及对 $\mathbf{T_2}$,

$\mathbf{T_2'}$. $$U_t = e^{-\frac{2\pi i}{h}t\cdot H}U_0 e^{\frac{2\pi i}{h}tH}.$$

(容易验证这两个确实是解, 且可相互导出. 显然, 对每个给定的 φ_0 或 U_0, 只有一个解, 因为微分方程 $\mathbf{T_1}, \mathbf{T_2}$ 关于 t 是一阶的).

因此, 在系统 S 或总体 $[\mathrm{S}_1, \cdots, \mathrm{S}_N]$ 中, 可以有两种根本不同的干涉类型. 首先是测量造成的突然变化, 由以下公式给出.

1. $$U \to U' = \sum_{n=1}^{\infty}\left(U\varphi_n, \varphi_n\right)P_{[\varphi_n]}$$

($\varphi_1, \varphi_2, \cdots$ 是一个完全标准正交系). 其次是随着时间推移而自动产生的变化. 由以下公式给出:

2. $$U \to U_t = e^{-\frac{2\pi i}{h}t\cdot H}U_0 e^{\frac{2\pi i}{h}t\cdot H}$$

(H 是能量算子, t 是时间; H 与 t 无关, 于是我们可以把考虑的时间区间分为许多小区间, 使得 H 在其中每一个不变, 或仅改变极少, 应用 **2** 于这些小区间, 并通过迭代得到最终结果.)

我们现在必须十分细致地分析这两种类型干涉的本质及它们彼此之间的关系.

首先值得注意的是, **2** 容许 H 对时间的依赖性 (用以上描述的方式), 因此人们可以期待, **2** 足以描述测量引起的干涉: 事实上, 物理干涉可以只是临时引入某种能量耦合到被观测系统, 即引入某种时间依赖性 (由观测者设置) 到 H 中. 那么, 为什么我们需要专门的过程 **1** 来测量呢? 其理由是: 在测量中, 我们不能用 S 本身观测该系统, 而必须研究系统 S + M, 以便 (在数值上) 得到它与测量仪器 M 的相互作用. 测量理论涉及 S + M 的陈述, 并应当描述 S 的状态如何与 M 的状态的某些性质 (即某个指示器的位置, 因为观测者在读它) 相联系. 此外, 可以相当任意地规定观测者是否包括在 M 中, 以及把 S 的状态与 M 中指示器之间的关系, 替代为该状态与观测者的眼睛甚至大脑中的化学变化 (即变化为他 "看到的" 与 "感觉到

的") 之间的关系. 我们将在 6.1 节中对该问题作更精准的研究. 在任何情况下, **2** 的应用仅对 S + M 是重要的. 当然, 我们必须说明, 这样对 S 给出结果, 与直接应用 **1** 于 S 的相同. 如果这被证明是成功的, 那么我们就达到了在量子力学基础上考察物理世界的一致的方式. 我们将把对这个问题的讨论推迟到 6.3 节.

第二, 关于 **1** 必须注意的是, 我们反复说明了, 在 **1** 的意义上的测量必须是立即的, 即必须在如此短的时间内进行, 以至于由 **2** 导致的 U 的变化并非可察觉的. (试图通过计算 **2** 造成的 U_t 的变化来修正, 不会有所助益, 因为要应用任何 U_t, 我们必须首先精确地知道测量的瞬间 t, 即测量时间的延续必须极短.) 这在原则上是有疑问的, 因为众所周知, 经典力学中存在与时间共轭的一个量: 能量 [180] . 因此可以预期, 就时间–能量共轭对而言, 必定存在不可确定性关系, 类似于笛卡儿坐标–动量对的那个 [181] . 注意狭义相对论说明必定存在一个意义深远的类同: 三个空间坐标与时间形成一个 "四维向量", 如像三个空间动量与能量. 这样的一种不确定性关系表示, 不可能在很短时间内对能量进行很精确的测量. 事实上, 人们会期待测量误差 (在能量中) 与时间延续 τ 之间有以下形式的关系:

$$\varepsilon\tau \sim h.$$

(类似于在 3.4 节中对 p, q 进行的) 物理讨论确实导致了这个结果 [181]. 不涉及细节, 我们将考虑一个光量子的情况. 因为玻恩频率条件, 其能量不确定性 ε 是频率不确定性 $\Delta\nu$ 的 h 倍: $h\Delta\nu$. 但如我们在注 137 中讨论过的, $\Delta\nu$ 在最好情况下是延续时间的倒数, $\dfrac{1}{\tau}$, 于是 $\varepsilon >\sim \dfrac{h}{\tau}$. 再则, 为了在时间区间 τ 内确立光量子的单色特性, 测量必须在整个时间区间内延续. 光量子的情形是特征性的, 因为作为一条规则, 原子的能量水平是由对应谱线的频率确定的. 既然能量的行为方式如此, 其他量 $\mathcal{R}$ 的测量精度与测量的延续时间之间有一种关系也是可能的. 那么, 我们关于测量是瞬时的假设是有理由的吗?

首先, 我们必须承认, 这个反对论点指出了一个本质上的弱点, 事实上, 它也是量子力学的主要弱点: 理论是非相对论的, 它把时间 t 与三个空间坐标 x, y, z 分开, 并预先假定了一个客观同时性概念. 事实上, 虽然所有其他量 (特别是那些通过洛伦兹变换与 t 紧密联系的 x, y, z) 都由算子代表, 对应于时间的不是一个算子 T 而是一个普通数字参数 t, 恰如在经典力学中那样. 或再者, 由两个粒子组成的系统有一个波函数, 它依赖于 $2 \times 3 = 6$ 个空间坐标, 且只有一个时间坐标 t, 虽然由相对论的观点, 更希望 (更为自然地) 有两个时间. 事实上, 测量不可能是瞬时的, 而必须在不为零的有限时间内发生, 这是一条自然规律. 我们之所以可以忽略这条自然

180 任何经典 (哈密顿) 力学教科书都对这一关系给出了说明.

181 关于时间–能量对不确定性关系经常有所讨论. 见海森伯的详尽汇总, Heisenberg, *Die Phsikalischen Prinzipien der Quantentheorie.* §II.2.d., Leipzig, 1930.

规律, 也许与量子力学的非相对论特性有关. 这在某种程度上可能是一种解释, 但绝非是令人满意的解释!

但对问题的更细致的研究表明, 情况其实并非如一眼看去那样糟糕. 因为我们真正需要的, 并非是测量的延续时间 t 很短, 而只要求对概率 $(U\varphi_n, \varphi_n)$ 的计算影响要较少, 且因此在形式

$$U' = \sum_{n=1}^{\infty} (U\varphi_n, \varphi_n)\, P_{[\varphi_n]}$$

的计算过程中影响也很少, 无论我们始于 U 本身, 还是始于

$$U_t = e^{-\frac{2\pi i}{h} t \cdot H} U_0 e^{\frac{2\pi i}{h} t \cdot H}.$$

因为

$$(U_t\varphi_n, \varphi_n) = \left(e^{-\frac{2\pi i}{h} t \cdot H} U e^{\frac{2\pi i}{h} t \cdot H} \varphi_n, \varphi_n\right) = \left(U e^{\frac{2\pi i}{h} t \cdot H} \varphi_n, e^{\frac{2\pi i}{h} t \cdot H} \varphi_n\right),$$

这可以通过调节 H (引入一个合适的摄动项), 使得 $e^{\frac{2\pi i}{h} t \cdot H}\varphi_n$ 与 φ_n 只差一个绝对值为 1 的常数因子而实现. 这就是, 状态 φ_n 关于 **2** 而言应当在本质上是定常的, 即是定态的; 或等价地, $H\varphi_n$ 必须等于一个实数常数乘以 φ_n, 即 φ_n 必须是 H 的本征函数. 一眼看去, 这种对 H 的调整 —— 使得 R 的本征函数, 以及 H 的本征函数成为定态 (导致 R, H 可易) 显得不大可能. 但事实并非如此, 甚至可以看到, 典型的实验安排正是以对 H 的这样的效果为目标的.

事实上, 每次测量都会导致某种能量的光量子或物质粒子在一定方向上发射. 发射光量子/粒子的特性是其动量, 或当它 (“指示器”) 静止时, 点的笛卡儿坐标构成了测量结果. 在光量子的情况, 应用 3.6 节的术语, 想要的测量结果等价于陈述 $m_n = 1$ (其余 $= 0$), 即给出所有 $m_1, m_2, \cdots$ 的数值. 对一个运动 (飞离的) 质点, 对应的陈述涉及三个动量分量 P^x, P^y, P^z; 而对一个静止质点, 它涉及 (指示器的) 三个坐标 x, y, z, 即 Q^x, Q^y, Q^z 的值. 但测量仅在以下情况完成: 光量子即质点确实飞 “远”, 即光量子不再处于被吸收的危险中; 或质点不再被环境力偏移, 即不再从它成为静止的点漂移, 在这种情况下, 一个大的质量是必需的 [182] (这后一个条件成为必要是因为不确定性关系, 我们希望速度及其偏差很小, 但为使坐标偏差很小, 动量 —— 质量乘以速度 —— 的偏差必定很大. 指示器通常是一个宏观物体, 有巨大的质量). 现在, 就光量子而言, 能量算子是 (由 3.6 节)

$$\sum_{n=1}^{\infty} h\varrho_n \cdot m_n + \sum_{p=1}^{\infty}\sum_{n=1}^{\infty} w_{kj}^n \left\{ \sqrt{m_n+1} \cdot \begin{pmatrix} k \to j \\ m_n \to m_n + 1 \end{pmatrix} + \sqrt{m_n} \cdot \begin{pmatrix} k \to j \\ m_n \to m_n - 1 \end{pmatrix} \right\};$$

182 测量安排的所有其他细节, 只针对真正感兴趣的量 $\mathcal{R}$ (或其算子 R) 与上面提到的 m_n 或 P^x, P^y, P^z 或 Q^x, Q^y, Q^z 之间的关系, 当然这是测量技术最重要的实际方面.

而对双质点模型, H 为

$$\frac{(P^x)^2+(P^y)^2+(P^z)^2}{2M}+V\left(Q^x,Q^y,Q^z\right).$$

(其中 M 是质量, V 是势能). 我们的准则是: w_{kj}^n 应当为零, 或 V 应当为常数, 或 M 应当很大. 但这产生的实际效果是 P^x,P^y,P^z 与 Q^x,Q^y,Q^z 分别与上面给出的 H 互易.

总而言之, 把真正感兴趣的状态 (这里是 $\varphi_1,\varphi_2,\cdots$) 化为定态, 在理论物理学的其他部分也起重要作用. 涉及化学反应可能中断 (即它们 "中毒") 的假设, 正属于这一类型, 这种中断在物理–化学的 "理想实验" 中常常是不可避免的 [183] .

两种干涉 **1** 与 **2** 在本质上是不同的. 二者在形式上都是唯一的, 即因果性这一点并不重要; 事实上, 因为我们考虑的是混合总体的统计性质. 无须惊讶, 任何变化, 即使是统计性的, 都会影响概率与期望值的因果性变化. 事实上, 正是由于这个原因, 人们引入了统计总体与概率. 另一方面, 重要的是 **2** 并未增加 U 中存在的统计不确定性, 但 **1** 增加了. **2** 作状态间的变换

$$P_{[\varphi]}\to P_{[\varphi_t]},\quad 其中\ \varphi_t=e^{-\frac{2\pi i}{h}t\cdot H},$$

而 **1** 可以把状态变换为混合总体. 因此, 在这个意义上, 状态的发展按照 **1** 是统计性的, 而按照 **2** 是因果性的.

此外, 对固定的 H 与 t, **2** 简单地就是所有 U 的一个酉变换: $U_t=AUA^{-1}, A=e^{-\frac{2\pi i}{h}t\cdot H}$ 是酉矩阵. 也就是, $Uf=g$ 意味着 $U_t(Af)=Ag$, 故 U_t 由 U 通过希尔伯特空间的酉变换 A 得到, 即通过保持我们的基本几何概念不变的一个同构 (见 1.4 节中制订的原则). 因此, $U\to U_t$ 是可逆的: 把 A 用 A^{-1} 替代就足够了 —— 并且这是可能的, 因为鉴于选择 H,t 的广泛可能性, A,A^{-1} 可以被看作是完全任意的酉算子. 因此, 如同在经典力学中, **2** 不能复制现实世界中最重要与最引人注目的性质之一, 即不可逆性 —— 在时间方向 "过去" 与 "未来" 之间的基本不同.

另一方面, **1** 有根本不同的特征: 变换

$$U\to U'=\sum_{n=1}^{\infty}\left(U\varphi_n,\varphi_n\right)P_{[\varphi_n]}$$

一眼看去肯定是不可逆的. 我们将很快看到, 在以下意义上它一般是不可逆的: 一般不可能通过反复应用过程 **1**, **2** 使给定的 U' 回到它的 U.

因此我们到达了必须求助于热力学分析方法的阶段, 因为只有这种方法可以使我们正确地理解 **1** 与 **2** 之间的差别, 可逆性问题显然在其中出现了.

---

183 例如, 见 Nernst, *Theoretische Chemie*. Stuttgart (自 1893 年以来多次再版), 卷Ⅳ, 关于 "质量作用定律" 的热力学证明的讨论.

5.2 热力学考虑

我们将从两种不同的观点来研究量子力学总体的热力学. 首先, 设热力学的两个基本定律都成立, 即第一类与第二类的永动机都是不可能的 (能量定律与熵定律)[184], 以及在此基础上计算每个总体的熵. 在这种尝试中, 我们应用唯象热力学的正规方法, 而量子力学所起的作用只在于有关对象的热力学观察, 根据量子力学的定律 (我们的总体, 以及它们的统计算子 U), 这些对象的行为是规则的. 但两条定律的正确性都是被假设的, 而不是被证明的. 后面我们将证明这些基本定律在量子力学中成立. 因为能量定律无论如何都是成立的, 故只需要考虑熵定律. 尤其是我们将证明, 用第一种方法计算时, 干涉 **1**, **2** 绝不会减少熵. 我们决定采用这样的次序似乎有点不自然, 但它是基于以下事实: 从唯象讨论得到问题的全貌, 而这对第二种类型的考虑是必须的.

因此, 我们从唯象的考虑开始, 它将使我们可以解决一个著名的经典热力学悖论. 首先我们必须强调, 我们的 "理想化实验" 的不寻常特点, 即其实际不可行性, 并不损害其说服力: 在唯象热力学的意义上, 每个可以想象的过程都由成立的证据构成, 前提是不违背热力学的两条基本定律.

我们的目的是确定有统计算子 U 的一个总体 $[\mathrm{S}_1, \cdots, \mathrm{S}_N]$ 的熵, 其中 U 被假设为正确地标准化的, 即 $\mathrm{Tr}U = 1$. 用经典统计力学的术语, 我们要处理的是吉布斯总体: 即统计学与热力学并非应用于有多 (并不完全知道) 自由度的非常复杂的力学系统 [185] 的单个 (相互作用) 分量, 而是应用于非常多个 (等同) 力学系统的总体, 其中每个都有任意多个自由度, 且每个都与其他的完全分离, 不与任何一个别的相互作用 [186]. 鉴于系统 $\mathrm{S}_1, \cdots, \mathrm{S}_N$ 的完全分离及以下事实: 我们将对它们应用概率的通常计算方法, 所用的是通常的统计学, 显然, 玻色–爱因斯坦统计学与费米–狄拉克统计学与之不同, 适用于某些不可区分及相互作用粒子 (即光量子或电子/质子, 见 3.6 节, 尤其是注 147) 的总体, 但我们不在这里考虑这个问题.

爱因斯坦引入的对这种总体 $[\mathrm{S}_1, \cdots, \mathrm{S}_N]$ 的热力学研究的方法如下 [187]: 每个系统 $\mathrm{S}_1, \cdots, \mathrm{S}_N$ 被限制于一个盒子 $\mathrm{K}_1, \cdots, \mathrm{K}_N$ 中, 盒子的壁面不会被任何传输

---

184 建立在这个基础上的热力学唯象系统可以在许多书中找到, 例如, Planck, *Treatise on Thermodynamics*, London, 1927. 在下面, 这些定律的统计方面最为重要. 这在以下论文中发展: Einstein, Verh. d. dtsch. Physik. Ges., **12** (1914); L. Szilárd and Z. Physik, **32** (1925).

185 这是麦克斯韦–玻尔兹曼统计力学方法 (见以下文章中的回顾, P. and T. Ehrenfest, Enzykl. d. Math. Wiss., Vol. II.4. D., Leipzig, 1907). 例如, 在气体理论中, "非常复杂" 的系统是由多种 (相互作用的) 分子组成的, 应用统计方法研究这些分子.

186 这是吉布斯方法 (见注 185 中的文献). 这里的个别系统是整个气体, 同时考虑同样系统 (即同样气体) 的许多复制品, 统计地描述它们的性质.

187 见注 184 中的文献. 这首先是由 L. 齐拉特 (L. Szilárd) 发展的.

效应穿透 —— 这因为系统中无相互作用而成为可能. 此外, 每个盒子必须有很大的质量, 使得 $S_1, \cdots, S_N$ 的可能状态 (从而能量与质量) 的变化对盒子质量的影响甚微. 又, 它们在所进行的理想实验中的速度保持得如此微小, 使得计算可以无须按相对论进行. 然后, 我们设想将这些盒子放在一个非常大的盒子 $\bar{K}$ 中 (即 $\bar{K}$ 的体积 $\mathscr{V}$ 比 $K_1, \cdots, K_N$ 的体积之和要大得多). 为简单起见, 设在 $\bar{K}$ 中没有力场 (特别是, 所有重力场都不存在, 故 $K_1, \cdots, K_N$ 的大质量无实质性影响). 因此, 我们可以把 $K_1, \cdots, K_N$ (它们分别包含 $S_1, \cdots, S_N$) 看作密封在一个大容器 $\bar{K}$ 中的一种气体分子. 如果我们现在把 $\bar{K}$ 与一个温度为 T 的很大储热器相接触, 那么 $\bar{K}$ 的壁面也取得这个温度, 且其 (名义上的) 分子做对应的布朗运动, 因此, 它们将把动量贡献给邻近的 $K_1, \cdots, K_N$, 使它们很快进入运动, 并传递动量给其他 $K_1, \cdots, K_N$. 很快所有 $K_1, \cdots, K_N$ 都将进入运动, 并将通过碰撞与壁面分子交换能量及通过相互碰撞彼此交换能量 (在 $\bar{K}$ 内部). 最终达到运动的静态平衡, 其中 $K_1, \cdots, K_N$ 所取的速度分布, 与壁面分子 (在温度 T) 的布朗运动处于平衡中, 其分布是温度为 T 的气体的麦克斯韦速度分布, 其 "分子" 是 $K_1, \cdots, K_N$[188]. 我们现在可以说: $[S_1, \cdots, S_N]$-气体取温度 T. 为简单起见, 我们将称有统计算子 U 的总体 $[S_1, \cdots, S_N]$ 为 "U-总体", 而称 $[S_1, \cdots, S_N]$-气体为 "U-气体".

我们关心这样一种气体的原因是, 我们希望能够确定 U-总体与 V-总体的熵的差值 (这里 U, V 是定号算子, 其迹是 $\mathrm{Tr}U = 1, \mathrm{Tr}V = 1$, 对应的总体记为 $[S_1, \cdots, S_N]$ 与 $[S'_1, \cdots, S'_N]$). 由定义, 必须确定把前一个总体变换为后一个总体的一个可逆变换 [189], 而借助 U-气体与 V-气体的帮助是最好的实现方式. 即我们认为, 若在同一温度 T 下观测, 而不是任意地观测, U-总体与 V-总体的熵差和 U-气体与 V-气体的熵差完全相同. 若 T 非常接近于 0, 则这显然是任意精确的, 因为 U-气体与 V-气体之间的差别当 $T \to 0$ 时消失, 鉴于前者的 $K_1, \cdots, K_N$ 那时本身全无运动, 且 $K_1, \cdots, K_N$ 在 $\bar{K}$ 中的出现, 当它们在静止状态时在热力学上是不重要的 (V 亦如此). 因此, 若我们可以证明, 对给定的 T 的变化, U-气体熵的变化与 V-气体的相同, 我们将达到我们的目的. 从 T_1 加热到 T_2 时气体熵的变化, 只依赖于状态的热质方程, 或更精确地, 其比热 [190] . 如果, 如同在我们的情况, T 必须被选为接近于 0, 自然不能假设气体为理想气体 [191] . 另一方面, 两种气体 (U 与 V) 肯定有同样的

188 众所周知, 气体的动力学理论以这种方式描述了那种过程, 其中壁面将其温度传递给被其包围的气体. 见注 184 与 185 中的文献.

189 在这个变换中, 若对应温度 $T_1, \cdots, T_i$ 需要热量 $Q_1, \cdots, Q_i$, 则熵的差值等于 $\dfrac{Q_1}{T_1} + \dfrac{Q_2}{T_2} + \cdots + \dfrac{Q_i}{T_i}$. 见注 184 中的文献.

190 若 $c(T)$ 是所讨论气体量子在温度 T 的比热, 则由 T 加热到 $T + dT$ 时它取得热量 $c(T)\,dT$. 按照注 186, 熵的差值是 $\displaystyle\int_{T_1}^{T_2} \frac{c(T)\,dT}{T}$.

191 对理想气体, $c(T)$ 是常数; 对很小的 T, 这肯定不成立. 例如, 见注 6 中的文献.

状态方程与同样的比热, 因为根据气体动力学理论, 盒子 $\mathrm{K}_1, \cdots, \mathrm{K}_N$ 完全主导与覆盖了被包含在其中的 $\mathrm{S}_1, \cdots, \mathrm{S}_N$ 与 $\mathrm{S}'_1, \cdots, \mathrm{S}'_N$ 系统. 因此, 在这个加热过程中, U 与 V 的差别无法察觉, 且如同我们所假设的, 二者的熵差相同. 因此, 以下我们只相互比较 U-气体与 V-气体, 并选择如此之高的温度 T, 使得它可以被看作理想气体 [192]. 这样, 我们便完全控制了它们的气体动力学行为, 且可以应用于现实问题: 可逆地把 U-气体变换为 V-气体. 在这种情况下, 与迄今为止所用的过程不同, 我们也将考虑在 $\mathrm{K}_1, \cdots, \mathrm{K}_N$ 内部找到的 $\mathrm{S}_1, \cdots, \mathrm{S}_N$, 即我们必须 "打开"$\mathrm{K}_1, \cdots, \mathrm{K}_N$ 盒子.

以下, 我们将证明所有状态 $U = P_{[\varphi]}$ 都有相同的熵, 即从总体 $U = P_{[\varphi]}$ 到总体 $U = P_{[\psi]}$ 的可逆变换得以完成而无热能的吸收与释放 (若 $P_{[\varphi]}$ 中能量的期望值与 $P_{[\psi]}$ 中的不同, 机械能自然必须消耗或产生), 见注 185. 事实上, 我们甚至不提及刚才考虑过的气体. 这个变换甚至当温度为 0°C, 即对总体本身时, 也会成功. 此外, 必须说明, 只要这一点得到证明, 我们将能够这样标准化总体 U 的熵, 使得所有状态都有零熵.

进而, 上述 $P_{[\varphi]}$ 到 $P_{[\psi]}$ 的变换不需要是可逆的; 若它不是可逆的, 则熵的差值必须大于等于注 185 中给出的表达式, 因此大于等于 0. $P_{[\varphi]}, P_{[\psi]}$ 的置换表示该值也必须小于等于 0. 因此该值等于 0.

最简单的进行方式是考虑时间依赖薛定谔微分方程, 即我们的过程 **2**, 对该方程必须找到能量算子 H 与 t 的一个数值, 使得酉算子 $e^{-\frac{2\pi i}{h} t \cdot H}$ 把 φ 变换为 ψ. 于是, 在 t 秒内, $P_{[\varphi]}$ 会自动变换为 $P_{[\psi]}$. 这个过程是可逆的, 未提及热量 (见 5.1 节). 然而, 我们更喜欢避免关于能量算子 H 可能形式的假定而只应用过程 **1**, 即测量干涉. 最简单的这种测量是在总体 $P_{[\varphi]}$ 中测量 $\mathcal{R}$, 其算子 R 有纯离散谱与简单本征值 $\lambda_1, \lambda_2, \cdots$, 且其中 ψ 在本征函数 $\psi_1, \psi_2, \cdots$ 中出现, 例如, $\psi_1 = \psi$ 将与其他状态 ψ_n 一起出现. 然而, 这一步骤是不合适的, 因为 $\psi_1 = \psi$ 的出现概率只是 $|(\varphi, \psi)|^2$, 而其他状态以 $1 - |(\varphi, \psi)|^2$ 的概率出现. 事实上, 后一部分当 φ, ψ 正交时成为全部结果. 但用一个不同的实验可以达到我们的目的. 通过重复大量不同的测量, 我们将改变 $P_{[\varphi]}$ 成为这样一个总体, 它与 $P_{[\psi]}$ 只相差一个任意小量. 如同我们前面所讨论过的, 所有这些过程是 (或至少可能是) 不可逆的这一点并不重要.

我们可设 φ, ψ 是正交的, 如若不然, 可以选择正交于二者的 $\chi(\|\chi\| = 1)$, 首先从 φ 到 χ, 然后从 χ 到 ψ. 现在于 $k = 1, 2, \cdots$ 中指定一个值, 并定义

---

192 除此之外, 要求 $\bar{\mathrm{K}}$ 的体积 $\mathscr{V}$ 与$\mathrm{K}_1, \cdots, \mathrm{K}_N$ 的总体积相比很大; 进而, "每个自由度的能量"κT (κ = 玻尔兹曼常数) 与 $\dfrac{h^2}{\mu \mathscr{V}^{\frac{2}{3}}}$ 相比很大 (h 为普朗克常数, μ 为个别分子的质量; 这个量有能量的量纲). 例如, 见 Fermi and Z. Physik, **36** (1926).

$$\psi^{(\nu)}=\cos\frac{\pi\nu}{2k}\cdot\varphi+\sin\frac{\pi\nu}{2k}\cdot\psi\quad(\nu=0,1,\cdots,k).$$

显然, $\psi^{(0)}=\varphi$, $\psi^{(k)}=\psi$, 且 $\|\psi^{(\nu)}\|=1$. 扩张每个 $\psi^{(\nu)}\,(\nu=0,1,\cdots,k)$ 为一个完全标准正交系 $\psi_1^{(\nu)},\psi_2^{(\nu)},\cdots$, 其中 $\psi_1^{(\nu)}=\psi^{(\nu)}$. 设 $R^{(\nu)}$ 是一个算子, 有纯离散谱与不同的本征值, 例如 $\lambda_1^{(\nu)},\lambda_2^{(\nu)},\cdots$, 其本征函数是 $\psi_1^{(\nu)},\psi_2^{(\nu)},\cdots$, 且 $\mathcal{R}^{(\nu)}$ 是对应的量. 最后看

$$\begin{aligned}\left(\psi^{(\nu-1)},\psi^{(\nu)}\right)&=\cos\frac{\pi(\nu-1)}{2k}\cos\frac{\pi\nu}{2k}+\sin\frac{\pi(\nu-1)}{2k}\sin\frac{\pi\nu}{2k}\\&=\cos\left(\frac{\pi\nu}{2k}-\frac{\pi(\nu-1)}{2k}\right)\\&=\cos\frac{\pi}{2k}.\end{aligned}$$

在 $U^{(0)}=P_{[\psi^{(0)}]}=P_{[\varphi]}$ 的总体中, 我们现在对量 $\mathcal{R}^{(1)}$ 在 $U^{(0)}$ 上进行测量, 产生 $U^{(1)}$, 然后对量 $\mathcal{R}^{(2)}$ 在 $U^{(1)}$ 上进行测量, 产生 $U^{(2)}$, 然后 $\cdots$ 及最终对量 $\mathcal{R}^{(k)}$ 在 $U^{(k-1)}$ 上进行测量, 产生 $U^{(k)}$.

对足够大的 k, $U^{(k)}$ 可任意接近 $P_{[\psi^{(k)}]}=P_{[\psi]}$, 易见, 若我们在 $\psi^{(\nu-1)}$ 上测量 $\mathcal{R}^{(\nu)}$, 则部分 $\left|\left(\psi^{(\nu-1)},\psi^{(\nu)}\right)\right|^2=\left(\cos\frac{\pi}{2k}\right)^2$ 将转入 $\psi^{(\nu)}$ 中, 而因此在随后对 $\mathcal{R}^{(1)},\mathcal{R}^{(2)},\cdots,\mathcal{R}^{(k)}$ 的测量中, 至少 $\left(\cos\frac{\pi}{2k}\right)^2$ 的一部分将由 $\psi^{(0)}=\varphi$ 越过 $\psi^{(1)},\psi^{(2)},\cdots,\psi^{(k-1)}$ 进入 $\psi^{(k)}=\psi$ 中. 且因为当 $k\to\infty$ 时 $\left(\cos\frac{\pi}{2k}\right)^{2k}\to1$, 故若 k 足够大, 最终结果与 ψ 的接近程度可以如人们想要的那样. 精确的证明如下. 因为过程 1 并不改变迹, 且因为 $\mathrm{Tr}U^{(0)}=\mathrm{Tr}P_{[\varphi]}=1$, 因此 $\mathrm{Tr}U^{(1)}=\mathrm{Tr}U^{(2)}=\cdots=\mathrm{Tr}U^{(k)}=1$. 另一方面,

$$\begin{aligned}\left(U^{(\nu)}f,f\right)&=\sum_n\left(U^{(\nu-1)}\psi_n^{(\nu)},\psi_n^{(\nu)}\right)\left(P_{[\psi_n^{(\nu)}]}f,f\right)\\&=\sum_n\left(U^{(\nu-1)}\psi_n^{(\nu)},\psi_n^{(\nu)}\right)\left|\left(\psi_n^{(\nu)},f\right)\right|^2,\end{aligned}$$

因此, 对 $\nu=1,\cdots,k-1$, 在 $f=\psi_1^{(\nu+1)}=\psi^{(\nu+1)}$ 的情况下, 我们有

$$\begin{aligned}\left(U^{(\nu)}\psi^{(\nu+1)},\psi^{(\nu+1)}\right)&=\left(U^{(\nu-1)}\psi^{(\nu)},\psi^{(\nu)}\right)\left|\left(\psi^{(\nu)},\psi^{(\nu+1)}\right)\right|^2\\&\quad+\sum_{n\geqslant2}\left(U^{(\nu-1)}\psi_n^{(\nu)},\psi_n^{(\nu)}\right)\left|\left(\psi_n^{(\nu)},\psi_n^{(\nu+1)}\right)\right|^2\\&\geqslant\left(U^{(\nu-1)}\psi^{(\nu)},\psi^{(\nu)}\right)\left|\left(\psi^{(\nu)},\psi^{(\nu+1)}\right)\right|^2\\&=\left(\cos\frac{\pi}{2k}\right)^2\cdot\left(U^{(\nu-1)}\psi^{(\nu)},\psi^{(\nu)}\right).\end{aligned}$$

而在 $\nu = k$ 的情况, 取 $f = \psi_1^{(k)} = \psi^{(k)} = \psi$ 并得到

$$\begin{aligned}\left(U^{(k)}\psi^{(k)}, \psi^{(k)}\right) &= \sum_n \left(U^{(k-1)}\psi_n^{(k)}, \psi_n^{(k)}\right)\left|\left(\psi_n^{(k)}, \psi_1^{(k)}\right)\right|^2 \\ &= \left(U^{(k-1)}\psi_1^{(k)}, \psi_1^{(k)}\right) \\ &= \left(U^{(k-1)}\psi^{(k)}, \psi^{(k)}\right).\end{aligned}$$

连同

$$\left(U^{(0)}\psi^{(1)}, \psi^{(1)}\right) = \left(P_{[\psi^{(0)}]}\psi^{(1)}, \psi^{(1)}\right) = \left|\left(\psi^{(0)}, \psi^{(1)}\right)\right|^2 = \left(\cos\frac{\pi}{2k}\right)^2$$

一起, 结果是

$$\left(U^{(k)}\psi, \psi\right) \geqslant \left(\cos\frac{\pi}{2k}\right)^{2k}.$$

因为当 $k \to \infty$ 时 $\mathrm{Tr}U^{(k)} = 1$ 及 $\left(\cos\frac{\pi}{2k}\right)^{2k} \to 1$, 我们可以应用 2.11 节中得到的一个结果而作出结论: $U^{(k)}$ 收敛到 $P_{[\varphi]}$. 这就完成了论证并达到了我们的目的.

在唯象热力学的 "理想实验" 中, 经常用到一种称为 "半渗透墙 (膜)" 的构形, 当处理量子力学系统时, 我们可以利用这些理想化的元素到什么程度呢?

在唯象热力学中, 以下定理成立: 若 Ⅰ 与 Ⅱ 是同一系统 S 的两种不同状态, 则可以假设存在一堵墙, 它对Ⅰ是完全可渗透的, 而对Ⅱ是不可渗透的 [193] : 这就是所谓 "差别" 的热力学定义, 因此, 也是两个系统 "等同性" 的定义. 在量子力学中, 可以容许这样的假设到什么程度呢?

我们首先证明, 若 $\varphi_1, \varphi_2, \cdots, \psi_1, \psi_2, \cdots$ 是一个标准正交系, 则存在半渗透墙, 使系统 S 在 $\varphi_1, \varphi_2, \cdots$ 中的任一个可以无障碍地随意通过, 并且在状态 $\psi_1, \psi_2, \cdots$ 中的任一个无改变地把系统作反射. 另一方面, 在其他状态的系统, 有可能因为与墙的碰撞而改变.

系统 $\varphi_1, \varphi_2, \cdots, \psi_1, \psi_2, \cdots$ 可以假设是完全的, 否则可以通过把 $\chi_1, \chi_2, \cdots$ 添加在 $\psi_1, \psi_2, \cdots$ 上做成完全的. 现在我们选择一个有纯离散谱与简单本征值 $\lambda_1, \lambda_2, \cdots, \mu_1, \mu_2, \cdots$ 的算子 R, 其本征函数分别是 $\varphi_1, \varphi_2, \cdots, \psi_1, \psi_2, \cdots$. 假定事实上 (对所有 n)$\lambda_n < 0$ 与 $\mu_n > 0$. 设 $\mathcal{R}$ 是属于 R 的量. 我们在墙上构建许多 "窗口", 其中的每个都如此定义: 我们的气体 (再次考虑温度 $T > 0$ 的 U-气体) 的每个 "分子"$\mathrm{K}_1, \cdots, \mathrm{K}_N$ 被挡住, 被打开, 在系统 S_1 或 S_2 或 $\cdots \mathrm{S}_N$ 上测量的量被包括在其中. 然后又关闭盒子, 根据 $\mathcal{R}$ 的测量值是 > 0 或 < 0, 该盒子与它的内含一起穿透窗口或被弹回, 动量不变. 很清楚, 这种设计达到了想要的目的 —— 余下只需讨论

193 例如, 见注 184 中的文献.

它带来了什么样的变化, 以及它与热力学中的所谓的“麦克斯韦妖”联系的紧密程度如何[194].

首先必须说明, 因为测量 (在某些环境中) 改变了 S 的能量状态, 也许还改变了能量期望值, 这个机械能量上的差值, 必定是在热力学第一定律的意义上, 被测量仪器加入的或吸收的 (例如, 因为安装了一个可以拉伸压缩的弹簧或类似的东西). 由于测量仪器的工作相当自动化, 并只涉及机械能 (不是热能!) 的变换, 肯定不会发生熵的变化, 而当前, 只有熵对我们是重要的 (若 S 在状态 $\varphi_1, \varphi_2, \cdots, \psi_1, \psi_2, \cdots$ 之一, 则 $\mathcal{R}$ 的测量一般不会改变 S, 且在测量仪器中不存留补偿性改变).

第二点更具疑问. 我们的安排甚相似于“麦克斯韦妖”, 即相似于一道半渗透墙, 它传输来自右面的分子但反射来自左面的分子. 若我们用这样的墙来分隔充满气体的容器, 则全部气体将很快集中到墙的左面 —— 即体积减半但未消耗熵. 这表示气体中未经补偿的熵增加了, 从而, 根据热力学第二定律, 这样的墙不可能存在. 不过我们这里的半渗透墙与热力学中不能接受的那种墙有实质性的不同; 因为参考的只是“分子”(即包含在其中的 S_1 或 S_2 或 $\cdots$ 或 S_N 的状态) 的内在性质, 而不是外部性质 (即分子是否从右面到左面, 或某种类似的东西). 而这是有决定性意义的事情. 这个问题的彻底分析因 L. 齐拉特 (L. Szilárd) 的研究而成为可能, 他阐明了半渗透墙、“麦克斯韦妖”与“存在于热力学系统中的智能物干涉”的一般作用. 这里我们不能对这些作任何进一步的深入探讨, 因为读者可以在注 194 所引文献中找到对这些论题的处理.

以上讨论尤其说明, 系统 S 的两种状态 φ, ψ 肯定可以被一道半渗透墙分离, 只要它们是正交的. 现在, 我们要证明其逆: 若 φ, ψ 并非正交的, 则这样的半渗透墙假定与热力学第二定律相矛盾. 即半渗透墙可分离性的充分必要条件是 $(\varphi, \psi) = 0$, 而不是像在经典理论中的 $\varphi \neq \psi$(我们用 φ, ψ 替代前面所用的 I, II). 这澄清了经典热力学的一个旧悖论, 该悖论与半渗透墙操作中使人困惑的不连续性有关: 状态之间的差异无论如何微小总是 100%可分离的, 但绝对等同的状态是不可分离的. 现在, 有一个连续的转变: 可以看到 100%可分离性仅对 $(\varphi, \psi) = 0$ 存在, 且随着 $|(\varphi, \psi)|$ 的增加, 可分离性变得越来越差. 直到在 $|(\varphi, \psi)| = 1$(这里是 $\|\varphi\| = \|\psi\| = 1$, 故 $|(\varphi, \psi)| = 1$ 包含有 $\varphi = c\psi$, c 为常数, $|c| = 1$), 状态 φ, ψ 是等同的, 分离成为完全不可能的.

为了进行这些考虑, 我们必须期待本节的最终结果: U-总体的熵值. 当然, 我们将不在其推导中应用该结果.

假设有一道半渗透墙分离 φ 与 ψ, 兹证 $(\varphi, \psi) = 0$. 考虑 $\frac{1}{2}(P_{[\varphi]} + P_{[\psi]})$-气体

194 见注 185 中的文献. 关于与“麦克斯韦妖”这个概念相联系的困难, 读者可在 L. Szilárd, Z. Physik **53** (1929) 中找到详细的讨论.

(即包含在状态 φ 的 $\frac{N}{2}$ 系统与在状态 ψ 的 $\frac{N}{2}$ 系统的气体, 注意 $\mathrm{Tr}\frac{1}{2}\left(P_{[\varphi]}+P_{[\psi]}\right)=1$), 又选择 $\mathscr{V}$(即 $\bar{\mathrm{K}}$) 与 T, 使得气体是理想的. $\bar{\mathrm{K}}$ 有纵截面 1 2 3 4 1, 如图 5.2.1 所示. 我们在一端 aa 插入一道半渗透墙, 并把它移动到中间 bb. 气体通过与另一端的一个温度为 T 的大储热器 W 接触而保持其温度不变. 在这一过程中, φ-分子保持不变, 但 ψ-分子被推向 $\bar{\mathrm{K}}$ 的右半部 (在 bb 与 2, 3 之间). 即 $\frac{1}{2}\left(P_{[\varphi]}+P_{[\psi]}\right)$-气体是 $P_{[\varphi]}$-气体与 $P_{[\psi]}$-气体的 1:1 混合. 前者无变化, 而后者被绝热地压缩为原始体积的一半. 由理想气体的状态方程可知, 这一过程中做了机械功 $\frac{N}{2}\kappa T\ln 2$ $\left(\frac{N}{2}\right.$ 是 $P_{[\psi]}$ 气体的分子数, κ 是玻尔兹曼常数$\left.\right)$[195], 且因为气体的能量并未改变 (由于过程是绝热的)[196], 这个能量来自储热器 W. 于是储热器熵的改变为 $\frac{Q}{T}=N\kappa\frac{1}{2}\ln 2$ (见注 186).

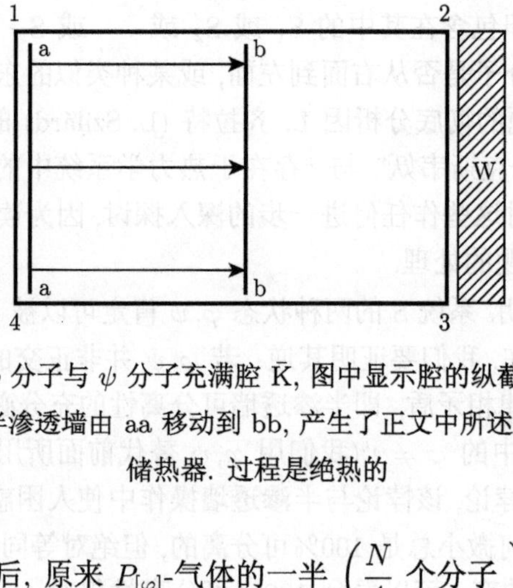

图 5.2.1　数量相等的 φ 分子与 ψ 分子充满腔 $\bar{\mathrm{K}}$, 图中显示腔的纵截面 1 2 3 4. φ 分子可透过, ψ 分子不可透过的半渗透墙由 aa 移动到 bb, 产生了正文中所述结果. W 是温度为 T 的储热器. 过程是绝热的

这一过程完成以后, 原来 $P_{[\varphi]}$-气体的一半 $\left(\frac{N}{4}\right.$ 个分子$\left.\right)$位于 bb 分割线左面的空间内. 另一方面, 在 bb 分割线的右面, 是原来 $P_{[\varphi]}$-气体的另一半 $\left(\frac{N}{4}\right.$ 个分

---

195 若一种理想气体由 n 个分子组成, 则其压力为 $p=\frac{n\kappa T}{\mathscr{V}}$. 因此, 由体积 $\mathscr{V}_1$ 压缩到体积 $\mathscr{V}_2$ 时做了机械功

$$-\int_{\mathscr{V}_1}^{\mathscr{V}_2} p d\mathscr{V}=-n\kappa T\int_{\mathscr{V}_1}^{\mathscr{V}_2}\frac{d\mathscr{V}}{\mathscr{V}}=-n\kappa T\ln\frac{\mathscr{V}_2}{\mathscr{V}_1}.$$

在我们的情形, $n=\frac{N}{2}, \mathscr{V}_1=\frac{\mathscr{V}}{2}, \mathscr{V}_2=\mathscr{V}$.

196 众所周知, 理想气体的能量只依赖于它的温度.

子 $\Big)$ 与全部 $P_{[\psi]}$-气体 $\left(\dfrac{N}{2}\text{ 个分子}\right)$; 即总共有 $\dfrac{1}{3}P_{[\varphi]}+\dfrac{2}{3}P_{[\psi]}$-气体的 $\dfrac{3N}{4}$ 个分子. 现在, 通过有效地关闭半渗透墙的渗透性并绝热地放置分割墙, 我们压缩左边的气体至体积 $\dfrac{\mathscr{V}}{4}$, 膨胀右边的气体至体积 $\dfrac{3\mathscr{V}}{4}$. 所做的机械功取自或给予储热器 W: 其数量分别是 $\dfrac{N}{4}\kappa T\ln 2$ 与 $-\dfrac{3N}{4}\kappa T\ln\dfrac{3}{2}$(见注 195), 故储热器 W 熵的增加量分别是 $N\kappa\cdot\dfrac{1}{4}\ln 2$ 与 $-N\kappa\cdot\dfrac{3}{4}\ln\dfrac{3}{2}$. 总计为

$$N\kappa\cdot\left(\frac{1}{2}\ln 2+\frac{1}{4}\ln 2-\frac{3}{4}\ln\frac{3}{2}\right)=N\kappa\cdot\frac{3}{4}\ln\frac{4}{3}.$$

这里, 我们有$P_{[\varphi]}$-气体与 $\left(\dfrac{1}{3}P_{[\varphi]}+\dfrac{2}{3}P_{[\psi]}\right)$- 气体, 它们分别有 $\dfrac{N}{4}$ 与 $\dfrac{3N}{4}$ 个分子, 分别占有 $\dfrac{\mathscr{V}}{4}$ 与 $\dfrac{3\mathscr{V}}{4}$ 体积. 原先, 我们有占用体积 $\mathscr{V}$ 的 N 个分子的$\left(\dfrac{1}{2}P_{[\varphi]}+\dfrac{1}{2}P_{[\psi]}\right)$-气体, 或我们选择这样想, 两种 $\left(\dfrac{1}{2}P_{[\varphi]}+\dfrac{1}{2}P_{[\psi]}\right)$-气体, 分别有 $\dfrac{N}{4}$ 与 $\dfrac{3N}{4}$ 个分子, 分别占有 $\dfrac{\mathscr{V}}{4}$ 与 $\dfrac{3\mathscr{V}}{4}$ 体积. 整个过程引起的改变是: 在 $\dfrac{\mathscr{V}}{4}$ 体积中的 $\dfrac{N}{4}$ 个分子由 $\left(\dfrac{1}{2}P_{[\varphi]}+\dfrac{1}{2}P_{[\psi]}\right)$-气体改变为 $P_{[\varphi]}$ 气体, 在 $\dfrac{3\mathscr{V}}{4}$ 体积中的 $\dfrac{3N}{4}$ 个分子由 $\left(\dfrac{1}{2}P_{[\varphi]}+\dfrac{1}{2}P_{[\psi]}\right)$-气体改变为 $\left(\dfrac{1}{3}P_{[\varphi]}+\dfrac{2}{3}P_{[\psi]}\right)$-气体, 而 W 的熵的增加是 $N\kappa\cdot\dfrac{3}{4}\ln\dfrac{4}{3}$. 因为过程是可逆的, 全部熵的增加必定是零, 即两种气体的熵的改变必定完全补偿了 W 的熵的改变. 现在, 我们必须找到两种气体的熵的变化.

如我们将看到的, 若体积相等与温度为零 (见前面) 的 $P_{[\chi]}$-气体的熵为零, 则 N 个分子的 U-气体的熵为 $-N\kappa\cdot\operatorname{Tr}(U\ln U)$. 因此, 若 U 有纯离散谱及本征值 $w_1,w_2,\cdots$, 则其熵为 $-N\kappa\cdot\sum_{n=1}^{\infty}w_n\ln w_n$(其中, 当 $x=0$ 时, 定义 $x\ln x=0$). 容易算出, $P_{[\varphi]}$, $\left(\dfrac{1}{2}P_{[\varphi]}+\dfrac{1}{2}P_{[\psi]}\right)$ 与 $\left(\dfrac{1}{3}P_{[\varphi]}+\dfrac{2}{3}P_{[\psi]}\right)$ 分别有本征值

$$\{1,0\},$$

$$\left\{\frac{1+\alpha}{2},\frac{1-\alpha}{2}\right\},$$

$$\left\{\frac{3+\sqrt{1+8\alpha^2}}{6},\frac{3-\sqrt{1-8\alpha^2}}{6}\right\},$$

这里 $\alpha=|(\varphi,\psi)|$, (因此 $0\leqslant\alpha\leqslant 1$), 其中 0 本征值的重数恒为无穷大, 但非零本征

值都是简单的 [197]. 因此, 气体的熵增加了

$$
\begin{aligned}
& -\frac{N}{4}\kappa\cdot(1\ln 1+0\ln 0)\\
& -\frac{3N}{4}\kappa\cdot\left(\frac{3+\sqrt{1+8\alpha^2}}{2}\ln\frac{3+\sqrt{1+8\alpha^2}}{6}+\frac{3-\sqrt{1+8\alpha^2}}{2}\ln\frac{3-\sqrt{1+8\alpha^2}}{6}\right)\\
& +N\kappa\left(\frac{1+\alpha}{2}\ln\frac{1+\alpha}{2}+\frac{1-\alpha}{2}\ln\frac{1-\alpha}{2}\right)
\end{aligned}
$$

(其中首项为零). 把 W 添加的熵的增量 $N\kappa\cdot\frac{3}{4}\ln\frac{4}{3}$ 加入其中, 总和应当为零. 除以 $N\kappa\cdot\frac{1}{4}$, 我们得到

$$
\begin{aligned}
& -\frac{3+\sqrt{1+8\alpha^2}}{2}\ln\frac{3+\sqrt{1+8\alpha^2}}{6}-\frac{3-\sqrt{1+8\alpha^2}}{2}\ln\frac{3-\sqrt{1+8\alpha^2}}{6}\\
& +2(1+\alpha)\ln\frac{1+\alpha}{2}+2(1-\alpha)\ln\frac{1-\alpha}{2}+3\ln\frac{4}{3}=0,
\end{aligned}
$$

这里又有 $0\leqslant\alpha\leqslant 1$.

197 我们来计算 $aP_{[\varphi]}+bP_{[\psi]}$ 的本征值. 要求是

$$\left(aP_{[\varphi]}+bP_{[\psi]}\right)f=\lambda f.$$

因为左边是 φ,ψ 的一个线性组合, 右边也是, 因此, 若 $\lambda\neq 0$, f 也是. $\lambda=0$ 肯定是一个无穷多重本征值, 因为每个正交于 φ,ψ 的 f 都属于它. 因此考虑 $\lambda\neq 0$ 与 $f=x\varphi+y\psi$ 就足够了 (设 φ,ψ 是线性无关的, 否则 $\varphi=c\psi, |c|=1$, 两种状态是等同的).

于是以上方程成为

$$a(x+y(\psi,\varphi))\cdot\varphi+b(x(\varphi,\psi)+y)\cdot\psi=\lambda x\cdot\varphi+\lambda y\cdot\psi,$$

从而

$$
\begin{aligned}
(a-\lambda)x+a\overline{(\varphi,\psi)}y=0,\\
b(\varphi,\psi)x+(b-\lambda)y=0.
\end{aligned}
$$

这个方程组的行列式必须为零

$$\begin{vmatrix} a-\lambda & a\overline{(\varphi,\psi)}\\ b(\varphi,\psi) & b-\lambda\end{vmatrix}=(a-\lambda)(b-\lambda)-ab|(\varphi,\psi)|^2=0,$$

即

$$\lambda^2-(a+b)\lambda+ab\left(1-\alpha^2\right)=0,$$

$$\lambda=\frac{a+b\pm\sqrt{(a+b)^2-4ab\left(1-\alpha^2\right)}}{2}=\frac{a+b\pm\sqrt{(a-b)^2+4\alpha^2ab}}{2}.$$

若我们分别取 $a=1, b=0$ 或 $a=\frac{1}{2}, b=\frac{1}{2}$ 或 $a=\frac{1}{3}, b=\frac{2}{3}$, 便得到正文中的公式.

现在容易看出, 当 α 从 0 变化到 1 时, 左边的表达式单调增加 [198] . 实际上, 左边的表达式从 0 单调增加到 $3\ln\frac{4}{3}$. 我们得出结论, α 必定为零, 否则刚才所描述过程的逆过程会减少熵, 而这与热力学第二定律相矛盾. 于是, 我们已证明, 除非 $(\varphi, \psi) = 0$, 半渗透墙不可能如上面设计的方式行事.

做了这些准备以后, 我们得以确定 N 个分子的 U-气体在温度 T 时的熵 —— 更确切地说, 在类似条件下, U-气体的熵相对于 $P_{[\varphi]}$-气体的熵的超过值. 按照以前的注记, 这就是 N 个单独系统组成的 U-总体的熵. 如前一样, 设 $\mathrm{Tr}U = 1$.

如我们所知, 算子 U 有纯离散谱 $w_1, w_2, \cdots$ 且 $w_1 \geqslant 0, w_2 \geqslant 0, \cdots$ 并满足 $w_1 + w_2 + \cdots = 1$. 设对应的本征函数是 $\varphi_1, \varphi_2, \cdots$, 则 (见 4.3 节)

$$U = \sum_{n=1}^{\infty} w_n \ln P_{[\varphi_n]}.$$

---

198 [由计算机辅助的图示, 或由以下论据:] 由 $(x\ln x)' = \ln x + 1$, 我们有

$$\begin{aligned}\left(\frac{1+y}{2}\ln\frac{1+y}{2} + \frac{1-y}{2}\ln\frac{1-y}{2}\right)' &= \frac{1}{2}\left(\ln\frac{1+y}{2} + 1\right) - \frac{1}{2}\left(\ln\frac{1-y}{2} + 1\right)\\ &= \frac{1}{2}\ln\frac{1+y}{1-y},\end{aligned}$$

故我们的表达式对 α 的导数是

$$\begin{aligned}&-3\cdot\frac{1}{2}\ln\frac{3+\sqrt{1+8\alpha^2}}{3-\sqrt{1+8\alpha^2}}\cdot\frac{1}{3}\frac{8\alpha}{\sqrt{1+8\alpha^2}} + 4\cdot\frac{1}{2}\ln\frac{1+\alpha}{1-\alpha}\\ =&2\left(\ln\frac{1+\alpha}{1-\alpha} - \frac{2\alpha}{\sqrt{1+8\alpha^2}}\ln\frac{3+\sqrt{1+8\alpha^2}}{3-\sqrt{1+8\alpha^2}}\right).\end{aligned}$$

而该式 > 0 表示

$$\ln\frac{1+\alpha}{1-\alpha} > \frac{2\alpha}{\sqrt{1+8\alpha^2}}\ln\frac{3+\sqrt{1+8\alpha^2}}{3-\sqrt{1+8\alpha^2}},$$

即

$$\frac{1}{2\alpha}\ln\frac{1+\alpha}{1-\alpha} > \frac{2}{3}\cdot\frac{1}{2\beta}\ln\frac{1+\beta}{1-\beta}, \quad 其中\beta = \frac{\sqrt{1+8\alpha^2}}{3}.$$

我们将证明可用 $\frac{8}{9}$ 替代 $\frac{2}{3}$ 得到更强的不等式. 因为 $1-\beta^2 = \frac{8}{9}(1-\alpha^2)$ 及 $\alpha < \beta$ (后者来自前者, 因为 $\alpha < 1$), 这表示

$$\frac{1-\alpha^2}{2\alpha}\ln\frac{1+\alpha}{1-\alpha} > \frac{1-\beta^2}{2\beta}\ln\frac{1+\beta}{1-\beta},$$

而若 $\frac{1-x^2}{2x}\ln\frac{1+x}{1-x}$ 在区间 $0 < x < 1$ 单调递减, 则这可以被证明. 但这后一个性质 [由图形显然] 可以从以下幂级数展开式看出:

$$\begin{aligned}\frac{1-x^2}{2x}\ln\frac{1+x}{1-x} &= (1-x^2)\left(1 + \frac{x^2}{3} + \frac{x^4}{5} + \cdots\right)\\ &= 1 - \left(1 - \frac{1}{3}\right)x^2 - \left(\frac{1}{3} - \frac{1}{5}\right)x^4 - \cdots.\end{aligned}$$

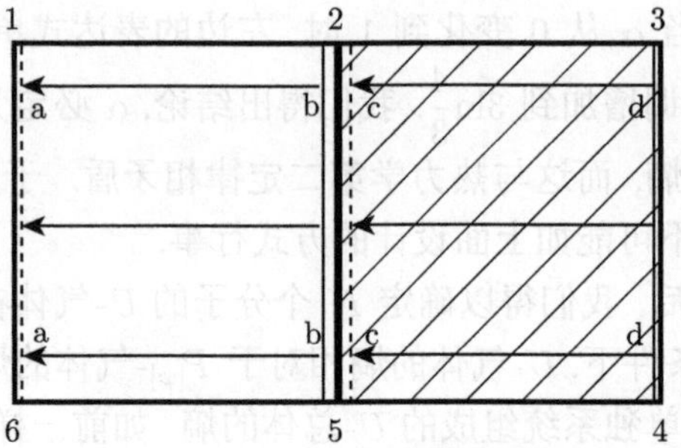

图 5.2.2　以 $(w_1, w_2, \cdots)$ 加权的 $\varphi_1, \varphi_2, \cdots$-气体的混合总体最初限制于盒子 $\bar{\mathrm{K}}$(2 3 4 5 2) 中. 盒子 $\bar{\mathrm{K}}'$(1 2 5 6 1) 与 $\bar{\mathrm{K}}$ 的形状与体积相同, 但最初是空的. 墙 2 5 固定, 可透过 φ_1 而不能透过其他. 墙 bb 是可移动的, 但所有气体都不能透过它; 它与墙 dd 同步移动. 墙 dd 不能透过 φ_1, 而其他都能透过. 移动 bb : dd 到 aa : cc 的效应是把所有 φ_1 分子由 $\bar{\mathrm{K}}$ 输送到 $\bar{\mathrm{K}}'$ 但不消耗功与热量, 留下所有 $\varphi_2, \varphi_3, \cdots$ 分子作为 $\bar{\mathrm{K}}$ 的未受扰动的常驻者

所以, 我们的 U-气体是分别有 $w_1 N, w_2 N, \cdots$ 个分子的 $P_{[\varphi_1]}, P_{[\varphi_2]}, \cdots$ 气体的混合总体, 全部都在体积 $\mathscr{V}$ 中. 设 $T, \mathscr{V}$ 使所有这些气体成为理想的, 并设 $\bar{\mathrm{K}}$ 是矩形截面. 我们现在将应用以下的可逆干涉使 $\varphi_1, \varphi_2, \cdots$ 分子彼此分离 (图 5.2.2). 我们把一个同样大的矩形盒子 $\bar{\mathrm{K}}'$ (1 2 5 6 1) 与矩形盒子 $\bar{\mathrm{K}}$(2 3 4 5 2) 连接, 并把公共墙 2 5 用并在一起的两道墙替代. 设其中, 2 5 是固定的与半渗透的 —— 对 φ_1 可渗透, 但对 $\varphi_2, \varphi_3, \cdots$ 不可渗透; 又设另外一道墙 bb 是可移动的, 但它通常对一切都是绝对不可渗透的. 此外, 我们加入另一道半渗透墙 dd, 紧靠 3 4, 它对 $\varphi_2, \varphi_3, \cdots$ 可渗透, 但对 φ_1 不可渗透. 我们现在推动 bb 及 dd 分别至 aa 及 cc (即分别接近 1 6 及 2 5), 但保持其间的距离不变. 用这种方法, $\varphi_2, \varphi_3, \cdots$ 不受到影响, 但 φ_1 被迫留在移动的两道墙 bb 与 dd 之间. 因为这些墙之间的距离是常数, 过程中不做功 (相对于气体压力) 也不产生热量. 最后, 我们把墙 2 5 及 cc 用一道固定且不可渗透 (即处处不透明) 的墙 2 5 替代, 并去除 aa; 用这种方法, 盒子 $\bar{\mathrm{K}}, \bar{\mathrm{K}}'$ 被恢复到其初始条件. 然而有这样的改变: 所有 φ_1 分子现在位于 $\bar{\mathbf{K}}'$ 中. 我们把所有这些由 $\bar{\mathbf{K}}$ 转移到同样大小的盒子 $\bar{\mathbf{K}}'$ 中, 可逆且未做功, 没有热的演化或温度的改变 [199].

类似地, 我们使 $\varphi_2, \varphi_3, \cdots$ 分子 "流入" 盒子 $\bar{\mathrm{K}}''\bar{\mathrm{K}}''', \cdots$(每个均有同样的体积 $\mathscr{V}$) 中, 最终, 各个盒子中分别有温度为 T 的 $w_1 N$ 个分子的 $P_{[\varphi_1]}$-气体, $w_2 N$ 个分子的 $P_{[\varphi_2]}$-气体,$\cdots$. 现在, 我们把这些分别绝热地压缩到体积 $w_1\mathscr{V}, w_2\mathscr{V}, \cdots$ 中, 过程中需要施加机械功 $w_1 N\kappa T \ln w_1, w_2 N\kappa T \ln w_2, \cdots$, 以及把这些能量 (以热量的形式) 转移到储热器中 (温度保持为 T, 以使过程是可逆的; 这些热量都小于

199 例如, 以注 184 中的文献作为一个例子, 它对唯象热力学方法而言是特征性的.

零, 因为压缩各种气体时所做的功都是负的, 见注 191). 本过程中熵的总增量是

$$\sum_{n=1}^{\infty} w_n N\kappa \cdot \ln w_n.$$

最后, 我们把气体 $P_{[\varphi_1]}, P_{[\varphi_2]}, \cdots$ 全部变换为 $P_{[\varphi]}$ 气体 (可逆, 其中 φ 是一个任意选择的状态, 又见 199~200 页中的讨论). 于是, 我们只有分别在体积 $w_1\mathscr{V}, w_2\mathscr{V}, \cdots$ 中的 $P_{[\varphi]}$-气体的 $w_1N, w_2N, \cdots$ 个分子. 由于所有这些都等同并有相同的密度 $(N/\mathscr{V})$, 我们可以把它们混合, 且这也是可逆的. 于是, 我们得到 (因为 $\sum_{n=1}^{\infty} w_n = 1$) 在体积 $\mathscr{V}$ 中有 N 个分子的 $P_{[\varphi]}$-气体.

至此, 我们完成了想要的逆过程. 熵增加了 $N\kappa\sum_{n=1}^{\infty} w_n \ln w_n$, 且因为它在最终状态必须为零, 它在初始状态是 $-N\kappa\sum_{n=1}^{\infty} w_n \ln w_n$.

由于 U 有本征函数 $\varphi_1, \varphi_2, \cdots$ 及本征值 $w_1, w_2, \cdots$, 故算子 $U\ln U$ 有相同的本征函数, 但本征值为 $w_1 \ln w_1, w_2 \ln w_2, \cdots$. 所以

$$\mathrm{Tr}\,(U\ln U) = \sum_{n=1}^{\infty} w_n \ln w_n.$$

我们注意到, 由 $0 \leqslant w_n \leqslant 1$ 可知 $w_n \ln w_n \leqslant 0$, 且等号只对 $w_n = 0$ 或 1 成立; 又注意到对 $w_n = 0$, 我们取 $w_n \ln w_n$ 等于零, 这是因为在我们上面的讨论中完全没有考虑消失的 w_n. 由连续性考虑也可以得到相同的结论.

于是, 我们已确定, 由 N 个单独系统组成的一个 U-总体的熵为 $-N\kappa\mathrm{Tr}\,(U\ln U)$. 前面对 $w_n \ln w_n$ 的注记表示, 它总是 $\geqslant 0$, 且仅当所有 w_n 为 0 或 1 时为零. 由 $\mathrm{Tr}U = \sum_{n=1}^{\infty} w_n = 1$ 意味着此时恰好有一个 $w_n = 1$, 而所有其他的为 0, 因此 $U = P_{[\varphi]}$. 即这些状态有熵 $= 0$, 而混合总体有熵 > 0.

5.3 可逆性与平衡问题

现在, 我们可以证明 5.1 节中所说测量过程的不可逆性. 例如, 若 U 是一种状态, 则 $U = P_{[\varphi]}$, 且在对量 $\mathcal{R}$ (它的算子 R 有本征函数 $\varphi_1, \varphi_2, \cdots$) 进行测量时, U 转化为总体

$$U' = \sum_{n=1}^{\infty} \left(P_{[\varphi]}\varphi_n, \varphi_n\right) \cdot P_{[\varphi_n]} = \sum_{n=1}^{\infty} \left|(\varphi, \varphi_n)\right|^2 P_{[\varphi_n]},$$

且若 U' 并非一种状态, 则出现熵的增加 (U 的熵是 0, U' 的熵 >0), 因此该过程是不可逆的. 若 U' 也是一种状态, 它必定是一个 $P_{[\varphi_{\bar{n}}]}$, 且由于 φ_n 是其本征函数, 这意味着所有 $|(\varphi, \varphi_n)|^2 = 0$, 除了一个 (等于 1), 即 φ 正交于所有 φ_n , $n \neq \bar{n}$. 但然

后 $\varphi = c\varphi_{\bar{n}}$ $(|c|=1)$, 故 $P_{[\varphi]} = P_{[\varphi_{\bar{n}}]}$, $U = U'$. 因此, 对一个状态的每次测量都是不可逆的, 除非被测量的量的本征值 (即在给定状态的量的数值) 有一个严格确定的值, 在这种情况下, 测量完全不改变状态. 于是我们看到, 非因果性行为在这里清楚地与某些同时发生的热力学现象相联系.

我们现在将完全一般地讨论**过程 1**, $U \to U' = \sum_{n=1}^{\infty} (P_{[\varphi]}\varphi_n, \varphi_n) \cdot P_{[\varphi_n]}$, 何时会增加熵.

U 有熵 $-N\kappa \mathrm{Tr}(U \ln U)$. 若 $w_1, w_2, \cdots$ 是本征值及 $\psi_1, \psi_2, \cdots$ 是其本征函数, 则可以写出

$$-N\kappa \sum_{n=1}^{\infty} w_n \ln w_n = -N\kappa \sum_{n=1}^{\infty} (U\psi_n, \psi_n) \ln (U\psi_n, \psi_n).$$

U' 有本征值 $(U\varphi_1, \varphi_1), (U\varphi_2, \varphi_2), \cdots$, 且因此其熵是

$$-N\kappa \sum_{n=1}^{\infty} (U\varphi_n, \varphi_n) \ln (U\varphi_n, \varphi_n).$$

所以 U 的熵 $\lesseqgtr U'$ 的熵, 取决于

$$*. \qquad \sum_{n=1}^{\infty} (U\psi_n, \psi_n) \ln (U\psi_n, \psi_n) \gtreqless \sum_{n=1}^{\infty} (U\varphi_n, \varphi_n) \ln (U\varphi_n, \varphi_n).$$

我们下一步将证明, $*$ 式中的 $\geqslant$ 号在任何情况下都成立, 即过程 $U \to U'$ 并不减少熵; 这虽然在热力学上是清楚的, 但鉴于它对我们的以下目的十分重要, 对这个事实还需要有一个纯数学的证明. 我们用以下方式进行: U 及 $\psi_1, \psi_2, \cdots$ 是固定的, 而 $\varphi_1, \varphi_2, \cdots$ 取遍所有完全标准正交系.

因为连续性的理由, 我们可以局限于这样的 $\varphi_1, \varphi_2, \cdots$ 系统, 其中仅有限个 φ_n 与对应的 ψ_n 不同. 于是, 例如, 对 $n > M$ 有 $\varphi_n = \psi_n$, 则 $\varphi_n, n \leqslant M$ 是 $\psi_n, n \leqslant M$ 的线性组合, 且反之亦然:

$$\varphi_m = \sum_{n=1}^{M} x_{mn}\psi_n, \quad m = 1, \cdots, M,$$

这里的 M 维矩阵 $\{x_{mn}\}$ 显然是酉矩阵. 于是有 $(U\psi_m, \psi_m) = w_m$, 且容易计算得到, $(U\varphi_m, \varphi_m) = \sum_{n=1}^{M} w_n |x_{mn}|^2$ $(m = 1, \cdots, M)$, 所以, 待证明的是

$$\sum_{m=1}^{M} w_m \ln w_m \geqslant \sum_{m=1}^{M} \left(\sum_{n=1}^{M} w_n |x_{mn}|^2 \right) \ln \left(\sum_{n=1}^{M} w_n |x_{mn}|^2 \right).$$

因为右边的表达式是 M^2 个有界变量 x_{mn} 的连续函数, 它有一个极大值, 并也确实取其极大值 ($\{x_{mn}\}$ 是酉矩阵). 现在设当 $x_{mn}=\begin{cases}1, & 对 m=n,\\ 0, & 对 m\neq n\end{cases}$ 时, 表达式的左边取极大值. 我们下面证明, 矩阵 $\mathbb{X}=\{x_{mn}\}=\mathbb{I}$ 确实使右边的表达式取极大值.

为此目的, 设 $\mathbb{X}^0=\{x_{mn}^0\}$, 其中 $x_{mn}^0\,(m,n=1,2,\cdots,M)$ 是使极大值出现的一组值. 把 $\mathbb{X}^0$ 乘以酉矩阵

$$\mathbb{A}=\begin{bmatrix}\alpha & \beta & 0 & & 0\\ -\bar{\beta} & \bar{\alpha} & 0 & \cdots & 0\\ 0 & 0 & 1 & & 0\\ & \vdots & & \ddots & \vdots\\ 0 & 0 & 0 & \cdots & 1\end{bmatrix},\quad |\alpha|^2+|\beta|^2=1,$$

得到 $\{x'_{mn}\}\,(m,n=1,\cdots,M)$, 这也是一个酉矩阵, 因此这是一个可接受的 x_{mn}-复形. 现在设 $\alpha=\sqrt{1-\varepsilon^2},\beta=\theta\varepsilon$, ($\varepsilon$ 是实数, $|\theta|=1$). 我们设 ε 是如此之小, 使得在以下计算中可以只保留 $1,\varepsilon,\varepsilon^2$ 项, 忽略 $\varepsilon^3,\varepsilon^4,\cdots$ 项. 于是 $\alpha\approx 1-\dfrac{1}{2}\varepsilon^2$, 而新矩阵 $\mathbb{X}'=\mathbb{A}\mathbb{X}$ 的元素 x'_{mn} 成为

$$x'_{1n}\approx\left(1-\frac{1}{2}\varepsilon^2\right)x_{1n}^0+\theta\varepsilon x_{2n}^0,$$

$$x'_{2n}\approx-\bar{\theta}\varepsilon x_{1n}^0+\left(1-\frac{1}{2}\varepsilon^2\right)x_{2n}^0,$$

$$x'_{mn}=x_{mn}^0,\quad m\geqslant 3.$$

因此,

$$\sum_{n=1}^{M}w_n\left|x'_{1n}\right|^2\approx\sum_{n=1}^{M}w_n\left|x_{1n}^0\right|^2+\sum_{n=1}^{M}2w_n\mathcal{R}\left(\bar{\theta}x_{1n}^0\bar{x}_{2n}^0\right)\cdot\varepsilon+\sum_{n=1}^{M}w_n\left(-\left|x_{1n}^0\right|^2+\left|x_{2n}^0\right|^2\right)\cdot\varepsilon^2,$$

$$\sum_{n=1}^{M}w_n\left|x'_{2n}\right|^2\approx\sum_{n=1}^{M}w_n\left|x_{2n}^0\right|^2-\sum_{n=1}^{M}2w_n\mathcal{R}\left(\bar{\theta}x_{1n}^0\bar{x}_{2n}^0\right)\cdot\varepsilon-\sum_{n=1}^{M}w_n\left(-\left|x_{1n}^0\right|^2+\left|x_{2n}^0\right|^2\right)\cdot\varepsilon^2,$$

$$\sum_{n=1}^{M}w_n\left|x'_{mn}\right|^2=\sum_{n=1}^{M}w_n\left|x_{mn}^0\right|^2,\quad m\geqslant 3.$$

若把这些表达式代入 $f(x)=x\ln x$, 其中涉及

$$f'(x)=\ln x+1,\quad f''(x)=\frac{1}{x},$$

并把所得结果相加, 我们得到

$$
\begin{aligned}
&\sum_{m=1}^{M}\left(\sum_{n=1}^{M} w_n\left|x_{mn}'\right|^2\right)\ln\left(\sum_{n=1}^{M} w_n\left|x_{mn}'\right|^2\right)\\
\approx&\sum_{m=1}^{M}\left(\sum_{n=1}^{M} w_n\left|x_{mn}^0\right|^2\right)\ln\left(\sum_{n=1}^{M} w_n\left|x_{mn}^0\right|^2\right)\cdot\varepsilon^0\\
&+\left\{\ln\left(\sum_{n=1}^{M} w_n\left|x_{1n}^0\right|^2\right)-\ln\left(\sum_{n=1}^{M} w_n\left|x_{2n}^0\right|^2\right)\right\}\cdot\sum_{n=1}^{M}2w_n\mathcal{R}\left(\bar{\theta}x_{1n}^0\bar{x}_{2n}^0\right)\cdot\varepsilon^1\\
&+\left[\begin{array}{l}-\left\{\ln\left(\sum_{n=1}^{M} w_n\left|x_{1n}^0\right|^2\right)-\ln\left(\sum_{n=1}^{M} w_n\left|x_{2n}^0\right|^2\right)\right\}\left(\sum_{n=1}^{M} w_n\left|x_{1n}^0\right|^2-\sum_{n=1}^{M} w_n\left|x_{2n}^0\right|^2\right)\\
+\frac{1}{2}\left(\frac{1}{\sum_{n=1}^{M} w_n\left|x_{1n}^0\right|^2}+\frac{1}{\sum_{n=1}^{M} w_n\left|x_{2n}^0\right|^2}\right)\sum_{n=1}^{M}2w_n\mathcal{R}\left(\bar{\theta}x_{1n}^0\bar{x}_{2n}^0\right)\end{array}\right]\cdot\varepsilon^2
\end{aligned}
$$

为使右边的表达式极大, ε^1 项的系数必须 $=0$, 且 ε^2 项的系数必须 $\leqslant 0$. 右边各项中的第一个是以下两个因子的乘积,

$$
\ln\left(\sum_{n=1}^{M} w_n\left|x_{1n}^0\right|^2\right)-\ln\left(\sum_{n=1}^{M} w_n\left|x_{2n}^0\right|^2\right),
$$

以及

$$
\sum_{n=1}^{M}2w_n\mathcal{R}\left(\bar{\theta}x_{1n}^0\bar{x}_{2n}^0\right).
$$

若第一个为零, 则 ε^2 的系数的第一项 (它总是 $\leqslant 0$) 也是零, 所以第二项 (它显然总是 $\geqslant 0$) 必须为零, 才能使整个系数 $\leqslant 0$. 这表示

$$
\sum_{n=1}^{M}2w_n\mathcal{R}\left(\bar{\theta}x_{1n}^0\bar{x}_{2n}^0\right)=0.
$$

因此, ε^1 系数的第二个因子无论如何必须为零, 这也可以写为

$$
2\mathcal{R}\left(\bar{\theta}\sum_{n=1}^{M} w_n x_{1n}^0\bar{x}_{2n}^0\right).
$$

因为对适当的 θ, 上式转化为 $\sum_{n=1}^{M}$ 的绝对值, 我们必须有 $\sum_{n=1}^{M} w_n x_{1n}^0\bar{x}_{2n}^0=0$.

且因为我们可以把下标 1, 2 用任意两个不同的 $k, j = 1, \cdots, M$ 替代, 我们有

$$\sum_{n=1}^{M} w_n x_{kn}^0 \bar{x}_{jn}^0 = 0, \quad 对k \neq j.$$

即用矩阵 $\{x_{mn}^0\}$ 所作的酉坐标变换, 使得元素为 $w_1, w_2, \cdots$ 的对角矩阵仍为对角形式. 由于对角元素是矩阵的乘子 (或本征值), 它们在坐标变换中不会改变, 最多是被置换. 它们在变换前是 $w_m(m = 1, \cdots, M)$, 变换后是 $\sum_{n=1}^{M} w_n \left|x_{mn}^0\right|^2 (m = 1, \cdots, N)$. 于是, 和式

$$\sum_{n=1}^{M} w_n \ln w_n \quad 与 \quad \sum_{m=1}^{M} \left(\sum_{n=1}^{M} w_n \left|x_{mn}^0\right|^2\right) \ln \left(\sum_{n=1}^{M} w_n \left|x_{mn}^0\right|^2\right)$$

有相同的值. 从而如同所述, 极大值无论如何总在以下处达到:

$$x_{mn} = \begin{cases} 1, & 对m = n, \\ 0, & 对m \neq n. \end{cases}$$

现在确定 $*$ 式中的等号何时成立. 若它成立, 则

$$\sum_{n=1}^{\infty} (U\chi_n, \chi_n) \ln (U\chi_n, \chi_n),$$

假设其极大值不仅对 $\chi_n = \psi_n (n = 1, 2, \cdots)$——这些是 U 的本征值 (见前面 212 页)——而且也对 $\chi_n = \varphi_n (n = 1, 2, \cdots)$ ($\chi_1, \chi_2, \cdots$ 取遍所有完全标准正交系) 成立. 特别是, 这当只有在前 M 个 φ_n 被变换 (即 $\chi_n = \varphi_n$ 对 $n > M$) 时成立, 当然, 在彼此间作酉变换时也成立. 记 $\mu_{mn} = (U\varphi_m, \varphi_n)$ $(m, n = 1, \cdots, M)$, 并设 $v_1, \cdots, v_n$ 是一个有限维 (定号与埃尔米特的) 矩阵 $\{\mu_{mn}\}$ 的本征值, 且 $\{\alpha_{mn}\}$ $(m, n = 1, \cdots, M)$ 是把 $\{\mu_{mn}\}$ 变换成对角形式的矩阵. 这把 $\varphi_1, \cdots, \varphi_M$ 变换为 $\omega_1, \cdots, \omega_M$,

$$\varphi_m = \sum_{n=1}^{M} \alpha_{mn} \omega_n \quad (m = 1, \cdots, M),$$

于是

$$U\omega_n = v_n \omega_n,$$

并因此

$$(U\omega_m, \omega_n) = \begin{cases} v_n, & 对m = n, \\ 0, & 对m \neq n. \end{cases}$$

对于

$$\xi_m = \sum_{n=1}^{M} x_{mn} \omega_n \quad (m = 1, \cdots, M)及 \{x_{mn}\} 是酉矩阵,$$

我们有

$$(U\xi_k, \xi_j) = \sum_{n=1}^{M} v_n x_{kn} \bar{x}_{jn}.$$

鉴于对 $\varphi_1, \cdots, \varphi_M$ 的假设, 表达式

$$\sum_{m=1}^{M} \left(\sum_{n=1}^{M} v_n |x_{mn}|^2 \right) \ln \left(\sum_{n=1}^{M} v_n |x_{mn}|^2 \right)$$

当 $x_{mn} = \alpha_{mn}$ 时取其极大值. 由我们前面的证明可知

$$\sum_{n=1}^{M} v_n \alpha_{kn} \alpha_{jn} \quad (k \neq j),$$

即 $(U\varphi_k, \varphi_j) = 0 (k \neq j, k, j = 1, \cdots, M)$.

这个公式必定对所有 M 成立, 因此 $U\varphi_k$ 正交于所有 $\varphi_j, k \neq j$, 从而它等于 $w'_k \varphi_k$ (w'_k 是一个常数). 所以, $\varphi_1, \varphi_2, \cdots$ 是 U 的本征函数. 对应的本征值是 $w'_1, w'_2, \cdots$ (且因此是 $w_1, w_2, \cdots$ 的一个置换). 在这些条件下,

$$U' = \sum_{n=1}^{\infty} \left(P_{[\varphi]} \varphi_n, \varphi_n \right) \cdot P_{[\varphi_n]} = \sum_{n=1}^{\infty} w'_n \cdot P_{[\varphi_n]} = U.$$

因此我们发现:

过程 1.

$$U \rightarrow U' = \sum_{n=1}^{\infty} \left(P_{[\varphi]} \varphi_n, \varphi_n \right) \cdot P_{[\varphi_n]}$$

($\varphi_1, \varphi_2, \cdots$ 是属于被测量的量 $\mathcal{R}$ 的算子 R 的本征函数) 从来不会降低熵. 实际上, 该过程使熵增加, 除非所有 $\varphi_1, \varphi_2, \cdots$ 是 U 的本征函数, 此时 $U = U'$. 此外, 在上述情况下, U 与 R 互易, 这实际上是该情况的特征, (因为它等价于公共本征函数 $\varphi_1, \varphi_2, \cdots$ 的存在性, 见 2.10 节). 因此, 在**过程 1**组成任何改变的所有情况下, **过程 1**都是不可逆的.

按照 5.2 节中两步程序的第二步, 我们现在不依赖于唯象热力学对**过程 1, 2** 处理其可逆性问题. 我们已经知道用于实施的数学方法: 若热力学第二定律成立, 则熵必定等于 $-N\kappa \operatorname{Tr}(U \ln U)$, 且它在任何**过程 1, 2** 中都不会减少. 现在, 必须把 $-N\kappa \operatorname{Tr}(U \ln U)$ 看作只是计算量, 与它作为熵的意义无关, 并研究它对**过程 1, 2** 如何反应[200].

200 我们自然可以忽略因子 $N\kappa$ 而只考虑 $-\operatorname{Tr}(U \ln U)$. 或者, 如果我们想要保持与元素数目 N 的正比性, 只考虑 $-N\operatorname{Tr}(U \ln U)$.

在**过程 2** 中, 我们有

$$
\begin{aligned}
U \to U_t &= e^{-\frac{2\pi i}{h}tH} U e^{\frac{2\pi i}{h}tH} \\
&= AUA^{-1}, \quad A = e^{-\frac{2\pi i}{h}tH}.
\end{aligned}
$$

由于 A 的酉算子性质, $f \to Af$ 是希尔伯特空间到其自身的同构映射, 它把每个算子 P 变换为 APA^{-1}, 因此恒有 $F\left(APA^{-1}\right) = AF(P)A^{-1}$. 故 $U_t \ln U_t = A \cdot U \ln U \cdot A^{-1}$. 从而

$$
\mathrm{Tr} U_t \ln U_t = \mathrm{Tr} U \ln U,
$$

即我们的量 $-N\kappa \mathrm{Tr}\,(U \ln U)$ 在**过程 2** 的作用下是常数. 我们已经确定了在**过程 1** 的作用下发生了什么, 且事实上, 无须参考热力学第二定律: 若 U 改变 (即 $U \neq U'$), 则 $-N\kappa \mathrm{Tr}\,(U \ln U)$ 增加, 而对无改变的 U(即 $U = U'$; 或 R 的本征函数 $\psi_1, \psi_2, \cdots$; 或 U, R 可易), 它自然保持不变. 在由几个**过程 1**与 **2** 组成的干涉下 (数目与次序任意), 若**过程 1** 的每个过程是无效的 (即不引起改变), 则 $-N\kappa \mathrm{Tr}\,(U \ln U)$ 保持不变, 但在所有其他情况下, 它有所增加.

因此, 若只考虑干涉**过程 1, 2**, 则引起任何改变的每个**过程 1**都是不可逆的.

值得注意的是, 也有比 $-\mathrm{Tr}\,(U \ln U)$ 更简单的其他表达式, 它在**过程 1** 的作用下不减少, 而在**过程 2** 的作用下是常数. U 的最大本征值提供了一个例子. 事实上, 对**过程 2**, 它是不变的, 如同 U 的所有其他本征值——而在**过程 1** 的作用下, U 的本征值 $w_1, w_2, \cdots$ 转变为 U' 的本征值:

$$
\sum_{n=1}^{\infty} w_n \left|x_{1n}\right|^2, \quad \sum_{n=1}^{\infty} w_n \left|x_{2n}\right|^2, \quad \cdots
$$

(见本节前面的考虑). 按矩阵 $\{x_{mn}\}$ 的酉本性,

$$
\sum_{n=1}^{\infty} \left|x_{1n}\right|^2 = 1, \quad \sum_{n=1}^{\infty} \left|x_{2n}\right|^2 = 1, \quad \cdots,
$$

故所有这些数字都小于等于最大的 w_n (存在一个极大的 w_n, 因为所有 $w_n \geqslant 0$, 且因为 $\sum_{n=1}^{\infty} w_n = 1$ 要求 $w_n \to 0$). 现在, 因为可以改变 U 而保持

$$
-\mathrm{Tr}\,(U \ln U) = -\sum_{n=1}^{\infty} w_n \ln w_n
$$

不变, 但最大的 w_n 减少, 我们看到这些系根据唯象热力学而成为可能的改变——因此, 它们确实可能用我们的气体过程来实现——但它们绝不能只通过相继应用**过程 1, 2** 得到. 这证明了引入气体过程确实是必须的.

替代 $-\mathrm{Tr}\,(U\ln U)$, 我们也可以对适当的函数 $F(x)$ 考虑 $\mathrm{Tr}\,(F(U))$. 若我们在上面应用的该函数的特定性质也在 $F(x)$ 中保持, 则 $U\neq U'$ 时在**过程 1**的作用下的这一增加 (对 $U=U'$, 以及在**过程 2** 的作用下, 它当然是不变的) 也可以如同对 $F(x)=-x\ln x$ 所做的那样证明. 这些性质是: $F''(x)<0$ 及 $F'(x)$ 是单调减的, 但后者可由前者推出. 因此, 考虑我们的非热力学不可逆性, 我们可以应用任何 $\mathrm{Tr}\,(F(U))$, 其中 $F(x)$ 在区间 $0\leqslant x\leqslant 1$ 上是一个上凸的函数 (即 $F''(x)<0$), 该区间包含 U 的所有本征值.

最后应当说明, 两个总体 U,V 的混合 (例如, 以比例 $\alpha:\beta,\alpha>0,\beta>0,\alpha+\beta=1$) 也不会减少熵, 即

$$-\mathrm{Tr}((\alpha U+\beta V)\ln(\alpha U+\beta V))\geqslant-\alpha\mathrm{Tr}\,(U\ln U)-\beta\mathrm{Tr}\,(V\ln V)\,.$$

并且, 当这个公式用任意凸函数 $F(x)$ 替代 $-x\ln x$ 时亦成立. 其证明留给读者.

我们现在转向定态平衡分布的研究, 即当能量给定时极大熵的混合. 当然, 这里把能量理解为被指定能量的期望值——考虑到注 184 中指出的关于统计总体的热力学研究方法, 只有这种阐释是可取的. 所以, 只有这样的混合总体是容许的, 对 U 有 $\mathrm{Tr}U=1,\mathrm{Tr}(UH)=E$, 其中 H 是能量算子, E 是被指定能量的期望值. 在这些补充条件下, $-N\kappa\mathrm{Tr}\,(U\ln U)$ 极大. 我们还需要以下简化假设: H 有本征值为 $W_1,W_2,\cdots$ 的纯离散谱 (其中有些可以是多重的), 其本征函数为 $\varphi_1,\varphi_2,\cdots$.

设 $\mathcal{R}$ 是一个量, 其算子 R 有与 H 相同的本征函数 $\varphi_1,\varphi_2,\cdots$, 但本征值各不相同 (或为简单本征值). 由**过程 2**, $\mathcal{R}$ 的测量把 U 变换为

$$U'=\sum_{n=1}^{\infty}(U\varphi_n,\varphi_n)\,P_{[\varphi_n]},$$

因此, $-N\kappa\mathrm{Tr}\,(U\ln U)$ 增加, 除非 $U=U'$. 又, $\mathrm{Tr}U$, $\mathrm{Tr}(UH)$ 不变——后者是因为 φ_n 是 H 的本征函数, 且因此对 $m\neq n,(H\varphi_n,\varphi_n)$ 为零.

$$\begin{aligned}\mathrm{Tr}\,(U'H)&=\sum_{n=1}^{\infty}(U\varphi_n,\varphi_n)\,\mathrm{Tr}\left(P_{[\varphi_n]}H\right)=\sum_{n=1}^{\infty}(U\varphi_n,\varphi_n)\,(H\varphi_n,\varphi_n)\\&=\sum_{m,n=1}^{\infty}(U\varphi_m,\varphi_n)\,(H\varphi_n,\varphi_m)=\mathrm{Tr}\,(UH)\,.\end{aligned}$$

这些等式由 R,H 的可易性 (即 $\mathcal{R}$ 与能量的同时可测量性) 得到. 因此, 如果我们仅限于研究这样的 U', 即有本征函数 $\varphi_1,\varphi_2,\cdots$ 的统计算子, 想要的极大值是相同的. 此外, 假设极大值仅在这些之中.

因此

$$U=\sum_{n=1}^{\infty}w_nP_{[\varphi_n]},$$

且因为 $U, UH, U\ln U$ 都有相同的本征函数 φ_n, 但分别有本征值 $w_n, w_nW_n, w_n\ln w_n$, 这就足以在附加条件 $\sum_{n=1}^{\infty} w_n = 1$ 与 $\sum_{n=1}^{\infty} w_nW_n = E$ 下, 使 $-N\kappa\sum_{n=1}^{\infty} w_n\ln w_n$ 取极大值. 但这个问题正好与普通气体理论中对应的平衡问题[201] 相同, 并可以用同样的方法求解. 按照熟知的极值计算程序, 我们必须解方程

$$\frac{\partial}{\partial w_n}\left(\sum_{m=1}^{\infty} w_m \ln w_m\right) + \alpha\frac{\partial}{\partial w_n}\left(\sum_{m=1}^{\infty} w_m\right) + \beta\frac{\partial}{\partial w_n}\left(\sum_{m=1}^{\infty} w_m W_m\right) = 0$$

其中, α, β 是适当的常数 (拉格朗日乘子), 且 $n= 1, 2, \cdots$. 即

$$(\ln w_n+1) +\alpha + \beta W_n= 0,$$

从而

$$w_n = e^{-1-\alpha-\beta W_n} = ae^{-\beta W_n}, \quad 其中 a = e^{-1-\alpha}.$$

由 $\sum_{n=1}^{\infty} w_n = 1$ 得到 $a = \dfrac{1}{\sum_{n=1}^{\infty} e^{-\beta W_n}}$, 因此,

$$w_n = \frac{e^{-\beta W_n}}{\sum\limits_{m=1}^{\infty} e^{-\beta W_m}},$$

又因为 $\sum_{n=1}^{\infty} w_nW_n = E$,

$$\frac{\sum\limits_{n=1}^{\infty} W_n e^{-\beta W_n}}{\sum\limits_{n=1}^{\infty} e^{-\beta W_n}} = E$$

必定成立, 它确定了 β . 若按照习惯引入 “分拆函数”,

$$Z(\beta) = \sum_{n=1}^{\infty} e^{-\beta W_n} = \mathrm{Tr}(He^{-\beta H})$$

(对此及以下, 见注 183, 184) 则

$$Z'(\beta) = -\sum_{n=1}^{\infty} W_n e^{-\beta W_n} = -\mathrm{Tr}\left(He^{-\beta H}\right),$$

201 例如, 见 Planck, *Theorie der Wärmestrahlung*, Leipzig, 1913.

且因此, 确定 β 的条件是

$$-\frac{Z'(\beta)}{Z(\beta)}=E.$$

$\Big($我们在这里还假设: $\sum_{n=1}^{\infty}e^{-\beta W_n}$与$\sum_{n=1}^{\infty}W_n e^{-\beta W_n}$对所有$\beta>0$收敛, 即对$n\to\infty$有$W_n\to\infty$,而且收敛速度还足够快, 如$\frac{W_n}{\ln n}\to\infty\Big)$. 于是, 我们得到以下关于 U 本身的表达式:

$$U=\sum_{n=1}^{\infty}ae^{-\beta W_n}P_{[\varphi_n]}=ae^{-\beta H}=\frac{e^{-\beta H}}{\mathrm{Tr}(e^{-\beta H})}=\frac{e^{-\beta H}}{Z(\beta)}.$$

平衡总体 U 的性质 (由 E 或 β 的数值确定, 因此必定依赖于一个参数) 现在可以用气体理论中惯用的方法确定.

我们的平衡总体的熵是

$$\begin{aligned}S=-N\kappa\mathrm{Tr}(U\ln U)&=-N\kappa\mathrm{Tr}\left(\frac{e^{-\beta H}}{Z(\beta)}\ln\frac{e^{-\beta H}}{Z(\beta)}\right)\\&=-\frac{N\kappa}{Z(\beta)}\mathrm{Tr}\left[e^{-\beta H}(-\beta H-\ln Z(\beta))\right]\\&=\frac{\beta N\kappa}{Z(\beta)}\mathrm{Tr}\left(He^{-\beta H}\right)+\frac{N\kappa\ln Z(\beta)}{Z(\beta)}\mathrm{Tr}\left(He^{-\beta H}\right)\\&=N\kappa\left[-\frac{\beta Z'(\beta)}{Z(\beta)}+\ln Z(\beta)\right],\end{aligned}$$

而总能量是

$$NE=-N\frac{Z'(\beta)}{Z(\beta)}$$

(这——不是 E 本身——需要就与 S 的关系加以考虑). 因此, 我们已将 U,S,NE 表示为 β 的函数. 代替逆转最后一个关系式 (即将 β 表示为 E 的函数), 更实际的是确定平衡混合总体的温度 T, 并把一切都关于 T 约化. 这可以如下进行.

我们的平衡混合总体与一个温度为 T' 的储热器相接触, 能量 NdE 从该储热器传递给它. 于是, 热力学的两条定理要求, 总能量必须保持不变, 而总熵必须不减少. 因此, 储热器失去了能量 NdE, 而其熵的增加是 $-\frac{NdE}{T'}$, 现在必须有

$$dS-\frac{NdE}{T'}=\frac{dS}{NdE}-\frac{1}{T'}NdE\geqslant 0.$$

另一方面, $NdE\lesseqgtr 0$ 需根据 $T'\lesseqgtr T$ 而定, 因为较冷的物体从较热的物体吸收能量, 所以 $T'\lesseqgtr T$ 意味着 $\frac{dS}{NdE}-\frac{1}{T'}\lesseqgtr 0$, 即 $T'\lesseqgtr\frac{NdE}{dS}=\frac{N\frac{dE}{d\beta}}{\frac{dS}{d\beta}}$. 从而

$$T=\frac{N\dfrac{dE}{d\beta}}{\dfrac{dS}{d\beta}}=-\frac{1}{\kappa}\frac{\left(\dfrac{Z'(\beta)}{Z(\beta)}\right)'}{\left(\ln Z(\beta)-\beta\dfrac{Z'(\beta)}{Z(\beta)}\right)'}=-\frac{1}{\kappa}\frac{\left(\dfrac{Z'(\beta)}{Z(\beta)}\right)'}{\left(-\beta\dfrac{Z'(\beta)}{Z(\beta)}\right)'}=\frac{1}{\kappa\beta},$$

即

$$\beta=\frac{1}{\kappa T}.$$

我们可以利用它把 U,S,NE 表达为温度的函数.

以上得到的关于熵、平衡总体等的表达式与经典热力学理论对应结果的相似性是令人瞩目的. 首先, 熵 $-N\kappa\mathrm{Tr}\,(U\ln U)$ 中,

$$U=\sum_{n=1}^{\infty}w_nP_{[\varphi_n]}$$

是权重为 $w_1,w_2,\cdots$ 的诸总体 $P_{[\varphi_1]},P_{[\varphi_2]},\cdots$ (即 Nw_1,φ_1 系统, Nw_2,φ_2 系统, $\cdots$) 的混合总体. 这个混合总体的玻尔兹曼熵可以借助 "热力学概率" $\dfrac{N!}{(Nw_1)!(Nw_2)!\cdots}$ 得到. 熵是它的 κ 重对数 [201]. 由于 N 是大的, 我们可以用斯特林 (Sterling) 公式作近似, $x!\approx\sqrt{2\pi x}e^{-x}x^x$, 于是 $\kappa\ln\dfrac{N!}{(Nw_1)!(Nw_2)!\cdots}$ 实质上成为 $-N\kappa\sum_{n=1}^{\infty}w_n\ln w_n$, 而这正是精确的 $-N\kappa\mathrm{Tr}\,(U\ln U)$.

现在考虑平衡总体 $U=e^{-\kappa\frac{H}{T}}$ $\left(忽略标准化因子\dfrac{1}{Z(\beta)}\right)$, 可以将它写成 $\sum_{n=1}^{\infty}e^{-\kappa\frac{W_n}{\kappa T}}P_{[\varphi_n]}$, 因此是诸状态 $P_{[\varphi_1]},P_{[\varphi_2]},\cdots$ 的混合, 即分别有 (相对) 权重为 $e^{-\kappa\frac{W_1}{\kappa T}}$, $e^{-\kappa\frac{W_2}{\kappa T}},\cdots$ 的能量 $W_1,W_2,\cdots$ 的诸定态的混合. 若能量值是多重的, 例如, $W_{n_1}=W_{n_2}=\cdots=W_{n_\nu}=W$, 则 $P_{[\varphi_{n_1}]}+\cdots+P_{[\varphi_{n_\nu}]}$ 在平衡总体中以权重 $e^{-\kappa\frac{W}{\kappa T}}$ 出现, 即在正确地标准化的混合总体 $\dfrac{1}{\nu}\left(P_{[\varphi_{n_1}]}+\cdots+P_{[\varphi_{n_\nu}]}\right)$ 中 (见 4.3 节开始处), 以权重 $\nu e^{-\kappa\frac{W}{\kappa T}}$ 出现. 但经典 "正则" 总体以完全相同的方式定义 (除了特定的量子力学构建 $\dfrac{1}{\nu}\left(P_{[\varphi_{n_1}]}+\cdots+P_{[\varphi_{n_\nu}]}\right)$ 的出现), 这被称为玻尔兹曼定理 [201].

当 $T\to 0$ 时, 权重 $e^{-\kappa\frac{W_n}{\kappa T}}$ 趋于 1, 因此, 我们的 U 趋于 $\sum_{n=1}^{\infty}P_{[\varphi_n]}=1$. 所以, 如果对能量没有限制, $U\approx 1$ 是绝对平衡状态——这个结果我们已在 4.3 节中得到. 我们看到, "诸量子轨道的先验概率相等"(这里指简单非退化轨道——一般地, 本征值的多重性是 "先验" 权重, 见前面的讨论) 由这里的理论自动得到.

留下的问题是要弄清楚, 关于给定能量的平衡总体 U, 从非热力学观点有多少可说; 也就是, 仅仅基于以下事实: U 是定态 (在**过程 2** 中不随时间而变), 以及它在所有不影响能量的测量中保持不变 (即在**过程 1** 中, 量 $\mathcal{R}$ 是与能量同时可测量的, 因此对应于算子 R, 它与 H 可易, 并与 H 有相同的本征函数 $\varphi_1,\varphi_2,\cdots$).

鉴于微分方程 $\frac{\partial}{\partial t}U=\frac{2\pi i}{h}(UH-HU)$, 前一个条件只要求 H,U 可易. 而后一个条件表示, 若 $\varphi_1,\varphi_2,\cdots$ 包含 H 的完全本征函数系, 则 $U=U'$. 设 H 对应的本征值是 $W_1,W_2,\cdots$, 而 U 的本征值是 $w_1,w_2,\cdots$. 若 $W_j=W_k$, 则对 H 可以用 $\frac{\varphi_j+\varphi_k}{\sqrt{2}},\frac{\varphi_j+\varphi_k}{\sqrt{2}}$ 替代 φ_j,φ_k. 因此, 它们也是 U 的本征函数, 且由之可知 $w_j=w_k$. 于是, 可以构造满足 $F(W_n)=w_n(n=1,2,\cdots)$ 的函数 $F(x)$, 且 $F(H)=U$. 很清楚, 这是充分的, 且它也意味着 H 与 U 的可易性.

从而, 我们有 $U=F(H)$, 但尚未对 $F(x)$ 指定具体形式. 尤其是, 并未应用借助其他方式得到的结果:

$$F(x)=\frac{e^{-\beta x}}{Z(\beta)},\quad \beta=\frac{1}{\kappa T}.$$

由 $\mathrm{Tr}U=1$, $\mathrm{Tr}(UH)=E$ 得到

$$\sum_{n=1}^{\infty}F(W_n)=1,\quad \sum_{n=1}^{\infty}W_nF(W_n)=E,$$

这样一来, 我们已经用尽了这种方法可能提供的一切.

5.4 宏观测量

我们已经看到, 虽然我们的熵的表达式完全类似于经典的熵, 但仍然令人诧异的是, 在系统随时间而发展的通常演化 (**过程 2**) 中, 熵保持不变, 只随着测量结果而增加 (**过程 1**). 在经典理论中——那里的测量一般不起作用, 一般说来, 熵的增加由系统通常的力学演化而导致. 因此必须解释这种看起来像是悖论的情况.

经典热力学的一个熟知的论证如下: 设想体积为 $\mathscr{V}$ 的一个容器, 其右半部 (体积为 $\frac{\mathscr{V}}{2}$, 用一块隔板与另一半分开) 充满温度为 T 的 M 个气体分子 (为简单起见, 设为理想气体分子). 推动隔板做功, 并借助一个大的储热器保持气体温度 T 恒定, 我们把这种气体绝热且可逆地膨胀到全体积 $\mathscr{V}$. 外部 (储热器中的) 熵将减少 $M\kappa\ln 2$ (见注 195), 而气体的熵则增加同样的数量. 另一方面, 若我们简单地抽掉隔板, 气体便自由地扩散到原来为空的另一半, 气体的熵增加了 $M\kappa\ln 2$, 但现在没有发生任何对应于熵的补偿. 所以该过程是不可逆的, 因为熵在系统的简单机械性时间演化中 (即在扩散中) 增加. 为什么我们的理论没有给出任何类似的东西呢?

$M=1$ 的情况最容易说明. 对这种单分子气体, 热力学仍然成立, 若体积加倍, 它的熵增加 $\kappa\ln 2$. 然而仅当人们不知道这个分子的其他情况, 只知道它分别处于体积 $\frac{\mathscr{V}}{2}$ 或 $\mathscr{V}$ 中时, 这个差值才确实是 $\kappa\ln 2$. 例如, 若分子在体积 $\mathscr{V}$ 中, 且已知它

在容器的右部或左部, 于是只要在中间插进一块隔板, 并允许分子 (绝热可逆地) 推动此板向左或向右到容器的端部就可以了. 在这一过程中, 做了机械功 $\kappa T\ln 2$, 即从储热器取走了这些能量. 所以, 当过程结束时, 分子又在体积 $\mathscr{V}$ 中, 但我们不再知道它在左部还是右部, 且因此有一个补偿性的熵减少 $\kappa\ln 2$ (在储热器中). 换句话说, 我们把我们的知识交换为熵减少 $\kappa\ln 2$[202]. 或者, 假定我们在上述第一种情况知道, 分子可在容器的哪一半中找到, 则体积 $\mathscr{V}$ 中的熵与体积 $\frac{\mathscr{V}}{2}$ 中的熵相同. 因此, 若我们知道分子在扩散前的所有性质 (位置与动量), 我们可以计算它在左部还是在右部, 即熵不减少. 但若我们掌握的信息只是宏观的, 即初始体积为 $\frac{\mathscr{V}}{2}$, 则在扩散中熵确实增加.

对知道所有坐标与动量的一位经典观察者而言, 熵是常数, 且事实上为 0, 因为玻尔兹曼的 "热力学概率" 为 1(见注 201 中的文献); 正如在我们对状态 $U=P_{[\varphi]}$ 的理论中, 因为这些又对应于观察者关于系统知识的最大可能状态.

熵随时间的变化于是基于以下事实: 观察者并不知道一切, 他不能找出 (测量) 一切在原则上可测量的东西. 它的感觉使他只能理解所谓的宏观性质. 但开始时提到的对这一悖论的解释, 迫使我们有责任研究经典宏观熵对量子力学总体的精确模拟. 即像下面这样一位观测者看到的熵: 他不能测量所有的量, 而只是若干特定的量, 即宏观量, 而且即使对这些, 也只是在一定条件下以有限精度得到的.

在 3.3 节中我们得知, 所有的有限精度的测量都可以被另一些量的精确测量所替代, 被测量的量是这些量的函数, 且它们有离散谱. 若量 $\mathcal{R}$ 的算子是 $R, \lambda^{(1)}, \lambda^{(2)}, \cdots$ 是其不同的本征值, 则 $\mathcal{R}$ 的测量等价于回答以下问题:

$$\text{“}\mathcal{R}=\lambda^{(1)}\text{ 吗? ”, “}\mathcal{R}=\lambda^{(2)}\text{ 吗? ”}, \cdots .$$

事实上, 我们也可以直接这样说: 假设用有限精度测量有算子 S 的量 $\mathcal{S}$, 例如, 想要确定 λ 在 $c_{n-1}<\lambda\leqslant c_n$ $(\cdots c_{-2}<c_{-1}<c_0<c_1<c_2<\cdots)$ 中的哪一个. 于是, 这改变成回答以下问题:

$$\text{“}\mathcal{S}\text{ 在 }c_{n-1}<\lambda\leqslant c_n\text{ 中吗? ”},\quad n=0,\pm1,\pm2,\cdots.$$

由 3.5 节, 这些问题对应于投影算子 E, 实际上测量的是它们的量 $\mathcal{E}$ (只取值 0 或 1). 在我们的例子中, $\mathcal{E}$ 是函数 $F_n(\mathcal{R})$, $n=1,2,\cdots$, 其中

$$F_n(\lambda)=\begin{cases}1, & \text{对}\lambda=\lambda^{(n)},\\ 0, & \text{其他},\end{cases}$$

202 L. 齐拉特证明了 (见注 194 中的文献), 没有补偿性的熵的增加 $\kappa\ln 2$, 人们便不能得到这种 "知识". 一般而言, $\kappa\ln 2$ 是知识的 "热力学价值", 它采取在两种情形间区分的形式. 若无关于该分子所在容器之半的知识, 所有进行上述过程的试图都可以被证明是无效的, 虽然它们有时可以导致非常复杂的自动机制.

或函数 $G_n(\mathcal{S}), n=0,\pm1,\pm2,\cdots$, 其中

$$G_n(\lambda)=\begin{cases}1, & \text{对} c_{n-1}<\lambda\leqslant c_n,\\ 0, & \text{其他},\end{cases}$$

且对应的 E 分别是 $F_n(R)$ 与 $G_n(S)$. 因此, 替代给出宏观可测量的量 $\mathcal{S}$ (连同宏观地可达到精度的叙述), 我们也可以等价地给出通过宏观测量回答的问题 $\mathcal{E}$, 或者其投影算子 E (见 3.5 节), 这里出现了一个宏观观测者的特性描述问题: 他对 E 的详细说明 (按照经典方式, 人们可以通过声称他能够测量每个立方厘米气体体积中的温度与压力来标识自身——也许有某种精度限制, 但并无其他)[203].

宏观测量的一个基本事实是, 一切可测量的量都是同时可测量的, 即所有宏观可回答的问题 $\mathcal{E}$ 都是同时可回答的, 即所有 E 都是可易的. 正是量子力学的量的非同时可测量性, 造成这样一种悖论的印象, 其原因在于这个概念对宏观观测方法完全是陌生的. 因为这一点有其根本重要性, 在此对之进行更细致地讨论.

让我们考虑这样一种方法, 它可以用有限精度同时测量两个非同时可测量的量 (例如, 坐标 q 与动量 p, 见 3.4 节). 设平均误差分别是 ε,η (根据不确定性原理, $\varepsilon\eta\sim h$). 3.4 节中的讨论表明, 在这样的一种有限精度要求下, 同时测量事实上是可能的: q (位置) 的测量用波长不太短的光波进行, 而 p (动量) 的测量需用波长不太长的波列进行. 如果一切都适当地安排好了, 则实际测量是以某种方式 (如用照相底版) 探测两个光量子: 其一是 (在 q 测量中) 因康普顿效应散射的光量子; 另一是 (在 p 测量中) 被反射的光量子, 其频率因多普勒效应而有所改变, 为了测量这个改变了的频率, 该光量子然后被一个光学装置 (棱镜衍射光栅) 偏转. 在实验的最后, 两个光量子在两张照相底版上分别产生两个黑斑, 我们可以由黑斑的位置 (光量子的方向) 计算 q 与 p . 这里必须强调, 没有什么可以 (以任何精度) 妨碍我们确定黑斑的位置 (光量子的方向), 因为这些显然是可同时测量的量 (它们是两个不同对象的坐标). 然而在这一点上, 过高的精度对测量 q 与 p 并无多少帮助. 如在 3.4 节中说明的, 黑斑坐标与 q 及 p 的联系是, 不确定性 ε,η 保持不变 (甚至当黑斑坐标以更高精度测量时也是如此), 仪器不可能被设置成使得 $\varepsilon\eta\ll h$.

因此, 若我们引入两个黑斑坐标 (或光量子的方向) 作为物理量 (带有算子 Q',P'), 则我们看到 Q',P' 是可易的, 属于 q,p 的算子 Q,P, 可以借助它们分别用不高于 ε,η 的精度来描述. 设属于 Q',P' 的量是 q',p', 真实宏观可测量的量不是 q,p 本身而是 q',p', 这是一个很有可能的解释 (q',p' 真的是事实上被测量的). 这与我们假设的所有宏观量的同时可测量性相符.

赋予这个结果以一般的意义, 并把它看作对宏观观测方法特征的展示是一种合

203 对宏观观测者的这一特性描述起源于 E. Wigner.

理的做法. 据此, 宏观过程的构成为: 把通常并非互易的所有可能的算子 $A, B, C, \cdots$, 用彼此可易的其他算子 $A', B', C', \cdots$ 来代替 (前者近似地是后者的函数). 既然我们可以用 $A', B', C', \cdots$ 本身来记 $A', B', C', \cdots$ 的函数, 我们可以说 $A', B', C', \cdots$ 是 $A, B, C, \cdots$ 的近似, 但彼此可易. 若对应的数字 $\varepsilon_A, \varepsilon_B, \varepsilon_C, \cdots$ 给出算子 $A'-A, B'-B, C'-C$ 的大小的度量, 则我们看到, $\varepsilon_A, \varepsilon_B$ 将给出关于 $AB-BA$ 测量尺度的量级 (一般 $\neq 0$), 等等. 这设置了可能达到的近似程度的极限. 当然值得推荐的是, 当计数 $A, B, C, \cdots$ 时, 局限于其物理量是宏观观测所能企及的那些算子, 至少在合理的近似程度之内.

如果我们不能说明它们需要的只是那些数学上实际可行的东西, 这些完全是定性的观察仍然只是一个空洞的计划. 因此, 对 Q, P 的特征案例, 我们将进一步在数学基础上讨论上述 Q', P' 的存在性问题. 为此目的, 设 ε, η 是两个正数, 满足 $\varepsilon\eta = \dfrac{h}{4\pi}$. 我们寻找两个互易的 Q', P' 使得 $Q'-Q, P'-P$ (在仍需更精确定义的意义上) 分别有 ε, η 的量级.

对此我们选择可以用完美精度测量的量 q', p', 即 Q', P' 有纯离散谱. 因为它们互易, 存在二者共用的本征函数的完全标准正交系 $\varphi_1, \varphi_2, \cdots$ (见 2.10 节). 设 Q', P' 的对应本征值分别为 $a_1, a_2, \cdots$ 与 $b_1, b_2, \cdots$, 于是

$$Q' = \sum_{n=1}^{\infty} a_n P_{[\varphi_n]}, \quad P' = \sum_{n=1}^{\infty} b_n P_{[\varphi_n]}.$$

以这样的方式安排它们的测量, 使其产生状态 $\varphi_1, \varphi_2, \cdots$ 之一. 为此, 测量一个量 $\mathcal{R}$, 其算子 R 有本征函数 $\varphi_1, \varphi_2, \cdots$ 与互不相同的本征值 $c_1, c_2, \cdots$, 于是 Q', P' 是 R 的函数. Q 与 P 被近似地测量显然意味着: 在状态 φ_n, Q, P 值被近似地表示为 Q', P' 值, 即用 a_n, b_n 近似地表示. 那就是, 它们关于这些值的偏差很小. 这些偏差是量 $(q-a_n)^2, (p-b_n)^2$ 的期望值, 即

$$((Q-a_nI)^2\varphi_n, \varphi_n) = \|(Q-a_nI)\,\varphi_n\|^2 = \|Q\varphi_n - a_n\varphi_n\|^2,$$
$$((P-b_nI)^2\varphi_n, \varphi_n) = \|(P-b_nI)\,\varphi_n\|^2 = \|P\varphi_n - b_n\varphi_n\|^2.$$

它们分别是 Q' 与 Q 及 P' 与 P 的差值的平方的度量, 即它们必定分别近似于 ε^2 与 η^2. 因此, 我们要求

$$\|Q\varphi_n - a_n\varphi_n\| \lesssim \varepsilon, \quad \|P\varphi_n - b_n\varphi_n\| \lesssim \eta.$$

替代讨论 Q', P', 更合适的是只寻找一个完全标准正交系 $\varphi_1, \varphi_2, \cdots$, 并恰当选择 $a_1, a_2, \cdots$ 与 $b_1, b_2, \cdots$, 使得上述估计式成立.

由 3.4 节可知, (对适当的 a, b) 满足不等式

$$\|Q\varphi - a_n\varphi\| = \varepsilon, \quad \|P\varphi - b_n\varphi\| = \eta$$

的个别 $\varphi(\|\varphi\|=1)$ 有

$$\varphi_{\varrho,\sigma,\gamma}=\varphi_{\varrho,\sigma,\gamma}(q)=\left(\frac{2\gamma}{h}\right)^{\frac{1}{4}}e^{-\frac{\pi\gamma}{h}(q-\sigma)^2+\frac{2\pi\varrho}{h}iq}.$$

因为 $\varepsilon\eta=\dfrac{h}{4\pi}$, 我们又得到 $\varepsilon=\sqrt{\dfrac{h\gamma}{4\pi}},\eta=\sqrt{\dfrac{h}{4\pi\gamma}}\left(\text{即}\gamma=\dfrac{\varepsilon}{\eta}\right)$, 我们现在选择 $a=\sigma,b=\varrho$.

但现在必须用这些 $\varphi_{\varrho,\sigma,\gamma}$ 构建一个完全标准正交系. 因为 σ 是 Q 的期望值, ϱ 是 P 的期望值, ϱ,σ 独立地在各自的数集中取值最有可能, 并且事实上, σ-集近似地有密度 ε, ϱ-集近似地有密度 η. 鉴于 $2\sqrt{\pi}\cdot\varepsilon=\sqrt{h\gamma}$ 与 $2\sqrt{\pi}\cdot\eta=\sqrt{\dfrac{h}{\gamma}}$, 选择单位使得

$$\varrho=\sqrt{h\gamma}\mu \quad \text{及} \quad \sigma=\sqrt{\frac{h}{\gamma}}\nu \quad (\mu,\nu=0,\pm1,\pm2,\cdots)$$

被证明是切合实际的. 函数

$$\psi_{\mu,\nu}=\varphi_{\sqrt{h\gamma}\mu,\sqrt{\frac{h}{\gamma}}\nu} \quad (\mu,\nu=0,\pm1,\pm2,\cdots)$$

应该对应于 φ_n, $n=1,2,\cdots$. 明显不恰当的是, 对应于一个 n, 我们有两个指标 μ,ν.

这些 $\psi_{\mu,\nu}$ 是标准化的, 且满足

$$\left\|Q\psi_{\mu,\nu}-\sqrt{h\gamma}\mu\psi_{\mu,\nu}\right\|=\varepsilon,\quad \left\|P\psi_{\mu,\nu}-\sqrt{\frac{h}{\gamma}}\nu\psi_{\mu,\nu}\right\|=\eta.$$

但不是正交的. 若我们现在用施密特程序 (见 2.2 节**定理 8** 的证明) 把它们 (逐一地)“正交化”, 则我们可以毫无困难地证明所导致标准正交系 $\psi'_{\mu,\nu}$ 的完全性, 并可以确立以下估计:

$$\left\|Q\psi'_{\mu,\nu}-\sqrt{h\gamma}\mu\psi'_{\mu,\nu}\right\|\leqslant C\varepsilon,\quad \left\|P\psi'_{\mu,\nu}-\sqrt{\frac{h}{\gamma}}\nu\psi'_{\mu,\nu}\right\|\leqslant C\eta.$$

用这样的方法已得到常数 $C\sim 60$, 且它有可能显著减小. 两个不等式的证明导致颇为冗长的计算, 但不需要任何新的概念, 故我们予以忽略. 因子 $C\sim 60$ 并不重要, 因为在宏观 (CGS) 单位下测量的 $\varepsilon\eta=\dfrac{h}{4\pi}$, 量值极其微小 (在 10^{-28} 的量级).

综上所述, 我们可以说, 假定所有宏观算子的可易性, 特别是上面引入的宏观投影算子 E 的可易性是非常正确的.

E 对应于所有可宏观回答的问题 $\mathcal{E}$, 即对应于所研究系统中的所有备选方案. 它们全都是可易的, 由 3.5 节我们可以得出结论, $I-E$ 与 E 一起, 属于与宏观可回

答问题 (命题) 关联的所有投影算子的集合, 而 EF, $E+F-EF$, $E-EF$ 与 E, F 一起亦然. 假定每个系统 S 只有有限个 $E_1, \cdots, E_n$ 算子是合理的. 我们引入记号

$$E^{(+)}=E,\ E^{(-)}=I-E,$$

并考虑所有 2^n 个乘积

$$E_1^{(s_1)}\cdots E_n^{(s_n)} \quad (s_1,\cdots,s_n=\pm),$$

它们中任何两个不同者的乘积为 0: 因为若 $E_1^{(s_1)}\cdots E_n^{(s_n)}$ 与 $E_1^{(t_1)}\cdots E_n^{(t_n)}$ 是两个这样的系统, 且 $s_\nu \neq t_\nu$, 则在它们的乘积中出现因子 $E_\nu^{(s_\nu)}, E_\nu^{(t_\nu)}$, 即 $E_\nu^{(+)}=E$ 与 $E_\nu^{(-)}=I-E$, 它们的乘积是 0. 每个 E_ν 是若干个这样的乘积之和: 事实上,

$$E_\nu = \sum_{s_1,\cdots,s_{\nu-1},s_{\nu+1},\cdots,s_n=\pm} E_1^{(s_1)}\cdots E_{\nu-1}^{(s_{\nu-1})}\cdot E_\nu^{(+)}\cdot E_{\nu+1}^{(s_{\nu+1})}\cdots E_n^{(s_n)}.$$

在这些乘积中考虑不同于 O 的那些, 称之为 $E_1', \cdots, E_m'$ (显然 $m \leqslant 2^n$, 但其实甚至有 $m \leqslant n-1$, 因为这些必须在 $E_1', \cdots, E_n'$ 中出现, 且 $\neq O$). 现在很清楚: $E_\mu' \neq O$, 对 $\mu \neq \nu$ 有 $E_\mu' E_\nu' = O$, 每个 E_μ 都是几个 E'_ν 之和 (由后面可知 $n=2^m$). 值得注意的是, $E_\mu + E_\nu = E_\varrho'$ 永远不可能发生, 除非 $E_\mu = O$, $E_\nu = E_\varrho'$ 或 $E_\nu = O$, $E_\mu = E_\varrho'$. 否则, E_μ, E_ν 是几个 E_π' 之和, 且因此 E_ϱ' 是 $\geqslant 2$ 项 E_π' 之和 (可能有重复). 由 2.4 节**定理 15**, **定理 16**, 这些全部彼此不同, 因为它们的数目 $\geqslant 2$ 且全部 $\neq O$, 它们也与 E_ϱ' 不同, 因此它们与 E_ϱ' 的乘积为 O. 从而它们的和与 E_ϱ' 的乘积也为 O, 但这与明确肯定它们的和 $= E_\varrho'$ 相矛盾.

于是, 对应于 $E_1', \cdots, E_m'$ 的性质 $\mathcal{E}_1', \cdots, \mathcal{E}_m'$, 有以下类型的宏观性质: 个个都是合理的, 两两都是相互排斥的. 每个宏观性质通过它们中多个的分离而得到. 没有哪一个性质可分解为分离的两个更清晰的宏观性质. 因此, $\mathcal{E}_1', \cdots, \mathcal{E}_m'$ 代表了我们可以得到的最深刻的宏观区别, 因为它们是宏观地不可分解的.

以下我们将不要求这些性质的个数是有限的, 只要求存在宏观不可分解性质 $\mathcal{E}_1', \mathcal{E}_2', \cdots$. 设它们的投影算子为 $E_1', E_2', \cdots$, 全部都不为 O, 两两正交, 且每个宏观 E 是它们中的多个之和.

因此, I 也是其中几个性质之和, 故若 E_ν' 未出现在这个和中, 它会正交于每一项, 从而也正交于和, 也就是 I, 于是 $E_\nu' = E_\nu' \cdot I = O$, 而这是不可能的. 因此, $E_1' + E_2' + \cdots = I$. 以下我们去掉撇号, 简单地写成 $\mathcal{E}_1, \mathcal{E}_2, \cdots$ 与 $E_1, E_2, \cdots$. 属于这些的闭线性流形称为 $\mathcal{M}_1, \mathcal{M}_2, \cdots$, 它们的维数是 $s_1, s_2, \cdots$.

若所有 $s_n = 1$, 即所有 $\mathcal{M}_n$ 是一维的, $\mathcal{M}_n = [\varphi_n]$ 与 $E_n = P_{[\varphi_n]}$, 且因为 $E_1 + E_2 + \cdots = I$, $\varphi_1, \varphi_2, \cdots$ 将构成一个完全标准正交系. 这说明宏观测量本身就可

以完全确定被观测系统的可能状态. 由于通常并非如此, 我们一般有 $s_n>1$, 且事实上, $s_n\gg 1$.

此外, 应当注意到, E_n 是对世界的宏观描述的基本构造块, 在一定意义上对应于经典力学中相空间的细胞分割. 我们已经看到, 它们可以用一种近似方式重现非可易算子的行为, 尤其是, 对相空间如此重要的 Q, P 的行为.

现在我们要问, 对一个不可分解的投影算子 $E_1, E_2, \cdots$ 的宏观观测者, 混合总体 U 的熵是多少呢? 或更精确地说, 通过把 U 变换为 V, 一个观测者最多能得到多少熵? 即 (在适当的条件与最有利的情况下) 一位观测者在外部对象中, 作为对变换 $U\to V$ 的补偿产生的熵是如何增加 (或减少) 的呢?

首先必须强调, 若两个总体 U, U' 对所有 $E_1, E_2, \cdots$ 给出相同的期望值, 即有 $\mathrm{Tr}\,(UE_n)=\mathrm{Tr}\,(U'E_n)\,(n=1,2,\cdots)$, 则观测者完全不能区分两个总体 U, U'. 当然, 经过一定时间之后, 区分成为可能, 因为 U, U' 根据**过程 2** 而变化, 且

$$\mathrm{Tr}\left(AUA^{-1}E_n\right)=\mathrm{Tr}\left(AU'A^{-1}E_n\right), \quad A=e^{-\frac{2\pi i}{h}tH}$$

必定不再成立[204]. 但我们只考虑立即进行的测量. 在上述条件下, 可以把 U, U' 看作是无法区分的. 观测者——只应用那种半渗透墙来传输某个 E_n 的 φ, 并把其他无变化地反射——可以借助 5.2 节的方法把 $U=\sum_{n=1}^{\infty}x_nE_n$ 可逆地变换为 $V'=\sum_{n=1}^{\infty}y_nE_n$, 而熵的差值为

$$\kappa\mathrm{Tr}\,(U'\ln U')-\kappa\mathrm{Tr}\,(V'\ln V'),$$

因为 U' 的熵是 $-\kappa\mathrm{Tr}\,(U'\ln U')$. 当然必须注意到, 为使有 $\mathrm{Tr}U'=1$ 的 U' 一般地存在, $\mathrm{Tr}E_n$, 即 s_n 的数目必须是有限的, 我们假定情况确实如此. U' 有 s_1 重本征值 x_1, s_2 重本征值 $x_2, \cdots$. 因此, $-U'\ln U'$ 有 s_1 重本征值 $-x_1\ln x_1$, 有 s_2 重本征值 $-x_2\ln x_2, \cdots$. 所以, $\mathrm{Tr}(U')=1$ 意味着 $\sum_{n=1}^{\infty}s_nx_n=1$, 且 U' 的熵等于 $-\kappa\sum_{n=1}^{\infty}s_nx_n\ln x_n$. 因为 $U'E_m=\sum_{n=1}^{\infty}x_nE_nE_m=x_mE_m$, 我们有 $\mathrm{Tr}\,(U'E_m)=x_m\mathrm{Tr}E_m=s_mx_m$, 从而,

$$x_m=\frac{\mathrm{Tr}\,(U'E_m)}{s_m},$$

并且, U' 的熵等于

---

204 若 E_n 与 H 且因此与 A 互易, 等式仍成立, 因为

$$\mathrm{Tr}\left(A\cdot UA^{-1}E_n\right)=\mathrm{Tr}\left(UA^{-1}E_n\cdot A\right)=\mathrm{Tr}\left(UA^{-1}AE_n\right)=\mathrm{Tr}\left(UE_n\right).$$

但所有 E_n, 即所有宏观可观测的量, 无论如何也不会全部与 H 互易. 事实上, 许多这样的量, 例如, 扩散中气体的重心, 随着时间 t 改变很多, 即 $\mathrm{Tr}\,(UE_n)$ 不是常数. 因为所有宏观量都可易, H 从来不会是一个宏观量, 即能量不能以完善的精度宏观地测量. 这是合理的而无须进一步的说明.

$$-\kappa\sum_{n=1}^{\infty}\operatorname{Tr}(U'E_n)\ln\frac{\operatorname{Tr}(U'E_n)}{s_n}.$$

对任意 $U(\operatorname{Tr}U=1)$, 类似地, 其熵为

$$-\kappa\sum_{n=1}^{\infty}\operatorname{Tr}(U'E_n)\ln\frac{\operatorname{Tr}(U'E_n)}{s_n}.$$

因为, 若我们写出

$$x_n=\frac{\operatorname{Tr}(UE_n)}{s_n},\quad U'=\sum_{n=1}^{\infty}x_nE_n$$

则 $\operatorname{Tr}(UE_n)=\operatorname{Tr}(U'E_n)$, 且因为 U,U' 不可区分, 它们必须有相同的熵.

我们还必须提到以下事实: 这个熵绝不会小于通常的熵:

$$-\kappa\sum_{n=1}^{\infty}\operatorname{Tr}(UE_n)\ln\frac{\operatorname{Tr}(UE_n)}{s_n}\geqslant-\kappa\operatorname{Tr}(U\ln U),$$

且等号仅当 $U=\sum_{n=1}^{\infty}x_nE_n$ 时成立. 由 5.3 节可知, 上述公式一定成立, 如果 $U'=\sum_{n=1}^{\infty}\dfrac{\operatorname{Tr}(UE_n)}{s_n}E_n$ 可由 U 通过几次应用过程 **1**(不必是宏观的) 得到, 因为对左边我们有 $-\kappa\operatorname{Tr}(U'\ln U')$, 且 $U=\sum_{n=1}^{\infty}x_nE_n$, 它们意味着 $U=U'$. 以下考虑一个标准正交系 $\varphi_1^{(n)},\cdots,\varphi_{s_n}^{(n)}$, 它张成属于 E_n 的闭线性流形 $\mathcal{M}_n$. 由于 $\sum_{n=1}^{\infty}E_n=1$, 所有 $\varphi_\nu^{(n)}\quad(n=1,2,\cdots;\nu=1,2,\cdots,s_n)$ 形成一个完全标准正交系. 设 R 是有这些本征函数 (且只有互不相同本征值) 的算子, $\mathcal{R}$ 是其对应的物理量. 在 $\mathcal{R}$ 的测量中, 我们从 U 得到 (由**过程 1**)

$$U''=\sum_{n=1}^{\infty}\sum_{\nu=1}^{s_n}\left(U\varphi_\nu^{(n)},\varphi_\nu^{(n)}\right)\cdot P_{[\varphi_\nu^{(n)}]}.$$

于是, 若我们取

$$\psi_\mu^{(n)}=\frac{1}{\sqrt{s_n}}\sum_{\nu=1}^{s_n}e^{\frac{2\pi i}{s_n}\mu\nu}\varphi_\nu^{(n)},\quad \mu=1,\cdots,s_n,$$

则 $\psi_1^{(n)},\cdots,\psi_{s_n}^{(n)}$ 形成一个标准正交系, 它张成的闭线性流形 $\mathcal{M}_n$ 与 $\varphi_1^{(n)},\cdots,\varphi_{s_n}^{(n)}$ 张成的相同. 因此, $\psi_\nu^{(n)}(n=1,2,\cdots;\nu=1,2,\cdots,s_n)$ 也形成一个完全标准正交系, 且我们可以用这些本征函数及离散的本征值构造一个算子 S, 其对应的物理量为

$\mathcal{S}$. 注意以下公式成立:

$$\left(P_{\left[\varphi_\nu^{(n)}\right]}\psi_\mu^{(m)},\psi_\mu^{(m)}\right)=\begin{cases}0, & 对 m\neq n,\\ \dfrac{1}{s_n}, & 对 m=n,\end{cases}$$

$$\sum_{\nu=1}^{s_n}P_{\left[\varphi_\nu^{(n)}\right]}=\sum_{\nu=1}^{s_n}P_{\left[\psi_\nu^{(n)}\right]}=E_n.$$

因此, 在 $\mathcal{S}$ 的测量中, U'' 化为 (由**过程 1**)

$$\begin{aligned}&\sum_{m=1}^{\infty}\sum_{\mu=1}^{s_m}\left(U''\psi_\mu^{(m)},\psi_\mu^{(m)}\right)P_{\left[\psi_\mu^{(m)}\right]}\\ =&\sum_{m=1}^{\infty}\sum_{\mu=1}^{s_m}\left[\sum_{n=1}^{\infty}\sum_{\nu=1}^{s_n}\left(U\phi_\nu^{(n)},\phi_\nu^{(n)}\right)\left(P_{\left[\psi_\nu^{(n)}\right]}\psi_\mu^{(m)},\psi_\mu^{(m)}\right)\right]P_{\left[\psi_\mu^{(m)}\right]}\\ =&\sum_{m=1}^{\infty}\sum_{\mu=1}^{s_m}\left[\sum_{\nu=1}^{s_m}\frac{\left(U\phi_\nu^{(m)},\phi_\nu^{(m)}\right)}{s_m}\right]P_{\left[\psi_\mu^{(m)}\right]}\\ =&\sum_{m=1}^{\infty}\sum_{\mu=1}^{s_m}\frac{\mathrm{Tr}\,(UE_m)}{s_m}P_{\left[\psi_\mu^{(m)}\right]}\\ =&\sum_{m=1}^{\infty}\frac{\mathrm{Tr}\,(UE_m)}{s_m}E_m=U'.\end{aligned}$$

所以, 两次作用**过程 1** 就足以把 U 变换为 U', 而这正是我们证明所需要的全部.

对状态 ($U=P_{[\phi]}, \mathrm{Tr}\,(UE_m)=(E_n\phi,\phi)=\|E_n\phi\|^2$), 这个熵

$$-\kappa\sum_{n=1}^{\infty}\|E_n\varphi\|^2\ln\frac{\|E_n\varphi\|^2}{s_n}$$

不再有“宏观”熵的不便. 一般说来, 它关于时间并非常数 (在**过程 2** 的作用下), 且关于所有状态 $U=P_{[\varphi]}$ 不为 0. 用它构造我们的熵的 $\mathrm{Tr}\,(UE_n)$, 对时间一般并非常数, 这一点在注 204 中讨论过. 容易确定, 何时状态 $U=P_{[\varphi]}$ 的熵为 0: 因为 $0\leqslant\dfrac{\|E_n\varphi\|^2}{s_n}\leqslant 1$, 熵的表达式中所有被求和项 $\|E_n\varphi\|^2\ln\dfrac{\|E_n\varphi\|^2}{s_n}\leqslant 0$. 因此所有这些都必须 $=0$, 这就要求 $\dfrac{\|E_n\varphi\|^2}{s_n}=0$ 或 1. 前者表示 $E_n\varphi=0$, 后者表示 $\|E_n\varphi\|=\sqrt{s_n}$, 但因为

$$\|E_n\varphi\|\leqslant 1,\ \ s_n\geqslant 1,$$

这意味着 $s_n=1$ 及 $\|E_n\varphi\|=\|\varphi\|$, 即 $E_n\varphi=\varphi$. 也就是 $s_n=1$, φ 在 $\mathcal{M}_n$ 中. 后者肯定不能对两个不同的 n 成立, 其实它完全不能成立, 因为 $E_n\varphi=0$ 将恒为真, 从

而因为 $\sum_{n=1}^{\infty} E_n = 1$ 而有 $\varphi = 0$. 所以, 恰有一个 n 使得 φ 在 $\mathcal{M}_n$ 中, 故 $s_n = 1$. 但因为我们已经确定了一般说来所有 $s_n \gg 1$, 这是不可能的. 也就是, 我们的熵总是 > 0.

由于宏观熵总是随时间而变化的, 下一个需要回答的问题是: 它的行为是否与现实世界中唯象热力学的熵相似, 即它是否显著地增加? 在经典力学理论中, 所谓的玻尔兹曼 H 定理十分肯定地回答了这个问题, 但其中必须作一定的统计假设, 即所谓的"无序假设"[205]. 在量子力学中, 作者有可能无须用这样的假设来证明对应的定理[206]. 本议题以及与之密切关联的各态历经定理 (见注 206 中的文献, 其中证明了这个定理) 的细致讨论, 超越了本书的范围, 我们在此不能报告这些研究. 对此感兴趣的读者可见文献中的处理.

205 对经典的 H 定理, 见 Boltsmann, *Vorlesungen über Gastheorie, Leipzig*, 1896, 以及注 185 中征引的 P. and T. Ehrenfest 文章中的非常有教益的讨论. 在量子力学中可取代玻尔兹曼的"无序假设"由 W.Pauli (*Sommerfeld-Festschrift*, 1928) 表述, 那里并借助之证明了 H 定理. 近来, 作者也成功地证明了经典力学的各态历经定理, 见 Jan. and March, Proc. Nat. Ac., 1932; G. D. Birkhoff, Proc. Nat. Ac. Dec., 1931; March, 1932 的改进处理.

206 Z. Physik, **57** (1929).

第6章 测量过程

6.1 问题的表达

在迄今为止的讨论中, 我们处理了量子力学与因果律及统计学的种种描述性方法之间的关系. 在这一过程中, 我们发现了量子力学中难以令人满意地解释的奇特的二象性的本质. 即我们发现, 一方面, 在时间区间 $0 \leqslant \tau \leqslant t$ 中, 在一个能量算子 H

$$\frac{\partial}{\partial t}\phi_\tau = -\frac{2\pi i}{h}H\phi_\tau \quad (0 \leqslant \tau \leqslant t)$$

的作用下, 状态 ϕ 变换为状态 ϕ', 故若写成 $\phi_0 = \phi, \phi_t = \phi'$, 则

$$\phi' = e^{-\frac{2\pi i}{h}tH}\phi,$$

这是纯因果性的. 混合总体 U 对应的变换为

$$U' = e^{-\frac{2\pi i}{h}tH}Ue^{\frac{2\pi i}{h}tH}.$$

因此, 作为 ϕ 因果性地变换为 ϕ' 的后果, 状态 $U = P_{[\phi]}$ 转化为状态 $U' = P_{[\phi']}$ (5.1 节**过程 2**). 另一方面, 状态 ϕ——可看作具有纯离散谱, 各不相同的本征值与本征函数 $\phi_1, \phi_2, \cdots$ 的一个量——在测量中经历了改变, 状态 $\phi_1, \phi_2, \cdots$ 中任意一个成为其变化的结果, 并且在事实上的确导致分别有概率 $|(\phi, \phi_1)|^2, |(\phi, \phi_2)|^2, \cdots$ 的结果. 即得到了混合总体 $U' = \sum_{n=1}^{\infty} |(\phi, \phi_n)|^2 P_{[\phi_n]}$. 更一般地, 混合总体 U 转化为 $U' = \sum_{n=1}^{\infty} |(U\phi_n, \phi_n)|^2 P_{[\phi_n]}$ (5.1 节中的**过程 1**). 因为多种状态转化到混合总体中, 该过程不是因果性的.

这两种 $U \rightarrow U'$ 过程之间的区别是非常基本的: 除了就因果律而言的不同行为, 前者是 (在热力学意义上) 可逆的, 而后者不是 (见 5.3 节).

让我们把这些情形与真实存在于自然界或存在于对其观测中的情形相比较. 首先, 以下观点是完全正确的: 测量或相关的主观感知过程, 相对于物理环境而言是一个新的实体, 后者是不可还原的. 事实上, 主观感知把我们导向个体的内部心智生活, 按其自然本性是在观测之外的, 因为它必须被任何可想到的观测或实验看作是有保证的 (见前面的讨论). 尽管如此, 科学观点的一个基本要求是所谓的心理–生理平行性原则, 即必须可以对主观感知的外部物理过程进行描述, 如像它在现实

物理世界中发生的那样——即对它的各部分指定与普通空间中客观环境下的等价物理过程 (当然, 在这个使之相互关联的过程中, 常常出现把这些过程的一些定位于某些点的需要, 这些点在我们的身体所占据的空间中. 但这并不改变以下事实: 它们属于 "在我们周围的世界", 即上面提到的客观环境). 在简单的例子中, 这些概念可以应用于对温度的测量. 我们可以选择数字方式, 观测温度计水银柱, 然后说: "这个温度被温度计所测量". 但我们也可以对这个过程进一步深入, 由水银的性质 (可以用动力学与分子术语说明), 我们可以计算其加热、膨胀与导致的水银柱高度, 并且说: "这个高度被观测者看到". 更进一步可以考虑光源, 我们发现光量子在不透明水银柱上的反射, 反射的光量子进入观测者眼睛的路径, 它们在眼睛晶体中的折射, 与在视网膜上映像的形成, 然后我们说: "这个映像被观测者的视网膜所记录". 如果我们的生理知识比如今的更加精确, 我们还可以进一步深入, 追踪在视网膜、神经束或大脑中产生映像的化学反应, 然后说: "大脑细胞中的这些化学反应被观测者所感知". 但在任何情况下, 无论我们如何深入——从温度计刻度到水银到视网膜到大脑——在某一点我们必须说: "这被观测者所感知". 这就是, 我们总是不得不把世界分成两部分, 一部分是被观测的系统, 另一部分是观测者. 对前者, 我们可以任意精确地跟踪所有物理过程 (至少在原则上). 而对后者, 这是没有意义的. 二者之间的边界在很大程度上是任意的. 尤其是考虑到我们在上述例子中看到了四种不同的可能性, 观测者——在这种意义上——不需要与真实观测者的身体认同: 在上述例子的一种情形, 我们甚至把温度计包括在其中, 而对另一种情形, 甚至眼睛与光神经束都不包括在内. 这条边界可以被任意深入地推进到真实观测者个体的内部, 属于心理–生理平行性的范畴. 但这并未改变以下事实: 为使每种描述有意义, 即有可能与实验做比较, 必须在某处设置一条边界. 其实经验只是给出了以下类型的陈述: "一位观测者做了某个 (主观的) 观测"; 而绝不是像: "一个物理量有某个值".

量子力学借助**过程 2** (见 5.1 节) 描述了在世界上被观测部分中发生的事件, 只要它并未与观测部分相互作用, 但一旦这种相互作用出现, 即进行了测量, 该理论便要求应用**过程 1**. 因此, 这种二元性对理论是根本性的[207]. 但危险存在于以下事实中, 如果不能证明被观测系统与观测者之间的边界可以在上述意义上任意设置, 心理–生理平行性原则就会受到破坏.

为了讨论这一点, 让我们把世界分成三个部分: I, II, III. 设 I 是真实地被观测的系统, II 是测量仪器, 而III是真实的观测者[208]. 可以说明, 边界可以划在 I 与

207 N. Bohr and Naturwiss, **17** (1929) 第一个指出, 因量子形式主义与自然界的量子力学描述而成为必要的二元性, 因事情的物理特性而有充分的理由可以与心理–生理平行性相联系.

208 以下以及 6.3 节中进行的讨论, 包含了应归功于作者与 L. 齐拉特对话的实质性元素. 也见注 181 中征引文献中海森伯的类似考虑.

Ⅱ+ Ⅲ之间, 也可以划在 Ⅰ+Ⅱ与Ⅲ之间. 在我们的上述例子中, 比较第一种与第二种情形, Ⅰ是被观测系统, Ⅱ是温度计, Ⅲ是光线加上观测者; 比较第二种与第三种情形, Ⅰ是被观测系统加上温度计, Ⅱ是光线加上观测者的眼睛, Ⅲ是观测者, 从视网膜开始; 比较第三种与第四种情形, Ⅰ是直到观测者的视网膜的一切, Ⅱ是他的视网膜、神经束与大脑, Ⅲ是他的抽象"自我". 也就是, 在一种情形, **过程 2** 应用于Ⅰ, 而**过程 1** 应用于Ⅰ与Ⅱ+ Ⅲ之间的相互作用; 而在另一种情形, **过程 2** 应用于Ⅰ+Ⅱ, 而**过程 1** 应用于Ⅰ+Ⅱ与Ⅲ之间的相互作用. 在每一种情形, Ⅲ本身都在考虑之外. 我们的任务是证明以下结论: 两种步骤对Ⅰ给出了相同的结果 (在两种情形, 都是这个且仅有这个属于世界的被观测部分).

为了能够成功地完成这项任务, 我们首先必须更细致地研究形成两个物理系统的并的过程 (由Ⅰ与Ⅱ形成Ⅰ+Ⅱ).

6.2 复合系统

如同我们在 6.1 节末所述, 我们考虑两个物理系统Ⅰ, Ⅱ (它们不一定有上述Ⅰ, Ⅱ的意义) 及它们的组合Ⅰ+Ⅱ. 在经典力学中, Ⅰ有 k 个自由度, 且因此有坐标 $q_1, \cdots, q_k$, 我们将应用符号 q 简记之; 对应地, 设Ⅱ有 l 个自由度, 坐标 $r_1, \cdots, r_l$ 被简记为 r. 因此, Ⅰ+Ⅱ有 $k+l$ 个自由度, 坐标是 $q_1, \cdots, q_k, r_1, \cdots, r_l$, 或简记为 q, r. 于是, 在量子力学中, Ⅰ的波函数有形式 $\phi(q)$, Ⅱ的波函数有形式 $\xi(r)$, 以及Ⅰ+Ⅱ的波函数有形式 $\Phi(q,r)$. 在对应的希尔伯特空间 $\mathcal{R}^{\mathrm{I}}$, $\mathcal{R}^{\mathrm{II}}$, $\mathcal{R}^{\mathrm{I+II}}$ 中, 内积分别被定义为 $\int \phi(q)\overline{\psi(q)}dq$, $\int \xi(r)\overline{\eta(r)}dr$ 与 $\iint \Phi(q,r)\overline{\Psi(q,r)}dqdr$. Ⅰ, Ⅱ, Ⅰ+Ⅱ的物理量对应于分别在 $\mathcal{R}^{\mathrm{I}}$, $\mathcal{R}^{\mathrm{II}}$ 与 $\mathcal{R}^{\mathrm{I+II}}$ 中的 (超极大) 埃尔米特算子 $\dot{A}$, $\ddot{A}$, 与 A.

Ⅰ中的每个物理量自然也在Ⅰ+Ⅱ中, 且事实上, Ⅰ+Ⅱ的 A 可由其 $\dot{A}$ 用以下方式得到: 为了得到 $A\Phi(q,r)$, 把 r 看作是一个常数并把 $\dot{A}$ 作用于 q 的函数 $\Phi(q,r)$[209]. 这一变换规则对坐标与动量算子, $Q_1, \cdots, Q_k$ 与 $P_1, \cdots, P_k$ 即 $q_1, \cdots, q_k$ 与 $\frac{h}{2\pi i}\frac{\partial}{\partial q_1}, \cdots, \frac{h}{2\pi i}\frac{\partial}{\partial q_k}$, 在任何情况下都成立 (见 1.2 节), 且它符合 4.2 节中的对应原理Ⅰ, Ⅱ[210]. 因此, 我们所用的规则一般地成立 (这是量子力学中的惯用程序).

同样, Ⅱ中的每个物理量也在Ⅰ+Ⅱ中, 且其 $\ddot{A}$ 按照同样规则给出 A: $A\Phi(q,r)$ 等于 $\ddot{A}\Phi(q,r)$, 但在后一个表达式中, q 被看作常数, $\Phi(q,r)$ 被看作 r 的函数.

若 $\varphi_m(q)$ $(m=1,2,\cdots)$ 是 $\mathcal{R}^{\mathrm{I}}$ 中的一个完全标准正交系, $\xi_n(r)$ $(n=1,2,\cdots)$

209 容易说明, 若 $\dot{A}$ 是埃尔米特算子或超极大算子, 则 A 也是.

210 这对Ⅰ是清楚的, 对Ⅱ也是, 若涉及的只是多项式. 对一般函数可由以下事实推断: 单位分解与埃尔米特算子的对应性, 在我们的转变 $\dot{A}\to A$ 中都未受影响.

是 $\mathcal{R}^{\mathrm{II}}$ 中的一个完全标准正交系, 则 $\Phi_{mn}(q,r)=\varphi_m(q)\xi_n(r)\ (m,n=1,2,\cdots)$ 显然是 $\mathcal{R}^{\mathrm{I}+\mathrm{II}}$ 中的一个完全标准正交系. 算子 $\dot{A}$, $\ddot{A}$, A 因此可以分别用矩阵 $\{\dot{a}_{m|m'}\}$, $\{\ddot{a}_{n|n'}\}$, 与 $\{a_{mn|m'n'}\}$ 表示 $(m,m',n,n'=1,2,\cdots)$[211]. 我们将经常用到这些结果. 上述矩阵表达方式表明

$$\dot{A}\varphi_m(q)=\sum_{m'=1}^{\infty}\dot{a}_{m|m'}\varphi_{m'}(q),\quad \ddot{A}\xi_n(r)=\sum_{n'=1}^{\infty}\ddot{a}_{n|n'}\xi_{n'}(r),$$

以及

$$A\Phi_{mn}(q,r)=\sum_{m',n'=1}^{\infty}a_{mn|m'n'}\Phi_{m'n'}(q,r),$$

即

$$A\varphi_m(q)\xi_n(r)=\sum_{m',n'=1}^{\infty}a_{mn|m'n'}\varphi_{m'}(q)\xi_{n'}(r).$$

尤其, 对应关系 $\dot{A}\rightarrow A$ 表示

$$A\varphi_m(q)\xi_n(r)=\left(\dot{A}\varphi_m(q)\right)\xi_n(r)=\sum_{m'=1}^{\infty}\dot{a}_{m|m'}\varphi_{m'}(q)\xi_{n'}(r),$$

即

$$a_{mn|m'n'}=\dot{a}_{m|m'}\delta_{n|n'},\quad 其中, \delta_{n|n'}\begin{cases}=1, & 对 n=n',\\ =0, & 对 n\neq n'.\end{cases}$$

类似地, 对应关系 $\ddot{A}\rightarrow A$ 意味着 $a_{mn|m'n'}=\delta_{m|m'}\ddot{a}_{n|n'}$.

Ⅰ+Ⅱ中的统计总体由其统计算子 U 或 (等价地) 由其矩阵 $\{u_{mn|m'n'}\}$ 表征. 这也确定了Ⅰ+Ⅱ中所有量的统计性质, 因此, 也确定了Ⅰ (与Ⅱ) 中所有量的统计性质. 所以, 在Ⅰ (或Ⅱ) 中只有一个统计总体对应于它. 事实上, 一个只能感知Ⅰ而不能感知Ⅱ的观测者, 会把Ⅰ+Ⅱ系统的总体看作是Ⅰ系统的一个总体. 属于这个Ⅰ总体的统计算子 $\dot{U}$ 或其矩阵 $\{\dot{u}_{m|m'}\}$ 是什么样的呢? 我们确定它如下: 具有矩阵 $\{\dot{a}_{m|m'}\}$ 的Ⅰ量, 若看作Ⅰ+Ⅱ量便具有矩阵 $\{a_{mn|m'n'}\}$, 故由Ⅰ中的计算, 它有期望值 $\sum_{m,m'=1}^{\infty}\dot{u}_{m|m'}\dot{a}_{m'|m}$, 而Ⅰ+Ⅱ中的计算给出

$$\begin{aligned}\sum_{m,m',n,n'=1}^{\infty}u_{mn|m'n'}\dot{a}_{m|m'}\delta_{n|n'}&=\sum_{m,m',n=1}^{\infty}u_{mn|m'n}\dot{a}_{m'|m}\\&=\sum_{m,m'}^{\infty}\left(\sum_{n=1}^{\infty}u_{mn|m'n}\right)\dot{a}_{m'|m}\end{aligned}$$

211 因为指数很多且很不相同, 我们用这种方法来记矩阵, 它与此前所用的记法略有不同.

为使两个表达式相等, 必须有

$$\dot{u}_{m|m'} = \sum_{n=1}^{\infty} u_{mn|m'n}.$$

用同样的方法, 若只考虑Ⅱ而忽略Ⅰ, 我们的Ⅰ+Ⅱ总体确定了统计算子 $\ddot{U}$ 与矩阵 $\{\ddot{u}_{n|n'}\}$. 类似地, 我们得到

$$\ddot{u}_{n|n'} = \sum_{m=1}^{\infty} u_{mn|mn'}.$$

于是我们建立了Ⅰ, Ⅱ的统计算子与Ⅰ+Ⅱ的统计算子, 即 $\dot{U}$, $\ddot{U}$ 与 U 之间的对应规则. 这些规则与物理量的算子 $\dot{A}$, $\ddot{A}$, A 中的对应或规则相比有实质性的不同.

应当指出, 我们的 $\dot{U}$, $\ddot{U}$, U 对应性看起来只取决于完全标准正交系 $\varphi_m(q)$ 与 $\xi_n(q)$ 的选择. 事实上, 它是由一个不变条件 (其内含是独特的) 导出的: 即Ⅰ中无论由 $\dot{U}$ 得到的期望值还是由 U 得到的期望值都相同; 类似地, Ⅱ中无论由 $\ddot{U}$ 得到的期望值还是由 U 得到的期望值都相同.

U 表示Ⅰ+Ⅱ中的统计, $\dot{U}$ 与 $\ddot{U}$ 分别表示局限于Ⅰ或Ⅱ的那些统计. 于是, 出现了这样一个问题: $\dot{U}$, $\ddot{U}$ 是否唯一地确定了 U 呢? 一般说来, 人们会期待一个否定的答案, 因为所有存在于两个系统之间的 "概率依赖性", 当信息减少到只剩下 $\dot{U}$ 与 $\ddot{U}$ 的知识时便消失了, 其原因是那时系统Ⅰ与Ⅱ分离了. 但若人们精确地知道Ⅰ的状态, 也知道Ⅱ的状态, "概率问题" 不会出现, 而Ⅰ+Ⅱ的状态那时也精确地已知. 当然, 精确的数学讨论, 比上述定性考虑更值得期待, 以下将进行之.

于是, 问题是: 对两个定号的矩阵 $\{\dot{u}_{m|m'}\}$ 与 $\{\ddot{u}_{n|n'}\}$, 找到第三个定号矩阵 $\{u_{mn|m'n'}\}$, 使得

$$\sum_{n=1}^{\infty} u_{mn|m'n} = \dot{u}_{m|m'}, \quad \sum_{m=1}^{\infty} u_{mn|mn'} = \ddot{u}_{n|n'}.$$

(顺便注意到, 由

$$\sum_{m=1}^{\infty} \dot{u}_{m|m} = 1 \quad \text{和} \quad \sum_{n=1}^{\infty} \ddot{u}_{n|n} = 1$$

直接可得

$$\sum_{m,n=1}^{\infty} u_{mn|mn} = 1,$$

即保持了正确的标准化). 这个问题总是可解的, 例如, $u_{mn|m'n'} = \dot{u}_{m|m'} \cdot \ddot{u}_{n|n'}$ 总是一个解 (容易看出, 这个矩阵是定号的), 但问题出现了, 这是不是仅有的解?

我们将证明, 当且仅当两个矩阵 $\{\dot{u}_{m|m'}\}$, $\{\ddot{u}_{n|n'}\}$ 中至少有一个是一种纯状态, 这确实是仅有的解. 首先, 我们证明这个条件的必要性, 即倘若两个矩阵都对应于混合总体时, 多重解的存在性. 在这种情况下 (见 4.2 节)

$$\dot{u}_{m|m'} = \alpha\dot{v}_{m|m'} + \beta\dot{w}_{m|m'}, \quad \ddot{u}_{n|n'} = \gamma\ddot{v}_{n|n'} + \delta\ddot{w}_{n|n'},$$

其中, $\dot{v}_{m|m'}, \dot{w}_{m|m'}, \ddot{v}_{n|n'}, \ddot{w}_{n|n'}$ 皆为定号的且其间差值大于一个常数因子, 并且

$$\sum_{m=1}^{\infty} \dot{v}_{m|m} = \sum_{m=1}^{\infty} \dot{w}_{m|m} = \sum_{n=1}^{\infty} \ddot{v}_{n|n} = \sum_{n=1}^{\infty} \ddot{w}_{n|n} = 1,$$

$\alpha, \beta, \gamma, \delta > 0, \alpha + \beta = 1$ 及 $\gamma + \delta = 1$. 容易验证, 每个以下形式的矩阵是一个解:

$$u_{mn|m'n'} = \pi\dot{v}_{m|m'}\ddot{v}_{n|n'} + \varrho\dot{w}_{m|m'}\ddot{v}_{n|n'} + \sigma\dot{v}_{m|m'}\ddot{w}_{n|n'} + \tau\dot{w}_{m|m'}\ddot{w}_{n|n'},$$

其中,

$$\pi + \sigma = a, \quad \varrho + \tau = \beta, \quad \pi + \varrho = \gamma, \quad \sigma + \tau = \delta, \quad \pi, \varrho, \sigma, \tau > 0,$$

$\pi, \varrho, \sigma, \tau$ 可以用无穷多种方式选择. 鉴于 $a + \beta = \gamma + \delta (= \pi + \varrho + \sigma + \tau)$, 四个方程中只有三个是独立的. 因此我们可取

$$\varrho = \gamma - \pi, \quad \sigma = a - \pi, \quad \tau = \delta - a + \pi,$$

且为使所有这些都 > 0, 我们必须要求, $a - \delta = \gamma - \beta < \pi < a, \gamma$, 这是对无穷多个 π 的情形. 现在, 不同的 $\pi, \varrho, \sigma, \tau$ 导致了不同的 $u_{mn|m'n'}$, 因为 $\dot{v}_{m|m'} \cdot \ddot{v}_{n|n'}, \dot{w}_{m|m'} \cdot \ddot{v}_{n|n'}, \dot{v}_{m|m'} \cdot \ddot{w}_{n|n'}, \dot{w}_{m|m'} \cdot \ddot{w}_{n|n'}$ 是线性无关的, 原因是 $\dot{v}_{m|m'}, \dot{w}_{m|m'}, \ddot{v}_{n|n'}, \ddot{w}_{n|n'}$ 是线性无关的.

以下证明充分性. 这里我们可以假定 $\dot{u}_{m|m'}$ 对应于一种状态 (其他案例可以同样处理). 于是 $\dot{U} = P_{[\varphi]}$, 且因为完全标准正交系 $\varphi_1, \varphi_2, \cdots$ 是任意的, 我们可以假设 $\varphi = \varphi_1$. $\dot{U} = P_{[\varphi_1]}$ 有矩阵

$$\dot{u}_{m|m'} = \begin{cases} 1, & 对 m = m' = 1, \\ 0, & 其他. \end{cases}$$

因此

$$\sum_{n=1}^{\infty} u_{mn|m'n} = \begin{cases} 1, & 对 m = m' = 1, \\ 0, & 其他. \end{cases}$$

特别是对于 $m \neq 1$, $\sum_{n=1}^{\infty} u_{mn|mn} = 0$. 但鉴于 $u_{mn|m'n'}$ 的定号性, 所有 $u_{mn|mn} = (U\varPhi_{mn}, \varPhi_{mn}) \geqslant 0$, 因此在这种情况下, $u_{mn|mn} = 0$. 即 $(U\varPhi_{mn}, \varPhi_{mn}) = 0$, 且由于

U 的定号性, 也有 $(U\Phi_{mn}, \Phi_{m'n'}) = 0$ (见 2.5 节**定理 19**), 这里 m', n' 是任意的. 也就是, 由 $m \neq 1$ 有 $u_{mn|m'n'} = 0$, 且因为埃尔米特性质, 这也可以从 $m' \neq 1$ 得到. 然而对 $m = m' = 1$, 我们有

$$u_{1n|1n'} = \sum_{n=1}^{\infty} u_{mn|mn'} = \ddot{u}_{n|n'}.$$

所以, 如我们所说, 解 $u_{mn|m'n}$ 是唯一确定的.

因此, 我们可以总结所得的结果如下: Ⅰ+Ⅱ中具有算子 $U = u_{mn|m'n'}$ 的统计总体, 可以通过它在Ⅰ与Ⅱ中的单个总体 (对应的算子为 $\dot{U} = \{\dot{u}_{m|m'}\}$ 与 $\ddot{U} = \{\ddot{u}_{n|n'}\}$) 唯一地确定, 当且仅当以下两个条件被满足.

(1) $u_{mn|m'n'} = \dot{v}_{m|m'} \cdot \ddot{v}_{n|n'}$. 由

$$\operatorname{Tr} U = \sum_{m,n=1}^{\infty} u_{mn|mn} = \sum_{m=1}^{\infty} \dot{v}_{m|m} \cdot \sum_{n=1}^{\infty} \ddot{v}_{n|n} = 1$$

可知, 如果将 $\dot{v}_{m|m'}$ 与 $\ddot{v}_{n|n'}$ 与适当的倒数因子相乘, 可得 $\sum_{m=1}^{\infty} \dot{v}_{m|m} = 1, \sum_{n=1}^{\infty} \ddot{v}_{n|n} = 1$. 于是我们得到 $\dot{u}_{m|m'} = \dot{v}_{m|m'}, \ddot{u}_{n|n'} = \ddot{v}_{n|n'}$.

(2) 或者以下二者之一,

$$\dot{v}_{m|m'} = \bar{x}_m x_{m'} \quad \text{或} \quad \ddot{v}_{n|n'} = \bar{x}_n x_{n'}.$$

当然, $\dot{U} = P_{[\varphi]}$ 意味着 $\varphi = \sum_{m=1}^{\infty} y_m \varphi_m$, 且因此 $\dot{u}_{m|m'} = \bar{y}_m y_{m'}$. 对 $\dot{v}_{m|m'}$ 有对应的公式. 类似地, 对于 $\ddot{U} = P_{[\xi]}$ 也有相同的结论.

我们将称 $\dot{U}$ 与 $\ddot{U}$ 分别为 U 在Ⅰ与Ⅱ中的投影[212].

现在, 我们转向Ⅰ+Ⅱ中的状态: $U = P_{[\varphi]}$. 对应的波函数 $\Phi(q, r)$ 可以用完全标准正交系 $\Phi_{mn}(q, r) = \varphi_m(q)\, \xi_n(r)\, (m, n = 1, 2, \cdots)$ 展开

$$\Phi(q, r) = \sum_{m,n=1}^{\infty} f_{mn} \varphi_m(q)\, \xi_n(r).$$

因此我们可以用系数 $f_{mn}(m, n = 1, 2, \cdots)$ 替代它们, 仅有的限制是 $\sum_{m,n=1}^{\infty} |f_{mn}|^2 = \|\Phi\|^2$ 有限.

现在, 我们定义两个算子 F, F^* 如下:

---

212 Ⅰ+Ⅱ中一种状态的投影算子一般是在Ⅰ或Ⅱ中的混合总体, 见前面. 这种情况是 J. Landau and Z. Physik, **45** (1927) 发现的.

F.

$$F\varphi(q) = \int \overline{\Phi(q,r)}\varphi(q)\,dq$$

$$F^*\xi(r) = \int \Phi(q,r)\xi(r)\,dr$$

这两个算子是线性的, 并有一个不寻常的性质: 它们分别定义在 $\mathcal{R}^{\mathrm{I}}$ 与 $\mathcal{R}^{\mathrm{II}}$ 中, 但分别在 $\mathcal{R}^{\mathrm{II}}$ 与 $\mathcal{R}^{\mathrm{I}}$ 中取值. 它们有伴随关系, 因为显然 $(F\varphi,\xi)=(\varphi,F^*\xi)$ (左边的内积在 $\mathcal{R}^{\mathrm{II}}$ 中实现, 而右边的内积在 $\mathcal{R}^{\mathrm{I}}$ 中实现. 因为 $\mathcal{R}^{\mathrm{I}}$ 与 $\mathcal{R}^{\mathrm{II}}$ 的差别在数学上是不重要的, 我们可以应用 2.11 节的结果: 由于我们处理的是积分算子, $\Sigma(F)$ 与 $\Sigma(F^*)$ 都等于

$$\iint |\Phi(q,r)|^2\,dqdr = \|\Phi\|^2 = I \quad (\|\Phi\| \text{ 在} \mathcal{R}^{\mathrm{I}+\mathrm{II}} \text{中}),$$

因此, 该积分是有限的. 从而 F, F^* 是连续的, 实际上它们是全连续算子, 并且 F^*F 以及 FF^* 都是定号算子, $\mathrm{Tr}(F^*F)=\Sigma(F)=1$, $\mathrm{Tr}(FF^*)=\Sigma(F^*)=1$.

若再次考虑 $\mathcal{R}^{\mathrm{I}}$ 与 $\mathcal{R}^{\mathrm{II}}$ 之间的差别, 则我们看到, F^*F 在 $\mathcal{R}^{\mathrm{I}}$ 中定义并在 $\mathcal{R}^{\mathrm{I}}$ 中取值, 而 FF^* 在 $\mathcal{R}^{\mathrm{II}}$ 中定义并在 $\mathcal{R}^{\mathrm{II}}$ 中取值.

由于 $F\varphi_m(q)=\sum_{n=1}^{\infty}\bar{f}_{mn}\xi_n(r)$, F 有矩阵 $\{\bar{f}_{mn}\}$, 可通过应用完全标准正交系 $\varphi_m(q)$ 与 $\bar{\xi}_n(r)$ 而找到该矩阵 (注意 $\bar{\xi}_n(r)$ 与 $\xi_n(r)$ 同样是完全标准正交系). 类似地, F^* 有矩阵 $\{f_{mn}\}$ (借助同样的完全正交系得到). 因此 (应用 $\mathcal{R}^{\mathrm{I}}$ 中的完全标准正交系 $\varphi_m(q)$),

$$F^*F \text{ 有矩阵 } \left\{\sum_{n=1}^{\infty}\bar{f}_{mn}f_{m'n}\right\},$$

又 (应用 $\mathcal{R}^{\mathrm{II}}$ 中的完全标准正交系 $\overline{\xi_n}(r)$)

$$FF^* \text{ 有矩阵 } \left\{\sum_{n=1}^{\infty}\bar{f}_{mn}f_{mn'}\right\}.$$

另一方面, (应用 $\mathcal{R}^{\mathrm{I}+\mathrm{II}}$ 中的完全标准正交系 $\Phi_{mn}(q,r)=\varphi_m(q)\xi_n(r)$), $U=P_{[\varphi]}$ 有矩阵 $\{\bar{f}_{mn}f_{m'n'}\}$, 于是, $\dot{U}$ 与 $\ddot{U}$ (U 在 $\mathcal{R}^{\mathrm{I}}$ 与 $\mathcal{R}^{\mathrm{II}}$ 中的投影) 分别有矩阵

$$\{\bar{f}_{mn}f_{m'n}\} \quad \text{与} \quad \{\bar{f}_{mn}f_{mn'}\}$$

(应用上面给出的完全标准正交系)[213]. 所以,

U. $$\dot{U}=F^*F, \quad \ddot{U}=FF^*.$$

注意到定义 **F** 与方程 **U** 并未用到 φ_m, ξ_n, 故与任何特殊的基的选择无关.

213 这里的数学讨论基于以下论文, E. Schmidt, Math. Ann., **83** (1907).

算子 $\dot{U},\ddot{U}$ 完全连续, 且由 2.1 节与 4.3 节, 它们可以写成以下形式:

$$\dot{U}=\sum_{k=1}^{\infty}w'_kP_{[\psi_k]},\quad \ddot{U}=\sum_{k=1}^{\infty}w''_kP_{[\eta_k]},$$

其中, ψ_k 构成 $\mathcal{R}^{\mathrm{I}}$ 中的完全标准正交系, η_k 构成 $\mathcal{R}^{\mathrm{II}}$ 中的完全标准正交系, 且所有 $w'_k,w''_k\geqslant 0$. 现在, 我们忽略前面两个公式中分别带 $w'_k=0$ 或 $w''_k=0$ 的项, 而留下的各项重新编号为 $k=1,2,\cdots$. 于是 ψ_k 与 η_k 又形成一个标准正交系, 但不一定是完全的; 和式 $\sum_{k=1}^{M'},\sum_{k=1}^{M''}$ 替代了两个 $\sum_{k=1}^{\infty}$, 其中 M',M'' 可以为 ∞, 可以有限. 并且, 所有 w'_k,w''_k 现在 >0.

现在考虑 ψ_k . 我们有 $\dot{U}\psi_k=w'_k\psi_k$, 并因此 $F^*F\psi_k=w'_k\psi_k$, 它给出, $FF^*F\psi_k=w'_kF\psi_k$, 故 $\ddot{U}F\psi_k=w'_kF\psi_k$. 进而

$$\begin{aligned}(F\psi_k,F\psi_l)&=(F^*F\psi_k,F\psi_l)=\left(\dot{U}\psi_k,\psi_l\right)\\&=w'_k(\psi_k,\psi_l)=\begin{cases}w'_k, & \text{对}k=l,\\ 0, & \text{对}k\neq l.\end{cases}\end{aligned}$$

因此, 特别有 $\|F\psi_k\|^2=w'_k$. 于是, $\dfrac{1}{\sqrt{w'_k}}F\psi_k$ 构成 $\mathcal{R}^{\mathrm{II}}$ 中的一个标准正交系, 且它们是 $\ddot{U}$ 的本征函数, 像 ψ_k 一样关于 $\dot{U}$ 有同样的本征值 (即 w'_k). $\dot{U}$ 的每个本征值也是 $\ddot{U}$ 的本征值, 且有相同的重数. $\dot{U}$ 与 $\ddot{U}$ 交换表明, 事实上, 相同的本征值有相同的重数. 因此, w''_k 与 w'_k 除了次序以外均相同. 从而 $M'=M''=M$, 且通过 w''_k 的重新编号我们可以得到 $w'_k=w''_k=w_k$. 做了这些以后, 显然, 我们一般可以选择 $\eta_k=\dfrac{1}{\sqrt{w_k}}F\psi_k$. 于是, $\dfrac{1}{\sqrt{w_k}}F^*\eta_k=\dfrac{1}{w_k}F^*F\psi_k=\dfrac{1}{w_k}\dot{U}\psi_k=\psi_k$. 因此 [212]

V. $$\eta_k=\frac{1}{\sqrt{w_k}}F\psi_k,\quad \psi_k=\frac{1}{\sqrt{w_k}}F^*\eta_k.$$

现在把标准正交系 $\psi_1,\psi_2,\cdots$ 扩张为一个完全标准正交系 $\psi_1,\psi_2,\cdots,\psi'_1,\psi'_2,\cdots$, 并类似地把 $\eta_1,\eta_2,\cdots$ 扩张为 $\eta_1,\eta_2,\cdots,\eta'_1,\eta'_2,\cdots$ (两个系 $\psi_1,\psi_2,\cdots$ 与 $\eta_1,\eta_2,\cdots$ 中的每一个都可以是空的、有限的与无穷的, 且每个系都可以独立地选择). 如以前提到, **F** 与 **U** 不参考任何特定的正交基. 因此, 我们可以随意利用 **V** 及以前的构建来确定完全标准正交系 $\varphi_1,\varphi_2,\cdots$ 与 $\xi_1,\xi_2,\cdots$ 的选择. 特别地, 我们使这些分别与 $\psi_1,\psi_2,\cdots,\psi'_1,\psi'_1,\cdots$ 及 $\eta_1,\eta_2,\cdots,\eta'_1,\eta'_2,\cdots$ 相同: 令 ψ_k 对应于 φ_{μ_k}, η_k 对应于 ξ_{ν_k} $(k=1,\cdots,M)$ $(\mu_1,\mu_2,\cdots$ 彼此不同, $\nu_1,\nu_2,\cdots$ 亦如此). 于是

$$F\varphi_{\mu_k}=\sqrt{w_k}\xi_{\nu_k},\quad F\varphi_m=0,\quad \text{对}m\neq\mu_1,\mu_2,\cdots.$$

因此有

$$f_{mn}=\begin{cases}\sqrt{w}_k, & \text{对}m=\mu_k,n=\nu_k,k=1,2,\cdots,\\ 0, & \text{其他},\end{cases}$$

或等价地

$$\varPhi(q,r)=\sum_{k=1}^{M}\sqrt{w_k}\varphi_{\mu_k}(q)\xi_{\nu_k}(r).$$

通过适当选择完全标准正交系 $\varphi_m(q)$ 与 $\xi_n(r)$, 我们使得矩阵 $\{f_{mn}\}$ 的每行最多包含一个 $\neq 0$ 的元素 (它是实数并 >0, 即是 $\sqrt{w}_k$ 这一点, 对下文并不重要). 这个数学陈述的物理意义是什么呢?

设 A 是一个算子, 有本征函数 $\varphi_1,\varphi_2,\cdots$, 且各本征值互不相同, 例如, $a_1,a_2,\cdots$; 类似地, 设 B 有本征函数 $\xi_1,\xi_2,\cdots$ 与互不相同的本征值 $b_1,b_2,\cdots$. A 对应于 I 中的一个物理量, B 对应于 II 中的一个物理量. 因此, 它们是同时可测量的. 容易看出, 陈述 " $\mathcal{A}$ 取值 a_m 与 $\mathcal{B}$ 取值 b_n" 确定了状态 $\varPhi_{mn}(q,r)=\varphi_m(q)\xi_n(r)$, 而复合系统 I + II 是否在状态 $\varPhi$ 中的概率是 $\left(P_{[\varPhi_{mn}]}\varPhi,\varPhi\right)=|(\varPhi,\varPhi_{mn})|^2=|f_{mn}|^2$. 所以, 我们的陈述意味着 $\mathcal{A},\mathcal{B}$ 是同时可测量的, 且若其中之一在 $\varPhi$ 中测量, 则另一个由之唯一地确定 (不可能导致所有 $f_{mn}=0$ 的 a_m, 因为其总概率 $\sum_{n=1}^{\infty}|f_{mn}|^2$ 不可能为 0; 若 a_m 曾经被观测到, 则恰好对一个 n 有 $f_{mn}\neq 0$; 对 b_n 的情况类似). 那就是, 在状态 $\varPhi$ 中 (即对那些有 $\sum_{n=1}^{\infty}|f_{mn}|^2>0$ 的 a_m, 对之存在一个 n 有 $f_{mn}\neq 0$, 通常所有 a_m 都如此) 存在若干个可能的 $\mathcal{A}$ 值, 与相同数目的可能的 $\mathcal{B}$ 值 (即对那些有 $\sum_{n=1}^{\infty}|f_{mn}|^2>0$ 的 b_n, 存在一个 m 有 $f_{mn}\neq 0$), $\varPhi$ 建立了可能的 $\mathcal{A}$ 值与可能的 $\mathcal{B}$ 值之间的一一对应关系.

若称可能的 m 个值为 $\mu_1,\mu_2,\cdots$, 对应的可能的 n 个值为 $\nu_1,\nu_2,\cdots$, 则

$$f_{mn}=\begin{cases}c_k\neq 0, & \text{对 }m=\mu_k,n=\nu_k,k=1,2,\cdots,\\ 0, & \text{其他},\end{cases}$$

且因此 (无论 M 有限或 ∞)

$$\varPhi(q,r)=\sum_{k=1}^{M}c_k\varphi_{\mu_k}(q)\xi_{\nu_k}(r),$$

从而

$$\dot{u}_{mm'}=\sum_{n=1}^{\infty}\bar{f}_{mn}f_{m'n}=\begin{cases}|c_k|^2, & \text{对}m=m'=\mu_k,k=1,2,\cdots,\\ 0, & \text{其他},\end{cases}$$

$$\ddot{u}_{nn'}=\sum_{m=1}^{\infty}\bar{f}_{mn}f_{mn'}=\begin{cases}|c_k|^2, & \text{对}n=n'=\nu_k,k=1,2,\cdots,\\ 0, & \text{其他},\end{cases}$$

由之我们最终得到

$$\dot{U}=\sum_{k=1}^{M}\left|c_k\right|^2 P_{[\varphi_{\mu_k}]},\quad \ddot{U}=\sum_{k=1}^{M}\left|c_k\right|^2 P_{[\xi_{\nu_k}]}.$$

从而, 当 Φ 被投影到 I 或 II 中时, 它一般成为一个混合总体, 虽然它是 I + II 中的一种纯状态. 但它确实提供了关于 I + II 的某些信息, 这些信息不能单独地在 I 中或单独地在 II 中得到; 即 Φ 提供了 $\mathcal{A}$ 值与 $\mathcal{B}$ 值之间的一一对应关系.

因此, 对每个 Φ 我们可以选择 A, B, 即 φ_m 与 ξ_n, 使我们的条件得到满足; 当然, 对任意的 A, B, 这种条件可能不满足. 于是每个状态 Φ 在 I 与 II 之间建立了一种特定的关系, 而与之相关的量 $\mathcal{A}, \mathcal{B}$ 取决于 Φ. Φ 确定它们——即 φ_m 及 ξ_n——到何种程度, 并非一个难以回答的问题. 若所有 $|c_k|$ 不同且 $\neq 0$, 则 $\dot{U}, \ddot{U}$ (它们被 Φ 确定) 唯一地确定了对应的 φ_m, ξ_n(见 4.3 节). 我们把一般讨论留给读者.

最后, 让我们提及以下事实, 对 $M \neq 1$, 无论 $\dot{U}$ 还是 $\ddot{U}$ 都不是一种状态 (因为有若干 $|c_k|^2 > 0$), 但对 $M = 1$ 它们都是状态: $\dot{U} = P_{[\varphi_{\mu_1}]}$, $\ddot{U} = P_{[\xi_{\nu_1}]}$. 于是 $\Phi(q,r) = c_1\varphi_{\mu_1}(q)\xi_{\nu_1}(r)$. 我们可以把 c_1 吸收到 $\varphi_{\mu_1}(q)$ 中. 简言之, $\dot{U}, \ddot{U}$ 是状态, 当且仅当 $\Phi(q,r)$ 有形式 $\varphi(q)\xi(r)$, 在这种情况下分别有 $\dot{U} = P_{[\varphi]}$ 与 $\ddot{U} = P_{[\xi]}$.

在以上结果的基础上, 我们总结如下: 如果 I 在状态 $\varphi(q)$ 中, II 在状态 $\xi(r)$ 中, 则 I + II 在状态 $\Phi(q,r) = \varphi(q)\cdot\xi(r)$ 中. 另一方面, 如果 I + II 在状态 $\Phi(q,r)$ 中, 但 $\Phi(q,r)$ 不是一个乘积 $\varphi(q)\cdot\xi(r)$, 则 I 与 II 是混合总体而不是状态, 但 Φ 建立了 I 与 II 中某些量的可能值之间的一一对应关系.

6.3　测量过程的讨论

本节拟在 6.1 节所述想法的意义上 (借助 6.2 节中发展的形式工具), 完善测量过程的讨论. 在此之前, 我们将应用上节的结果, 来排除经常用于**过程 1** (5.1 节) 的统计特性的说明. 这基于以下想法: 设 I 是被观测系统, II 是观测者. 若 I 在测量前位于状态 $\dot{U} = P_{[\varphi]}$ 中, 且另一方面, II 在混合总体 $\ddot{U} = \sum_{n=1}^{\infty} w_n P_{[\xi_n]}$ 中, 于是, I + II 是唯一确定的一个混合总体 U, 由 6.2 节的结果容易算出:

$$U=\sum_{n=1}^{\infty} w_n P_{[\Phi_n]},\quad \Phi_n(q,r)=\varphi(q)\,\xi_n(r).$$

若在 I 中进行测量, 则它被看作 I 与 II 的动力学相互作用, 即有能量算子 H 的**过程 2** (见 5.1 节). 若过程的时间延续为 t, 则

$$U \to U' = e^{-\frac{2\pi i}{h}tH}Ue^{\frac{2\pi i}{h}tH},$$

且事实上,

$$U'=\sum_{n=1}^{\infty} w_n P_{\left[\Phi_n^{(t)}\right]},\quad \text{其中}\Phi_n^{(t)} = e^{-\frac{2\pi i}{h}tH}\Phi_n.$$

现在, 若每个 $\Phi_n^{(t)}(q,r)$ 有形式 $\psi_n(q)\eta_n(r)$, 其中, ψ_n 是 A 的本征函数, η_n 是任意完全标准正交系, 则这个干涉有测量的特性. 因为它把 I 的每个状态 φ 变换为 A 的本征函数 ψ_n 的混合. 因此, 结果的统计特性以这样的方式出现: 测量前, I 在 (唯一的) 状态中, 但 II 是一个混合总体, 且这个混合总体在相互作用中与 I + II 相关联. 特别是, 它成为它们在 I 中投影的一个混合总体. 但这样的测量结果是不确定的, 因为观察者 (在测量前) 的初始状态并非精确地知道. 可以想象, 这样的一种机制可能发挥作用, 因为观察者关于其自身状态可得到的信息, 可以因自然规律而有绝对的限制. 这些限制会在 w_n 的值中表达, 它只是观测者单独的特征 (因此与 φ 无关).

正是在这一点上, 解释失败了. 因为量子力学要求 $w_n=(P_{\psi_n}\varphi,\varphi)=|(\varphi,\psi_n)|^2$, 即 w_n 是取决于 φ 的. 可能存在另一个分解 $U'=\sum_{n=1}^{\infty}w'_nP_{[\varphi'_n]}(\ \Phi'_n(q,r)=\psi_n(q)\ \eta_n(r)$ 是正交的), 但这也没有用处; 因为 w'_n 被 U' 唯一地 (除了次序) 确定 (4.3 节), 因此等于 w_n[214].

所以, **过程 1** 的非因果性本性并非起源于对观测者状态的任何不完整知识, 因此, 以下我们将假设观测者的状态是完全已知的.

让我们再次回到 6.1 节结束前所提出的问题. I, II, III将仍有那里给出的意义, 对 I, II 的量子力学研究, 我们将应用 6.2 节的记法, 而III仍在我们的计算之外 (见 6.1 节中的讨论). 设 $\mathcal{A}$ 是 (在 I 中) 真正被测量的量, 由算子 A 表示, $\varphi_1(q),\varphi_2(q),\cdots$ 是其本征函数. 设 I 在状态 $\varphi(q)$ 中.

若 I 是被观测系统, II + III是观测者, 则我们必须应用**过程 1**, 并期待发现测量过程把 I 从状态 φ 变换为状态 $\varphi_n\ (n=1,2,\cdots)$ 之一. 现在, 若 I + II 是被观测系统, 只有III是观测者, 我们应该采用什么样的描述方法呢?

在这种情况下我们必须说 II 是一种测量仪器, 它在标尺上显示 $\mathcal{A}$ (在 I 中) 的值: 指示器在这个标尺上的位置是物理量 $\mathcal{B}$(在 II 中), 它是实际被III观测到的 (若 II 已经在观测者体内, 我们有对应的生理概念替代标尺与指示器, 例如, 视网膜与视网膜上的映像, 等等). 设 $\mathcal{A}$ 取值 $a_1,a_2,\cdots$, $\mathcal{B}$ 取值 $b_1,b_2,\cdots$, 且用编号使 a_n 与 b_n 相关联.

起初, I 在 (未知) 状态 $\varphi(q)$ 及 II 在 (已知) 状态 $\xi(r)$, 因此 I + II 在状态 $\Phi(q,r)=\varphi(q)\xi(r)$. 如在前面的例子中所述, 测量 (至此由 II 在 I 上实行) 用能量算子 H (在 I + II 中) 在时间区间 t 进行: 这是**过程 2**, 它把 Φ 变换为 $\Phi'=e^{-\frac{2\pi i}{h}tH}\Phi$. 在观测者III看来, 仅当以下条件成立时才有了一次测量: 若III测量 (通过**过程 1**) 同时可测量的量 $\mathcal{A},\mathcal{B}$ (分别在 I 或 II, 或二者都在 I + II), 则数值对 a_m,b_n 关于 $m\neq n$ 的概率为 0, 关于 $m=n$ 的概率为 1. 也就是, "查看" II 就足够了, 而 A 将

214 这一方案可有更多变体, 皆因类似理由而必须摈弃.

会在 I 中测量. 量子力学额外要求 $w_n = |(\varphi, \varphi_n)|^2$.

若这已确立, 则到这里为止出现了在 II 中的测量过程, 在理论上得到 “解释”, 即 6.1 节中讨论的分割 I | II + III被改变为 I + II|III.

于是, 相应的数学问题如下：在 I 中给定一个完全标准正交系 $\varphi_1, \varphi_2, \cdots$. 我们在 $\mathcal{R}^{\mathrm{II}}$ 中寻找一组 $\xi_1, \xi_2, \cdots$ 以及状态 ξ, $\mathcal{R}^{\mathrm{I}+\mathrm{II}}$ 中的 (能量) 算子 H 与时间 t, 使得以下关系成立：若 φ 是 $\mathcal{R}^{\mathrm{I}}$ 中的一个任意状态, 且

$$\Phi'(q,r) = e^{-\frac{2\pi i}{h} t \cdot H} \Phi(q,r), \quad \Phi(q,r) = \varphi(q)\,\xi(r),$$

则 $\Phi'(q,r)$ 必定有形式

$$\Phi'(q,r) = \sum_{n=1}^{\infty} c_n \varphi_n(q)\,\xi_n(r)$$

(这里 c_n 自然取决于 φ), 因此 $|c_n|^2 = |(\varphi, \varphi_n)|^2$ (后者等价于上面表述的物理上的要求, 在 6.2 节讨论过).

以下, 我们应用固定的 $\xi_1, \xi_2, \cdots$, 固定的 ξ, 以及固定的 $\varphi_1, \varphi_2, \cdots$ 并将研究酉算子 $\Delta = e^{-\frac{2\pi i}{h} tH}$ 而不是 H.

这个数学问题使我们回到已在 6.2 节中解决的问题. 在那里, 对应于我们现在的 Φ' 的一个量已给出, 并确立了 c_n, φ_n, ξ_n 的存在性. 现在, φ_n, ξ_n 是固定的, Φ 与 c_n 对 φ 的依赖关系已给定, 剩下的是确定这样一个 Δ 的存在性, 使得由 $\Phi' = \Delta\Phi$ 可以反过来解出这些 c_n, φ_n, ξ_n.

我们将证明, 确实可以确定这样的 Δ. 在这种情况下, 对我们而言, 原则上重要的是 Δ 的存在性. 进一步的问题, 即对应于简单与可以想象的测量安排的酉算子 $\Delta = e^{-\frac{2\pi i}{h} tH}$ 是否也具有这一性质, 在此不予考虑. 我们恰好已经看到, 我们的要求符合对测量过程列出的一个可以想象的迭代途径. 所述的安排要具有测量的特征; 若这样的 Δ 不满足 (哪怕是近似地) 我们的要求, 则量子力学将全然违背我们的经验[215]. 因此, 以下我们将只满足于给出一个抽象的 Δ, 它精确地满足我们的要求.

设 φ_m $(m = 0, \pm 1, \pm 2, \cdots)$ 与 $\xi_n (n = 0, \pm 1, \pm 2, \cdots)$ 分别是在 $\mathcal{R}^{\mathrm{I}}$ 与 $\mathcal{R}^{\mathrm{II}}$ 中给定的两个完全标准正交系 (我们让 m, n 取值 $0, \pm 1, \pm 2, \cdots$, 而不是取值 $1, 2, \cdots$, 这完全是为了技术上的方便, 原则上二者等价). 为简单起见, 设状态 ξ 为 ξ_0 . 我们根据其作用定义算子 Δ:

$$\Delta . \sum_{m,n=-\infty}^{+\infty} x_{mn} \varphi_m(q)\,\xi_n(r) = \sum_{m,n=-\infty}^{+\infty} x_{mn} \varphi_m(q)\,\xi_{m+n}(r).$$

215 关于位置测量的对应计算在 3.4 节中有讨论, 其内容包含在以下文章中, Weizsäcker and Z. Physik, **70** (1931) .

因为 $\varphi_m(q)\xi_n(r)$ 与 $\varphi_m(q)\xi_{m+n}(r)$ 都是 $\mathcal{R}^{\text{I}+\text{II}}$ 中的完全标准正交系，这个 Δ 是酉算子. 现在

$$\varphi(q)=\sum_{m=-\infty}^{\infty}(\varphi,\varphi_m)\cdot\varphi_m(q),\quad \xi(r)=\xi_0(r),$$

故

$$\Phi(q,r)=\varphi(q)\xi(r)=\sum_{m=-\infty}^{\infty}(\varphi,\varphi_m)\cdot\varphi_m(q)\xi_0(r),$$

且因此

$$\Phi'(q,r)=\Delta\Phi(q,r)=\sum_{m=-\infty}^{\infty}(\varphi,\varphi_m)\cdot\varphi_m(q)\xi_m(r).$$

从而达到了我们的目的 (虽然在这个抽象讨论中未涉及 $tH=\dfrac{ih}{2\pi}\Delta$ 的结构). 此外我们还有 $c_n=(\varphi,\varphi_n)$.

若用具体的薛定谔波函数予以说明，并用 H 取代 Δ，我们可以对这一过程的机制得到一个更好的概貌.

被观测对象，以及观测者 (即分别为 I 与 II) 可以分别以单一变量 q 与 r 表征，二者都在 $-\infty$ 至 $+\infty$ 连续取值. 换句话说，二者都可以被想象为在一条线上移动的点. 它们的波函数于是分别有形式 $\psi(q)$ 与 $\eta(r)$. 我们假定它们的质量 m_1 与 m_2 是如此之大，以至于其总能量算子 $H=T+V_i$ 中的动能项

$$T=\frac{1}{2m_1}\left(\frac{h}{2\pi i}\frac{\partial}{\partial q}\right)^2+\frac{1}{2m_2}\left(\frac{h}{2\pi i}\frac{\partial}{\partial r}\right)^2$$

可以忽略不计. 于是 H 中只剩下相互作用能量部分，它对测量是决定性的. 对之我们选择特定形式

$$V_i=\frac{1}{\tau}q\left(\frac{h}{2\pi i}\frac{\partial}{\partial r}\right),$$

这里 τ 是有时间尺度的常数，于是，时间依赖薛定谔微分方程 (对 I + II 的波函数 $\psi_t=\psi_t(q,r)$) 是

$$\frac{h}{2\pi i}\frac{\partial}{\partial t}\psi_t(q,r)=-\frac{1}{\tau}\frac{h}{2\pi i}q\frac{\partial}{\partial r}\psi_t(q,r),$$

$$\left(\tau\frac{\partial}{\partial t}+q\frac{\partial}{\partial r}\right)\psi_t(q,r)=0,$$

其一般 (非标准) 解有形式

$$\psi_t(q,r)=f\left(q,r-\frac{1}{\tau}tq\right).$$

若对 $t=0$ 有 $\psi_0(q,r)=\Phi(q,r)$, 则我们有 $f(q,r)=\Phi(q,r)$, 以及因此

$$\psi_t(q,r)=\Phi\left(q,r-\frac{1}{\tau}tq\right).$$

尤其是, 若 I, II 的初始状态分别以 $\varphi(q)$ 与 $\xi(r)$ 表示, 则在我们的计算格式的意义上 (若时间在其中出现则取为 τ)

$$\Phi(q,r)=\varphi(q)\xi(r),$$

$$\Phi'(q,r)=\psi_\tau(q,r)=\varphi(q)\xi(r-q).$$

我们现在想要说明这可以被 II 用来做 I 的位置测量, 即坐标相互关联 (因为 q,r 有连续谱, 只能用有限精度测量. 从而这只能近似地完成.)

为此目的, 我们将认为 $\xi(r)$ 仅在一个很小的区间 $-\varepsilon<r<\varepsilon$ 里不同于 0, (即测量前观测者的坐标 r 精确知道); 此外, ξ 当然应该是标准化的:

$$\|\xi\|=1,\quad 即\int|\xi(r)|^2dr=1.$$

因此, q 在区间 $q_0-\delta<q<q_0+\delta$ 及 r 在区间 $r_0-\delta'<r<r_0+\delta'$ 中的概率是

$$\int_{q_0-\delta}^{q_0+\delta}\int_{r_0-\delta'}^{r_0+\delta'}|\Phi'(q,r)|^2dqdr=\int_{q_0-\delta}^{q_0+\delta}\int_{r_0-\delta}^{r_0+\delta}|\Phi(q)|^2|\xi(r-q)|^2dqdr.$$

鉴于对 $\xi(r)$ 所做的假设, 若 q_0 与 r_0 之间的差值大于 $\delta+\delta'+\varepsilon$, 则该积分为 0, 即 q,r 的关联是如此紧密, 二者之差绝不会大于 $\delta+\delta'+\varepsilon$. 而对 $r_0=q_0$, 该积分等于 $\int_{q_0-\delta}^{q_0+\delta}|\Phi(q)|^2dq$, 若我们因为对 ε 的假定, 选择 $\delta,\delta',\varepsilon$ 任意小 (但它们必须不同于零), 这表示 q,r 任意紧密地结合在一起, 而概率密度具有量子力学提供的值 $|\Phi(q)|^2$.

也就是, 我们在 4.1 节与本节讨论过的测量之间的关系得到了实现.

更复杂例子的讨论, 例如, 类似于 6.1 节中的四个例子, 或通过第二个观测者III对由 II 在 I 上进行的测量的正确性的控制, 也可以用这种方式进行. 但我们把这些留给读者去做.

人 名 索 引

索　引

C

D

J

K

L

M

N

O

P

Q

R

S

T

W

X

Y

Z

带标识命题的位置

虽然冯·诺依曼没有给他的方程式编号，但他对具有特殊意义的原理、性质、条件、规则和方程式附加了识别标识——有的随意，有的有助于相应内容的记忆．只与当时直接论点有关的标识，有时会在后续文字中再次用来标识不同的命题．那些与相应内容有关的标识，被调整为与英语词语相对应．下面是这些标识首次出现的页面的顺序列表．

$\mathbf{E_1}$	11
$\mathbf{E_2}$	12
$\mathbf{E_3}$	12
I	13
$\mathbf{\Delta_1}, \mathbf{\Delta_2}, \mathbf{\Delta_3}$	13
$\mathbf{\Delta_4}$	14
$\boldsymbol{\alpha}, \boldsymbol{\beta}, \boldsymbol{\gamma}$	19
A	20
B	21
$\mathbf{C}^{(n)}, \mathbf{C}^{(\infty)}$	24
D	25
E	25
E	55
D	59
O	59
$\mathbf{S_1}, \mathbf{S_2}, \mathbf{S_3}$	61
$\overline{\mathbf{S}}_\mathbf{1}, \overline{\mathbf{S}}_\mathbf{2}, \overline{\mathbf{S}}_\mathbf{3}$	64
$\mathbf{\Delta}$	70
$\mathbf{Co}, \mathbf{Co_1}, \mathbf{Co_2}$	80
$\overline{\overline{\mathbf{S}}}_\mathbf{1}, \overline{\overline{\mathbf{S}}}_\mathbf{2}, \overline{\overline{\mathbf{S}}}_\mathbf{3}$	85
C	87
*	94
P	112
$\mathbf{E_1}, \mathbf{E_2}$	114
F	114

引用的文献

为了注明期刊文献中资料的出处, 冯·诺依曼采用了一种惯例, 它因系统地省略页码和文章标题而如此简洁, 因此当同一作者的几篇文章出现在同一卷中时, 就显得模棱两可. 这些引用方式将在这里作详细说明. 文章标题 (若原来不是英语) 在此翻译成英语出现. 以下简写 (偶尔偏离正文中所采用的) 应用于后面的文献目录中:

Ann. Phys.	=	Annalen der Physik
Ann. Math.	=	Annals of Mathematics
Circ. Math. di Pal.	=	Rendiconti del Circolo di Mathematico di Palermo
Gött. Nachr.	=	Nachrichten von der Gesellschaft der Wissenschaften zu Göttingen
J. für Reine Math.	=	Journal für reine und angewandte Mathematik
Lond. Math. Soc. Proc.	=	Proceedings of the London Mathematical Society
Math. Ann.	=	Mathematische Annalen
Math. Z.	=	Mathematische Zeitschrift
Naturwiss.	=	Naturwissenschaften
Proc. Roy. Soc. London	=	Proceedings of the Royal Society of London
Phil. Mag.	=	Philosophical Magazine
PNAS	=	Proceedings of the National Academy of Sciences
Phys. Rev.	=	Physical Review
Phys. Z.	=	Physikalische Zeitschrift
Verh. d. Physik. Ges.	=	Verhandlungen der Deutschen Physikalische Gesellschaft
Z. Phys.	=	Zeitschrift für Physik

BIRKHOFF (1931): "Proof of the ergodic theorem," PNAS **17**, 656–660

BIRKOFF & KOOPMAN (1932): "Recent contributions to ergodic theory," PNAS **18**, 279–282

BOHR (1913): "On the constitution of atoms and molecules," Phil. Mag. **26**, 1–25

BOHR (1920): "On the question of the polarization of radiation in the quantum theory," Z. Phys. **6**, 1–9

BOHR, KRAMERS & SLATER (1924): "The quantum theory of radiation," Z. Phys. **24**, 69–87

BOHR (1928): "The quantum postulate and recent developments in atomism," Naturwiss. **16**, 245–257

BOHR (1929): "The quantum of action and the description of nature," Naturwiss. **17**, 483–486

BORN (1926): "Quantum mechanics of collision processes," Z. Phys. **37**, 863–867

COMPTON & SIMON (1925): "Directed quanta of scattered X-rays" Phys. Rev. **26**, 289–299

DAVISON & GERMER (1928): "Diffraction of electrons by a crystal of nickel," Phys. Rev. **30**, 705–740

DIRAC (1925): "The fundamental equations of quantum mechanics," Proc. Roy. Soc. London **109**, 642–653

DIRAC (1927): "The physical interpretation of quantum mechanics," Proc. Roy. Soc. London **113**, 621–641

DIRAC (1927): "The quantum theory of the electron," Proc. Roy. Soc. London **117**, 610–624

EINSTEIN (1905): "On the motion of particles suspended in stationary liquids required by the molecular theory of heat," Ann. Phys. **14**, 549–560

EINSTEIN (1905): "On a heuristic viewpoint concerning the production and transformation of light," Ann. Phys. **17**, 132–148

EINSTEIN (1914): "Contributions to quantum theory," Verh. d. Physik. Ges. **16**, 820–828

EINSTEIN (1917): "On the quantum theory of radiation," Phys. Z. **18**, 121–128

FERMI (1926): "The quantization of ideal single atom gases," Z. Phys. **36**, 902–912

GORDON (1928): "The energy levels of the hydrogen atom according to Dirac' s quantum theory of the electron," Z. Phys. **48**, 11–14

HEISENBERG (1927): "The actual content of quantum theoretical kinematics and mechanics," Z. Phys. **43**, 172–198

HEILLIGER (1909): "Contributions to the theory of quadratic forms in infinitely many variables," J. für Reine Math. **136**, 210–271

HILBERT (1906): "Guidelines for a general theory of linear integral equations. Part four," Gött. Nachr., 157–227

KENNARD (1927): "The quantum mechanics of simple types of motion," Z. Phys. **443**, 326–352

JORDAN (1927): "A new foundation for quantum mechanics," Z. Phys. **40**, 809–838

LANDAU (1927): "The damping problem in wave mechanics," Z. Phys. **45**, 430

LANDAU & PEIERLS (1930): "Quantum electrodynamics in configuration space," Z. Phys. **62**, 188–200

LONDON (1926): "Angle variables and canonical variables in wave mechanics," Z. Phys. **40**, 193–210

PLANCHEREL & MITTAG-LEFFLER (1910): "Contribution to the study of the representation of an arbitrary function by definite integrals," Circ. Math. di Pal. **30**, 289–335

RUPP (1928): "On the angular distribution of slow electrons in passage through metallic layers," Ann. Phys. **85**, 981–1012

SCHMIDT (1907): "On the theory of linear and nonlinear integral equations," Math. Ann. **63**, 433–476

SCHRÖDINGER (1926a): "Quantization as an eigenvalue problem. I," Ann. Phys. **79**, 361–376

SCHRÖDINGER (1926b): "Quantization as an eigenvalue problem. II," Ann. Phys. **79**, 489–527

SCHRÖDINGER (1926c): "Quantization as an eigenvalue problem. III," Ann. Phys. **80**, 437–490

SCHRÖDINGER (1926d): "Quantization as an eigenvalue problem. IV," Ann. Phys. **81**, 109–139

SCHRÖDINGER (1929): "What is a law of nature?" Naturwiss. **17**, 9–11

STONE (1929a): "Linear transformations in Hilbert space. I. Geometrical aspects," PNAS **15**, 198–200

STONE (1929b): "Linear transformations in Hilbert space. II. Analytical aspects," PNAS **15**, 423–425

STONE (1930): "Linear transformations in Hilbert space. III. Operational methods and group theory," PNAS **16**, 172–175

SZILARD (1925): "On the extension of phenomenological thermodynamics to fluctuation phenomena," Z. Phys. **32**, 753–788

SZILARD (1929): "On the decrease of entropy in a thermodynamic system by the intervention of intelligent beings," Z. Phys. **53**, 840–856

TITCHMARSH (1924): "Weber' s integral theorem," Lond. Math. Soc. Proc. **24**, 15–28

THOMSON (1928): "Experiments on the diffraction of cathode rays," Proc. Roy. Soc. London **117**, 600–609

TOEPLITZ (1911): "On the theory of quadratic and bilinear forms in infinitely many variables," Math. Ann. **69**, 351–376

von NEUMANN (1927): "Mathematical basis of quantum mechanics," Gött. Nachr., 1–57

von NEUMANN (1929a): "General eigenvalue theory of Hermitian functional operators," Math. Ann. **102**, 49–131

von NEUMANN (1929b): "Proof of the ergodic theorem and the H-theorem in the new mechanics," Z. Phys. **57**, 30–70

von NEUMANN (1931): "On functions of functional operators," Ann. Math. **32**, 191–226

von NEUMANN (1932): "Physical applications of the ergodic hypothesis," PNAS **18**, 263–266

von WEIZSÄCKER (1931): "Localization of an electron through a microscope," Z. Phys. **70**, 114–130

WEISSKOPF & WIGNER (1930): "Calculation of natural linewidth based on Dirac' s theory of light," Z. Phys. **63**, 54–73

WEYL (1910): "Ordinary differential equations with singularities and the associated developments in arbitrary functions," Math. Ann. **68**, 220–269

WEYL (1927): "Quantum mechanics and group theory," Z. Phys. **47**, 1–46

WINTNER (1929): "On the theory of constrained bilinear forms," Math. Z. **30**, 228–281

有几处, 冯 • 诺依曼引用了柯朗和希尔伯特所著《数学物理方法》, Courant & Hilbert, *Methoden der Mathematischen Physik* (1931). 读者将会熟悉这本经典著作的有实质性修订的 1953 年英译本, *Methods of Mathematical Physics* (MMP). 以下是关于在 MMP 中找到冯 • 诺依曼引用段落的提示:

注 30, 13页
注 71, 58页
注 89, 75页

}: MMP 第 2 章, "线性积分方程".

注 140,144 页：{ MMP第 6 章,“变分计算应用于工程问题”, 特别是§4“本征值的极大极小性质”.

149 页：{ MMP328页,方程(48)与(49)
MMP92页,方程(31)与(32) } 埃尔米特多项式.

注 152, 163 页：在 MMP 中略去傅里叶级数的讨论.

脚注的位置

冯·诺依曼的注 (原来是书末的注, 这里是脚注) 经常参考以前的注, 它们又时或参考更早的注. 为了方便读者, 构建了以下索引.

注	页码	注	页码	注	页码
1	1	31	14	61	51
2	1	32	14	62	51
3	2	33	16	63	52
4	2	34	16	64	53
5	3	35	16	65	54
6	3	36	18	66	56
7	4	37	20	67	56
8	4	38	20	68	56
9	4	39	21	69	57
10	4	40	21	70	57
11	5	41	21	71	58
12	5	42	22	72	59
13	5	43	23	73	60
14	6	44	24	74	61
15	7	45	25	75	62
16	7	46	25	76	62
17	7	47	25	77	63
18	8	48	26	78	64
19	8	49	27	79	66
20	8	50	30	80	68
21	8	51	32	81	68
22	9	52	32	82	69
23	9	53	33	83	69
24	9	54	33	84	70
25	9	55	38	85	72
26	10	56	38	86	73
27	10	57	39	87	73
28	11	58	47	88	74
29	11	59	49	89	75
30	13	60	51	90	76

注	页码	注	页码	注	页码
91	77	133	133	175	182
92	78	134	134	176	184
93	78	135	135	177	185
94	79	136	136	178	189
95	80	137	137	179	190
96	82	138	142	180	197
97	83	139	143	181	197
98	83	140	144	182	198
99	85	141	145	183	199
100	85	142	147	184	200
101	86	143	148	185	200
102	87	144	151	186	200
103	88	145	153	187	200
104	91	146	154	188	201
105	93	147	155	189	201
106	93	148	159	190	201
107	95	149	160	191	201
108	95	150	161	192	202
109	95	151	161	193	204
110	97	152	163	194	205
111	98	153	164	195	206
112	98	154	165	196	206
113	99	155	164	197	208
114	103	156	167	198	209
115	105	157	168	199	210
116	109	158	168	200	216
117	110	159	168	201	219
118	111	160	169	202	223
119	112	161	169	203	224
120	116	162	170	204	228
121	116	163	172	205	231
122	117	164	173	206	231
123	118	165	174	207	233
124	119	166	176	208	233
125	121	167	177	209	234
126	124	168	177	210	234
127	125	169	178	211	211
128	125	170	178	212	238
129	129	171	179	213	239
130	129	172	180	214	243
131	130	173	180	215	244
132	133	174	181		